U0825445

食品添加剂基础

（第二版）

高彦祥　主编

中国轻工业出版社

图书在版编目(CIP)数据

食品添加剂基础/高彦祥主编. —2 版. —北京：中国轻工业出版社，2023.9

高等职业教育“十二五”规划教材

ISBN 978 - 7 - 5019 - 8754 - 2

Ⅰ. ①食…　Ⅱ. ①高…　Ⅲ. ①食品添加剂 - 高等职业教育 - 教材　Ⅳ. ①TS202.3

中国版本图书馆 CIP 数据核字（2012）第 064148 号

责任编辑：李亦兵　张　靓　　责任终审：滕炎福　　封面设计：锋尚设计

版式设计：宋振全　　责任校对：燕　杰　　责任监印：张　可

出版发行：中国轻工业出版社（北京东长安街 6 号，邮编：100740）

印　　刷：三河市万龙印装有限公司

经　　销：各地新华书店

版　　次：2023 年 9 月第 2 版第 7 次印刷

开　　本：720×1000　1/16　印张：19

字　　数：388 千字

书　　号：ISBN 978-7-5019-8754-2　定价：38.00 元

邮购电话：010 - 65241695

发行电话：010 - 85119835　传真：85113293

网　　址：http://www.chlip.com.cn

Email：club@chlip.com.cn

如发现图书残缺请与我社邮购联系调换

231315J2C207ZBQ

本书编委会

主　　编　高彦祥　中国农业大学

参编人员：（以姓氏笔画为序）

马洪江　北京汇源饮料食品集团有限公司
方　政　中国疾病预防控制中心营养与食品安全所
叶　润　北京汇源饮料食品集团有限公司
申　寒　中国农业大学
冯　婧　上海医疗器械高等专科学校
刘文慧　北京汇源饮料食品集团有限公司
刘春芝　中国农业大学
刘　璇　中国农业科学院农产品加工研究所
闫秋丽　北京市经济管理学校
许洪高　北京汇源饮料食品集团有限公司
孙红媛　中国农业大学
杨文雄　北京农业职业学院
芮　闯　上海医疗器械高等专科学校
李灿明　北京汇源饮料食品集团有限公司
李金玉　内蒙古蒙牛乳业（集团）股份有限公司
李绍振　北京汇源饮料食品集团有限公司
吴艳辉　北京汇源饮料食品集团有限公司
何　李　中国农业大学
侯占群　中国食品发酵工业研究院
袁　芳　中国农业大学
徐　响　中国农业科学院蜜蜂研究所
龚　英　中国农业大学
蔡满意　中国农业大学
滕迪克　好丽友食品有限公司
薛艳辉　北京汇源饮料食品集团有限公司

前　言

食品添加剂在改善食品色、香、味和质构，提高食品营养价值，加快新产品开发等方面发挥着重要作用，已成为食品工业科技创新的推动力。

中国轻工业出版社出版发行的《食品添加剂基础》距今已有18年。在这18年中，我国食品和食品添加剂的法律法规体系日渐健全，《（GB2760）食品添加剂使用卫生标准》历经了三次修订。随着《中华人民共和国食品安全法》、《中华人民共和国食品安全法实施条例》与《食品安全国家标准管理办法（草案）》的实施，《（GB2760—2011）食品安全国家标准 食品添加剂使用标准》已正式颁布和实施。为了让我国高职类院校食品相关专业学生及食品生产工作人员及时了解最新GB2760中食品添加剂的性能、特点、使用方法及应用范围，根据《国务院关于大力发展职业教育的决定》精神，以及教育部《关于全面提高高等职业教育教学质量的若干意见》的要求，笔者从教育发展的实际需要出发，组织部分高等（职）院校有丰富教学经验的一线教师和企业有丰富工作经验的工程师重新编写了《食品添加剂基础》一书。

"食品添加剂"是食品相关专业的一门专业基础课程，《食品添加剂基础》（第二版）根据食品检验、食品制作/加工、食品添加剂和调味品制作/加工等岗位的技术要求，紧密结合《（GB2760—2011）食品安全国家标准 食品添加剂使用标准》，以学生综合职业素养的培养与提高为核心确立教材的模块知识组成。按照食品检验、食品制作/加工、食品添加剂和调味品制作/加工等岗位实际工作任务所需的知识、能力、素质要求，参照《国家职业资格标准》和相关企业及行业标准，确定不同模块的学习目标、学习任务和学习内容。本教材突出基础理论与实际应用相结合，在相关模块后面编排部分实训内容，旨在通过实训环节的实践，加深学生对食品添加剂的理解。

本版内容与第一版内容一致，结合食品添加剂课程的自身特性，分为认识食品添加剂、食品营养强化剂、食品防腐剂、食品抗氧化剂、食品着色剂、食品护色剂与漂白剂、食品用香料与香精、食品调味剂、食品乳化剂、食品增稠剂、食品工业用加工助剂、其他食品添加剂、食品添加剂安全性等十三个模块。在了解各类食品添加剂的基础上，对食品添加剂的使用范围和应用技术进行了详细介绍。教材中未列举全部食品添加剂，仅就常用的食品添加剂进行了介绍。其他教材未尽的食品添加剂内容，读者可参考相关书籍和手册。

本版教材的最大特点是在第一版教材的基础上进行了全面更新，主要有如下几个方面：①食品添加剂品种的更新，如新食品添加剂（低聚果糖、叶黄素等）；

②重新组织部分模块及附录内容,如食品营养强化剂和食品添加剂安全性等;③部分模块增加了案例解析和实训内容;④删除了所有化学结构式和废止的食品添加剂(如对羟基苯甲酸丙酯、溴酸钾、过氧化苯甲酰、过氧化钙等)。

为了顺利完成本教材的编写工作,《食品添加剂基础》(第二版)编委会对教材内容做了明确分工:教材的模块一及附录部分由中国农业大学高彦祥、龚英负责编写,模块二由中国农业科学院农产品加工研究所刘璇、中国农业大学刘春芝负责编写,模块三由北京汇源饮料食品集团有限公司李绍振、中国农业大学何李负责编写,模块四由中国农业大学申寒、北京农业职业学院杨文雄负责编写,模块五由北京市经济管理学校闫秋丽、北京汇源饮料食品集团有限公司薛艳辉负责编写,模块六由上海医疗器械高等专科学校芮闯、北京汇源饮料食品集团有限公司李灿明负责编写,模块七由北京汇源饮料食品集团有限公司蔡满意、许洪高负责编写,模块八由中国农业科学院蜜蜂研究所徐响、北京汇源饮料食品集团有限公司马洪江负责编写,模块九由中国食品发酵工业研究院侯占群、内蒙古蒙牛乳业(集团)股份有限公司李金玉负责编写,模块十由中国农业大学孙红媛、上海医疗器械高等专科学校冯婧负责编写,模块十一由中国农业大学袁芳、北京汇源饮料食品集团有限公司叶润负责编写,模块十二由北京汇源饮料食品集团有限公司吴艳辉、好丽友食品有限公司滕迪克负责编写,模块十三由北京汇源饮料食品集团有限公司刘文慧、中国疾病预防控制中心营养与食品安全所方政负责编写。中国农业大学高彦祥主持全书的编写和统稿工作。编委会中的刘璇、闫秋丽、许洪高、侯占群等人在教材编写过程中,分别对各类稿件做了编录、汇总、校对和整理工作。在此特别感谢所有编者在教材编写过程中的密切配合,同时感谢中国轻工业出版社李亦兵、涂润林等编辑对本书出版所作之贡献。

尽管主要编写人员具有多年从事食品开发、食品加工、食品添加剂应用、食品添加剂检测和食品及食品添加剂教学科研工作经验,但个人能力和专业水平有限,教材中难免有错误和不妥之处,敬请读者批评赐教。本书可作为高职类食品相关专业“食品添加剂”课程的教学用书,亦可作为食品生产工作人员的参考用书。

高彦祥
2011 年 12 月

目 录

模块一　认识食品添加剂

学习目标

本模块主要介绍了食品添加剂的定义、分类、作用及相关法律法规知识。

通过本模块的学习，掌握食品添加剂的基本知识，了解我国食品添加剂管理的相关法规，学会查阅《(GB2760)食品安全国家标准 食品添加剂使用标准》。

学习任务

1. 了解食品添加剂的定义、分类、作用和一般要求。
2. 了解食品添加剂使用标准。

项目一　食品添加剂概述

一、食品添加剂的定义

目前，国际上对食品添加剂的定义和分类没有统一的标准。因为各国/地区的食品安全法律制度、食品添加剂使用情况、饮食特点和传统习惯不尽相同，食品添加剂的概念及涵盖的范围亦不同。所以，各国/地区大都根据本国的具体情况进行定义和分类。

我国食品安全法对食品添加剂定义为"为改善食品品质和色、香、味，以及为防腐、保鲜和加工工艺的需要而加入食品中的人工合成或者天然物质。营养强化剂、食品用香料、胶基糖果中基础剂物质、食品工业用加工助剂也包括在内。"

日本《食品卫生法》规定："生产食品的过程中，为生产或保存食品，用混合、浸润等方法在食品里使用的物质称为食品添加剂。"

美国联邦法规规定：食品添加剂是指有意使用的，导致或者期望导致它们直接或者间接地成为食品成分或者影响食品特征的物质。基于此，美国将食品添加剂分为直接食品添加剂、次直接食品添加剂和间接食品添加剂。直接食品添加剂是指有意添加到食品中，在终产品中起特定功能作用的食品添加剂，如防腐剂、乳化剂和甜味剂等;次直接食品添加剂是在食品的生产加工过程中加入,但不在终产品中发挥功能作用的食品添加剂,如酶制剂、离子交换树脂等,类似于我国的食品工业用加工助剂;间接食品添加剂是不通过直接添加,而是通过迁移进入食品的食品添加剂,如食品包装材料物质。

欧盟定义的食品添加剂是指在食品制造、加工、准备、处理、包装、运输或储藏过程中加入到食品中,直接或间接地成为食品的组成成分,其本身不构成食品的特性成分,并且不能被当作食品消费的物质。欧盟的食品添加剂不包括加工助剂、香料物质、胶基糖果中基础剂物质和作为营养素加入到食品中的物质等。

联合国粮农组织(FAO)和世界卫生组织(WHO)联合组成的国际食品法典委员会(Codex alimentarius commission, CAC)定义的食品添加剂是有意加入到食品中,在食品的生产、加工、制作、处理、包装、运输或保存过程中具有一定的功能作用,其本身或者其副产品成为食品的一部分或影响食品的特性,其本身不作为食品消费,也不作为传统食品成分的物质,无论其是否具有营养价值。食品添加剂不包括污染物和为了保持或增加食品的营养价值而加入到食品中的物质。

尽管各国对食品添加剂的定义不尽相同,但其关于食品添加剂的定义都涵盖了食品添加剂以下几个特征。

(1)与食品中天然存在的物质相区别,是在生产加工过程中,有意添加到食品中去的。

(2)加入到食品中的食品添加剂能够满足一定的工艺需求,如可以改善食品的色、香、味等感官特征,或者能够提高食品的质量和稳定性等。

(3)食品添加剂的本质是人工合成或者天然存在的物质。

(4)食品添加剂的定义和范畴依据所在国的食品法律规范规定。

二、食品添加剂的分类

食品添加剂按来源可分为两类:天然食品添加剂和人工合成食品添加剂。前者是利用动、植物机体或微生物的代谢产物等为原料,经提取所获得的天然物质,后者是采用化学手段,使元素或化合物通过氧化、还原、缩合、聚合、成盐等合成反应而得到的物质,包括一般化学合成品与人工合成天然等同物。

我国GB2760—2011按照功能特性将食品添加剂分为:酸度调节剂、抗结剂、消泡剂、抗氧化剂、漂白剂、膨松剂、胶基糖果中基础剂物质、着色剂、护色剂、乳化剂、酶制剂、增味剂、面粉处理剂、被膜剂、水分保持剂、营养强化剂、防腐剂、稳定剂和凝固剂、甜味剂、增稠剂、食品用香料、食品工业用加工助剂、其他,共23类。而其他国家和组织根据功能对食品添加剂的分类不尽相同:日本分为27类,美国分为32类,FAO/WHO分为27类,而欧盟分为26类。

JECFA(Joint expert committee on food additives)是FAO/WHO下设的食品添加

剂联合专家委员会的简称，是由 FAO/WHO 于 1956 年建立的国际食品添加剂安全评价的权威机构。根据毒理学资料的充分与否，JECFA 将食品添加剂分为如下四类。

(1)GRAS(General recognized as safe)物质，即公认安全的物质，可按正常需要使用。

(2)A 类是 JECFA 已经制定 ADI(每日容许摄入量)和暂定 ADI 者：A(1)类是 JECFA 评价认为毒理学资料清楚，已经制定出 ADI 值或认为毒性有限，无需制定 ADI 者；A(2)类是 JECFA 已经暂定 ADI 值，但毒理学资料不够完善，暂时许可用于食品者。

(3)B 类是 JECFA 曾经进行过安全评价，但未建立 ADI 值，或未进行过安全评价者：其中 B(1)类是 JECFA 曾经进行过安全评价，因毒理学资料不足未制定 ADI 者；B(2)类是 JECFA 未进行过安全评价者。

(4)C 类是 JECFA 认为在食品中使用不安全或应严格限制作为某些食品的特殊用途者：其中 C(1)类 JECFA 根据毒理学资料认为在食品中使用不安全者；C(2)类是 JECFA 认为应该严格限制在某些食品中作特殊应用者。

《食品添加剂使用标准》规定我国批准使用的食品添加剂品种共 2400 余种，其中加工助剂 158 种，食品用香料 1853 种，胶基糖果中基础剂物质 55 种，其他类别的食品添加剂 334 种。此外，我国的《(GB14880—2012)食品营养强化剂使用标准》中规定了我国允许使用的食品营养强化剂有 154 种。

在日本，法律上被允许使用的食品添加剂按其种类和由来可分为指定添加物(360 多种)、既存添加物(450 多种)、天然香料(600 多种，不包括单体香料)以及一般饮食添加物(110 多种)四大类。美国约 3200 种(包括天然品)，欧盟 402 种(不包括食品用香料、加工助剂及胶基糖果中基础剂物质等)。

三、食品添加剂的作用

食品添加剂的发展显著促进了食品工业的发展，甚至在业界产生“没有食品添加剂就没有食品工业”的论断。食品添加剂对食品工业的作用包括如下几方面。

(1)增加食品的保藏性、防止腐败变质。据报道，各种生鲜食品在采收后由于不能及时加工或加工不当，损失可达 20% ~30%。防腐剂和抗氧化剂可降低这种损失，增加食品的保存期，并可防止食物中毒。

(2)保持或提高食品本身的营养价值。食品质量的高低与其营养价值密切相关。防腐剂和抗氧化剂在防止食品腐败变质的同时，对保持食品的营养价值方面有一定的作用。此外，向食品中加入适量的属于天然营养素范畴的食品营养强化剂，可以提高食品的营养价值，对于防止营养不良和营养缺乏、促进营养平衡、提高人们的健康水平具有重要意义。

(3)改善食品的感官性状。食品的色、香、味、形态和质地等是衡量食品质量的重要指标。食品加工后,风味和质地可能有所改变,如果适当使用着色剂、香料以及乳化剂、增稠剂等,可提高食品的感官质量。如在巧克力中添加香料,能使巧克力风味独特;方火腿久置容易收缩,加入水分保持剂可令其水分减少的速度降低。

(4)有利于食品加工操作,适应生产的机械化和连续化。在食品加工中使用澄清剂、助滤剂和消泡剂等有利于加工操作。此外,如果用葡萄糖酸 $-\delta-$ 内酯作为豆腐的凝固剂,有利于豆腐的机械化、连续化生产。

(5)满足其他特殊需要。例如在食品中以木糖醇为甜味剂可满足糖尿病患者的特殊需要。

四、食品添加剂的使用原则

1. 食品添加剂使用的基本要求

(1)食品添加剂本身应该经过充分的毒理学评价,证明在一定的使用范围内对人体健康无任何危害。

(2)不应掩盖食品腐败变质。

(3)不应掩盖食品本身或加工过程中的质量缺陷或以掺杂、掺假、伪造为目的而使用食品添加剂。

(4)不应降低食品本身的营养价值。

(5)在达到预期目的的前提下尽可能降低在食品中的使用量。

2. 食品添加剂的使用目的

(1)保持或提高食品本身的营养价值。

(2)作为某些特殊膳食用食品的必要配料或成分。

(3)提高食品的质量和稳定性,改进其感官特性。

(4)便于食品的生产、加工、包装、运输或者储藏。

项目二　食品添加剂的管理及标准化

一、食品添加剂的管理

食品添加剂关系到消费者的身体健康,这就要求某一化学物质成为食品添加剂之前需进行一定的安全性评价。评价内容包括生产工艺、理化性质、质量标准、使用效果和范围、加入量、毒理学及检验方法等综合性的安全评价。

与此同时,各国大都制定了法规对食品添加剂进行管理,对食品添加剂的生产、经营和使用都要求严格遵守有关的法规和条例。我国食品添加剂的生产、经营和使用应遵循《中华人民共和国食品安全法》、《中华人民共和国食品安全法实施条例》、《食品添加剂生产监督管理规定》、《食品添加剂使用标准》、《食品营养强化剂使用卫生标准》的规定,食品添加剂的质量规格必须达到一定的标准。复配食品添加剂必须符合《复配食品添加剂通则》的有关规定。生产、使用新的食品添加剂,必须按我国《食品添加剂新品种管理办法》等规定审批后执行。

根据《食品安全法》及其实施条例的规定和部门职责分工,卫生部负责食品添加剂的安全性评价和制定食品安全国家标准;国家质量监督检验检疫总局负责食品添加剂生产和食品生产企业使用食品添加剂监管;工商部门负责依法加强流通环节食品添加剂质量监管;食品药品监督管理局负责餐饮服务环节使用食品添加剂的监管;农业部门负责农产品生产环节监管工作;商务部门负责生猪屠宰监管工作;工信部门负责食品添加剂行业管理、制定产业政策和指导生产企业诚信体系建设。各部门监管职责明确。

为贯彻落实《食品安全法》及其实施条例,加强食品添加剂的监管,按照《关于加强食品添加剂监督管理工作的通知》(卫监督发〔2009〕89 号)和《关于切实加强食品调味料和食品添加剂监督管理的紧急通知》(卫监督发〔2011〕5 号)的要求,各部门积极完善了食品添加剂相关监管制度。

在安全性评价和标准方面,制定了《食品添加剂新品种管理办法》、《食品添加剂新品种申报与受理规定》、《(GB2760)食品添加剂使用标准》、《(GB14880)食品营养强化剂使用标准》。

在生产环节,制定了《食品添加剂生产监督管理规定》、《食品添加剂生产许可审查通则》。

在流通环节,制定了《关于进一步加强整顿流通环节违法添加非食用物质和滥用食品添加剂工作的通知》和《关于对流通环节食品用香精经营者进行市场检查的紧急通知》。

在餐饮服务环节,出台了《餐饮服务食品安全监督管理办法》、《餐饮服务食品安全监督抽检规范》和《餐饮服务食品安全责任人约谈制度》,严格规范餐饮服务环节中食品添加剂的使用行为。

二、食品添加剂的标准化和国际化

由于各国饮食习惯及各自理解的不同,其有关食品添加剂的法规亦不相同。同一种添加剂由于试验结果不同。有的国家不许可使用,有的国家许可使用,所使用的范围和最大使用量,甚至质量规格标准均可不同,以致造成国际贸易障碍。随着国际贸易的增多,迫切需要食品添加剂的标准化和国际化。

早在20世纪50年代就有人提出召开国际会议,建立国际组织共同讨论食品添加剂问题。在这种形势下,FAO/WHO联合食品添加剂专家委员会(JECFA)于1955年在FAO/WHO联合召开的第一次国际食品添加剂会议时宣告成立,1956年召开第一次会议。以后,除1962年外,每年召开一次会议。参加会议的成员每次可有所不同,视讨论内容而定,分别由FAO和WHO聘请。FAO聘请化学、微生物学、食品化学、食品工程学、食品行政管理等方面的专家,负责食品添加剂的使用情况、工艺效果、质量规格和测定方法等方面的工作;WHO聘请毒理学方面的专家,负责食品添加剂的毒理学评价和制订每日允许摄入量(ADI)。被聘请的委员都是世界上最有权威的专家。他们以个人的身份出席会议,在科学资料的基础上评价食品添加剂,确定"ADI值"和"食品添加剂的特性和纯度规格"。会议的结论发表在每年FAO和/或WHO的报告中。毒理学评价摘要由WHO发表在《WHO技术报告丛书》和《WHO食品添加剂丛书》中。食品添加剂的特性和纯度规格由FAO发表在《食品和营养文集》中。该委员会的评论和推荐是FAO/WHO食品添加剂法规委员会(CCFA)审议的内容,并且是对准备添加到食品中的物质在安全性和其他方面作出决定的基础。

FAO/WHO食品添加剂法规委员会(CCFA)是FAO/WHO食品法规委员会(CAC)的下设组织,1962年在日内瓦成立,由有关国家的政府代表和国际组织代表组成,负责世界范围的食品添加剂标准化工作,一般每年召开一次会议。1980年、1983年和1984年我国曾派观察员参加,从1985年起我国作为正式会员国参加会议。该委员会的主要任务:

(1)批准或制定单个食品添加剂的最大使用量和特定食品中污染物的最大允许量。

(2)制定由JECFA优先评价的食品添加剂和污染物名单。

(3)审议JECFA对食品添加剂的特性和纯度规格要求。

(4)考虑在食品中的分析测定方法。

我国于1973年成立全国食品添加剂卫生标准科研协作组,开始了食品添加剂的标准化工作。1980年成立全国食品添加剂标准化技术委员会,由卫生部、化工部、轻工部、商业部、国家商检局等单位的负责人及专家组成,全面研究食品添加剂的标准化和国际化问题。时至今日,根据《食品安全法》及其实施条例的规定,我国的食品添加剂标准主要由卫生部制定和发布。食品添加剂的主要标准包括使用标准和产品标准。《食品添加剂使用标准》(GB2760—2011)规定了我国食品添加剂的定义、范畴、允许使用的食品添加剂品种、使用范围、使用量和使用原则等。食品添加剂产品标准规定了食品添加剂的鉴别试验、纯度、杂质限量以及相应的检验方法。对于尚无产品标准的食品添加剂,根据卫生部、质检总局等九部门《关于加强食品添加剂监督管理工作的通知》(卫监督发〔2009〕89号)规定,其产品质量要求、检验方法可以参照国际组织或相关国家的标准，由卫生部会同有关部门制定。

项目三　食品添加剂的发展趋势

虽然食品添加剂工业化生产的历史不长，但人类实际使用食品添加剂却有着悠久的历史。中国传统点制豆腐的凝固剂——盐卤，约在西汉时期就有应用，一直流传至今；北魏末年（公元 6 世纪）农业科学家贾思勰所著《齐民要术》就曾记载从植物中提取天然色素的方法；作为肉制品防腐和发色的亚硝酸盐，大约在 800 年前的南宋时就用于腊肉的生产，并于公元 13 世纪传入欧洲。在国外，公元前 1500 年埃及墓碑上就描绘了糖果的着色；葡萄酒在公元前 4 世纪也已人工着色了。这些大部分是天然物质的应用。

随着科学技术特别是化学工业技术的进步，人工合成的化学品在食品中的使用越来越多。由于化学合成的添加剂有很多优点，因而在一些方面逐步取代了许多天然添加剂在食品中的应用。例如 1856 年，英国人 W. H. Perkins 发明了第一种人工合成色素苯胺紫以后，人工合成色素几乎全部取代了天然色素在食品中的应用。

但是人们很快意识到它可能会给人类健康带来威胁。早在 18 和 19 世纪，一些食品制造者就开始用色素对质量低劣或腐败的食品着色，从而达到欺骗顾客、推销产品的目的。当时，商店里五颜六色的糖果大多是用具有很高毒性的铜盐和铅盐着色的结果。在食品中掺假的事也时有发生。此后，由于毒理学和化学分析的发展，人们发现有些食品添加剂会导致人体慢性中毒。20 世纪初，一些国家相继对食品添加剂进行管理。到 20 世纪 50 ~ 60 年代，人们陆续发现许多化学物质有致癌性。又由于食品添加剂滥用和误用产生了严重恶果（如 1955 年日本万余名婴儿食用加有含砷的磷酸盐的调制奶粉，造成奶粉中毒事件等），在一些国家内出现了“食品安全化运动”和“消费者运动”等，提出禁止使用食品添加剂，恢复天然食品和使用天然食品添加剂等口号。

正是由于人们对食品添加剂安全性的关注，各国除了对食品添加剂加强管理外，在国际上先后成立了有关食品添加剂的不同组织，对食品添加剂进行全面评价。现在的食品添加剂大多为化学合成物，它在一定阶段内发挥着主导作用且发展迅速。一些食品添加剂，例如着色剂亚硝酸盐虽被认为有一定的毒副作用，但它有抑制肉毒梭状芽孢杆菌从而防止肉类中毒的作用，在尚未找到好的替代品前还是被各国允许使用，只要严格控制其使用量，安全性是可以保证的，但其长期使用或违规使用会对人体健康造成一定的危害，所以相关法律对它的使用量有明确的规定。目前，可以认为，只要按照各有关规定正确使用食品添加剂是安全的。然而在食品添加剂的应用中,有些国家已经开始禁止某些合成添加剂的使用,如对于姜黄素,各国规定只能使用天然提取物,而不能使用合成产品替代。至于天然食品添加剂,尽管人们一般认为比较安全,特别对那些来自果蔬等食物的添加剂,人们的安全感更高。但是天然物并非绝对安全,在提取的过程中还可能混入杂质,对它们也必须进行一定的安全评价。从植物中提取的色素、香料、抗氧化剂等天然植物成分安全无毒或基本无毒,受到了人们的广泛欢迎,成为目前研究开发的重点。

随着人们生活水平的提高,消费者健康意识增强,既要求食品的色、香、味、形等感官质量,又要具有保健、营养等功效;女性要考虑肥胖问题,老年人要考虑血脂,儿童要避免龋齿,这些不断出现的新需求,促使食品添加剂生产企业加大研发投入、改进工艺并发明新技术,通过研究消费者的消费习惯变化来安排产品研发,营养、功能型的添加剂品种成为食品添加剂的发展方向。

由于食品添加剂的种类繁多,功能各异,既有功能互补、协同增效的,也有相互抑制的。随着市场的需要,人们开始对食品添加剂的复配进行研究、开发和应用。生产实践证明复配食品添加剂具有优异的性能,可以产生协同、增效作用或派生出一些新的效用。如某些防腐剂在酸性物质存在的条件下,其防腐效果明显增强。如茶多酚是抗氧化剂,当它与维生素 E 复合使用时,抗氧化效果明显提高;单甘酯与聚甘油酯复合增强了乳化性能等。又如水溶胶中的卡拉胶与其他水溶胶和多糖,甚至与蛋白质之间都有明显的协同作用。水溶胶与某些盐类之间通过复合,可以改善其黏稠度、耐酸性、凝冻性、韧性和其他加工性能。通过食品添加剂的复配,可以改善食品添加剂的性能;拓展使用范围,提高品质和效果,方便添加和使用;降低用量和成本,减少副作用,提高食品添加剂的经济效益和社会效益,使用复配食品添加剂已经成为食品企业研发产品的便捷选择。

由于食品工业的迅速发展,食品添加剂的种类和用量日益增多,使用范围也日益扩大,它们已经成为现代食品工业生产中必不可少的物质,并且成为现代化食品工业的基础之一。正是由于人们对其安全性的关注,食品添加剂目前正朝着安全、天然、高效、营养、多功能和复合型的方向发展。

思考题

1. 什么是食品添加剂?我国允许使用的食品添加剂种类有哪些?
2. 简述食品添加剂对食品品质的影响。
3. 食品添加剂新品种申请需要提供哪些资料?
4. 食品添加剂生产企业需具备哪些条件?
5. 你同意“没有食品添加剂就没有现代食品工业”这个观点吗?为什么?

参考文献

1. 张俭波. 美国食品添加剂管理介绍. 中国食品添加剂,2009(6):45～49.

2. 张俭波. 我国食品添加剂标准化概况. 中国食品添加剂,2010(4):58～61.

3. 徐宝财,水金环. JECFA 对食品添加剂的安全性评价. 食品科技,2006,31(12):1～4.

4. 崔莹. 食品添加剂的发展潮流——复配食品添加剂. 粮油加工,2008(5):114～116.

模块二 食品营养强化剂

学习目标

本模块主要介绍了食品营养强化剂的相关知识，着重介绍了氨基酸、维生素、矿物质及其他营养强化剂的品种、功能和使用。

通过本模块的学习，应掌握营养强化剂的基本知识和营养强化原则，了解营养强化剂的作用、营养强化技术和方法；了解我国营养强化剂的种类、应用范围及使用量的相关法规。

学习任务

了解营养强化剂的主要品种、功能及使用方法。

【案例解析】

加碘盐与普通食盐有什么不同？为什么在食盐中添加碘？食盐加碘主要是为了消除碘缺乏危害而进行的一项综合防治措施。碘缺乏危害是指由于环境缺碘、公民摄碘不足所引起的地方性甲状腺肿、地方性克汀病和对儿童智力发育的潜在性损伤。食盐中加入的碘强化剂包括碘酸钾、碘化钾和海藻碘，但根据《食盐加碘消除碘缺乏危害管理条例》（中华人民共和国国务院令第 163 号）的规定，应主要使用碘酸钾。《（GB26878—2011）食品安全国家标准 食用盐碘含量》规定食用盐的含碘量为 20～30mg/kg（以碘元素计）。而此前公布的《（GB14880—1994）食品营养强化剂使用卫生标准》规定，食盐碘强化量为 20～60mg/kg。为什么需要对标准进行修正呢？这主要是食盐中碘含量偏高，尽管全国范围食盐碘含量的水平处于可接受水平，但约 5 个省处于过量水平，16 个省处于大于适宜量水平，因此应予以下调。在实施食盐加碘的 10 年内，碘过量可致使甲亢的危险性提高；可使隐性的甲状腺自身免疫性疾病转变为显性疾病；长期碘过量可使甲状腺机能减退症（简称甲减）或亚甲减患病的危险性提高。本模块将对食品营养强化剂的使用进行详细论述。

项目一　认识营养强化剂

1. 食品营养强化剂的定义

食品营养强化剂是指为了增加食品中的营养成分而加入到食品中的天然或人工合成的营养素和其他营养物质。这类食品添加剂按性质可分为氨基酸、维生素、矿物质、脂肪酸、碳水化合物等。

目前,几乎没有一种天然食品能满足人体对各种营养素的需要,尤其是在食品烹调、加工、储存等过程中,往往造成部分营养素的损失,需要向食品中添加或补充某些缺乏的营养成分,即进行食品的营养强化。因此,食品的营养强化具有简化膳食处理、方便摄食和营养保健的作用。然而,在食品加工过程中,并非每种产品都需要强化,强化剂的使用要有针对性,在以下情况下可以使用营养强化剂。

(1)用于弥补食品在正常加工、储存时造成的营养素损失。

(2)有充足的证据表明在一定的地域范围内,有相当规模的特定人群出现某种营养素的缺乏,且通过向其提供强化营养素的食品可以改善上述营养素摄入水平低或缺乏导致的健康影响。

(3)有证据表明当某些人群由于饮食习惯或其他原因可能出现某些营养素及其他营养物质的摄入量水平较低或缺乏,且通过添加营养强化剂可以改善上述营养素及其他营养物质摄入水平较低或缺乏导致的健康影响。

(4)当生产传统食品的替代食品时,用于增加替代食品的营养成分。

(5)补充和调整特殊膳食用食品中营养素及其他营养物质的含量。

各种营养素为生命所必需,但不可滥用,必须按我国《食品营养强化剂使用卫生标准》及《食品营养强化剂卫生管理办法》执行。

食品营养强化最初是作为一种公众健康问题的解决方案提出。食品营养强化总的目的是保证人群在各生长发育阶段及各种劳动条件下获得全面、合理的营养,满足人体生理、生活和劳动的正常需要,以维持和提高人类的健康水平。

2. 食品营养强化的意义

(1)弥补天然食物的缺陷,使其营养趋于均衡　人类的天然食物,几乎没有一种单纯食物可以满足人体的全部营养需要,由于各国人民的膳食习惯、地区食物生产及收获品种、生活水平等限制,很难保证日常膳食能包含所有的营养素,往往会出现某些营养的失衡与缺陷。根据营养调查,各地普遍缺少维生素 B_2,食用精白米、精白面的地区缺少维生素 B_1,果蔬缺乏的地区常有维生素 C 缺乏,而内地往往缺碘。这些问题如能在当地的基础膳食中有的放矢的通过营养强化来解决,就能减少和防止疾病的发生,增强人体体质。

(2)弥补营养素的损失,维持食品的天然营养特性　食品在加工、储藏和运输中往往损失某些营养素。如精白面中维生素 B_1 已损失了相当大的比例,同一种原料,因加工方法不同,其营养素的损失也不同。在实际生产中,应该尽量减少食品在加工过程中的损耗。

(3)简化膳食处理,增加方便性　由于天然的单一食物仅能供应人体所需的某些营养素,人们为了获得全面的营养需要,应该同时食用多种食物,食谱比较广泛,膳食处理也就比较复杂。采用营养强化就可以克服这些复杂的膳食处理。

(4)适应特殊职业的需要　军队以及从事矿井、高温、低温作业及某些易引起职业病的工作人员,由于劳动条件特殊,多需要高能量、高营养的特殊食品,且对某些特定营养素都有特殊的需要。因此,这类强化食品极为重要,已在军需食品等领域被广泛应用。

(5)强化的其他意义　某些强化剂可提高食品的感官质量及改善食品的保藏性能。如维生素 E、维生素 C 既是食品中主要的强化剂,又是良好的抗氧化剂。

项目二　营养强化剂的分类与各论

一、氨基酸与蛋白质

氨基酸是蛋白质的基本构成单位,也是代谢所需其他胺类物质的前身。食物中的蛋白质不能直接被人体吸收利用,需要先经消化分解成氨基酸后才能被吸收,体内利用这些氨基酸再合成自身蛋白质。所以机体对蛋白质的需要实际上是对氨基酸的需要。组成蛋白质的氨基酸有 20 多种。其中大部分在体内可由其他物质合成,但色氨酸、亮氨酸、异亮氨酸、缬氨酸、苯丙氨酸、赖氨酸、苏氨酸和蛋氨酸等,在机体内不能合成或合成的量不足,必须由食物供给,即必需氨基酸。另外,组氨酸对婴儿也是一种必需氨基酸。如果必需氨基酸中有一种不足,就不能有效合成蛋白质。作为食品强化用的氨基酸和含氮化合物主要是八种必需氨基酸或其盐类。

许多食品缺乏一种或多种必需氨基酸,例如谷物食品缺乏赖氨酸,玉米食品缺乏色氨酸,豆类缺乏蛋氨酸。我国人民多以谷物为主食,因而赖氨酸便是人们最常用的氨基酸类强化剂。现就通常用于食品强化的赖氨酸及氨基乙基磺酸介绍如下。

（一）赖氨酸

赖氨酸是谷物中的第一限制性氨基酸，因此在谷物类食品中强化赖氨酸是提高其蛋白质营养价值的有效途径。赖氨酸缺乏将引起蛋白质代谢障碍，导致生长迟缓、发育不全、体重下降、食欲不振、血中蛋白减少等。

成人每日赖氨酸的最小需要量（以L－赖氨酸计）：男性约0.8g/kg体重，女性约0.4g/kg体重，幼儿180mg/kg体重。我国GB14880—2012规定：L－赖氨酸可应用于大米及其制品、小麦粉及其制品、杂粮粉及其制品、面包中。我国允许使用的赖氨酸强化剂为L－盐酸赖氨酸和L－赖氨酸天门冬氨酸盐。

1. L－盐酸赖氨酸

L－盐酸赖氨酸为白色结晶或结晶性粉末，无臭，易溶于水，极微溶于乙醇，不溶于乙醚。一般条件下较稳定，有时稍着色，与维生素C或维生素K_3共存时易着色，碱性时在还原糖的存在下加热则被分解，吸湿性强。从生理功能角度看，1.25g L－赖氨酸盐酸盐相当于1g L－赖氨酸。

L－盐酸赖氨酸的LD_{50}为10.75g/kg体重（大鼠，经口）。1985年，被美国FDA列为GRAS物质。L－盐酸赖氨酸现行国家标准为GB 10794—2009。

2. L－赖氨酸天门冬氨酸盐

L－赖氨酸天门冬氨酸盐为白色粉末，无臭或稍有臭气，有特异味，易溶于水，难溶于乙醇、乙醚。将L－天门冬氨酸加入游离的L－赖氨酸制得，一方面发挥了赖氨酸提高谷物食品蛋白质效价的功能，另一方面又增加了天门冬氨酸的生理功效。L－赖氨酸因易吸收空气中的CO_2变成碳酸盐，且又有潮解性而难于处理，当与作为呈味剂的天门冬氨酸结合成盐时，则使用方便。

L－赖氨酸天门冬氨酸盐兼有强化和调味两种作用，用作L－赖氨酸的强化剂，也可用于清凉饮料及面包等的调味。

1.910g L－赖氨酸天门冬氨酸盐的生理功能相当于1g L－赖氨酸，或1.529g L－赖氨酸天门冬氨酸盐的生理功能相当于1g L－盐酸赖氨酸。

（二）氨基乙基磺酸

氨基乙基磺酸又称牛磺酸，系从牛胆汁中分离、发现而得名。牛磺酸为白色结晶或结晶性粉末，无臭、微酸，对热稳定，可溶于水，极微溶于95%乙醇，不溶于无水乙醇，在稀溶液中呈中性。

牛磺酸是一种分布甚广，但不是蛋白质组成成分的含硫氨基酸，在体内以游离状态存在，不参与体内蛋白质生物合成，但它是脊椎动物中枢神经系统中含量最丰富的游离氨基酸。牛磺酸是人体生长、发育过程中所需的一种条件必需氨基酸，它对促进儿童，尤其是婴幼儿大脑等重要器官的生长、发育有重要作用。对用牛乳喂养的婴幼儿，因牛乳所含牛磺酸甚微，将因摄入牛磺酸不足而影响生长发育。牛磺酸防治缺铁性贫血有明显效果，它不仅可以促进肠道对铁的吸收，还可增加红细胞膜的稳定性；牛磺酸还是人体肠道内双歧菌的促生因子，优化肠道菌群；还具有抗氧化、延缓衰老作用。

我国GB14880—2012规定:牛磺酸可用于调制乳粉、豆粉、豆浆粉、果冻、豆浆、含乳饮料、特殊用途饮料、风味饮料和固体饮料类。

作为一种天然成分,未发现牛磺酸有任何毒性作用。牛磺酸现行国家标准为GB 14759—2010。

二、维生素

维生素是一类促进人体生长发育和调节生理功能所必需的小分子有机物,具有调节人体新陈代谢、维持机体生命和健康的作用。维生素大多不能在体内合成或合成量甚微,在体内的储存量也很少,因此必须经常由食物供给。维生素种类很多,按溶解性的不同有脂溶性维生素和水溶性维生素之分。脂溶性维生素有维生素A、维生素D、维生素E、维生素K四种。其中维生素A和维生素D是较常用的两种食品营养强化剂,另外,维生素E营养强化的应用研究也有很多报道。水溶性维生素包括维生素B族和维生素C。通常需要强化的B族维生素主要是维生素B_1、维生素B_2、维生素B_3、维生素B_6、维生素B_{12}等。但营养强化水溶性维生素最常用的仍是维生素C,而且随着对维生素C认识和研究的不断深化,其营养强化的应用已不仅局限于防治坏血病,还涉及抗氧化、利于机体对钙、铁的吸收、增加机体抗体形成、解毒等多个方面。

维生素通常存在于各种食品中。人体通过食物可摄取一定量的维生素,如果膳食搭配合理,并采用科学的烹调方法,人体一般不会出现维生素缺乏。但有些人群由于膳食单调,以及维生素在加工过程中的损失,致使人体维生素的摄取不足。当膳食中长期缺乏某种维生素时,就会引起人体出现各种疾病。如脚气病(维生素B_1缺乏症)、佝偻病(维生素D缺乏症)以及坏血病(维生素C缺乏症)等。

维生素是食品中应用最早,也是目前国际上应用最广、最多的一类强化剂。我国目前允许使用的有维生素A、维生素B_1、维生素B_2、维生素B_6、维生素B_3(维生素PP、烟酸)、维生素C和维生素D等。

(一)维生素A类

维生素A是一类具有与全反式视黄醇结构相似的物质总称,包括视黄醇、视黄醛、视黄酸及其酯。维生素A为淡黄色油溶液,冷冻后可固化,几乎无臭或微有鱼腥味,极易溶于三氯甲烷或酯类中,溶于无水乙醇和植物油,不溶于甘油和水。维生素A在碱性条件下较稳定,酸性条件下不稳定,与维生素C共存时得到保护,受空气、氧、光和热的影响而逐渐降解,水分活度升高加速降解,通过降低湿度、隔绝氧气、添加抗氧化剂以及低温保存等措施可显著减缓维生素A的降解过程。

机体缺乏维生素A会产生抵抗疾病和传染的能力降低、骨骼及牙齿发育不良、夜盲症、上皮细胞(黏膜及皮肤)角质化、干眼病等皮肤会变得干燥、粗糙和鳞屑化。维生素A在自然界中主要以乙酸酯和棕榈酸酯形式存在,但视黄酸和视黄醛并不常见。在人体、鱼类、鸟类及蛋、乳和乳制品中均存在维生素A。维生素A大多以棕榈酸酯形式储存于肝脏中,且所有顺式同分异构体的生物活性都不同程度的低于反式同分异构体。

维生素A的常用单位是国际单位(IU)。一个国际单位维生素A相当于0.33μg视黄醇或视黄醇当量(RE)。β-胡萝卜素强化可折算成维生素A表示,1μg β-胡萝卜素等于0.167μg视黄醇。

维生素A的允许使用限量为5000 IU。我国营养学会2000年制定的中国居民膳食营养素参考摄入量(DRIs)中对维生素A的摄入有着严格的标准:6个月到4岁的婴幼儿每日400μgRE;4~7岁的儿童500μgRE;7~11岁的儿童600μgRE;随着年龄的增长摄入量也应该相应增加,非哺乳期的成年人一般不得超过800μgRE;而乳母的摄入量可以高达1200μgRE。摄食超过300,000IU和100,000IU的维生素A会对儿童和婴儿产生毒性,具体中毒症状包括:头痛、晕车、呕吐、厌食、晕眩、视力倾斜等。

我国维生素A强化一般用于乳制品、婴幼儿食品等。近年我国开始大批量生产和销售维生素A强化食用油。我国GB14880—2012规定:维生素A可用于调制乳、调制乳粉、植物油、人造黄油及其类似品、豆粉、豆浆粉、豆浆、冰淇淋类、雪糕类、大米、小麦粉、即食谷物(包括碾轧燕麦片)、西式糕点、饼干、含乳饮料、固体饮料、果冻和膨化食品中。可作为维生素A来源的营养强化剂包括:乙酸视黄酯(乙酸维生素A)或棕榈酸视黄酯(棕榈酸维生素A)及β-胡萝卜素。

维生素A的LD_{50}为10.75g/kg体重(大鼠,经口)。维生素A现行国家标准为GB 14750—2010。

(二)维生素B类

我国允许用于强化的维生素B类包括维生素B_1、维生素B_2、维生素B_6和维生素B_3。

1. 维生素B_1

维生素B_1又称硫胺素,用于预防脚气病。硫胺素在体内参与酶反应,与糖、蛋白质的代谢有关,缺乏时,可致糖代谢紊乱,并影响氨基酸、脂肪酸的合成,导致脚气病。我国允许用作维生素B_1营养强化剂的是盐酸硫胺素或硝酸硫胺素。

(1)盐酸硫胺素　盐酸硫胺素为白色针状结晶或结晶性粉末,有微弱米糠似的特殊臭味,味苦,干燥品在空气中易吸潮,极易溶于水。在酸性条件下对热比较稳定,pH3时,即使高压蒸煮至140℃,1h后,其损失率亦很小,而在中性或碱性条件下则易分解;在pH高于7的情况下煮沸,可以使其大部分或全部破坏。甚至在室温下贮存亦可逐渐降解。氧化和还原作用均可使其失去活性,且可被亚硫酸盐与硫胺分解酶所破坏。

盐酸硫胺素的LD_{50}为7700~15000mg/kg体重(小鼠,经口);美国FDA将其列为GRAS(§182.5875,2000)物质。维生素B_1(盐酸硫胺素)的现行国家标准为GB 14751—2010。

(2)硝酸硫胺素　硝酸硫胺素为白色或微黄色结晶或结晶性粉末,有微弱的特异臭,在水中略溶,在乙醇或三氯甲烷中微溶。对碱或在空气中的稳定性比盐酸硫胺素高,添加在面包等食品中的效果比盐酸硫胺素好。0.97g硝酸硫胺素与1g的盐酸硫胺素的生理效果相等。

硝酸硫胺素的LD_{50}为(387.3±1.65)mg/kg体重(小鼠,腹腔注射);美国FDA将其列为GRAS(§182.5878,2000)物质。我国GB14880—2012规定:维生素B_1可用于儿童用调制乳粉、孕产妇用调制乳粉、豆粉、豆浆粉、豆浆、胶基糖果、大米及其制品、小麦粉及其制品、杂粮粉及其制品、即食谷物(包括碾轧燕麦片)、面包、西式糕点、饼干、含乳饮料、风味饮料、固体饮料类和果冻中。

2. 维生素B_2

维生素B_2又称核黄素。在我国营养状况的调查中发现,儿童由于生长发育较快,代谢旺盛,很容易缺乏维生素B_2。人体缺乏核黄素可致口角炎和舌炎。自然界富含维生素B_2的食物来源有奶类及其制品、动物肝脏与肾脏、酿造酵母、绿叶蔬菜、鱼、蛋类。

维生素B_2为橙黄色的结晶性粉末,微臭,味微苦,微溶于水,易溶于氢氧化钠稀溶液中,亦易溶于氯化钠溶液中。对热和酸比较稳定,在中性和酸性溶液中,即使短时间高压消毒也不致破坏,约在280℃时熔融,同时分解。但在碱性溶液中则易被破坏,特别易受紫外线所破坏,对还原剂也不稳定。

维生素B_2的生产可采用发酵法和合成法。发酵法成本低,产量高,是将豆渣、麦麸、小米等原料浸泡数小时后,蒸熟,将混合物水分控制在50%左右,装入培养瓶,接入阿氏甲囊酵母,当培养基上长满黄色菌丝后,烘干得到核黄素粗品,再经分离得到高纯制品。化学合成法是用葡萄糖为原料,先制得D-核糖,再经过缩合、氢化等一系列反应得到核黄素。

我国GB14880—2012规定:核黄素的使用范围与维生素B_1基本相同,但不可用于风味饮料中。

核黄素在水中溶解度低,而核黄素磷酸酯钠在水中溶解度比核黄素约高100倍,便于分散在液体食品中。近年来,国外多用核黄素磷酸酯钠代替核黄素强化液体食品。核黄素不溶于油,而核黄素丁酸酯易在油脂中分散。所以,高油脂的食品如人造奶油、花生酱等用核黄素丁酸酯较方便。

上述两种核黄素的衍生物均具有维生素B_2的功效,通常1.745g核黄素丁酸酯相当于1g核黄素,1.367g核黄素磷酸酯钠相当于1g核黄素。

核黄素的ADI为0~0.5mg/kg体重(FAO/WHO,2001);小鼠给予需要量的1000倍(0.34g/kg),未发现任何异常。美国FDA将其列为GRAS(§182.5695,§184.1695,2000)物质。维生素B_2的现行国家标准为GB14752—2010。

3. 维生素 B_6

维生素 B_6 一般有三种形式，即吡哆醇、吡哆醛及吡哆胺。我国规定用于食品强化的为盐酸吡哆醇和 5－磷酸吡哆醇。

盐酸吡哆醇为白色或类似白色的结晶或结晶性粉末，无臭，味微苦，易溶于水，耐酸、耐碱，但耐热性差。维生素 B_6 是机体内很多酶如转氨基酶、脱羧酶、消旋酶、脱氢酶、合成酶和羟化酶等的辅酶，且可帮助糖类和蛋白质的分解、利用。缺乏时有类似烟酸的缺乏症，出现多发性神经病。此外维生素 B_6 还参与色氨酸将烟酸转化为 5－羟色胺的反应，并可刺激白细胞的生长，是形成血红蛋白所需要的物质。

维生素 B_6 的分布很广，人体肠道内的微生物也能合成一部分维生素 B_6。成年人一般不会缺乏，但在儿童时期、妊娠期和受电离辐射及在高温等特殊环境下，可能会出现维生素 B_6 不足现象。基于该维生素与氨基酸代谢之间的密切关系，其需要量实际上随蛋白质摄入量增加而提高。有学者建议，膳食维生素 B_6 供给量最好按照每摄入 1g 蛋白质配给 0.02mg 的比例确定。

我国 GB14880—2012 规定：维生素 B_6 可用于调制乳粉、即食谷物（包括碾轧燕麦片）、饼干、其他焙烤食品、饮料类（包装饮用水类除外）和果冻中。

维生素 B_6 的 LD_{50} 为 4000mg/kg 体重（大鼠，经口）；美国 FDA 将其列为 GRAS（§182.5676，2000）物质。

维生素 B_6（盐酸吡哆醇）的现行国家标准为 GB 14753—2010。

4. 烟酸、烟酰胺

烟酸又称维生素 PP、维生素 B_3 或尼克酸，因有防止癞皮病的作用，又称抗癞皮病维生素。烟酸及其酰胺——烟酰胺具有同样的生物效价，最初从肝脏中提取获得。

维生素 B_3 是维生素中最稳定的一种，为白色针状结晶，无臭，味微酸，易溶于热水，有升华性，无吸湿性。不受光、热、氧所破坏。烟酸在体内以烟酰胺的形式存在，故强化食品所用的维生素 B_3 多为烟酰胺。烟酸是 B 族维生素中唯一能在动物组织中合成的一种维生素（由色氨酸合成）。

维生素 B_3 在食物中分布较广，酵母、肝、肉、鱼、绿叶蔬菜等含量较多。谷物中的维生素 B_3 主要存在于麸皮、米糠中。只要膳食搭配合理，一般不会出现维生素 B_3 缺乏症。但以玉米为主食且烹调不当，而又缺乏副食品的地区居民，易出现维生素 B_3 缺乏症。若其缺乏时，可产生糙皮病，表现为皮炎、舌炎、口角炎、腹泻及烦躁、失眠等症状。

玉米中烟酸的含量虽然与大豆几乎相同，但是，大部分为生物不能利用的结合型，故玉米作为主食时需要强化烟酸。实验证明：玉米粉中加入 0.6% 的碳酸氢钠，煮沸以后，可以将结合型的烟酸释放出来，为机体所利用。

我国 GB14880—2012 规定：烟酸及烟酰胺可用于儿童用调制乳粉、孕产妇用调制乳粉、豆粉、豆浆粉、豆浆、大米及其制品、小麦粉及其制品、杂粮粉及其制品、面包、即食谷物(包括碾轧燕麦片)、饼干、饮料类(包装饮用水类除外)和固体饮料类中。

(三)维生素C类

维生素C又称抗坏血酸或L－抗坏血酸,缺乏它可引起坏血病。维生素C广泛存在于植物中,新鲜的水果和蔬菜特别是柑橘、枣、山楂、番茄、辣椒、豆芽,以及刺梨、猕猴桃中含量较多。只要能经常吃到足够的新鲜果蔬,并注意使用合理的烹调方法,一般不至于缺乏。但因季节、地区的差异及加工食品中维生素C的损失,往往也有强化的必要,尤其对婴儿食品,则常需强化。

维生素C用于强化食品很受欢迎,因为多年宣传使消费者认识到它对健康具有有益的作用,例如能预防感冒,并且其耐受量相当大。有证据表明维生素C可能对心脏病和癌症具有预防作用,在体内可参与红细胞氧化还原过程和胆固醇代谢、氨基酸代谢及四氢叶酸的合成。不过维生素C也存在不稳定问题,对氧和光敏感。

强化用的维生素C主要为抗坏血酸及其钠盐、L－抗坏血酸及其钠盐、维生素C磷酸酯镁、抗坏血酸钾及抗坏血酸－6－棕榈酸盐(抗坏血酸棕榈酸酯)。

1. L－抗坏血酸及L－抗坏血酸钠

L－抗坏血酸为白色至浅黄色晶体或结晶性粉末,无臭,可赋予食品强烈酸味,在水中溶解度很高,也溶解于95%乙醇和甘油,不溶于油脂,熔点190～192℃。干燥空气中或pH 3.4～4.5时稳定,受光照可褐变,遇铜、铁等离子、氧化酶以及碱可加速氧化。

我国GB14880—2012规定:L－抗坏血酸可用于强化风味发酵乳、含乳饮料、果冻、调制乳粉、水果罐头、果泥、豆粉、豆浆粉、胶基糖果、除胶基糖果以外的其他糖果、即食谷物(包括碾轧燕麦片)、果蔬汁(肉)饮料(包括发酵型产品等)、水基调味饮料和固体饮料类中。

L－抗坏血酸钠用于强化食品基本与L－抗坏血酸相同。因抗坏血酸呈酸性,不适宜添加到乳与乳制品中,可使用L－抗坏血酸钠。

使用L－抗坏血酸或其钠盐应尽量避免受热和与金属离子接触,否则会失去维生素C的功效。L－抗坏血酸以葡萄糖为原料,在镍催化下加氢生成山梨醇,再经醋酸杆菌发酵氧化成L－山梨糖,然后在浓硫酸催化下与丙酮发生缩合生成双丙酮缩L－山梨糖,再在碱性条件下用高锰酸钾氧化制得。

L－抗坏血酸及L－抗坏血酸钠的性质和其他方面的作用参见模块四。

维生素C毒性极小,ADI不作特殊规定(FAO/WHO,2001);FAO/WHO建议的每日摄入量:12岁以下婴幼儿20mg,13岁以上30mg,孕妇(第2～3个月)50mg,授乳妇50mg;毒性试验显示,维生素C的LD_{50}≥5g/kg体重(大鼠,经口)。美国FDA将其列为GRAS(§182.3013,§182.5013,§182.8013,2000)。维生素C的现行国家标准为GB 14754－2010。

2. L－抗坏血酸衍生物

L－抗坏血酸不耐热，遇热及接触空气后易破坏，对碱不稳定，金属离子可加速其氧化而被破坏。近年来，我国合成的维生素C磷酸酯镁（或维生素C磷酸酯钙）是一种优良的水溶性维生素C的衍生物，稳定性高，在金属离子（铜离子、铁离子）存在下煮沸30min基本无变化，而在同样情况下维生素C的损失为70%～80%。

L－抗坏血酸棕榈酸酯是一种良好的脂溶性维生素C衍生物，便于添加到高油脂食品中。添加到食品中的抗坏血酸棕榈酸酯虽经高温加工，活性仍保持完好，在食品中强化这类维生素C衍生物优于维生素C。

L－抗坏血酸棕榈酸酯安全性高，ADI为0～1.25mg/kg体重；LD_{50}为25070mg/kg体重（小鼠，经口）。L－抗坏血酸棕榈酸酯的现行国家标准为GB 16314—1996。

（四）维生素D类

维生素D是一种脂溶性维生素，是所有具有胆钙化醇（维生素D_3）生物活性类固醇的统称。这是一类可防治佝偻病的维生素，故又有抗佝偻病维生素之称。目前已知固醇类衍生物具有抗佝偻病作用的有多种。其中以维生素D_2和维生素D_3较重要，亦用于强化食品。

维生素D_2，又名麦角钙化醇，为无色针状结晶或白色结晶性粉末，无臭，无味，不溶于水，微溶于植物油，易溶于乙醇。在空气中易氧化，对光不稳定，对热相当稳定，溶于植物油时亦相当稳定，但有无机盐存在时则迅速分解。维生素D_2与体内钙与磷的代谢有关，缺乏时，易引起儿童佝偻病和成人软骨症。一般以酵母麦角甾醇为原料制取。

维生素D_2在毒性试验中，成人经口急性中毒量为100mg/d；小鼠致死量为20mg/kg（6d间）；大鼠经口的LD_{50}为42mg/kg体重；美国FDA将其列为GRAS（§182.5950，2000）物质。维生素D_2的现行国家标准为GB 14755—2010。

维生素D_3又名胆钙化醇，为无色针状结晶或白色结晶性粉末，无臭、无味，不溶于水，微溶于油，易溶于乙醇。在耐热、酸、碱和氧方面均较维生素D_2稳定，但也受空气和光照的影响。

维生素D_3大鼠经口LD_{50}为42mg/kg体重；美国FDA将其列为GRAS（§182.5953，2000）物质。维生素D的活性以D_3为参考标准，1μg胆钙化醇等于40IU维生素D。

我国维生素D的每日膳食量供给标准不论成人还是儿童均为10μg。若儿童长期每日摄取4万IU，成人长期每日摄取10万IU以上，均可引起中毒，出现厌食、恶心、呕吐、腹泻头痛等症状，应予以注意。

我国GB14880—2012规定：维生素D可以在调制乳、调制乳粉、人造黄油及其类似制品、冰淇淋类、雪糕类、豆粉、豆浆粉、豆浆、藕粉、即食谷物（包括碾轧燕麦片）、饼干、其他焙烤食品、果蔬汁（肉）饮料（包括发酵型产品等）、含乳饮料、风味饮料、固体饮料类、果冻和膨化食品中应用。

(五)左旋肉碱

左旋肉碱,别称 L-肉碱、维生素 BT,是一种类维生素和类氨基酸物质,存在于各种组织中,以动物组织中较多。为白色晶体或白色透明细粉,略有特殊腥味,极易溶于水(250g/100g),易溶于乙醇和碱,几乎不溶于丙酮和乙酸盐。

L-肉碱-L-酒石酸盐又名维生素 BT-L-酒石酸,为白色结晶性粉末,易溶于水(50g 溶于 100mL 水中),熔点为 169~175℃。

左旋肉碱是一种特定条件必需营养素。一些组织如心肌、骨骼肌等需要左旋肉碱进行正常的代谢,并依赖从其他组织转运左旋肉碱供应代谢的要求。研究表明,左旋肉碱具有明显的加速脂肪氧化功能的作用,能提高机体对脂肪的利用,促进体内脂肪燃烧。其作用机理为,左旋肉碱作为载体以脂酰肉碱形式参与脂肪酸代谢,在线粒体膜外转运入膜内,在线粒体内将脂肪代谢,使其进行 β-氧化并转化为能量。并且左旋肉碱浓度越高,脂酰基转运越快,脂肪酸氧化也越快。在2003年被国际肥胖健康组织认定为最安全无副作用的减肥营养补充品。

L-肉碱参与许多代谢过程,包括精子的成熟和活动,降低血浆胆固醇,提高人体的耐力,运动后快速恢复。Watanable 等人研究发现,左旋肉碱能提高疾病患者在练习中的耐受力。在较高强度长时间运动时,运动肌肉的主要能量来源于脂肪酸氧化,补充左旋肉碱,使体内左旋肉碱浓度升高,脂酰 CoA 进入线粒体的速度增快,从而节省糖的利用,延长运动的耐受时间。大量的人体和动物实验表明,左旋肉碱还具有抗心肌缺血、抗心率失调和降血脂作用(王英,2004)。

体内合成肉碱需要 6 个因子,即赖氨酸、蛋氨酸、烟酸、维生素 C、维生素 B_6 和铁等,其中 L-赖氨酸是合成肉碱的骨架。因此,肉碱成为食品中需要强化的营养素。

L-肉碱极易吸潮,而 L-肉碱-L-酒石酸吸湿性差,适用于配制固体制品、片剂、胶囊。L-肉碱-L-酒石酸盐换算为 L-肉碱,系数为 0.68。

我国 GB14880—2012 规定:L-肉碱可用于调制乳粉、果蔬汁(肉)饮料(包装发酵型产品等)、含乳饮料、风味饮料、特殊用途饮料(仅限运动饮料)和固体饮料类。

左旋肉碱的安全性试验中,ADI 为 20mg/kg 体重;兔经口服 LD_{50} 为 2272~2444mg/kg 体重。左旋肉碱的现行国家标准为 GB 17787—1999,L-肉碱酒石酸盐的现行国家标准为 GB25550—2010,卫生部 2011 年第 8 号公告指定标准。

三、矿物质

矿物质是构成人体组织和维持机体正常生理活动所必需的成分,它既不能在体内合成,也不会在新陈代谢过程中消失。但是体内每天都有一定量的矿物质排出,故需从食品中补充。矿物质营养强化剂按形态可分为无机盐和有机盐两类,构成人体的无机元素,按其含量多少,一般可分为常量元素和微量元素两类。前者含量较大,通常以百分比计,有钙、磷、钾、钠、硫、氯、镁等7种。后者含量甚微,食品中含量通常以mg/kg计。目前所知的必需微量元素有14种,即铁、锌、铜、碘、锰、硒、钼、镍、氟、钒、铬、钴、硅和锡等。矿物质在食物中分布很广,一般均能满足机体需要,但是某些种类仍容易缺乏,如钙、铁、锌、碘、硒等。特别是处于生长发育期的婴幼儿、青少年及孕妇、乳母,钙和铁的缺乏较为常见,碘的缺乏依环境条件而异。此外,有人认为锌、硒对特定人群也有强化的必要。近年来应用较多的矿物质类营养强化剂主要有铁、锌、钙以及碘强化剂等。现将这些矿物质强化剂扼要介绍如下。

(一)钙盐

钙为骨骼正常生长和发育所必需,人体内99.7%的钙以钙盐的形式存在于骨骼和牙齿中。从化学组成上可将钙分为无机钙和有机钙两类。碳酸钙、磷酸钙等所含的钙为无机钙;动物骨骼中的钙、乳酸钙和葡萄糖酸钙中的钙为有机钙。有机钙可溶于水,无机钙难溶于水,是以微粒悬浮于溶液中。

食品中所用的钙质强化剂种类很多,使用最多的是碳酸钙,其次是磷酸氢钙、乳酸钙、葡萄糖酸钙等,也有将动物骨骼脱脂干燥所制得的骨粉作为钙质强化剂使用。

我国GB14880—2012规定:钙质强化剂可用于调制乳、儿童用调制乳粉、孕产妇用调制乳粉、干酪和再制干酪、冰淇淋类、雪糕类、豆粉、豆浆粉、大米及其制品、小麦粉及其制品、杂粮粉及其制品、面包、藕粉、即食谷物(包括碾轧燕麦片)、西式糕点、饼干、其他焙烤食品、肉灌肠类、肉松类、肉干类、脱水蛋制品、醋、饮料类(包装饮用水类除外)和果冻中。

现将几种常用的钙质强化剂介绍如下。

1. 碳酸钙

碳酸钙按生产方法分为重质碳酸钙(粒径为30~50μm)、轻质碳酸钙(粒径为5μm)和胶体碳酸钙(粒径0.03~0.05μm)三种。我国作为食品添加剂使用的多为轻质碳酸钙。但因胶体碳酸钙在人体内的消化吸收率高于其他两种碳酸钙,且可与水形成均匀的乳浊液,近年来也常作为食品添加剂使用。

碳酸钙为白色粉末,无定形结晶,无臭,无味,置于空气中不起化学变化,有轻微的吸湿性,几乎不溶于水,微溶于含有铵盐或二氧化碳的水中。

碳酸钙主要用于钙强化、氢离子调节、配制发酵粉等。作为钙强化用时,通常用于面包、饼干以及代乳粉等婴幼儿食品。在面包、饼干中的使用量一般为0.5%~1.2%,钙奶面包中的用量为1%左右。碳酸钙强化面包时,一般可与维生素D配合使用,效果较好,也可添加适量的磷脂。使用这些添加剂除达到营养强化,促进钙质吸收的目的外,在面包发酵时还可作为酵母的营养物,促进酵母的繁殖,改进面筋的性质,有利于面包的加工。一些婴儿配方乳粉在配料时添加碳酸钙和磷酸钙,经混匀、保温、高压均质、喷雾干燥等配成钙营养强化代乳粉。

碳酸钙的ADI不需要规定,其现行国家标准为GB 1898—2007。

2.磷酸氢钙

磷酸氢钙为白色粉末或结晶性粉末,无臭、无味,置于空气中无变化。几乎不溶于水,易溶于盐酸和硝酸,加热到75℃以上成无水盐,强热时,则变成焦磷酸钙。

鉴于钙与磷酸盐代谢之间的相互作用,摄入过多磷酸盐会降低钙吸收率,故钙/磷质量比应该大于1:1。由于在食品中存在一些磷酸盐,所以应添加其他钙源提高钙/磷比值,以获得足够的钙吸收量。

磷酸氢钙可用于面包、饼干和代乳品。在代乳品中与碳酸钙并用,以调节钙/磷比值。在钙质饼干和面包中一般添加量为2~10g/kg,在钙奶面包中使用量为2.5g/kg。磷酸氢钙用于面包最为理想,除了具有强化作用外,在面包发酵中可作为酵母的营养物质,也可作为面团的改良剂使用。

磷酸氢钙的ADI为0~70mg/kg体重(以磷计的总磷酸盐量,FAO/WHO,2001),其现行国家标准为GB 1889—2004。

3.磷酸钙

磷酸钙为白色粉末,无臭、无味,几乎不溶于水,但易溶于稀盐酸中,在空气中稳定。

磷酸钙的ADI为0~70mg/kg体重(以磷计的总磷酸盐量,FAO/WHO,2001)。

4.L-乳酸钙

乳酸钙为白色颗粒或粉末,几乎无臭,在水中缓慢溶解成澄清或微浑浊的溶液,易溶于热水。水溶液pH为6.0~7.0;于120℃时可变为无水物;乳酸钙略有风化性或基本不潮解,吸收率较高。

在钙质强化剂中,人体对乳酸钙的吸收率最高,适于做婴幼儿及学龄前儿童食品的营养强化剂。因乳酸钙的水溶性比无机钙好,也适于强化各种饮料。乳酸钙除作为钙质强化剂外,还可作为发酵粉的缓冲剂。

乳酸钙的ADI不需要规定;美国FDA将其列为GRAS物质。L-乳酸钙的现行国家标准为GB 25555—2010。

5.葡萄糖酸钙

葡萄糖酸钙为白色结晶性或颗粒性粉末,无臭、无味,在空气中稳定,在水中缓慢溶解,易溶于热水。但通常带一分子结晶水,称葡萄糖酸钙一水合物。

葡萄糖酸钙可作为一般食品的钙质强化剂,通常用量为1%以下,是婴儿补钙的常用钙源,还能降低毛细血管渗透性,增加毛细血管壁的致密度,改善组织细胞膜的通透性。制作油炸食品时,添加适量,除有营养强化作用外,还可防止油脂氧化变质,提高制品感官质量。

葡萄糖酸钙是毒性最低的一种有机酸钙，用10%葡萄糖酸钙对家兔皮下和静脉注射一周，未见异常。葡萄糖酸钙的ADI不作限制性规定；美国FDA将其列为GRAS物质。葡萄糖酸钙的现行国家标准为GB 15571—2010。

6. 活性钙

活性钙是以牡蛎为原料经高温煅烧、精制而成。活性钙洁白、细腻，含钙量在50%以上。

活性钙在模拟胃液的条件下（pH1.7～2，35～37℃），比碳酸钙更易于离子化，故又有"活性离子钙"之称。基于此，活性钙更易被人体吸收。

我国GB14880—2012规定：活性钙可作营养强化剂使用，并按营养强化剂有关规定确定用量。具体应用时可作为发酵面团的中和剂，以代替碳酸钠或碳酸氢钠，既可降低机体对钠的摄入量，又可补充人体钙摄取的不足。在面团中的一般用量为0.8g/kg。

活性钙在毒性试验中，LD_{50}为（10.25±1.58）g/kg体重（小鼠，经口），其现行国家标准为GB 9990—2009。

7. 生物钙

生物钙是以牡蛎为原料，经仔细清洗、处理后粉碎精制而成。为白色粉末，含钙量36%。主要是碳酸钙，故又有生物碳酸钙之称，以区别于碳酸钙和轻质碳酸钙。

生物钙安全性高。美国FDA将其列为GRAS（§184.1191，§182.5191，2000）物质。动物试验和人体临床观察表明生物钙的吸收率、存留率均高，且可与公认易于吸收的酪蛋白酸钙及碳酸钙等相媲美。当在生产面包及面条作钙强化用时，对产品的感官质量无影响。

生物碳酸钙的现行标准为QB 1413—1999。

（二）铁盐

铁是构成机体血液不可缺少的成分。人们长期食用缺铁或低铁食物就会导致缺铁性贫血，这种病在妇女和儿童中较为多见。贫血是世界性的公共营养问题，全球儿童、孕妇和非孕妇女的平均贫血发病率分别为47.4%、41.8%和30.2%，发展中国家较发达国家情况更为严重。贫血会导致婴幼儿行为、情感和认知能力的损害，促进人体血栓的形成，提高心脏病的发病率，还会增加人体细胞的氧化应激，降低人体DNA的稳定性（吴浩浩，2010）。铁强化食品可防治这种营养缺乏病。在我国，铁强化食品的研制起步较晚，用于强化食品的铁强化剂较少。

铁营养强化剂经历了从无机铁到有机铁，再到络合铁的发展历程，蛋白质铁是铁营养强化剂研究和开发的新方向。

硫酸亚铁、焦磷酸铁和正磷酸铁等无机铁盐均进行过铁营养强化的尝试，水溶性的硫酸亚铁生物利用率可达100%，难溶性的焦磷酸铁和正磷酸铁的生物利用率分别为21%～74%和25%～32%。

有机盐类铁营养强化剂可以分为水溶性和水难溶－稀酸溶性两大类。水溶性的葡萄糖酸亚铁和乳酸亚铁等有机盐类铁营养强化剂的生物利用率和硫酸亚铁相当,但用于强化食品时,同样有降低食品品质的问题。难溶于水但可溶于稀酸的有机盐类铁营养强化剂,如富马酸亚铁、琥珀酸亚铁、蔗糖酸亚铁、柠檬酸亚铁和酒石酸铁等,由于水溶性差,对食品基质的影响较水溶性的铁盐小,而其有效性却因为在胃酸中的溶解性而下降较少,这类铁盐在成人铁营养强化食品中的生物利用率高于60%,而在婴儿食品中的有效性会因为婴儿的胃酸浓度较低而下降。水难溶-稀酸溶性的有机盐类铁营养强化剂的出现,促进了铁营养强化食品的发展。

乙二胺四乙酸铁钠是络合铁类营养强化剂的代表,这是一种 EDTA 与三价铁的络合物,已经实现商品化的生产。络合物形式的铁源在安全性、有效性和稳定性方面均优于铁盐形式的铁源,且对铁强化食品本身影响也较小,但成本较高(吴浩浩,2010)。

我国 GB14880—2012 规定:铁盐可用于调制乳、饮料类(包装饮用水除外)、果冻、调制乳粉、豆粉、豆浆粉、除胶基糖果以外的其他糖果、大米及其制品、小麦粉及其制品、杂粮粉及其制品、面包、即食谷物(包括碾轧燕麦片)、西式糕点、饼干、其他焙烤食品和酱油中。

铁中毒多是在服用大剂量铁剂以后发生的明显短暂现象。按体重计算,铁的致死剂量为每天 200~250mg/kg 体重,一般的治疗剂量为每天 2~5mg/kg 体重。铁摄入过多主要是口服铁剂,长期反复输血也会导致铁摄入过多,每日摄入铁 25~75mg 对正常人健康无损害,铁的无毒副反应水平为 65mg/d(刘志皋,2003)。

铁化合物一般对光不稳定,抗氧化剂可与铁离子反应而着色。因此,凡使用抗氧化剂的食品最好不用铁强化剂。现将常用的几种铁强化剂介绍如下。

1. 硫酸亚铁

硫酸亚铁为黄褐色结晶,有铁腥味,易溶于水,水溶液呈酸性,在空气和日光作用下易被氧化成硫酸铁。

人体对硫酸亚铁的吸收率较高,且因其价格低廉,可用于强化各种食品,如婴儿调制奶粉(母乳化奶粉)、面粉、饼干、糖果等。用于强化糖果时,一般多选择软糖、酥糖作为强化载体,因为这两种糖在口中停留时间较短,铁腥味不太明显。

硫酸亚铁可以有效地改善人体铁缺乏的状况,这得益于亚铁离子在中性和酸性环境中的良好溶解性,但是硫酸亚铁的副作用较大,会让人体胃肠道引起较大刺激,尤其是直接服用难以让人接受。另外,游离的亚铁离子会催化食品中的油脂发生氧化,从而改变食品的色泽和气味,降低食品品质。为了克服上述问题,20 世纪 90 年代出现了将硫酸亚铁微胶囊化后加入食品的报道,微胶囊化硫酸亚铁不会对食品基质造成不良的影响,同时也保证了亚铁离子的有效性(吴浩浩,2010)。近年来,我国使用硫酸亚铁的量逐渐减少,其渐渐被铁腥味仅为硫酸亚铁三分之一的乳酸亚铁所取代。

硫酸亚铁的 LD_{50} 为 279 ~ 558g/kg 体重（以铁计，大鼠，经口）；美国 FDA 将其列为 GRAS（§182.5315，§184.1315，2000）物质；ADI 为 0 ~ 0.8mg/kg 体重（以铁计，FAO/WHO，2001）。

2. 乳酸亚铁

乳酸亚铁为淡黄绿色结晶粉末，含铁量（总铁）约 19%，而其亚铁约为 18%，稍有特异臭，有稍带甜味的铁味，溶解度在冷水中为 2.5%，在沸水中为 8.3%，水溶液为绿色的澄清溶液，在空气中被氧化后颜色逐渐加深变暗。

乳酸亚铁是一种优质的铁强化剂。日本、美国早已用于强化糖果、巧克力、饼干、点心、面包、乳粉、通心粉等食品。在美国，小麦中添加 30mg/kg，面包中 20mg/kg，乳粉中 60mg/kg，饼干中 20mg/kg，奶糖中 2mg/kg。小麦粉、乳粉可直接用乳酸亚铁粉末强化，面包、饼干、方便面需添加在原料的小麦粉中或溶解在原料的水溶液中。用于奶糖或酥糖的强化时，添加乳酸亚铁的温度不宜超过 90℃。若添加适量的维生素 C 效果更佳。

乳酸亚铁一般对光不稳定，最好密闭、避光保存，使用时应予注意。此外，抗氧化剂可与铁离子反应而着色。例如：在加铁食盐生产时，乳酸亚铁是还原剂，而载体盐中的碘酸钾是氧化剂，二者相遇就会发生反应，使加铁盐变成黄色、红色、黑色等；同时碘酸钾被还原成游离碘，升华逸出，使碘含量大幅下降，变成不合格品。乳酸亚铁在使用过程中还应避免与碱性原料接触，以免发生反应变色发黑（李卫平，2003）。

乳酸亚铁的 LD_{50} 为 300 ~ 1000mg/kg 体重（大鼠，经口）；4.875g/kg 体重（以铁计，小鼠，经口）；美国 FDA 将其列为 GRAS（§73.165，§182.5311，§184.1311，2000）物质。其现行国家标准为 GB 6781—2007。

3. 柠檬酸铁铵

柠檬酸铁铵为柠檬酸铁和柠檬酸铵的复盐，呈棕色或绿色的碎片、颗粒或粉末。棕色品含铁量较高（16.5% ~ 18.5%），绿色品较低（14.5% ~ 16.0%）。无臭或稍有氨臭，味咸，微带铁味，极易溶于水，不溶于乙醇，有吸湿性，对光不稳定，遇碱性溶液可有沉淀析出。

柠檬酸铁铵作为铁强化剂，可用于饼干、调制乳粉等。因其色泽问题，适宜用于着色食品；又因其有吸湿性，也不宜用于乳粉等干燥食品的强化。此外，本品还可作为食盐的抗结剂使用，用量在 25mg/kg 以下。

柠檬酸铁铵的 LD_{50} 为 1g/kg 体重（以铁计，小鼠，经口）；美国 FDA 将其列为 GRAS（§184.1296，2000）物质。

4. 葡萄糖酸亚铁

葡萄糖酸亚铁为浅黄色或浅黄绿色的粉末或颗粒，稍有类似焦糖的气味，可溶于水，几乎不溶于乙醇。5% 的样品溶液对石蕊试纸呈酸性。

葡萄糖酸亚铁除可作铁强化剂外，还可用于食用橄榄油，以防止其氧化变黑，最大用量按食品总铁计为0.15g/kg。

葡萄糖酸亚铁的LD_{50}为2237mg/kg体重(以铁计,大鼠,经口);美国FDA将其列为GRAS(§182.5308,2000)物质;ADI不作特殊规定(FAO/WHO,2001)。葡萄糖酸亚铁的现行标准为YY 0035—1991。

5.乙二胺四乙酸铁钠

乙二胺四乙酸铁钠(NaFeEDTA)为土黄色结晶性粉末,性质稳定,可耐高温,不易被氧化,无铁腥味,口感好,易溶于水和稀酸,1%的水溶液pH约为3.5。以三价铁无机盐与乙二胺四乙酸钠盐为原料反应生成乙二胺四乙酸铁钠。

NaFeEDTA的现行国家标准为GB 22557—2008。

(三)锌盐

人体缺锌主要表现为食欲不振,生长停滞,味觉减退,性发育受阻,创伤愈合不良及皮炎等。孕妇缺锌甚至可出现胎儿畸形。至于孕妇缺锌所造成的胎儿神经系统发育不良,即使在出生后再补锌,效果亦不理想。

我国GB14880—2012规定:锌盐可用于调制乳粉、豆粉、豆浆粉、大米及其制品、小麦粉及其制品、杂粮粉及其制品、面包、即食谷物(包括碾轧燕麦片)、西式糕点、饼干、饮料类(包装饮用水类除外)和果冻中。

解决人体缺锌的方法,除了多食含锌量高的海产品外,可口服含锌制剂及食用锌强化的食品。通常在食品中使用的锌强化剂有硫酸锌、氧化锌等无机锌,以及葡萄糖酸锌等有机锌。现将常用的几种锌强化剂介绍如下。

1.硫酸锌

硫酸锌为无色透明的棱柱体或小针状体或呈粒状结晶性粉末,无臭,易失水及风化,可溶于水,不溶于乙醇。硫酸锌可用于调制乳粉及其他婴儿乳粉,其用量为按锌计为6mg/kg体重以下。

硫酸锌的LD_{50}为2949mg/kg体重(以锌计,大鼠,经口);LD_{50}为1.18g/kg体重(以锌计,小鼠,经口);美国FDA将其列为GRAS(§182.8997,2000)物质。硫酸锌的现行国家标准为GB 25579—2010。

2.氧化锌

氧化锌又称锌氧粉或锌白,为白色无定形粉末,不溶于水和乙醇,可溶于稀酸和强碱,在空气中逐渐吸收二氧化碳,高温时呈黄色,冷却后变白。氧化锌可用作婴儿乳粉或调制乳粉的锌强化剂,其用量为每100g食品含锌约3mg。

氧化锌的LD_{50}为240mg/kg体重(以锌计,大鼠,腹腔注射);美国FDA将其列为GRAS(§182.8991,2000)物质。

3.葡萄糖酸锌(INS号:16.201)

葡萄糖酸锌为白色或几乎白色的颗粒,或结晶性粉末,易溶于水,极微溶于乙醇。

葡萄糖酸锌可作营养强化剂,并可按营养强化剂有关规定确定用量。通常用于婴儿乳粉或调制乳粉，作锌强化剂时，其用量为100g食品含锌为3～6mg。此外，亦可用于谷物制品如饼干、面包等的强化。

葡萄糖酸锌的LD_{50}为3.06g/kg体重(以锌计，小鼠、经口)；美国FDA将其列为GRAS(§182.8988,2000)物质。葡萄糖酸锌的现行国家标准为GB 8820—2010。

(四)碘盐

直到19世纪末人们才发现碘是甲状腺的正常成分，并认识到甲状腺肿是一种碘缺乏症，开始用碘防治甲状腺肿。

我国GB26878—2011规定：碘可加入食盐中供地方性甲状腺病地区居民食用，其用量为20～30mg/kg(以元素碘计)，通常使用的多为碘酸钾(KIO_3)。

碘酸钾为无色透明或白色立方晶体，或颗粒性粉末，在干燥的空气中稳定，在潮湿的空气中略有吸湿，可溶于水、乙醇及甘油中。水溶液遇光变黄，并析出游离碘。

碘酸钾主要在缺碘地区的居民中供应加碘盐时使用，其用量通常为10mg/kg。为了避免碘酸钾的分解损失。最好向食盐中加入4倍于碘酸钾量的碳酸钠。

FDA建议碘酸钾的每日摄入量：婴幼儿45μg，4岁以下儿童105μg，4岁以上儿童225μg，孕妇和授乳妇300μg。毒性方面，美国FDA将其列为GRAS(§184.1634,2000)物质。碘酸钾的现行国家标准为GB 26402—2011。

四、其他营养强化剂

(一)脂肪酸类

脂肪酸依据营养学分为非必需脂肪酸和必需脂肪酸。非必需脂肪酸是机体可以自行合成，不必依靠食物供应的脂肪酸，包括饱和脂肪酸和一些单不饱和脂肪酸。而必需脂肪酸(EFAs)为人体健康和生命所必需，但机体本身不能合成，必须依赖食物供应，它们都是不饱和脂肪酸，均属于$\omega-3$族和$\omega-6$族多不饱和脂肪酸。现已确认的强化脂肪酸有：二十二碳六烯酸(DHA)、花生四烯酸(AA)、γ-亚麻酸和1,3-二油酸-2-棕榈酸甘油三酯。

人的大脑组织60%是脂类，DHA和AA是两种主要的大脑多烯不饱和脂肪酸，局限于细胞膜的磷脂中，占构成人脑总磷脂的30%以上。

必需脂肪酸可增进神经系统功能，益智健脑，预防老年性痴呆，抑制血小板凝集，减少血栓的形成，预防心肌梗死和脑梗死，降血脂，预防和治疗动脉粥样硬化，抑制肿瘤生长，抗炎，抑制过敏反应，保护视力。

1. 二十二碳六烯酸

二十二碳六烯酸(DHA)属$\omega-3$系列多不饱和脂肪酸。无色至淡黄色透明液体，纯品无臭、无味。

天然DHA存在于海洋鱼类、海洋哺乳动物类和贝类中，并与二十碳五烯酸(EPA)共同存在，以回游性大、中型鱼类(如三文鱼、鲑鱼等)及海洋哺乳动物(如海豹、海狗等)为多。人体中的DHA与饮食中含量直接有关。在饲料中加入各种油脂和ω-3高度不饱和脂肪酸后饲养老鼠6d，然后分析其血浆及脑中DHA的含量，结果如表2-1所示。

由表中数据可见，饲料中的DHA和富含DHA的鲑鱼油等对增加血浆中和脑中DHA的浓度有直接影响。如棕榈油中没有不饱和脂肪酸，更没有DHA，致使血浆中DHA含量极少，同时使脑中正常DHA含量有所下降(凌关庭，2003)。

表2-1 大鼠饲喂不同油脂后血浆和脑中的DHA含量

外加油脂	血浆中DHA含量/%	脑中DHA含量/%
棕榈油	0.1	9.3
猪油	0.4	9.4
紫苏油	3.4	10.8
鲑鱼油	8.9	12.5
α-亚麻油	2.5	10.5
EPA	4.0	10.5
DHA	15.7	12.5

我国GB14880—2012规定：DHA源营养强化剂可用于儿童用调制乳粉≤0.5%(占总脂肪酸的百分比)，孕产妇用调制乳粉300~1000mg/kg，婴幼儿谷类辅助食品≤1150mg/kg。可作为二十二碳六烯酸源的营养强化剂限于来源于裂壶藻(*Schizochytrium sp.*)、吾肯氏壶藻(*Ulkenia amoeboida*)、寇氏隐甲藻(*Crypthecodinium cohnii*)和金枪鱼油(Tuna oil)。

二十二碳六烯酸的现行国家标准为GB 26400—2011。

2. 花生四烯酸

花生四烯酸(AA)属于ω-6多不饱和脂肪酸。AA含量在40%以上的为淡黄色液体，25%以下一般为白色颗粒状结晶。AA无氧条件下稳定性好(60℃，40d，过氧化值1.5，无臭)，溶于正己烷、乙醇等，少量溶于37℃水中。AA的乙酯为无色透明液体。

花生四烯酸是ω-6系脂肪酸在人体内的代谢枢纽，所有的ω-6系列脂肪酸如亚油酸、γ-亚麻酸、二高-γ-亚麻酸最终通过链加长和去饱和反应转化为AA，再由AA转化为一系列的重要生理活性物质(前列腺素、白三烯等)，这些生物反应在动物体内广泛存在，所以，AA广泛存在于动物的组织中。各种动物油脂，如猪脂、牛脂、羊脂等都含有少量的AA，在各种肌肉组织中，也都含有AA，但往往难以满足婴幼儿等特定人群的需要(凌关庭，2003)。

花生四烯酸是一种人体不能直接合成的不饱和脂肪酸，对婴儿的神经系统尤其是大脑发育至关重要，同时还具有促进生物体内脂肪代谢，降低血脂、血糖、胆固醇的作用，对预防心脑血管疾病具有重要意义。花生四烯酸油剂有一种特殊气味，但该气味对产品的口味没有太大影响（于炜，2002）。

据我国某知名育儿杂志的调查统计，人们在购买乳粉时对花生四烯酸这种特殊添加成分的关注程度为23.2%，仅次于DHA、天然乳钙类、卵磷脂、乳铁蛋白。AA作为一种营养强化剂，其应用在我国已经形成一定的发展趋势并为人们所关注（汪山英，2003）。

我国GB14880—2012规定：花生四烯酸可用于儿童用调制乳粉≤1%（占总脂肪酸的百分比），婴幼儿谷类辅助食品≤2300mg/kg。可作为花生四烯酸源的营养强化剂限于来源于高山被孢霉（*Mortierella alpina*）的花生四烯酸油脂。

AA对动物的急性、亚急性和慢性毒性试验，均属实际无毒。变异原性试验呈阴性。FAO/WHO建议花生四烯酸的每日摄入量：婴幼儿60mg/kg体重。花生四烯酸的现行国家标准为GB 26401—2011。

3. γ－亚麻酸

γ－亚麻酸（十八碳三烯酸）为α－亚麻酸的异构体，属ω－6系列不饱和脂肪酸，为无色或淡黄色油液。遇空气后可自动氧化而形成坚硬膜层。不溶于水，溶于许多有机溶剂。碘值为273.5。γ－亚麻酸存在于人乳及某些种子植物、孢子植物的油中，如柳叶科月见草其种子油中含本品7%～10%。紫草科玻璃苣和黑醋栗的油中亦含本品。

γ－亚麻酸是组成人体各组织生物膜的结构材料，也是合成前列腺素的前体。作为人体内必需的不饱和脂肪酸，成年人每日需要量约为36mg/kg体重。如摄入量不足，可导致体内机能的紊乱，引起某些疾病，如糖尿病、高血脂等。

υ－亚麻酸在人体内虽可由亚油酸转化而成，但往往不能满足人体对γ－亚麻酸的需要，故常作为必需脂肪酸。

近年来，医学界对γ－亚麻酸的临床研究非常活跃，发现γ－亚麻酸对肥胖、精神分裂症、妇女月经期综合征、周期性乳腺疼痛以及多种炎症（风湿性关节炎、溃疡节肠炎、肾炎等）具有良好的改善作用，这预示着γ－亚麻酸具有更广泛的应用前景。我们多从食物中摄取亚油酸，经体内酶的作用和一系列生物合成作用，转化成γ－亚麻酸，维持机体正常代谢所需。当人体摄取过量的饱和脂肪酸或出现其他代谢紊乱时，会影响亚油酸到γ－亚麻酸的转化，从而影响机体的正常代谢，导致各种疾病的产生。因此，若能及时地补充γ－亚麻酸，就可促使身体机能的代谢正常，从而减少疾病的产生。

我国GB14880—2012规定：γ－亚麻酸可用于调制乳粉、植物油、饮料类（包装饮用水和固体饮料类涉及品种除外）中。

γ－亚麻酸最小致死量2g/kg体重（以上）（大鼠，经口14日）。亚急性试验（500mg/kg体重，13周），染色体异常试验、变异试验均呈阴性。

4. 1,3 - 二油酸 2 - 棕榈酸甘油三酯

1,3 - 二油酸 2 - 棕榈酸甘油三酯在 25℃条件下为白色固体，是由脂肪酶催化酯交换，使脂肪酸在丙三醇分子上的位置重新排列而得。

1,3 - 二油酸 2 - 棕榈酸甘油三酯与母乳脂肪结构相同，因其特有的 β 位脂肪酸组成，在消化时不会形成钙皂，因而不易产生便秘，可以让婴儿更好地吸收钙和能量。

我国 GB14880—2012 规定：1,3 - 二油酸 2 - 棕榈酸甘油三酯仅限用于调制乳粉（仅限儿童用乳粉，液体按稀释倍数折算）24 ~ 96g/kg。

（二）碳水化合物类

碳水化合物是由碳、氢和氧三种元素组成的，由于它所含的氢氧的比例为 2:1，和水一样，故称为碳水化合物。它是为人体提供热能的三种主要的营养素中最廉价的营养素。食物中的碳水化合物分成两类：人可以吸收利用的有效碳水化合物如单糖、双糖、多糖，和人不能消化的无效碳水化合物如纤维素，是人体必需的物质。膳食中缺乏碳水化合物将导致全身无力、疲乏、血糖含量降低，产生头晕、心悸、脑功能障碍等，严重者会导致低血糖昏迷。

当膳食中碳水化合物过多时，就会转化成脂肪储存于体内，使人过于肥胖而导致各类疾病如高脂血症、糖尿病等。一般来说，对碳水化合物没有特定的饮食要求，主要是应该从碳水化合物中获得合理比例的热量摄入。另外，每天应至少摄入 50 ~ 100g 可消化的碳水化合物以预防碳水化合物缺乏症。低聚糖能有效地促进人体内有益细菌——双歧杆菌的生长繁殖，抑制腐败菌生长，长期食用可以减缓衰老、通便、抑菌、防癌，减轻肝脏负担，提高营养吸收率。现已确认的用于营养强化的碳水化合物有低聚果糖、低聚半乳糖、多聚果糖（含低聚果糖）和棉子糖。

我国 GB14880—2012 规定：低聚半乳糖（乳糖来源）、低聚果糖（菊苣来源）、多聚果糖（菊苣来源）、棉子糖（甜菜来源）作为营养强化剂仅限应用于婴幼儿配方食品和婴幼儿谷类辅助食品中，单独使用或混合使用时，总量≤64.5g/kg（仅限于粉状产品，液态产品按相应稀释倍数折算）。

1. 低聚果糖

低聚果糖是 1 ~ 4 个果糖基以 β - 2,1 键连接在蔗糖的 D - 果糖基上而形成的蔗果三糖（GF2）、蔗果四糖（GF3）、蔗果五糖（GF4）和蔗果六糖（GF5）的混合物。商品低聚果糖一般还含有少量蔗糖、果糖、葡萄糖。外观为白色粉末，分散性极好，可能需要轻微搅拌。10% 水溶液 pH 为 5.0 ~ 7.0，口感微甜。低聚果糖是以菊苣为原料，经部分酶水解后提纯、喷雾干燥制得。

低聚果糖是一种水溶性膳食纤维，长期服用可以降低血清胆固醇，改善脂质代谢；可以促进生长发育和防止骨质疏松症，经动物和人体实验证实具有如下生理功能：为双歧杆菌等有益菌所利用，具有双向调节之功效；促进钙的吸收率达70.8%；低聚果糖还可促进维生素 B_1、维生素 B_2、维生素 B_3、维生素 B_6、维生素 B_{12} 及叶酸的自然形成，从而提高人体的新陈代谢水平，提高人体免疫力和抗病力。因为正常

人体内没有一种酶可以水解低聚果糖这种碳水化合物，所以它不容易被人体吸收，因此糖尿病患者也可以服用。

低聚果糖的现行国家标准为 GB/T 23528—2009。

2. 低聚半乳糖

低聚半乳糖是一种具有天然属性的功能性低聚糖，其分子结构一般是在半乳糖或葡萄糖分子上连接 1 ~7 个半乳糖基。其性状为无色透明或淡黄色糖浆。以牛乳中的乳糖为原料，经 β - 半乳糖苷酶催化水解半乳糖苷键，生成半乳糖和葡萄糖，并通过转半乳糖苷的作用，将水解下来的半乳糖苷转移到乳糖分子，生成低聚半乳糖。

在自然界中，动物的乳汁中存在微量的低聚半乳糖，而人母乳中含量较多，婴儿体内的双歧杆菌菌群的建立很大程度上依赖母乳中的低聚半乳糖成分。低聚半乳糖具有较强的耐酸性、耐热性，不会因为在加工过程中的高温杀菌及人体胃酸所分解而失去其本来应有之特性，而低聚果糖则不具备这些特性。低聚半乳糖能有效地被双歧杆 B 菌和乳酸杆 A 菌同时利用。低聚果糖等低聚糖则只可被乳酸杆 A 菌利用，对双歧杆 B 菌则不明显。

3. 多聚果糖

多聚果糖为白色粉末，以菊苣根为原料，经提取过滤，去除蛋白质、矿物质及短链果聚糖，喷雾干燥等步骤制成多聚果糖。多聚果糖同时是一种优良的水溶性膳食纤维，摄入后能增加人体膳食纤维摄入量，预防便秘与结肠癌，降低血液胆固醇，稳定血糖水平。

4. 棉子糖

棉子糖为白色结晶粉末，从水溶液中结晶时带有五分子结晶水，相对密度为 1.465，熔点为 80℃，缓缓加热至 100℃时失去结晶水，是由棉子饼磨粉水解或甜菜糖蜜制得的一种三糖，由右旋半乳糖、右旋葡萄糖和左旋果糖各一分子组成。无水物熔点为 118 ~119℃。溶于水，极微溶于乙醇。

棉子糖是自然界中最知名的一种三糖，在大部分的植物中存在，也被称为蜜三糖、蜜里三糖、棉籽糖。棉子糖能顺利地通过胃和肠道而不被吸收。棉子糖是人体肠道中双歧杆菌、嗜酸乳酸杆菌等有益菌极好的营养源和有效的增殖因子，棉籽糖有整肠和改善排便的功能，能改善人体的消化功能，促进人体对钙的吸收，从而增强人体免疫力，对预防疾病和抗衰老有明显效果。棉子糖可作为人体和动物活器官移植用保护输送液的主要成分，及延长活菌体在常温下存活期的增效剂。

棉子糖是一种功能性低聚糖，它不被人体肠胃消化液所吸收分解，其代谢方式通过胃、小肠直接进入大肠肠道被微生物发酵利用，类似于膳食纤维。据分析，棉子糖的能量值为 6kJ/g。

(三)其他类营养强化剂

目前我国法规规定的营养强化剂除了上述的氨基酸及蛋白质、维生素、矿物质、脂肪酸、碳水化合物之外，还包括叶黄素、核苷酸等营养强化剂。

1. 叶黄素(CNS 号:08.146;INS 号:161b)

叶黄素为橘黄色至橘红色粉末,是类胡萝卜素家族一员,又名“植物黄体素”,在自然界中与玉米黄素共同存在,是构成玉米、蔬菜、水果、花卉等植物色素的主要组分,也是构成人眼视网膜黄斑区域的主要色素。叶黄素一般以万寿菊油树脂为原料,经皂化、提取精制而成。

纯的叶黄素为棱格状黄色晶体,有金属光泽,不溶于水,易溶于油脂和有机溶剂,对光和氧不稳定。医学实验证明植物中所含的天然叶黄素是一种性能优异的抗氧化剂,在食品中加入一定量的叶黄素可预防细胞衰老和机体器官衰老,同时还可预防老年性眼球视网膜黄斑退化引起的视力下降与失明。叶黄素还可作为饲料添加剂用于家禽肉蛋的着色,同时也已在食品工业中用作着色与营养保健剂。

叶黄素的 LD_{50} > 2000mg/kg 体重(小鼠,经口);其 ADI 为 0 ~ 2mg/kg 体重(FAO/WHO,2007),现行标准为 GB26405—2011。

我国 GB14880—2012 规定:叶黄素(万寿菊来源)用于儿童用调制乳粉、婴儿配方食品、较大婴儿和幼儿配方食品和特殊医学用途婴儿配方食品中。我国 GB2760—2011规定:叶黄素可在以乳为主要配料的即食风味甜点或其预制产品(不包括冰淇淋和调味酸奶)、冷冻饮品(食用冰除外)、果酱、八宝粥罐头、其他杂粮制品(仅限杂粮甜品罐头)、方便米面制品、冷冻米面制品、谷物和淀粉类甜品(仅限谷类甜品罐头)、焙烤食品、饮料类(包装饮用水除外)、果冻和糖果中。我国卫生部 2008 年第 12 号公告规定叶黄素酯在我国作为新资源食品管理,可以用于焙烤食品、乳制品、饮料、即食谷物、冷冻饮品、调味品和糖果中,每天的摄入量要求 < 12mg。

2. 核苷酸

核苷酸是一类由嘌呤碱或嘧啶碱、核糖或脱氧核糖以及磷酸三种物质组成的化合物,又称核甙酸。戊糖与有机碱合成核苷,核苷与磷酸合成核苷酸,4 种核苷酸组成核酸。

核苷酸及其衍生物对人体具有多种特定的生理功能,它们都以游离状态存在于细胞和组织中,直接参与机体的物质代谢、能量代谢、生理活性物质的合成。核苷酸在细胞内被磷酸化生成核苷二磷酸和核苷三磷酸,分别含有一个高能磷酸键和二个高能磷酸键,是生理功能十分广泛的生理活性物质。

二腺苷三磷酸(ATP)是所有生物的通用能源,也是细胞的储能物质。它是机体内进行各种生理、生化活动(如肌肉收缩、躯体运动、心肌跳动、呼吸、神经传导、由小分子合成大分子物质等)所需能量的直接供给者。医疗上,ATP 用于治疗肌肉萎缩、肌无力、胃下垂、耳鸣、急慢性肝炎、肾炎以及与辅酶 A、细胞色素 C 组成“能量合剂”用于危重病人的急救等。

核苷三磷酸(CTP)在体内参与磷脂(卵磷脂、脑磷脂、丝氨酸磷脂、鞘磷脂等)的生物合成。磷脂是神经组织的重要成分,也是一种天然的乳化剂。具有健全大脑和神经组织,增强智力和记忆力并有促进体内胆固醇、脂肪的运输从而防止堆积的作用。临床上,CTP 作为生化药物用于治疗脑外伤、神经损伤所致的意识障碍。

鸟苷三磷酸(GTP)参与体内蛋白质的生物合成,尿苷三磷酸(UTP)通过形成中间产物尿苷二磷酸葡萄糖(UDPG)形式作为体内肝糖原、肌糖原合成时葡萄糖的供体。通过形成 UDP - 葡萄糖醛酸形式作为体内黏多糖,如硫酸软骨素、透明质酸、肝素等生物合成时葡萄糖醛酸的供体。葡萄糖醛酸还是人体一种重要的、不可缺少的解毒剂,参与肝脏对某些毒物、药物、代谢产物(如胆红素)的解毒作用,形成易溶于水的形式,促使其随尿排出体外。

体内还有几种极为重要的辅酶,如烟酰胺腺嘌呤二核苷酸(NAD^+)、黄素腺嘌呤二核苷酸(FAD)和辅酶 A 等的组成成分中都含有腺苷一磷酸(AMP),它们都是体内糖代谢、脂肪代谢、蛋白质代谢、生物氧化等多种代谢途径的重要辅酶,与体内这些代谢途径的顺利进行密切相关。

一些特殊人群(如婴幼儿、老年人、病员)需要加快新陈代谢和细胞的更新,对核苷酸需求量增加,而自身合成的核苷酸能力不能满足需要。从而需要补充外源核苷酸以满足正常新陈代谢的需要。

我国 GB14880—2012 规定核苷酸来源包括以下化合物:5′ - 单磷酸腺苷、5′ - 单磷酸腺苷二钠盐、5′ - 单磷酸胞苷、5′ - 单磷酸胞苷二钠盐、5′ - 单磷酸鸟苷、5′ - 单磷酸鸟苷二钠盐、5′ - 单磷酸肌苷、5′ - 单磷酸肌苷二钠盐、5′ - 单磷酸尿苷和 5′ - 单磷酸尿苷二钠盐。主要作为益生元类物质应用婴幼儿配方食品,使用量为 0.12 ~ 0.58g/kg(以核苷酸总量计)。

5′ - 腺苷酸、5′ - 尿苷酸二钠、5′ - 肌苷酸二钠的现行标准为 2011 年卫生部第 19 号公告指定标准。5′ - 胞苷酸二钠的现行标准为 2011 年卫生部第 8 号公告指定标准。

项目三 营养强化剂在食品工业中的应用

一、食品强化技术与方法

食品的营养强化,除应根据不同的食品选取适当的营养强化剂之外,还应根据食品种类的不同,采取不同的强化方法。按照食品加工工艺的不同,通常采用以下几种方法。

1. *在食品原料中添加*

即将需要强化的营养素按规定直接添加到食品原料之中的方法。如人们为了对大米和小麦面粉进行营养强化,预先将部分大米用强化剂制成强化米,而后按一定的比例混入普通大米中,对于面粉通常也是先将需要补充的营养素与少量面粉或淀粉制成含量较高的基料,然后再按要求与数百倍的普通面粉混合均匀,从而保证大米、面粉中含有所需的营养强化剂。

这种方法操作简便,但强化剂在食品加工、储存期间易于损失。例如普通强化米,在烹调前的淘洗中易大量损失所强化的水溶性强化剂。为此,人们正对其强化工艺加以改进。例如对强化米涂膜,尽量减少其水洗时的损失。

2. *在加工过程中添加*

将需要强化的营养素按规定在食品加工时添加到食品中的方法,这是强化食品最普遍采用的方法。如罐装粉状的强化婴儿食品、罐装果汁和果汁粉、人造奶油以及各类糖果、糕点等,在食品加工的过程中添加营养强化剂。这种方法使所添加的营养素分布均匀。但由于食品加工常与热、光和金属接触,因而不可避免地会使强化剂受到一定的损失,特别是那些对热敏感的强化剂,如维生素 C 等,则更应注意添加的时机,尽量降低其损失。与此同时,可适当加大强化剂量,以保证成品中达到所需的强化剂量水平。

3. *在成品中添加*

为了减少强化剂在加工过程中被破坏,对于某些产品可采用在加工的最后工序或在成品中混入的方法。例如,对强化麦乳精、调制乳粉、代乳粉等多种营养素的营养强化,可以在成品中最后混入,或者在喷雾干燥前添加,并使之在食品中均匀分布。这种方法对强化剂的保存最为有效。但由于各种食品加工工艺不同,如罐装食品和某些糖果、糕点等,则只能在杀菌、焙烤之前加入;压缩饼干的营养强化则多在普通饼干粉碎后将所需要的营养强化剂加入、混匀,再压缩、包装,因而并非所有的强化食品均能采用此法。

4. *其他添加法*

除了以上 3 种添加方法外,近年来也有观点认为用物理、化学或生物手段对食品营养进行优化,使之转变成相应的营养强化剂,从而达到提高食品营养价值的目的。如用物理方法将酵母中的麦角固醇在紫外线照射下转变成麦角钙化醇;用化学方法将食物蛋白质经初步水解后制成的一些氨基酸类食品;而利用生物作用可以将食品中原有成分转变成人体所需营养素,例如大豆发酵后,不但其蛋白质受微生物酶分解,而且还可以产生一定量的 B 族维生素,尤其是可以产生植物性食品中所缺少的维生素 B_{12} 等。

二、营养强化剂的使用原则

由于食品直接关系到食用者的身体健康,国家对强化食品中营养强化剂的选择和使用量都作了严格的规定。面对几十种营养强化剂,有些企业往往由于营养强化剂的选择和使用不当,造成食品色泽发生变化、有异味或营养素含量不合格等,给企业和消费者带来不良影响。

食品企业如何正确选择营养强化剂,能够真正起到营养强化作用,对食品原有的色、香、味、形没有影响，成本能够接受，能够在生产工艺中正确使用，尽可能减少营养素损失是非常重要的。营养强化剂的使用应符合以下原则：

(1)营养强化剂的使用不能导致人群食用后营养素及其他营养物质摄入过量或不均衡，不会导致任何其他营养物质的代谢异常。

(2)添加到食品中的营养强化剂应能在常规的储藏、运输和食用条件下保持质量的稳定。

(3)添加的营养强化剂不会导致食品一般特性如颜色、味道、气味、烹调特性等发生不良改变。

(4)不应通过使用营养强化剂夸大强化食品中某一营养成分含量或作用，误导和欺骗消费者。

(5)营养强化剂的使用不应鼓励和引导与国家营养政策相悖的食品消费模式。

三、强化载体选择原则

针对不同的营养强化剂的特性，需要合理选择强化载体，以免在食品加工、保存等过程中营养强化剂失去原有的效果。选择营养强化剂的强化载体作为强化食品时应符合以下原则：

(1)应选择目标人群普遍消费且容易获得的食品进行强化。

(2)强化载体食物消费量应比较稳定，有利于准确计算营养强化剂的添加量，同时能避免由于食品的大量摄入而发生人体营养素及其他营养物质的过量。

(3)已经是某营养素良好来源的天然食物，不宜作为该营养素的强化载体。

四、营养强化剂使用注意事项

营养强化剂发展很快，在现实生产中不仅要根据各种营养强化剂的性质和被添加食品的性质来选择合理的营养强化剂，而且添加时也要严格遵守相关的标准和规定，以免造成不必要的麻烦。使用强化剂应该注意以下几点：

(1)严格执行《食品安全国家标准 食品营养强化剂使用标准》和《食品营养强化剂卫生管理办法》；安全、卫生可靠。

(2)强化剂的添加不得破坏必需营养素之间的平衡关系。

(3)添加的强化剂在正常的加工过程中和正常的储存条件下性质稳定。

(4)强化对象最好是大众化的，日常食用的食品和乳粉主副食、调味品等。产品应有食用指导，防止消费者由于时尚或偏见而误食或者是过量的摄入，防止引起副作用,甚至中毒。

(5)需事先调查当地居民饮食情况和营养状况等。

(6)食品中的强化剂是针对某种营养缺乏进行强化,它并非表明真正的合理营养,所以在使用这种产品要非常谨慎。

(7)强化剂不能影响食品的色、香、味、形,不能降低食品的品质。

我国营养强化工作经过二三十年的发展,虽然取得了一些成效,但与发达国家营养强化食品加工业高度自动化相比,生产技术尚不成熟;而且由于起步较晚,相关的法规和标准体系不够健全和完善,所以使得我国在营养强化剂的应用过程中存在很多的问题。

随着食品法规体系的不断健全完善及食品科学技术的不断创新,营养强化剂必将在食品加工业中起到越来越重要的作用,我国广大的消费者必将通过选择由各种全面的、大众化的食品组成的平衡饮食,借助于各种基于天然营养素的“营养强化食品”,获得必需的营养物质,维持最佳的健康状态,有效提高我们身体素质和生活质量(史银飞等,2009)。

项目四　食品营养强化存在的安全问题

在发达国家里,不管是新生儿畸形问题,还是营养缺乏症,现在都是通过强化食品,如面粉、油盐等来做改善。在我国,随着社会的进步和生活水平的提高,食品营养强化剂在提高人们营养水平上发挥着越来越重要的作用。在食品安全备受关注的今天,应该进一步规范食品营养强化剂的使用。

一、食品营养强化安全问题

1. 使用易走入误区

《中华人民共和国食品安全法》(以下简称《食品安全法》)给食品添加剂的使用设置了两个前提标准:一是技术上确有必要;二是安全可靠。食品营养强化剂是作为增强营养成分而添加到食品中的,因而有些人认为添加得越多越好,易出现超范围、超量使用的情况。其实,食品营养强化剂的使用范围和使用量要符合《食品安全国家标准 食品添加剂使用标准》和《食品安全国家标准 食品营养强化剂使用标准》的要求,生产或使用未列入标准的食品营养强化剂品种或需要扩大使用范围和增加使用量,需经卫生部批准,生产复合食品营养强化剂时也需申报。如果将没有经过评估审批的营养强化剂添加到食品中就是一种违法行为。

食品营养强化的理论基础是营养素平衡，滥用食品营养强化剂不但不能达到增加营养的目的，反而会造成营养失调而危害到消费者的健康。为保证强化食品的营养水平，避免强化不当而引起的不良影响，使用强化剂时首先要合理确定各种营养素的使用量。强化食品虽然能防治营养性缺乏病，但也不能滥用。在食用强化食品时，人们要有针对选择那些需要补充的营养素。因为营养素之间有平衡关系，各种营养素的补充比例必须合理，不能偏补或过补（王云，2005）。最近的“碘盐致病疑云”就关系到食品营养强化剂的使用量问题，不同地区的水质和人们饮食习惯的差异，都可能导致碘需要量的不同，食盐添加碘的量应该根据不同地区居民的碘营养状况进行合理调整。

2. 标准存在的问题

我国现有的许多标准存在使用周期长、更新速度慢的问题。《（GB14880—1994）食品营养强化剂使用卫生标准》距今已实施了十多年，随着食品营养强化剂可应用的食物品种和应用范围的增加，与当今发展不相适应，随着新版 GB14880—2012 的颁布与实施，这种现象将会发生改变。2000 年，有关方面制定《（GB5461—2000）食用盐》时，将食盐中碘含量调整为 20 ~ 50mg/kg，而《（GB14880—1994）食品营养强化剂使用卫生标准》中有关碘盐的浓度却没随之修改，食盐碘强化量仍是 20 ~ 60mg/kg。2003 年，《（GB2721—2003）食用盐卫生标准》出台，规定食盐碘含量按 1994 年的标准执行，即 20 ~ 60mg/kg，因此造成了“标准打架”的问题，这不仅让众多食品生产企业无所适从，也使得有关监管部门在执法时会陷入困境。中国营养学会的一份报告显示：中国城市居民日均盐摄入量为 11g，农村居民达到 17g。这意味着，根据目前市面上多数碘盐中每克盐含碘 20 ~ 50μg 计算，中国人每天摄碘量达到了惊人的 220 ~ 850μg，远远超过了世界卫生组织规定的 200μg/天的安全线（孙长胜，2010），尽管《（GB26878—2011）食品安全国家标准　食用盐碘含量》已经颁布实施，但不可否认的是，已有的标准陈旧不全已成为我国食品安全体系的软肋，制约了产品的技术进步及进出口贸易的发展。因此，标准的及时整合与完善是食品企业科学管理、生产组织、质量检验和控制的基础，也是有关部门对食品生产经营过程实现管理和监督的重要依据之一。

3. 食品营养强化剂预混料存在的问题

食品营养强化剂预混料是一种经特别配制的含有多种微量营养素成分的食品添加剂，又称复合营养素、复合营养强化剂。为了使某一特定食品营养全面、均衡，往往需要强化多种营养素，生产应用复合营养素预混合物是一项技术性很强的工作，对食品的安全性也有重要的影响，简单地将各种食品营养强化剂与载体或稀释剂混合在一起是极不负责任的行为。食品营养强化剂预混料不能片面地强调添加某种营养素的作用，而忽略营养素间的平衡和相互协同或拮抗作用。例如，铁与钙磷、锌与钙、锌与铜之间存在拮抗作用；维生素 D 可以促进钙的吸收，但维生素 D 过多易中毒；镁与钙有协同作用，镁可以促进钙的吸收。食品营养强化剂预混料的配方确定对食品的安全性影响较大，但对于规模小、效益差的企业而言，要配备素质高的专门技术人员设计和制定配方并不是件容易的事情,同时也很难保证配方的不断改进及加工工艺的不断完善。

二、保证营养强化安全措施

针对以上食品营养强化安全性方面存在的问题,为了确保营养强化食品的安全,有如下几条建议。

1. 明确企业是食品质量安全的第一责任人

食品营养强化剂的使用安全有赖于企业自身质量和管理体系的完善,使自己具有良好的企业伦理和道德,建立良好的生产操作规范。安全性是今后食品营养强化剂研发要保证的首要条件,企业应配备专门的技术人员进行研究,在生产加工过程中,建立一套有效的卫生管理和质量监控体制,确保营养强化剂的安全使用。

2. 完善标准体系

相关标准制修订部门应制定解决标准老化问题的具体措施,树立正确的标准导向,完善、整合现有的标准体系。认真研究、修订、完善有关食品营养强化剂的管理法规和标准体系,整合完善《食品添加剂使用标准》和《食品营养强化剂使用标准》等相关标准。自2009年6月1日起,《食品安全法》开始正式实施,明确了统一制定食品安全国家标准的原则。该法要求国务院卫生行政部门对现行的食用农产品质量安全标准、食品卫生标准、食品质量标准等予以整合,统一公布食品安全国家标准。政府相关部门应定期地、不断地更新和完善食品营养强化剂相关标准,建立现代化信息平台,将新修订的标准及审核通过的和扩大了使用范围及使用量的食品营养强化剂相关标准在网上公布,提供免费查询服务,以利于食品企业的参考和生产操作,从而保证食品营养强化剂的安全使用。

3. 加大宣传与监管

我国的中小企业比例大,加工设备和条件较差,员工流动性较大,整体素质较低,为了保证食品企业食品营养强化剂的使用安全,食品监管和政府相关行政部门应加强宣传,促使企业不断加强对员工食品生产安全知识和综合素质的培训,从根本上提高食品从业人员的素质。从帮扶企业的角度出发,进一步加强宣传和培训,使其树立食品安全意识,明确食品营养强化剂的使用不容忽视,不断完善保证食品质量和安全的食品营养强化剂原料验收及生产加工的监控和管理的各项体系。政府行政部门还应定期组织开展专项的抽检和监测,加大对食品企业的监管力度,整治滥用和超范围使用食品营养强化剂的行为(张敏洁,2010)。

随着社会的发展和人们营养、健康意识的提高,为了满足各类人群对营养素的需要,添加营养强化剂的食品也会越来越多。而随之发展的生产企业也会不断进行技术革新,同时食品和卫生监管部门也会不断完善相关标准和检测方法的制定和更新，这将会指导食品营养强化向着健康的方向发展。我们相信，随着各项标准和法规的完善和营养强化剂生产企业在管理水平、技术上的不断创新，食品营养强化必将向着更加健康的方向发展。

项目五 营养强化剂的发展趋势

食品营养强化将成为21世纪的朝阳产业，前景十分广阔。根据不同的需求，营养强化食品在开拓出广阔市场的同时，也在不断地发展变化。

1. 营养强化内涵向“功能性”和“保健性”拓展

现代保健信息空前增多，使越来越多的消费者相信，饮食以及维生素、矿物质、植物性药材、氨基酸和植物化学成分等有助于预防慢性疾病，提高生活质量。对健康问题的关注焦点已经由解决营养素缺乏拓展到相关营养素和非营养素对特定疾病高危人群的实际效果。营养素强化不再仅仅是以维持身体健康或不生病为目的，消费者更加迫切地希望借助营养素的强化来预防甚至治疗某些特殊疾病，以维持最佳的健康状况。这与功能性食品所倡导的食品“第三功能”，即调节人体机能的功能相吻合。

目前，营养强化向“功能性”和“保健性”发展已成为一大趋势。需要特别指出的是，这种变化趋势并没有造成最初“营养强化”概念的过时，因为总会有一些特定营养素摄入量不足的特定人群，如老年人、素食者、青少年等。食品科技工作者在分析、研究营养强化剂的同时，应当高度重视营养素和非营养素功能因子对消费者健康的价值。

2. 采用生物技术提高食品原料中营养素的含量

一方面，采用遗传工程来改良一些植物性食品原料的特性，提高其特定营养素含量和生物利用率或通过降低其中矿物质吸收干扰因子的含量，间接提高原料中特定矿物质元素的生物利用率。不少植物性食物中维生素含量已经通过该方法得到了较大幅度的提高。另一方面，也可以通过水、肥或饲料成分控制，在一定限度内改良植物性或动物性食物中的部分营养素和其他功能性组分的含量。例如，采用 $\omega-3$ 多不饱和脂肪酸强化饲料喂养蛋鸡，可生产出富含 $\omega-3$ 多不饱和脂肪酸的营养保健蛋，这将成为人类快速有效补充 $\omega-3$ 多不饱和脂肪酸的重要途径。

3. 进行营养强化剂的预混、复合

当前营养素强化追求全面、均衡，强化食品已由早期的单一营养素强化向多种营养素强化发展。为了有效地解决强化食品制造商已经趋向于使用强化剂预混合物产品。根据客户强化不同产品的需求，食品营养强化剂供应商预先配制各种营养素,稀释、分散到一种适配性较强的载体(如葡萄糖、麦芽糊精)中。

营养强化剂预混合物除添加维生素、矿物质、氨基酸和膳食纤维等营养素外,还可添加风味成分、色素以及抗氧化剂等配料,以提高强化食品的品质(周爱梅,2009)。

思考题

1. 营养强化剂的作用是什么? 营养强化剂的分类有哪些?
2. 食品强化技术与办法有哪些?
3. 简述添加营养强化剂与强化载体的选择原则。
4. 食品营养强化剂使用注意事项有哪些?
5. 简述食盐和酱油中营养强化剂的选择及应用意义。

实训内容　铁元素的营养调查与评价(询问法)

【实训目的】

掌握某一人群膳食中铁元素的摄取状况及其与营养推荐摄入量之间的差异。

【实训原理】

营养调查是指运用各种手段准确了解某一人群(个体)各种营养指标的水平,以判断其当前营养状况,采用的方法一般是膳食调查法。膳食调查是指通过调查计算、了解每人、每日膳食中能量及各种营养素摄入量是否满足机体需要,借此评价正常营养素需要能被满足的程度。膳食调查采用的方法包括:

①询问法:指通过问答方式回顾性地了解调查对象的膳食营养状况,由调查对象尽可能准确回顾调查前一日至数日或一段时间的食物消耗量。如果询问的是调查前24h的食物消耗情形,则称为一日或24h回顾法。询问法是目前比较常用的膳食调查方法,此方法适用于个体调查及特殊人群的调查(如孕妇、乳母、老人、散居儿童等)。获得信息的方式包括面对面询问和电话沟通等,但最典型的方法是通过开放性调查表进行面对面询问。

②查账法或记账法:对建有伙食账目及进餐人数登记的集体单位进行一段时间内的食品消费量的调查,并根据同一时期内的进餐人数,计算出平均每人每日各种食品的进食量。进行回顾性调查时称为查账法,进行前瞻性调查时称为记账法。此法适用于有详细账目的机关、团体(如幼儿园),也适用于家庭的调查。

③称重法:通过对被调查对象所吃食物的原料和熟食进行分别称重,从而求出每人每日各类食物摄入量的方法。称重法可用于集体食堂单位、家庭及个人的膳食调查。

④化学分析法:将调查对象所食相同分量的全部熟食,在实验室中进行化学分析,测出其中各种营养素含量的方法。

⑤食物频率法:要求调查对象在食物频率表中标出过去一定时期内(几天、几

周、几月、一年或数年）平均每种食物消费频率或每种食物的分量。

【实训步骤】

1. 膳食调查资料准备

(1) 每人每日铁营养素的推荐摄入量、平均需要量、适宜摄入量、可耐受最高摄入量。

(2) 铁的食物来源。

2. 膳食调查记录表

记录填入表 2-2。

表 2-2　膳食调查记录表

	第一天		第二天		第三天	
	食物名称	摄入量/g	食物名称	摄入量/g	食物名称	摄入量/g
早餐						
中餐						
晚餐						
加餐及零食						
调味品						

3. 膳食分析（表 2-3）

表 2-3　膳食组成分析表

餐次	食物	质量/g	蛋白质摄入量/g	脂类摄入量/g	糖类摄入量/g	热量/kJ	铁摄入量/mg
早餐							
小计							
午餐							
小计							
晚餐							
小计							
总计							

膳食评价填入表 2-4。

表 2-4　膳食营养评价表

各种营养素	蛋白质摄入量/g	脂类摄入量/g	糖类摄入量/g	热量/kJ	铁摄入量/mg
每日需要量(RNI)					
每日摄入量					
摄入量/需要量 * 100%					

铁元素来源分布填入表 2-5。

表 2-5 铁元素来源分布表

来源	动物类	豆类	其他植物类	合计
摄入量				
占总摄入量比例/%				

4. 结论与建议

由学生完成。

参考文献

1. 丁昕,许中敏,常欣. 强化食品中不同铁营养强化剂的选择及 NaFeEDTA 的应用. 中国食品添加剂,2008,S1(37):202~206.

2. 胡国华. 食品添加剂应用基础. 北京:化学工业出版社,2005.

3. 凌关庭. 食品添加剂手册. 北京:化学工业出版社,2003.

4. 刘晓庚,王四青. L-肉碱研究和应用进展. 粮食与油脂,2005(9):41~43.

5. 刘志皋. 铁的食品营养强化. 中国食品添加剂,2003(2):12~15.

6. 史银飞,路新国. 我国营养强化剂的应用进展. 食品研究与开发,2009,30(3):181~184.

7. 孙长胜. 营养强化剂能否成为改善营养状况的有效手段. 食品开发,2010(5):39~40.

8. 汪山英. 花生四烯酸(AA)推动国产乳品的升级换代. 中国乳品工业,2003,31(6):44~45.

9. 王英,罗晓妙,余翔. L-肉碱在食品工业中的应用现状及前景. 中国食品添加剂,2004(3):77~85.

10. 王云. 强化食品不可强食. 生活与健康,2005(10):26~28.

11. 吴浩浩,刘尊英,曾名湧. 铁营养强化剂研究综述. 肉类研究,2010,8(138):73~77.

12. 吴江,管在林. 牛磺酸生产工艺中氨解反应条件的优化. 湖北工学院学报,2004,19(1):23~26.

13. 于炜. 营养强化剂的选择和使用. 食品工业科技,2002,23(3):83~86.

14. 张莉华,许新德,胡源媛,等. 叶黄素的主要剂型及应用. 中国食品添加剂,2009,1(22):122~125.

15. 张敏洁,幸庆武,姜广军. 规范食品营养强化剂的使用. 中国检验检疫,2010(2):18~19.

16. 周爱梅. 食品营养强化剂的应用与展望. 农产品加工,2009(8):12~13.

模块三 食品防腐剂

学习目标

本模块主要介绍食品防腐剂的作用机理、各种防腐剂的特性及应用注意事项。通过本模块的学习，掌握食品防腐剂的种类、作用机理及各自的应用范围。

学习任务

1. 掌握防腐剂种类和作用机理。
2. 了解防腐剂的使用原则及其注意事项。

【案例解析】

某公司主要从事果蔬汁(浆)、果蔬浓缩汁(浆)加工业务，为了拓展国际市场业务，连续参加了多届世界食品博览会(Anuga)。为了让参观者更加直观地了解果蔬汁和果蔬浆产品的品质，公司决定将无菌灌装好的果蔬汁样品转入透明的PE聚酯柱中进行展示。食品博览会的展期5天，如何在人流复杂、环境不可控的情况下保证果蔬汁、果蔬浆的良好品质？该企业第一次布展时，在无菌的果蔬汁中加入一定量的山梨酸钾，搅拌均匀后倒入聚酯柱中进行展示。由于展示架装有射灯，果蔬汁产品展示区的温度较普通室温高1~2℃，在展览会第3天结束时，聚酯柱里的果蔬汁出现了轻微分层现象，在第4天分层现象加剧，甚至出现气泡产生等腐败现象。该企业在第二次参加食品博览会时，吸取了上次参展中存在的不足，布展时，在开启的无菌果蔬汁中加入山梨酸钾的基础上，同时加入一定量的苯甲酸钠，搅拌均匀后装入聚酯容器中进行展示。在为期5天的整个展示期内，效果非常良好。山梨酸钾和苯甲酸钠就是常说的防腐剂。本模块将对防腐剂及其在食品中发挥的作用和应用进行详细介绍。

项目一 认识食品防腐剂

食品中所含的碳水化合物、脂肪和蛋白质都可以被微生物所利用,人与微生物一直在争夺食物。过去,人们常用干燥、盐渍、糖渍等改变食品的渗透压来保存食品。此外,有时也用发酵法产生乳酸、乙酸等通过抑制微生物生长繁殖而保存食品。但以上方法易改变食品的色、香、味等感官性状,而防腐剂(又称保存剂)保存食品则可以克服上述缺点。

防腐剂是指能防止食品腐败变质、延长食品存储期的物质。它兼有防止微生物繁殖引起食品中毒的作用,故又称抗微生物剂。但不包括食盐、糖、醋、香辛料等,这些物质在正常情况下对人体无害,通常被作为调味料对待。

防腐剂按作用分为杀菌剂和抑菌剂两类。具有杀菌作用的食品添加剂称为杀菌剂,而仅有抑菌作用者称为抑菌剂(又称狭义防腐剂)。但杀菌剂和抑菌剂常因浓度高低、作用时间长短和微生物种类等不同而难以区分。无论是杀菌剂还是抑菌剂,其作用机理主要是抑制微生物酶系统的活力,以及破坏微生物细胞的膜结构。

防腐剂按来源和性质可分为无机防腐剂、有机防腐剂和生物防腐剂三类。无机防腐剂主要包括二氧化硫、亚硫酸及其盐类、硝酸盐及亚硝酸盐类等;有机防腐剂主要包括苯甲酸及其钠盐、山梨酸及其钾盐、对羟基苯甲酸酯类及其钠盐、丙酸及其钠盐、钙盐等;生物防腐剂主要包括乳酸链球菌素和那他霉素等。目前世界各国所用的食品防腐剂约有 30 多种。

苯甲酸及其钠盐、山梨酸及其钾盐、丙酸及其钠盐等均是通过未解离的分子发挥抗菌作用,它们均需要转变成相应的酸后有效,故称为酸型防腐剂。无机防腐剂中,亚硝酸盐能抑制肉毒梭状芽孢杆菌生长,但它主要作为护色剂使用。亚硫酸盐类可抑制微生物活动所需的酶,并具有酸型防腐剂的特性,但主要作为漂白剂使用,它们将在后续相关模块分别介绍。

项目二 食品防腐剂各论

一、常用的食品防腐剂

(一)苯甲酸及其钠盐(CNS 号:17.001,17.002;INS 号:210,211)

苯甲酸又名安息香酸,为白色鳞片或针状结晶,纯度高时无臭味,不纯时稍带一点杏仁味。在100℃时开始升华，在酸性条件下容易随水蒸气挥发，易溶于乙醇，难溶于水，所以通常使用其钠盐——苯甲酸钠。苯甲酸钠为白色粒状或结晶性粉末，溶于水，在空气中稳定，但遇热易分解。苯甲酸及其钠盐的溶解度见表3-1。

表3-1　苯甲酸及其钠盐的溶解度　　单位：%

溶剂	苯甲酸	苯甲酸钠
冷水	0.4	63
热水	5.5	76.3
乙醇	50.0	0.6
30%乙醇	—	31.5
60%乙醇	—	21.3

苯甲酸及其钠盐的防腐效果相同。在酸性条件下，有抑菌作用，但对产酸菌较弱，当pH为5.5以上时，对很多霉菌和酵母的作用也较弱。其抑菌作用的最适pH为2.5~4.0，一般低于pH4.5为宜，此时，它对一般微生物完全抑制的最低浓度（MIC）为0.05%~0.1%。苯甲酸及其钠盐需要在酸性条件下通过未解离的分子发挥抗菌作用，故称之为酸型防腐剂。

苯甲酸的防腐作用主要由于其亲油性，容易渗透细胞膜，进入细胞内，从而干扰了微生物细胞膜的通透性，抑制细胞膜对氨基酸的吸收。进入细胞体内的苯甲酸分子会被电离，中和细胞内的储存碱，抑制细胞呼吸酶系的活力，阻止乙酰辅酶A缩合反应，从而达到食品防腐的目的。苯甲酸钠的防腐机理与苯甲酸相同，只不过是苯甲酸钠是通过未解离的苯甲酸分子发挥作用的（侯振建，2004）。

苯甲酸及其钠盐是各国允许使用时间最长的食品防腐剂，其安全性较高。苯甲酸进入机体后，与体内甘氨酸结合生成马尿酸（甘氨酸苯甲酰），其余的会与葡萄糖醛酸结合形成1-苯甲酰葡萄糖醛酸。75%~80%的苯甲酸在6h内基本可以从人体排出，10~14h后可以全部从体内排出（翁江来，2005）。据报道，即使苯甲酸的用量超过食品防腐实际需要量的许多倍时也未见毒害作用。但近年来有报道称苯甲酸及其钠盐可引起过敏性反应，苯甲酸对皮肤、眼睛和黏膜有一定的刺激性。苯甲酸钠可引起肠道不适，且有不良味道（苯甲酸钠的最低阈值为0.1%），近年来有逐渐减少使用的趋势。

ADI：0~5mg/kg体重（FAO/WHO，2001）。

我国GB2760—2011规定：苯甲酸及其钠盐可用于风味冰、冰棍类、果酱（罐头除外）、蜜饯凉果、腌渍的蔬菜、糖果、调味糖浆、醋、酱油、酱及酱制品、复合调味料、果蔬汁（肉）饮料（包括发酵型产品等）、蛋白饮料、碳酸饮料、风味饮料、茶、咖啡、植物饮料类、配制酒（仅限预调酒）、果酒和食品工业用浓缩果蔬汁（浆）中。

使用苯甲酸时，一般先用适量乙醇溶解后，再添加到食品中；或先用适量的碳酸氢钠或碳酸钠,在90℃以上的热水中溶解,使其转化为苯甲酸钠后再添加到食品中。此外,因苯甲酸能同水蒸气一起挥发,操作时最好戴口罩。需要注意,对醋及一些酸性食品,最好直接使用苯甲酸钠,不宜用上述方法。因一般加碱容易过量,中和食品中原有的酸而降低酸度。苯甲酸在酸性条件下溶解度较低,如果搅拌不均匀,会出现局部的苯甲酸结晶析出,导致局部产品添加剂超标(侯振建,2004)。

使用苯甲酸钠时,一般把苯甲酸钠调制成20%~30%的水溶液,再加入食品中,搅拌均匀即可。如果苯甲酸钠直接与酸性饮料接触,容易转化成难溶于水的苯甲酸,如果不采取相应的措施,就会沉淀在容器底部。一般汽水、果汁使用苯甲酸钠时,多在配制糖浆时添加,即先将砂糖溶化、煮沸、过滤后,可一边搅拌一边将苯甲酸钠投入糖浆中。也有在溶糖时添加,待苯甲酸钠完全溶解后再分别加入混浊剂和柠檬酸。苯甲酸钠、混浊剂和柠檬酸必须分步加入,如果同时加入,苯甲酸钠与柠檬酸反应,就会出现絮状物。苯甲酸钠用于酱油防腐时,可在加热工序中添加。通常是将生酱油放入杀菌装置中,加热至杀菌温度时(为65~75℃,根据季节与品质确定),再添加苯甲酸钠。苯甲酸钠用于醋的防腐时,通常将醋淋出,调整酸度后添加。

苯甲酸及其钠盐也可以和其他防腐剂复合使用,复合防腐剂具有更好的杀菌、抑菌效果和更广的pH适应范围,通过比较苯甲酸钠、山梨酸钾及两者复合对平菇咸菜的防腐效果,发现苯甲酸钠(0.2g/kg)和山梨酸钾(0.3g/kg)复合防腐效果明显优于单独使用苯甲酸钠(孟庆国,2008)。

刘玉达等(2003)研究了苯甲酸钠和柠檬酸对甜橙汁的保藏效果,发现苯甲酸的抑菌能力远大于柠檬酸,但大量苯甲酸钠的添加影响维生素C的稳定性,这一点应该引起关注。冷藏甜橙汁时,添加0.03%苯甲酸钠具有较好的防腐效果。对冷藏番茄汁的保藏,添加0.06%~0.09%苯甲酸钠,能够达到与甜橙汁类似的保藏效果。

苯甲酸及其钠盐的现行国家标准分别为GB1901—2005和GB1902—2005。

(二)山梨酸及其钾盐(CNS号:17.003,17.004;INS号:200,202)

山梨酸又名花楸酸,为无色针状结晶或白色结晶状粉末,无臭或稍带刺激臭,耐光、耐热。但在空气中长期放置时易被氧化着色,从而降低防腐效果。易溶于乙醇等有机溶剂,稍难溶于水,所以多使用其钾盐——山梨酸钾。山梨酸钾为白色鳞片状结晶或结晶性粉末,无臭或微臭,极易溶于水,也易溶于高浓度蔗糖和食盐溶液。山梨酸与其钾盐的溶解度见表3-2。

山梨酸及其钾盐具有相同的防腐效果,它们通过抑制微生物的脱氢酶系统,从而发挥抑制微生物生长和防腐作用。它们能够抑制包括肉毒杆菌在内的各类病原体滋生,0.1%山梨酸能够有效抑制无益的革兰氏阴性菌丛滋生,而对有益的菌丛(乳酸杆菌和细球菌属)没有明显影响。必须注意,在有少量霉菌存在的介质中,山梨酸表现出抑菌作用,甚至还可表现出杀菌效力。但在有大量霉菌存在的介质中,山梨酸会被霉菌作为营养物摄取,不仅没有抑菌作用,相反会加速食品腐败变质。

表3-2 山梨酸及其钾盐的溶解度 单位:%

溶剂	山梨酸	山梨酸钾
水	0.16	67.6
丙酮	9.7	0.1
无水乙醇	13.9	0.3
30%乙酸	0.56	—
冰乙酸	12.8	—

山梨酸及其钾盐也属于酸型防腐剂,其防腐效果随pH上升而下降,但适宜的pH范围比苯甲酸广,在pH5~6以下的范围内使用为宜,pH6时仍有抑菌效果,但所需浓度较大,一般在pH6时完全抑菌最低浓度(MIC)超过0.2%(许志刚,2002)。

山梨酸是一种不饱和脂肪酸,在体内参与正常的代谢活动,最后被氧化成二氧化碳和水。国际上公认它为无害的食品防腐剂,毒性比苯甲酸(钠)和对羟基苯甲酸酯类低。

ADI:0~25mg/kg体重(以山梨酸计)。

由于山梨酸及其钾盐的毒性低于苯甲酸及其钠盐,且无异味,所以目前国内外广泛使用山梨酸及其钾盐作为防腐剂。我国GB2760—2011规定:山梨酸及其钾盐可用于干酪、氢化植物油、人造黄油及其类似品(如黄油和人造黄油混合品)、风味冰、冰棍类、经表面处理的鲜水果及新鲜蔬菜、果酱、蜜饯凉果、腌渍的蔬菜、加工食用菌和藻类、豆干再制品、新型豆制品(大豆蛋白膨化食品、大豆素肉等)、糖果、杂粮灌肠制品、米面灌肠制品、面包、糕点、焙烤食品馅料及表面用挂浆、熟肉制品、预制水产品、蛋制品(改变其物理性状)、调味糖浆、醋、酱油、酱及酱制品、复合调味料、饮料类(包装饮用水除外)、食品工业用浓缩果蔬汁(浆)、配制酒、果冻和胶原蛋白肠衣中。

使用山梨酸时,因其在水中的溶解度很低,应先将山梨酸溶解在乙醇或碳酸氢钠溶液中,然后再添加到食品中。溶解时注意不要使用铜、铁容器,以免形成不良的色泽。

为了防止山梨酸受热挥发,最好在食品加热过程的后期添加。例如生产果酱时可在果酱浓缩终点前加入,并使之在果酱中均匀分布。

山梨酸钾易溶于水,使用方便,但其1%水溶液的pH为7~8,在碳酸饮料中,山梨酸钾用量每增加0.01%,pH约升高0.03。所以,山梨酸钾可导致食品pH上升,使用时应予以注意。

山梨酸及其钾盐能刺激眼睛,若进入眼中,需立即用水冲洗,然后就医。

汪跃华等(2006)采用山梨酸钾处理保鲜台湾青枣,并结合臭氧处理,结果发现用3×10^{-6}臭氧处理10min后的台湾青枣的保鲜效果很好。李自强等(2006)研究了山梨酸钾和乙醇混合对鲜食葡萄采后灰霉菌的抑制作用，在1℃下贮藏30天后，发现20%乙醇加0.5%或1.0%山梨酸钾的协同处理对灰葡萄孢的抑制效果与使用SO_2处理的效果相当，并且对葡萄无任何伤害。许志刚等(2002)研究了山梨酸钾和鱼精蛋白复合的防腐特性，由于鱼精蛋白是一种碱性蛋白，在pH6以上时活性较大，而在pH5以下时抑菌活性明显下降。将0.08%鱼精蛋白与0.02%山梨酸钾混合使用可在pH4~10范围内抑制霉菌生存。鱼精蛋白与山梨酸复合不仅可以扩大抑菌pH范围，而且还使两者的抑菌性产生协同作用。马美湖等(2005)将山梨酸钾与溶菌酶、乳酸链球菌素(Nisin)复合，研究此复合防腐剂对冷却肉的保鲜效果。得到最佳储藏条件是：山梨酸钾2g/kg，Nisin 2.5g/kg，溶菌酶2.5g/kg，用乳酸将冷却肉保鲜液pH调节至4.5，保鲜30天后，挥发性盐基总氮(TVB-N)值、菌落总数、大肠杆菌群数、汁液渗出量、蒸煮损失率等重要指标均在标准规定范围之内。

山梨酸及其钾盐的现行国家标准分别为GB1905—2000和GB13736—2008。

(三)对羟基苯甲酸酯类及其钠盐(对羟基苯甲酸甲酯钠，对羟基苯甲酸乙酯及其钠盐)(CNS号:17.032,17.007;INS号:219,214,215)

对羟基苯甲酸酯又名尼泊金酯，是苯甲酸的衍生物。目前主要使用的是对羟基苯甲酸甲酯钠、对羟基苯甲酸乙酯及其钠盐。(编者注：GB2760—2007版中允许使用的还有对羟基苯甲酸丙酯及其钠盐，但卫办监督函〔2011〕919号已明确取消对羟基苯甲酸丙酯及其钠盐。)对羟基苯甲酸酯类为无色结晶或白色结晶性粉末，无臭，开始无味，后稍有涩味，易溶于乙醇而难溶于水，几种对羟基苯甲酸酯的溶解度见表3-3。

表3-3　几种对羟基苯甲酸酯的溶解度　　单位:%

名称	水	乙醇	丙二醇	丙酮
对羟基苯甲酸甲酯	0.25	40	25	-
对羟基苯甲酸乙酯	0.17	79	25	84
对羟基苯甲酸丙酯	0.05	95	26	105
对羟基苯甲酸丁酯	0.02	210	110	240

对羟基苯甲酸酯类同苯甲酸和山梨酸一样，也是由未解离分子发挥抗菌作用，但比这两种酸的抗菌作用强，且因其羟基被酯化后，可以在更广的pH范围内保持不解离，如对羟基苯甲酸酯钠在溶液pH为8时，仍有60%以上呈分子状态存在，而苯甲酸钠和山梨酸钾在溶液pH为5时，只有13.5%和36.63%呈分子状态存在(杨寿清,2003)。对羟基苯甲酸酯类作用范围比苯甲酸和山梨酸广，一般在pH4~8的范围内效果较好。

对羟基苯甲酸酯类进入机体后的代谢途径与苯甲酸基本相同，且毒性比苯甲酸低。

对羟基苯甲酸甲酯、乙酯和丙酯 ADI:0～10mg/kg 体重,对羟基苯甲酸丁酯的ADI 值延期决定(FAO/WHO,2007)。

对羟基苯甲酸酯类在世界各国普遍使用,一般用于饮料、果酱、醋等。我国GB2760—2011 规定:对羟基苯甲酸甲酯钠、对羟基苯甲酸乙酯及其钠盐应用于经表面处理的鲜水果、果酱(罐头除外)、经表面处理的新鲜蔬菜、焙烤食品馅料及表面挂浆(仅限糕点馅)、热凝固蛋制品(如蛋黄酪、松花蛋肠)、醋、酱油、酱及酱制品、蚝油、虾油、鱼露等、果蔬汁(肉)饮料(含发酵型产品)、碳酸饮料、果味饮料中。

对羟基苯甲酸酯类用于酱油和醋时,一般配成 10% 丙二醇溶液后再加到酱油和醋中。酱油中如果含有酯酶会分解对羟基苯甲酸酯类。为了避免其分解,可先将酱油经 75℃、30min 的热处理后再添加。

对羟基苯甲酸酯类用于果酱时,一般将此类防腐剂溶于乙酸后,再与果酱混合。有些对羟基苯甲酸酯盐类(如对羟基苯甲酸酯钠),在饮料和果蔬汁中使用时容易析出白色沉淀,主要由于对羟基苯甲酸酯根离子在酸性或弱酸性环境下容易结合溶液中的氢离子,重新形成对羟基苯甲酸酯,在局部浓度过高的条件下,析出对羟基苯甲酸酯沉淀。因此,在酸性或弱酸性食品中使用时,应配成 20% 左右的溶液,并且要求在搅拌下缓慢加入,以防止局部过浓而析出对羟基苯基酸酯沉淀。在使用中,特别注意避免先加入酸度调节剂,或者同时加入对羟基苯甲酸酯钠和酸度调节剂,以防析出对羟基苯甲酸酯结晶,产生沉淀,从而失去防腐作用。

对羟基苯甲酸酯钠溶于水后,不能长时间放置,以免发生酯水解作用而降低其防腐作用,一般要求现配现用,避免放置过夜(杨寿清,2003)。

沈思等(2006)研究使用对羟基苯甲酸乙酯及其复合防腐剂对软包装榨菜保质期的影响,发现使用复合防腐剂明显优于单独使用苯甲酸钠的效果,其中对羟基苯甲酸乙酯、苯甲酸钠和山梨酸钾(1:2:1,总量为允许范围内的 0.5g/kg)的复合效果最好。

对羟基苯甲酸甲酯钠的现行标准为 2011 年卫生部第 19 号公告指定标准。对羟基苯甲酸乙酯的现行标准为 GB 8850—2005。

(四)丙酸及其钠盐、钙盐(CNS 号:17.029,17.006,17.005;INS 号:280,281,282)

丙酸盐类作为防腐剂,一般使用丙酸的钠盐和钙盐,丙酸钠与丙酸钙均为白色结晶、颗粒或结晶性粉末,无臭或略具特异臭,易溶于水。丙酸盐属于酸型防腐剂,其抑菌作用受环境 pH 的影响,最小抑菌浓度在 pH5.0 时为 0.01%,在 pH6.5 时为 0.5%。

丙酸是食品中正常成分,也是人体代谢的中间产物。据 FAO/WHO 报道,丙酸盐不存在毒性作用,其 ADI 为 0～10mg/kg 体重。

近年来,丙酸盐已广泛应用于面包、糕点、果冻、蜜饯、果酱、酱油等防霉。我国GB2760—2011 规定:丙酸及其钠盐、钙盐可用于豆类制品、原粮、生湿面制品(如面条、饺子皮、馄饨皮、烧卖皮)、面包、糕点、醋、酱油和杨梅罐头加工工艺中。

丙酸盐呈微酸性,对各类霉菌、需氧芽孢杆菌或革兰氏阴性杆菌有较强的抑制作用,对能引起食品发黏的菌类如枯草杆菌抑菌效果很好,对防止黄曲霉素的产生有特效。丙酸盐可以抑制腐败微生物体内β-丙氨酸的合成,因为β-丙氨酸是泛酸的前体物质,所以使泛酸、辅酶A(CoA)、酰基载体蛋白(ACP)的合成不能顺利进行,从而导致细菌体内代谢紊乱(曹效海,2005)。丙酸盐对酵母菌基本无效,故常用于面包的防霉。丙酸钙用于面包防霉的添加方法有两种:一是把面粉、酵母和防腐剂一起混合;二是用面粉的一半量加酵母、水混合后先发酵,把防腐剂与另一半面粉混合,然后将两者合并。此法可以减轻防腐剂对酵母的影响,而缩短发酵时间。经丙酸钙处理后的豆腐,由于抑制了细菌蛋白酶的活性,延长了豆腐变质时间,有防止豆腐发黏、发酵的作用。

丙酸钠与丙酸钙均可用于焙烤制品,用于面包防霉时,添加量的不同可影响面团产气的时间(表3-4)。

表3-4 丙酸盐的加入量对面团产气时间的影响

丙酸盐加入量	面团产气时间/min
对照	152
0.2%丙酸钙	152
0.4%丙酸钙	194
0.2%丙酸钠	194

对于西点的制作则用丙酸钠较好,因为用丙酸钙时,钙离子与其中所用的膨松剂碳酸氢钠发生反应,生成不溶性碳酸盐类。

丙酸、丙酸钙与丙酸钠现行国家标准是GB10615-1989、GB25548-2010和GB25549-2010。

(五)脱氢乙酸及其钠盐(CNS号:17.009i,17.009ii;INS号:265,266)

脱氢乙酸的学名为α,γ-二乙酰基乙酰乙酸,简称DHA,分子式为$C_8H_8O_4$,相对分子质量168.15。脱氢乙酸钠分子式$C_8H_7NaO_4 \cdot H_2O$,相对分子质量为208.15。脱氢乙酸为无色、白色针状或片状结晶,或为白色结晶性粉末。无臭或略带微臭,易溶于丙酮等有机溶剂,难溶于水,所以一般多用其钠盐作为防腐剂。脱氢乙酸钠为白色结晶性粉末,无臭或略带微臭,易溶于水。脱氢乙酸及其钠盐的溶解度见表3-5。

脱氢乙酸及其钠盐的防腐作用也受pH影响,其饱和水溶液的pH为4,在中性溶液中防腐效果最好。脱氢乙酸是广谱防腐剂,对霉菌和酵母菌的抑菌能力特别强,为苯甲酸钠的2~10倍。但是只有高剂量的脱氢乙酸才能抑制细菌。

表 3－5 脱氢乙酸及其钠盐的溶解度 单位：%

溶剂	脱氢乙酸	脱氢乙酸钠
水	0.1	33
95%乙醇	3	1
丙二醇	1.7	4.8
甘油	0.1	15

脱氢乙酸和脱氢乙酸钠均可安全用于食品（FDA，172.130，2000）。

我国 GB2760—2011 规定：脱氢乙酸及其钠盐可用于黄油和浓缩黄油、腌渍的蔬菜、腌渍的食用菌和藻类、发酵豆制品、淀粉制品、面包、糕点、焙烤食品馅料及表面挂浆、预制肉制品、熟肉制品、复合调味料和果蔬汁（浆）中。

脱氢乙酸钠主要用于干酪、奶油、人造奶油，使用量为 0.61g/kg 以下，为乳制品的主要防腐剂。因乳制品放置在空气中熟成时，会出现长霉的现象，此时有必要添加这种防腐剂。脱氢乙酸钠的使用一般喷洒在制品表面或在包装材料上，喷洒浓度为 0.1% ~0.2% 的水溶液，喷洒量为 20 ~ 40mL/kg。彭家泽等（2006）研究了脱氢乙酸钠、山梨酸钾、双乙酸钠、乳化剂及其复合形式对柑橘、巨峰葡萄和早熟梨等水果的防腐效果。经过对呼吸强度和好果率的测定，发现柑橘果实的最佳组合为脱氢乙酸钠 0.08%、山梨酸钾 0.02%、双乙酸钠 0.10% 和乳化剂 0.10%；巨峰葡萄的最佳组合为脱氢乙酸钠 0.15%、山梨酸钾 0.05%、双乙酸钠 0.15% 和乳化剂 0.15%；早熟梨中的最佳组合为脱氢乙酸钠 0.10%、山梨酸钾 0.05%、双乙酸钠 0.05% 和乳化剂 0.12%。

脱氢乙酸及其钠盐的现行标准为 GB8819—1988 和 GB25547—2010。

（六）二甲基二碳酸盐（CNS 号：17.033；INS 号：242）

二甲基二碳酸盐，又名维果灵（Dimethyl dicarbonate，DMDC），无色透明液体，分子式为 $C_4H_6O_5$，相对分子质量为 134.09。二甲基二碳酸盐是酸型防腐剂，对酵母菌和细菌有良好的抑制作用，但对乳酸菌和醋酸菌的抑制效果不佳。二甲基二碳酸盐的安全性较好，它在饮料或者果酒中分解成二氧化碳和痕量的甲醇。在茶饮料中添加二甲基二碳酸盐后释放的甲醇含量，见表 3－6（李云赟，2009）。

表 3－6 不同浓度二甲基二碳酸盐完全分解释放甲醇的量 单位：g/kg

二甲基二碳酸盐浓度	0	100	150	200	250	300
释放甲醇含量	0	50.12	78.94	89.4	112.3	147.5

根据 GB15037—2006 和 GB2757—1981 中的规定，葡萄酒中的甲醇含量为 400g/kg 以内，谷物类原料的白酒甲醇限量为 400g/kg，薯干及代用品为原料的白

酒甲醇限量为1200g/kg。虽然我国国标中并未对茶饮料等饮料中的甲醇限量规定,由表3-6可知,在规定的添加剂量内(250g/kg)甲醇的产生量远低于以上酒类的限量规定。

二甲基二碳酸盐的ADI为0~0.25g/kg体重(FAO/WHO,1991),现行标准为2011年卫生部第19号公告指定标准。

1988年,二甲基二碳酸盐作为酵母菌抑制剂,首次被FDA批准可以用于果酒和即饮茶饮料。我国GB2760—2011规定:二甲基二碳酸盐仅可用于饮料,包括果蔬汁(肉)饮料(包括发酵型饮料产品等)、碳酸饮料、果味饮料和茶饮料类中。

在添加二甲基二碳酸盐时,不要直接接触它,工作环境应有良好的通风条件,最好通过计量系统(以保证准确的加入量)将其加在灌装之前的暂存罐中或在灌装时在线添加。

(七)双乙酸钠(CNS号:17.013;INS号:262ii)

双乙酸钠(Sodium diacetate,SDA),又称双乙酸氢钠、二乙酸钠,分子式为$C_4H_7NaO_4 \cdot xH_2O$,相对分子质量为142.09(无水)。外观为白色结晶粉末或结晶状固体,具有乙酸气味,易溶于水和乙醇。

双乙酸钠从化学分子结构上讲,是短氢键结合的双分子盐,并含有可释放的40%游离乙酸分子,在水溶液中呈酸性。双乙酸钠的抗菌(包括霉菌、真菌、细菌)作用来源于乙酸,乙酸分子与类脂化合物的相溶性较好,乙酸可以透过细胞壁(未解离的乙酸比离子化的乙酸能更有效地渗透霉菌组织的细胞壁),使细胞蛋白质变性,从而起到杀菌的效果。

双乙酸钠对霉菌的抑制效果很明显,其防霉效果优于苯甲酸钠和山梨酸钾。双乙酸钠对扩展青霉、黄曲霉、黑根霉、黑曲霉、球毛壳等常见菌的抑制效果较好。双乙酸钠对以上几种霉菌的抑制能力依次为:扩展青霉>黄曲霉>黑根霉>黑曲霉>球毛壳。双乙酸钠为酸型防腐剂,其10%溶液pH为4.5~5.0,但双乙酸在弱碱性条件下(pH=8)对霉菌的抑制能力也较强(付复华,2004)。除了抑制霉菌,双乙酸钠对大肠杆菌、金黄色葡萄球菌、李斯特菌、革兰氏阴性菌有一定的抑制作用(闫国胜,2006)。

双乙酸钠安全、无毒。其最终分解为乳酸和乙酸,参与人体新陈代谢,产生CO_2和H_2O。

ADI:0~15mg/kg体重(FAO/WHO,1994)。

我国GB2760—2011规定:双乙酸钠可用于基本不含水的脂肪和油、豆干类、豆干再制品、原粮、大米、粉圆、糕点、预制肉制品、熟肉制品、熟制水产品(可直接食用)、调味品、复合调味料和膨化食品中。

双乙酸钠应用于原粮等谷物防霉时,应该注意控制温度和湿度。在生面团中加入0.2%的双乙酸钠,37℃下保存时间可由3 h延长至37 h(唐正姣,2001)。双乙酸钠可应用到河粉(切米粉)的保鲜中,在米浆中添加0.2%的双乙酸钠,可使蒸出的河粉在常温下保鲜期延长1天,如果将双乙酸钠与丙酸钙按照1:1的比例混合,同样的添加量可使河粉的保鲜期延长2d以上(曾小兰,2000)。双乙酸钠在普通面糊类蛋糕中最佳防霉添加量为0.4%,此时蛋糕在常温下霉菌超标时间为14d,比不添加防腐剂的蛋糕延长10d(李凤梅,2009)。双乙酸钠对含水分高的谷物、小麦、玉米等进行处理,只需配制成浓度为0.02%的双乙酸钠溶液,喷洒在粮食上,即可延长其储存期4个月左右,还可以减少收割期间内谷物霉烂变质(杨润庭,2003)。双乙酸钠的现行标准是GB25538－2010。

(八)乳酸链球菌素(CNS号:17.019;INS号:234)

乳酸链球菌素又称乳酸链球菌肽(Nisin),是由乳酸链球菌所产生的多肽物质,分子式为$C_{148}H_{230}N_{42}O_{37}S_7$,相对分子质量3354.25,其分子是由34个氨基酸组成的二聚体或四聚体。目前已发现六种类型的Nisin,分别为A、B、C、D、E和Z,其中Nisin A和Nisin Z使用最普遍,后者的溶解度和抗菌能力均大于前者。

乳酸链球菌素的溶解度取决于溶液的pH。pH2.5时为12%,pH5.0时为4.0%,中性和碱性时不溶;pH2.5时稳定,pH8.0时易被蛋白酶水解钝化。乳酸链球菌素在干燥状态下较为稳定,但在食品中可逐渐失活。

乳酸链球菌素仅对革兰氏阳性菌有抑制作用,如葡萄球菌属、链球菌属、梭状芽孢杆菌属和芽孢属的细菌,特别是对金黄色葡萄球菌、溶血链球菌、肉毒梭状芽孢杆菌作用明显。通过干扰细胞膜的正常功能,造成细胞膜的渗透压改变,养分流失和膜电位下降,从而导致致病菌和腐败菌细胞的死亡。而对革兰氏阴性菌、酵母菌或霉菌一般无抑制作用。应用于肉制品时,可显著减少加热温度或时间,并取得良好的杀菌效果。

ADI:33000国际单位(IU)/kg体重。(其中,1μg的纯乳酸链球菌素的活力近似为40IU)。

我国GB2760—2011规定:乳酸链球菌素可用于乳及乳制品(GB2760—2011中01.01.01、01.01.02、13.0涉及品种除外)、食用菌和藻类罐头、八宝粥罐头、杂粮灌肠制品、方便湿面制品、米面灌肠制品、预制肉制品、熟肉制品、熟制水产品(可直接食用)、醋、酱油、酱及酱制品、复合调味料和饮料类(包装饮用水除外)食品中。

丁酸杆菌、酪丁酸杆菌、生孢杆菌和肉毒梭状芽孢杆菌是奶酪中常见的致腐败微生物,特别是能产生毒素的肉毒梭状芽孢杆菌,研究表明,在经巴氏杀菌的奶酪中添加0.13~0.25g/kg的Nisin就能有效抑制A、B型肉毒梭状芽孢杆菌的生长及其毒素的产生(孙德斌,1999)。焦晶晶等(2006)研究了Nisin、山梨酸钾、乙二胺四乙酸(EDTA)复合防腐剂对橙汁的协同防腐保鲜作用,结果表明,当选择0.05g/kg Nisin、0.1g/kg山梨酸钾、0.01g/kg异抗坏血酸钠、0.03g/kg EDTA能显著抑制橙汁中的微生物生长,第14、17、21天对菌落总数的抑制率分别达到99.9%、99.9%

和 99.6%,其抑菌效果明显优于单一防腐剂的使用。

乳酸链球菌素的现行标准为 QB 2394—2007。

(九)纳他霉素(CNS 号:17.030;INS 号:235)

纳他霉素是一种多烯大环内酯类抗真菌剂,其分子是一种具有活性的环状四烯化合物,可含 3mol 结晶水,其外观白色或奶油色,无味的结晶粉末,分子式 $C_{33}H_{47}NO_{13}$,相对分子质量 665.73。纳他霉素分子结构中的四烯结构是全顺式,内酯环上 C_3 ~ C_9 位是半缩醛结构,含有一个由糖苷键连接的碳水化合物基团,即氨基二脱氧甘露糖。纳他霉素微溶于水,溶于稀酸、冰乙酸及二甲酰胺,难溶于很多有机溶剂。

表 3-7 纳他霉素在常用溶剂中的溶解度 单位:g/100mL

水	乙醇	丙三醇	丁醇
4	10	300	5 ~ 12

纳他霉素是一类两性物质,分子中有一个碱性基团和一个酸性基团,等电点为 6.5,熔点为 280℃。在 pH 高于 9 或低于 3 时,其溶解度会有所提高,在大多数食品的 pH 范围内非常稳定。纳他霉素具有一定的耐热性,在干燥状态下相对稳定,能耐受短暂高温(100℃);但由于它具有环状化学结构,对紫外线较为敏感,故不宜与阳光接触。

纳他霉素是一种高效、广谱的真菌抑制剂,它是 26 种多烯烃大环内酯类抗真菌剂之一,多烯是一平面大环内酯环状结构,能与甾醇化合物相互作用且具有高度亲和性,对真菌有抑制活性,它能与细胞膜上的甾醇化合物反应,由此引起细胞膜结构改变而破裂,导致细胞内容物的渗漏,使细胞死亡。但对于有些微生物如细胞壁或细胞质膜中不存在类甾醇化合物的细菌,纳他霉素没有作用。

与山梨酸钾等常用的防腐剂相比,纳他霉素的防腐适应的 pH 范围更广,在 pH3 ~ 9 中具有活性。抑菌作用比山梨酸钾强 50 倍左右。

纳他霉素很难溶于水和油脂,很难被消化吸收,大部分摄入的纳他霉素会随粪便排出。纳他霉素无毒,并且不会致突变、致癌(畸)和致过敏,其 ADI:0 ~ 0.3mg/kg 体重(FAO/WHO,2007)。

我国 GB2760—2011 规定:纳他霉素可用于干酪、糕点、酱卤肉制品类、熏、烧、烤肉类、油炸肉类、西式火腿(熏烤、烟熏、蒸煮火腿)类、肉灌肠类、发酵肉制品类、蛋黄酱、沙拉酱、果蔬汁(浆)和发酵酒中。

在酱油、食醋等调味品中添加一定量的纳他霉素可防止霉菌和酵母菌引起的变质。在酱油中添加 15mg/kg 的纳他霉素,可有效抑制酵母菌的生长和繁殖,且对酱油的口感和风味无任何影响。将纳他霉素和乳酸链球菌素复合应用于酱油防霉,可有效地抑菌,并降低抑菌浓度(姜元荣,2002)。赵春燕等(2009)研究了不同浓度的乳酸链球菌素、纳他霉素及乳酸链球菌素、纳他霉素和乳酸的复合保鲜剂对冷却肉的作用效果。结果表明,不同浓度的乳酸链球菌素和纳他霉素处理冷却肉,可具有不同程度的保鲜效果,复合最佳浓度:乳酸链球菌素为0.008%,纳他霉素为0.012%,乳酸为3%。段丹萍等(2010)研究了不同浓度的纳他霉素与1%壳聚糖(作为涂膜基质)复合,对草莓果实进行涂膜保鲜。发现复合涂膜液能降低草莓果实的水分散失,延缓草莓果实的可溶性固形物、维生素C、可滴定酸含量的下降,抑制果实相对膜透性、丙二醛含量、多酚氧化酶(PPO)活性的上升。其中,0.02%纳他霉素和0.1%的壳聚糖复配保鲜液对草莓果实的保鲜效果最佳,显著延缓了草莓果实的采后衰老,延长了草莓果实的储藏时间。

纳他霉素的现行标准是GB25532—2010。

二、常用食品保鲜剂

随着科技的发展和人们生活水平的提高,人们对果蔬的防腐保鲜日益重视。我国是一个农业大国,地域辽阔,果蔬品种繁多。目前由于缺乏必要的手段,致使我国果蔬腐烂损失率每年多达20%~25%。为了充分利用食品资源和满足人们消费需求,尤其是不同地区人们生活的需要,许多科研和生产部门纷纷研究果蔬保鲜技术并推广使用。其中最主要的是进行化学处理,如采用防霉、杀菌、被膜、代谢控制剂处理等,具体应用时可采用药液浸渍、药纸包裹、纸格浸药等方法,用以延长果蔬储存期。

果蔬防腐保鲜剂主要是一些广谱、高效、低毒的杀菌、防腐剂,其中除二氧化硫及某些亚硫酸盐外,大多属于农药范围。我国食品添加剂使用标准现已批准稳定态二氧化氯、仲丁胺、桂醛等作为保鲜用食品防腐剂。对于上述物质应严格遵照有关规定应用。

(一)稳定态二氧化氯(CNS号:17.028;INS号:926)

稳定态二氧化氯,具有很强的氧化作用,能迅速氧化、破坏病毒蛋白质衣壳中的酪氨酸,抑制病毒的特异性吸附,阻止其对宿主细胞的感染(傅润华,2004)。稳定态二氧化氯溶液(稳定液)是一种将高纯度的二氧化氯稳定在稳定剂中所形成的无色惰性混合液(贺启芳,2001)。

我国GB2760—2011规定:稳定态二氧化氯可用于经表面处理的鲜水果、经表面处理的新鲜蔬菜和水产品及其制品(包括鱼类、甲壳类、贝类、软体类、棘皮类等水产品及其加工制品)(仅限鱼类加工)中。杜金华等(2006)研究了二氧化氯对青椒采后生理和贮藏品质的影响,发现20~50mg/L的二氧化氯可显著地抑制青椒的呼吸作用,对青椒的维生素C、可滴定酸和可溶性固形物的含量的影响较小,并且对青椒的风味无影响。Tsai等(2001)发现7.8mg/L的二氧化氯处理番茄10min

后,可以显著减少番茄的腐败,对番茄的表皮颜色没有破坏,并且无任何化学物质的残留。Hodges 等(2000)使用 5mg/L 的二氧化氯保鲜菠菜,可在 10℃ 下保存 16 天以上,叶绿素的损失很少。

(二)仲丁胺(CNS 号:17.011)

仲丁胺,分子式为 $C_4H_{11}N$,相对分子质量为 73.0。无色液体,有氨臭,易挥发,可与水及乙醇混合。

我国 GB2760—2011 规定:仲丁胺可用于经表面处理的鲜水果和新鲜蔬菜(仅限蒜薹和青椒)的保鲜。按照生产需要适量添加,但应控制相应的残留量为:柑橘(果肉)≤0.005mg/kg,荔枝(果肉)≤0.009mg/kg,苹果(果肉)≤0.001mg/kg,蒜薹和青椒≤3mg/kg。经过仲丁胺保鲜处理的葡萄,其货架期延长了 8 天,可溶性固形物和可滴定酸的变化均不明显(吕彦斌,2010)。同时,仲丁胺保鲜剂可用于延长柑橘和鲜椒的保鲜期,且残留量低于国家标准,对人体无害(董艳玲,2009;吕彦斌,2010)。仲丁胺对苹果轮纹病孢子及菌丝均有抑制的作用(陈秀华,1988)。美国职业安全委员会将仲丁胺对人体健康的危害等级定为 3 级,此类物质短时接触就会引起伤害(何晓寒,2004)。

(三)桂醛(CNS 号:17.012)

桂醛,又称 β-苯丙烯醛,分子式为 C_9H_8O,相对分子质量为 132.16。为无色至淡黄色油状液体,呈肉桂香气(可作为香料)。

我国 GB2760—2011 规定:桂醛可用于经表面处理的鲜水果,要求残留量≤0.3mg/kg。在使用时,可将桂醛制成乳液浸果,也可将其涂到包裹纸上,利用桂醛的熏蒸性而起到防腐保鲜作用。有研究表明,桂醛对芦笋贮藏期的软腐病和镰刀霉菌有较好的抑制作用(沈莲清,2004)。另外,桂醛对柑橘青霉病(*Penicillium italicum*)的活体试验表明,浸泡和熏蒸使用均能够取得较好的防治效果。浸泡时间越长,保护效果和治疗效果越好(缪应林,2010)。

(四)2,4-二氯苯氧乙酸(CNS 号:17.027)

2,4-二氯苯氧乙酸,分子式为 $C_8H_6Cl_2O_3$,相对分子质量为 221.04。外观为白色菱形结晶,能溶于醇、醚、酮等大多数有机溶剂,几乎不溶于水。

我国 GB2760—2011 规定:2,4-二氯苯氧乙酸可在经表面处理的鲜水果、经表面处理的新鲜蔬菜中使用,最大使用量均为 0.01g/kg,残留量要求低于 2.0mg/kg。2,4-二氯苯氧乙酸广泛应用于提高水果品质和延长其保鲜时间等,尤其用于柑橘采摘前后的保鲜和防腐,主要是防止果蒂脱落、保持果蒂新鲜、控制蒂腐病发生。柑橘采收后,以其异丙基酯或二甲胺盐形式使用,可以延缓柑橘果实的老化,减少外部腐烂,提高柑橘质量(刘蕊,2004),可抑制柑橘类果实的呼吸,降低果实后熟程度,抑制果实离层形成,防止蒂腐和黑腐病从果蒂入侵,使烂果率降低,减小果实总酸度降低幅度(庄荣玉,2001)。

（五）2－苯基苯酚钠盐（CNS 号：17.023）

2－苯基苯酚钠盐，分子式为 $C_{12}H_9NaO \cdot 4H_2O$，相对分子质量为 264.26。为白色、浅红至红色粉末、片状及块状。有异臭，极易溶于水、丙酮、甲醇、丙二醇，但不溶于油脂和蜡。

我国 GB2760—2011 规定：2－苯基苯酚钠盐可在经表面处理的鲜水果（仅限柑橘类）中使用，最大使用量为 0.95g/kg，最大残留量为 12mg/kg。ADI：0～0.2mg/kg体重（FAO/WHO，1994）。

（六）其他

1.4－苯基苯酚（CNS 号：17.024）

又名对苯基苯酚，分子式为 $C_{12}H_{10}O$，相对分子质量为 170.21。外观为白色或淡黄色鳞片状晶体，具有独特的香味，不溶于水、酸及碱，溶于醇、苯等有机溶剂。

我国 GB2760—2011 规定：4－苯基苯酚可在经表面处理的鲜水果（仅限柑橘类）中使用，最大使用量为 1.0g/kg，最大残留量为 12mg/kg。ADI：0～0.2mg/kg 体重（FAO/WHO，1994）。

2. 联苯醚（CNS 号：17.022）

又名二苯醚，分子式为 $C_{12}H_{10}O$，相对分子质量为 170.21。外观为无色结晶体或液体，类似天竺气味，能溶于乙醇、乙醚等有机溶剂，不溶于水、无机酸、碱液。

我国 GB2760—2011 规定：联苯醚可在经表面处理的鲜水果（仅限柑橘类）中使用，最大使用量为 3.0g/kg，最大残留量为 12mg/kg。

3. 乙萘酚（CNS 号：17.021）

又称 β－萘酚、2－萘酚、2－羟基萘酚，分子式为 $C_{10}H_8O$，相对分子质量为 144.16。外观为白色有光泽的碎薄片结晶或白色粉末，易溶于乙醇、乙醚、氯仿、甘油及碱溶液，不溶于水。

我国 GB2760—2011 规定：联苯醚可在经表面处理的鲜水果（仅限柑橘类）中使用，最大使用量为 0.1g/kg，最大残留量为 70mg/kg。

4. 乙氧基喹（CNS 号：17.010）

又名虎皮灵，主要是由 $C_{14}H_{19}NO$ 单体组成的混合体。为淡黄色至琥珀色黏稠液体，在光照和空气中长期放置逐渐变为暗棕色液体，易溶于乙醇、不溶于水。

我国 GB2760—2011 规定：乙氧基喹可应用于经表面处理的鲜水果中，可按照生产需要适量使用，但要求残留量≤1mg/kg。乙氧基喹的现行标准为 2011 年卫生部第 8 号公告指定标准。

（编者注：GB2760—2007 版中允许使用苯并咪唑，但卫办监督函〔2011〕919 号已明确取消苯并咪唑作为食品添加剂。）

项目三　防腐剂在食品工业中的应用

为了正确、高效地使用防腐剂,应该充分了解引起食品腐败的微生物种类,不同防腐剂的性质以及影响防腐效果的各种因素,并按照食品的保藏状态和目标保质期,确定所用防腐剂的品种、用量及使用方法。

食品防腐剂的合理选择,应符合以下几点原则:①防腐剂本身的理化性质和抗微生物性质的稳定,在长期储存过程中不分解、不沉淀;②溶解度大,至少其溶解部分能达到有效的抑菌浓度;③在防腐剂抑菌浓度范围内其本身无特殊臭味,对人体无毒、无刺激;④抑菌谱广,抑菌能力尽可能强,能在较广的 pH 值范围内对大多数微生物发挥抑菌作用。

一、使用范围及使用量

对于含糖量较高、容易腐败或储存期较长的食品(如酱油、醋、果酱、人造奶油、面包、糕点、腌渍的蔬菜等),通常有必要使用防腐剂。否则,这类食品容易被微生物污染引起食品败坏,甚至在食用后产生食物中毒。罐头食品通常不需要使用防腐剂,因为加工过程的高温杀菌,可以使密闭的罐内达到商业无菌状态,实现食品保存的目的。防腐剂的用量过大则可能对人体健康有害,例如,在 GB2760—2011 规定的使用量范围内使用二甲基二碳酸盐是安全的(0.25g/kg),但是如果果酒或饮料中二甲基二碳酸盐的添加量超过规定量的几倍甚至几十倍时,可能会导致甲醇释放过量,而引起中枢神经系统抑制、眼部损害、胰腺炎等(张春华,2007)。总之,对于防腐剂的使用范围和使用量,必须严格遵守我国《食品安全国家标准 食品添加剂使用标准》(GB2760—2011)及卫生部相关增补公告规定。

二、使用注意事项

使用防腐剂前,一定要确定哪些食品需要添加防腐剂,并且应该添加哪种防腐剂,能不用的尽量不用或少用。对于所选用的防腐剂,应保证质量合格。为了避免使用过量,还应查明食品原料、配料是否含有防腐剂。

使用时,为了使防腐剂在食品中充分发挥作用,应注意以下几点:

(1)减少原料染菌的机会　食品加工用的原料应保持新鲜、干净,所用容器、设备等应彻底消毒,尽量减少原料被污染的机会。原料中含菌数越少,所加防腐剂的防腐效果越好。若含菌数太多,即使添加防腐剂,食品仍易于腐败。尤其是快要腐败的食品,即使添加了防腐剂也无法起到防腐作用。

(2)确定合理的添加时机　防腐剂是在原料中添加还是添加到半成品中,或者添加在成品表面,应根据产品的工艺特性及食品的保存期等来确定,不同制品的添加时机不同。

(3)适当增加食品的酸度(降低 pH)　酸型防腐剂通常在 pH 较低的食品中防腐效果较好。此外,在低 pH 的食品中,细菌不易生长。因此,若能在不影响食品风味的前提下增加食品的酸度,可减少防腐剂的用量。

(4)与热处理并用　热处理可减少微生物的数量,加热后添加防腐剂,可使防腐剂发挥最大的功效。如果在加热前添加防腐剂,可减少加热时间。但是,必须注意加热的温度不宜太高,否则防腐剂会与水蒸气一起挥发而失去防腐作用。

(5)分布均匀　防腐剂必须均匀分布于食品中,尤其在生产时更应注意。对于水溶性好的防腐剂,可将其先溶于水,或直接加入食品中充分混匀;对于难溶于水的防腐剂,可将其先溶于乙醇等食品级有机溶剂中,然后在充分搅拌下加入食品中。有些防腐剂并不一定要求完全溶解于食品中,可根据食品的特性,将防腐剂添加于食品表面或喷洒于食品包装纸上。

(6)防腐剂复合使用　两种或两种以上的防腐剂复合使用,往往具有协同作用,比单独使用更为有效。例如在饮料中可复合使用二氧化碳和苯甲酸钠,有的果汁可复合使用苯甲酸和山梨酸。复合防腐剂必须符合我国有关规定,不同防腐剂的使用量占其最大使用量的比例之和不应超过 1。

此外,将防腐剂与热加工、冷藏、辐射等合理的加工、储存方法并用,例如,热加工可减少微生物的数量,所以加热后再添加防腐剂,能发挥最大功效。

项目四　防腐剂使用存在的安全问题

我国批准使用的食品防腐剂有 32 种,它们都经过严格的安全评价及风险评估,只要食品生产厂使用的食品防腐剂的品种、数量和范围,严格控制在《(GB2760—2011)食品安全国家标准 食品添加剂使用标准》规定范围内,是不会对人体健康造成损害的(肖燕青,2010)。但是社会上仍存在一些食品生产企业没有正确使用防腐剂,使消费者对防腐剂产生了质疑和防范,主要表现在:超标使用、超范围使用、使用劣质防腐剂、违规使用、不标注使用和不科学使用等(慕卫平,2006)。

问题一,防腐剂种类繁多,不正当的使用(如超标使用、超范围使用)会导致其产生一定的毒副作用。

由于天然防腐剂成本比较高,在食品加工中未能得到普遍应用,而以山梨酸钾、苯甲酸钠为代表的人工合成防腐剂因其价格低廉、防腐效果好而在食品加工中得到广泛应用。然而这些防腐剂一旦过量添加,其产品就可能会引起致癌、致畸和引起食物中毒等问题。因此,防腐剂的正确使用,除了法律法规的约束之外,还需要食品企业和部门的自律和健康、安全意识。

问题二,当防腐剂添加量不足时引起食品的腐败、变质、变味等问题。

由于防腐剂防腐作用的机理主要表现在三个方面:①作用于细胞壁和细胞膜系统;②作用于遗传物质或遗传微粒结构;③作用于酶或功能蛋白质。主要是通过抑制微生物的呼吸作用,不同防腐剂的抗菌效果不同,防腐剂的添加量也对抗菌效果影响很大。为了保证保质期范围内食品的质量,需要按规定添加适量的防腐剂。

此外,有的防腐剂容易被错误添加,特别是对于一些已经被禁止的防腐剂。例如福尔马林、硼酸、水杨酸、焦炭酸二乙酯、噻苯咪唑等已经被明令禁止使用,还有一些食品相关产品,如杀菌剂中的漂白粉、次氯酸钠、双氧水、过氧乙酸等只能用于饮用水、设备和包装材料的消毒杀菌,不得添加到食品中。

面对诸多食品防腐剂所引发的安全性问题,需要食品企业、消费者和政府部门相互密切合作,采取必要的措施,严厉打击非法添加和滥用食品添加剂(肖燕青,2010)。

一、食品企业应当正确认识防腐剂

一些食品生产企业为了迎合消费者心理,在产品上标注"不含防腐剂"等字样。但一些小企业为谋求经济效益,本身使用了防腐剂却标注"不含"。还有一些食品如罐头或一些经特殊工艺处理的食品,本来不需添加防腐剂,仍刻意标注"本产品不含防腐剂",误导消费者。食品企业应从技术上解决防腐剂的安全使用问题,更应该正确对待防腐剂的标识问题,不应故意误导消费者。食品生产企业除了严格遵守《(GB2760—2011)食品安全国家标准 食品添加剂使用标准》使用防腐剂外,还应与防腐剂生产企业一起做好防腐剂在目标食品的实际使用量、方法等基础实验后再扩大生产,确保生产出高质量、安全的食品。

防腐剂不是万能的,在满足食品品质需求、保证食品安全的前提下,应尽可能少添加或不添加。企业应做到:控制原料的原始菌群数量、生产工艺的合理性、加工过程的卫生控制、严格控制包装、运输过程的卫生,避免食品的二次污染。

二、消费者应该正确、科学认识防腐剂

目前,我国大多数消费者对食品防腐剂的相关知识知之甚少,只是盲目追求不

添加防腐剂的食品。其实，食品营养丰富容易滋生细菌，但要求能长途运输及有一定的保质期，因此添加食品防腐剂不仅对生产厂家有利，同时是确保消费者享用到安全新鲜食品的必须手段。因此消费者应科学对待食品防腐剂。

三、政府及相关部门应努力促进防腐剂的健康发展

由于管理力度不足或不正确的引导，造成食品防腐剂的许多不良问题产生。这需要政府部门给予适当的引导、宣传，让消费者理性看待含防腐剂的食品。通过加强立法、执法、监督管理等规范食品企业正确使用防腐剂。另外，应加强科研队伍对防腐剂的研究投入，除开发高效、低毒的防腐剂外，还需要进一步研究其在实际中的应用，促进我国食品防腐剂的发展。同时，需要发挥行业协会的积极作用：①消除对防腐剂、保鲜剂的不正确认识和不当声称；②从技术角度（包括列举新产品、新方法）帮助应用企业解决使用“超标”的问题，强化应用技术开发。

为使我国食品工业得到长期、稳定的发展，必须提高食品安全意识。而提高防腐保鲜技术水平、广泛而合理地应用防腐剂，是加强食品安全的重要保障，现代食品工业的发展离不开防腐剂的使用。

项目五　防腐剂的发展趋势

人们一般都认为食品的色、香、味是食品作为商品的要素，但是如果食品没有一定的保质期，它就不能发展为一种工业化产品。为使食品有一定的保质期，就必须采用一定的防腐措施，而添加防腐剂是达到上述目的的最经济、最有效和最简捷的方法之一。近年来，防腐剂的开发得到了迅猛的发展，其发展的趋势是：①毒性较高向毒性更低、更安全方向发展。如毒性相对较高的苯甲酸钠使用范围已经逐步被缩小；②由化学合成防腐剂向天然防腐剂发展，如溶菌酶、鱼精蛋白、蜂胶等天然防腐剂的出现和逐步走向应用成熟；③使用范围由窄到宽，如曲酸的出现，其抑菌效果不受 pH 影响，使用范围更广；④高价格的天然防腐剂向低价格方向发展，如微生物、动植物复合防腐剂源的 R－多糖的出现，其市场价格不到现有天然食品防腐剂的 1/20，每吨食品的使用成本与现有的化学防腐剂基本相当。结合国情，我国的中草药资源丰富，而中草药的研究历史悠久。因此，我国天然防腐剂的提取、分离和应用具有广阔的市场前景。

一、天然防腐剂的发展

由于大多数人工合成防腐剂具有一定的毒性或特殊气味等原因,我国对食品防腐剂的安全性越来越重视,能用于食品防腐的人工合成防腐剂越来越受到限制,这对食品生产、运输、存储已经产生了一定的影响,迫切需要研究和开发高效、无毒的天然食品防腐剂。

目前天然防腐剂的研究与应用在国外已经越来越广泛,在我国尚处于初级阶段。近年来,我国众多学者进行了天然防腐剂的研究,包括植物源、动物源和微生物源的天然防腐剂。经研究,在香辛料植物、中草药和其他植物(如竹叶)中发现了150多种具有广谱抑菌活性的天然提取物,并作为天然防腐剂在某些食品中作了一些简单应用。但由于对提取物的抑菌机理等研究不够深入,或对其产业化的成本等要求太高,仍未实现工业化生产。

目前研究较多的植物源天然防腐剂有香精油、大蒜素、蒽醌等;动物源天然防腐剂有鱼精蛋白、蜂胶、壳聚糖等;微生物源天然防腐剂有溶菌酶、ε-聚赖氨酸

随着抗菌物质分子结构与作用机理的揭示,更多天然防腐剂将被开发出来,以其高效、安全的特点而越来越受到食品工业的青睐。

二、复合防腐剂的发展

由栅栏技术(Hurdle technology)可知,单一的防腐剂或保鲜方法通常存在着一定的缺陷,采用复合防腐或保鲜技术,发挥其协同效应,能够有效阻止微生物的生长和其他不利因素导致食品的腐败,达到优势互补的目的。因此采用防腐剂复合技术,增强防腐剂对食品中杂菌的抑制能力,利用配料中各个组分的协同作用,可以获得满意的抑菌和杀菌效果。

复合防腐或保鲜剂还可明显简化和降低工艺处理条件,例如在肉、乳制品加工过程中,复合防腐技术可适当降低杀菌温度和处理时间,从而减少热处理过程中肉、乳制品的风味、营养损失,还可以避免产品的二次污染。

三、防腐剂生产技术的发展

为提高动植物、微生物资源中的防腐成分的得率和含量,资源的开发利用必须经过提取和纯化处理,包括浸出、澄清、浓缩、层析、结晶等操作单元。传统的提取方法有水提取、有机溶剂提取、水蒸气蒸馏、酶解、升华等方法,其中,水提法和有机溶剂提取法使用最为普遍。近年来,一些新兴技术已经开始引入动植物、微生物资源有效防腐成分提取过程中,包括超临界流体提取、超声波提取、微波辅助提取等

技术。

提取之后得到的提取物仍然需要进一步精制、分离、纯化等。传统的分离纯化的方法有溶剂分离、液液萃取、沉淀法、盐析法、透析法、结晶法、超滤法、吸附法和澄清法等。但由于天然资源中的有效防腐成分具有多样性、复杂性，很多化学成分的性质相似，使得分离难度增大。现代分离纯化技术的出现使得这些活性成分的有效分离成为可能，例如大孔树脂吸附分离、生物酶解、膜分离、高速逆流色谱分离、分子印迹分离等技术，不仅提高了防腐活性成分的分离效率，还在一定程度上降低了生产成本。

思考题

1. 比较苯甲酸、山梨酸、对羟基苯甲酸酯类的防腐范围及应用特点。
2. 简述乳及乳制品允许使用的防腐剂及其注意事项。
3. 如何提高食品防腐剂的防腐效率？
4. 以果汁饮料产品为例，试设计果汁饮料的防腐方案。

实训内容　防腐剂对果汁腐败变质的影响

【实训目的】

了解苯甲酸钠对果汁腐败的影响。

【实训原理】

苯甲酸钠是苯甲酸的钠盐。苯甲酸类防腐剂是以其未离解的分子发生作用。未解离的苯甲酸在酸性溶液中的防腐效果是中性溶液的100倍。由于溶解在细胞膜脂蛋白中的苯甲酸仍以未离解酸的形式存在，所以细胞仅吸收未离解的酸。未离解的苯甲酸亲油性强，易通过细胞膜进入细胞内，干扰霉菌和细菌等微生物细胞膜的通透性，阻碍细胞膜对氨基酸的吸收；进入细胞内的苯甲酸分子可酸化细胞内的储存碱，抑制微生物细胞内呼吸酶系的活力，阻止乙酰辅酶A缩合反应，从而起到防腐作用，其中以苯甲酸钠的防腐效果最好。在酸性条件下对多种微生物酵母、霉菌、细菌有明显抑菌作用。

【实训设备与器材】

原料：100%苹果汁，苯甲酸钠，细菌培养基，金黄色葡萄球菌菌种，氯化钠。

器材：天平（精确到0.01g），分光光度计，移液器，显微镜，血球计数板。

【实训步骤】

1. 菌液制备

取经37℃培养18~24h的金黄色葡萄球菌的肉汤培养物1mL加入9mL生理盐水，10倍稀释至10^{-5}~10^{-7}，细菌数为50~100cfu/mL，做活菌计数备用。

2. 抑菌液制备

取苯甲酸钠10g至100mL的无菌生理盐水中(10.0%),依次稀释成浓度为5.0%、3.0%、1.0%、0.5%、0.3%、0.2%、0.1%、0.05%的供试液并灭菌备用。

3. 验证实验

分别取苯甲酸钠供试液1mL,加入接种1mL金黄色葡萄球菌数为50~100 cfu/mL的苹果汁中,于30~35℃培养,每2h测一次苹果汁的550nm处的吸光度。以不加苯甲酸钠抑菌液的苹果汁为对照。绘制金黄色葡萄球菌在苹果汁中的生长曲线。

参考文献

1. 侯振建. 食品添加剂及应用技术. 北京:化学工业出版社,2004:126~127.

2. 翁江来,马长伟. 苯甲酸和苯甲酸钠在肉制品中应用的探索. 肉类研究,2005(5):48~50.

3. 孟庆国,周建树,赵杰,等. 苯甲酸钠等防腐剂对平菇咸菜保质期的影响. 中国食用菌,2008,27(2):46~47.

4. 沈思,梅光明,李孚杰,等. 苯甲酸钠等防腐剂对软包装榨菜保质期的影响. 中国食品添加剂,2006(COO):289~292.

5. 许志刚,康志明. 山梨酸与鱼精蛋白的抗菌特性. 肉类工业,2002(2):42~44.

6. 马美湖,娄爱华,葛长荣. 冷却肉生产中保鲜技术的研究. 食品科学,2005,26(3):235~243.

7. 汪跃华,林银凤,李军. 臭氧和山梨酸钾对台湾青枣贮藏研究. 食品科技,2006,31(7):258~260.

8. 杨寿清. 新型高效低毒食品防腐剂——对羟基苯甲酸酯钠. 中国国际饮料科技报告会论文集,2003:304~308.

9. 曹效海. 丙酸钙对牦牛肉保鲜效果的研究. 青海大学学报(自然科学版),2005,23(3):49~51.

10. 谭正林,王清章,吴谋成. 次氯酸钠、山梨酸钾、丙酸钙三因素对板栗贮藏性的研究. 食品科学,2008,29(8):633~635.

11. 杜荣茂,刘梅森,何唯平. 脱氢醋酸钠、丙酸钙及其复配形式在面包中的防腐作用. 粮食与饲料工业,2004(8):30~31.

12. 魏宝东,孟宪军. 天然生物性食品防腐剂纳他霉素的特性及其应用. 辽宁农业科学,2004(2):24~26.

13. 崔旭海. 纳他霉素在食品工业中的最新研究现状. 肉类研究,2009(12):35~38.

14. 陈冠群,季波. 纳他霉素的特性及应用. 中国乳品工业,2002,30(4):27~28.

15. 岳昊博,岳喜庆,李靖. 纳他霉素(Natamycin)的特性、应用及生产和研究状况.食品科技,2007,32(3):162~166.

16. 董贤慧,高维娟.纳他霉素毒性及生产研究进展.微生物学杂志,2009,29(5):73~77.

17. 姜元荣,钱海峰,梦德奇.纳他霉素与乳酸链球菌素复合防腐剂在酱油防霉中的应用.无锡轻工大学学报,2002(2):170~173.

18. 赵春燕,王丹,张颖.Nisin及纳他霉素在冷却肉中的应用.食品科技,2009,34(3):140~143.

19. 段丹萍,乔勇进,鲁莉莎.纳他霉素壳聚糖复合涂膜对草莓保鲜的影响.湖南农业大学学报.2010,36(2):237~241.

20. 陈冬梅,唐春红.国外天然食品防腐剂的研究进展.中国食品添加剂,2008(2):73~77.

21. 石立三,吴清平,吴慧清等.我国食品防腐剂应用状况及未来发展趋势.2008,29(3):157~161.

22. 慕卫平,孙隆富.食品防腐剂及其在食品生产使用中存在的问题及对策.社区医学杂志,2006,4(1):52~53.

23. 肖燕青,白卫东,钱敏.我国食品防腐剂的发展现状及对策.中国调味品.2010,11(35):43~47.

24. 吕彦斌,梁婧婧,史铁嘉.仲丁胺对葡萄营养指标的影响.安徽农业科学,2010,38(11):5827~5828.

25. 陈秀华.仲丁胺在果蔬贮藏中的防腐作用.农业科技通讯,1988(11):30.

26. 何晓寒,纪淑娟.仲丁胺在果蔬保鲜中的应用及其检测技术研究现状.2004,25(4):144~146.

27. 吕彦斌,梁婧婧.仲丁胺保鲜剂对鲜椒货架寿命的影响研究.湖南农业科学,2010(5):103~104.

28. 董艳玲,吉强,高晓旭,等.仲丁胺保鲜剂延长柑橘保鲜期及对人体健康的影响.东北林业大学学报,2009,37(9):124~125.

29. 贺启芳,谢慧芳.稳定性二氧化氯溶液中二氧化氯存在形态的研究.工业水处理,2001,21(4):8~10.

30. 杜金华,傅茂润,李苗苗.二氧化氯对青椒采后生理和贮藏品质的影响.中国农业科学,2006,39(6):1215~1219.

31. 傅润华,杜金华.二氧化氯在食品保鲜中的应用.食品与发酵工业,2004,30(8):113~116.

32. Tsai L S, Huxsoll C C, Robertson G. Prevention of potato spoilage during storage by chlorine dioxide. Journal of Food Science, 2001, 66(3): 472~477.

33. Hodges D M, Forney C F, Wismer W. Processing line effects on storage attributes of fresh - cut spinach leaves. Hortscience: a Publication of the American Society for

Horticultural Science,2000,35(7): 1308 ~ 1311.

34. 李自强,林浒君,孙鸿举. 乙醇和山梨酸钾对鲜食葡萄采后灰霉菌的抑制作用. 食品研究与开发,2006,27(9):130 ~ 133.

35. 孙德斌,张勤,刘清斌. 乳酸链球菌素的特性及应用. 肉类工业,1999(3):37 ~ 40.

36. 焦晶晶,章宇,张巨林,等. 生物化学复合防腐剂在橙汁防腐保鲜中的协同增效作用. 农业工程学报,2006,22(12):238 ~ 241.

37. Costa A, Barata M, Malfeito - Ferreira M, et al. Evaluation of the inhibitory effect of dimethyl dicarbonate (DMDC) against wine microorganisms. Food Microbiology,2008(25):422 ~ 427.

38. Basaran - Akgul N, Churey J J, Basaran P, et al. Inactivation of different strains of *Escherichia coli* O157:H7 in various apple ciders treated with dimethyl dicarbonate (DMDC) and sulfur dioxide (SO_2) as an alternative method. Food Microbiology,2009(26):8 ~ 15.

39. 彭家泽. 脱氢醋酸钠、山梨酸钾、双乙酸钠、乳化剂及其复配形式在水果中的防腐研究. 第十届中国国际食品添加剂和配料展览会学术论文集,2006: 101 ~ 104.

40. 张春华,王世相. 急性甲醇中毒的研究进展. 中华急诊医学杂志,2007,16(5):556 ~ 558.

41. 李春红,王盛良,黄薇. 肉桂醛的防霉效果及在月饼中的应用研究. 食品科学,2002,23(2):144 ~ 145.

42. 刘蕊,李德红,李玲. 2,4 - 二氯苯氧乙酸的研究进展. 生命科学研究,2004,8(4):71 ~ 75.

43. 庄荣玉. 菌毒清与 2,4 - D 混用对温州蜜柑保鲜贮藏的研究. 食品与发酵工业,2001,27(12):31 ~ 34.

44. 沈莲清,黄光荣. 芦笋 MAP 气调保鲜研究. 浙江农业学报,2004,16(1):42 ~ 46.

45. 付复华,潘兆平,单杨,等. 双乙酸钠的防霉应用研究. 食品与机械,2004,20(6): 44 ~ 46.

46. 闫国胜,薛向阳,李彦军. 双乙酸钠的特性及其在肉制品中的应用. 肉类工业,2006(1):1 ~ 2.

47. 杨润庭,冯文华,王炳涛. 双乙酸钠调研报告. 纯碱工业,2003(3):16 ~ 19.

48. 唐正姣,欧阳贻德. 双乙酸钠的应用与制备研究. 现代化工,2001,21(3):23 ~ 26.

49. 李凤梅. 双乙酸钠对蛋糕防霉效果研究. 粮油食品科技,2009,17(3):43 ~ 44.

50. 曾小兰,胡兆波. 双乙酸钠及其在食品中的应用. 食品研究与开发,2000(4):26 ~ 27.

模块四　食品抗氧化剂

学习目标

本模块主要介绍食品抗氧化剂的作用机理、各种抗氧化剂的特性及应用注意事项。通过本模块的学习，应掌握食品抗氧化剂的作用机理；了解我国允许使用的食品抗氧化剂种类及各自应用范围。

学习任务

1. 掌握食品氧化败坏及食品抗氧化剂抑制食品氧化的机理。
2. 了解食品抗氧化剂的常用品种及其应用范围。
3. 了解食品抗氧化剂的使用注意事项及发展趋势。

【案例解析】

在吃苹果时是否注意到，削皮尚未结束，那些先去皮的部位已经出现褐变现象呢？或者在切土豆丝的时候，是否也存在切好的土豆丝因未及时烹调而发生褐变呢？这种现象主要是由于鲜切加工人为地造成果蔬细胞破裂，使酚类化合物与多酚氧化酶(PPO)接触，使得褐变发生。随着酶促褐变的发生，往往还会产生不良的气味并造成营养成分的严重损失。因此在鲜切果蔬加工过程中控制酶促褐变一直是需要关注的重点。在日常生活中，将切好的土豆丝泡在清水里，阻断氧气的接触，从而控制土豆丝的褐变。但在实际工业化生产中，是如何处理的呢？从目前来看，酶促褐变可通过物理方法和利用添加剂的方法进行控制，在实际生产中常将两者同时使用。如在冷冻牛蒡丝生产加工过程中，将鲜切牛蒡丝浸泡在一定浓度维生素C和柠檬酸的水溶液中可起到抑制褐变的作用。维生素C是果蔬加工中常用的抗氧化剂，其抗氧化原理和效果将在本模块进行详细阐述。

项目一 认识抗氧化剂

氧虽为人体所必需,但它却能使食品,特别是使油脂氧化变质。氧化不仅可导致食品褪色、变色、维生素破坏等,降低其感官质量和营养价值,严重时甚至可产生有害物质,引起食物中毒。多年来,人们一直在大力研究食品氧化和抗氧化问题。

抗氧化剂是指能防止或延缓油脂或食品成分氧化分解、变质,提高食品稳定性的物质。

一、油脂酸败及脂肪的自动氧化

脂肪是由脂肪酸和甘油组成,脂肪酸的种类很多,已知天然存在的大约七八十种,它可分为饱和脂肪酸和不饱和脂肪酸两类。脂肪的性质与其所含的脂肪酸种类有很大关系。在常温下,含不饱和脂肪酸多的植物脂肪为液态,习惯上称为油。而含饱和脂肪酸多的动物脂肪在相同条件下为固态,习惯上称为脂。我们通常所说的油脂,既包括植物油也包括动物脂。

天然油脂暴露在空气中会自发地进行氧化,发生性质与风味的改变,通常我们称之为酸败,即油脂变哈,又称为哈败,主要由脂肪的自动氧化所引起。

油脂的自动氧化是油脂与油基食品败坏的主要原因。它的自动氧化遵循游离基(自由基)反应机制。它可分成以下三个阶段(式中RH代表脂肪或脂肪酸分子,R·、H·、HOO·、ROO·代表不同的游离基,ROOH为氢过氧化物):

第一阶段:引发

$$RH + O_2 \xrightarrow{\text{催化剂}} R\cdot + HOO\cdot$$

$$RH \xrightarrow{\text{催化剂}} R\cdot + H\cdot$$

本阶段主要产生自由基,作用缓慢。但在光、热、金属离子等存在下则较易进行。

第二阶段:传播

$$R\cdot + O_2 \longrightarrow ROO\cdot$$

$$ROO\cdot + RH \longrightarrow R\cdot + ROOH$$

本阶段进行较快,如果有金属离子存在则反应更快。

第三阶段:终止

$$ROO\cdot + R\cdot \longrightarrow ROOR$$

$$R\cdot + R\cdot \longrightarrow RR$$

本阶段是自由基之间相互结合产生稳定的化合物。这大多在油脂已酸败后发生。

随着反应的进行，更多的脂肪酸分子转变成过氧化物。过氧化物继续分解产生低级醛、酮和羧酸，这些物质有令人不愉快的气味。

二、抗氧化剂的作用机理

抗氧化剂作用机理比较复杂，存在着多种可能性，归纳起来大致有以下几种。

1. 自由基吸收剂

这类抗氧化剂能吸收氧化产生的自由基，阻断自由基链锁反应。将油脂氧化产生的自由基转变为稳定的产物，消除脂类氧化的自由基反应。自由基吸收剂如丁基羟基茴香醚（BHA）、二丁基羟基甲苯（BHT）、特丁基对苯二酚（TBHQ）、没食子酸丙酯（PG）、对羟基苯甲酸酯类及其钠盐（包括对羟基苯甲酸甲酯钠、对羟基苯甲酸乙酯及其钠盐）、生育酚（维生素 E）、抗坏血酸及其衍生物等。一般情况下，空气中的氧先与脂肪分子结合产生 ROO · 自由基，自由基吸收剂提供氢给予体 AH，即将 ROO · 自由基吸收形成氢过氧化物。

$$ROO\cdot + AH \rightarrow ROOH + A\cdot$$

但产生的 A · 自由基必须比 ROO · 自由基更稳定。实践证明，酚类抗氧化剂与脂类自由基反应生成的自由基比较稳定。脂类氧化产生的另一个自由基 R ·，可以被自由基吸收剂的电子接受体消除。在生物组织中，维生素 K 是电子接受体，可以直接消除 R · 自由基。

2. 酶抗氧化剂

在生物体中，各类自由基将酯类化合物氧化并产生过氧化物。酶抗氧化剂如黄质氧化酶可以与产生的过氧化物作用生成超氧化物自由基 $O_2\cdot$，$O_2\cdot$ 自由基又被超氧化物歧化酶作用形成过氧化氢。H_2O_2 又被过氧化氢酶作用转变为氧和水。牛奶不变质主要是牛奶中包含黄质氧化酶和超氧化物歧化酶。

3. 氧清除剂

抗氧化剂除去食品中的氧，延缓氧化反应的发生。例如抗坏血酸能清除食品中的氧，其本身被氧化成脱氢抗坏血酸。它与自由基吸收剂生育酚结合使用效果更优。

4. 金属离子螯合剂

油脂中包含微量金属离子，特别是二价态或高价态重金属离子。它们具有合适的氧化还原势，可缩短自由基链锁反应引发期，加快酯类化合物的氧化速度。EDTA、柠檬酸、磷酸衍生物等能与金属离子发生螯合作用，因而阻止了金属离子的促酯类氧化作用（邓森元，2004）。

三、抗氧化剂的分类

抗氧化剂按来源可分两类:天然抗氧剂和人工合成抗氧化剂。前者如混合生育酚浓缩物、竹叶抗氧化物、茶多酚等;后者有丁基羟基茴香醚(BHA)和二丁基羟基甲苯(BHT)等。

按溶解性的不同,抗氧化剂可分为油溶性(如BHA、BHT等)以及水溶性(如抗坏血酸、异抗坏血酸等)两类。

项目二　抗氧化剂各论

一、常用油溶性抗氧化剂

(一)合成抗氧化剂

1. 丁基羟基茴香醚(CNS号:04.001;INS号:320)

丁基羟基茴香醚又名叔丁基-4-羟基茴香醚,简称BHA。BHA通常是2-和3-异构体的混合物,为无色至微黄色的结晶或白色结晶性粉末,具有特异酚类的臭气及刺激性味道,不溶于水,可溶于油脂,对热稳定,在弱碱性条件下不容易破坏,这可能是其在焙烤食品中有效的原因之一。BHA具有单酚特征的挥发性,如在猪油中保持61℃时稍有挥发,且在直射光线长期照射下,色泽会变深。

市售BHA均为2-BHA和3-BHA的混合物,两者混合之比为3-BHA:2-BHA=95~98:5~2,两者效力之比为3-BHA:2-BHA=1.5~2:1。两者混合有一定的协同作用。此外,BHA与其他抗氧化剂混合或与增效剂柠檬酸等并用,可明显提高其抗氧化作用。

过去人们一直认为BHA的毒性较低,并被世界各国许可使用。但是,1982年日本发现BHA对大鼠前胃有致癌作用,并决定从1983年2月开始禁用。1986年JECFA第30次会议在重新评价BHA的有关资料后,将其暂定ADI从0~0.5mg/kg体重降至0~0.3mg/kg体重。1989年JECFA再次收集全部有效资料评价后,认为其对人体安全性较高,并制订其ADI为0~0.5mg/kg体重,目前BHA仍广泛应用。大鼠经口LD_{50}为2.2~5g/kg体重。其现行标准为GB 1916—2008。

我国GB2760—2011规定:BHA可用于脂肪、油和乳化脂肪制品、基本不含水的脂肪和油、油炸坚果与籽类、坚果与籽类罐头、油炸面制品、杂粮粉、即食谷物,包括碾轧燕麦(片)、方便米面制品、饼干、腌腊肉制品类(如咸肉、腊肉、板鸭、中式火腿、腊肠);风干、烘干、压干等水产品;膨化食品。也可应用在胶基糖果中。

实验证明,BHA 的抗氧化作用是其用量为 0.02% 比0.01% 的抗氧化效果约上升 10% 左右,但超过 0.02% 则其抗氧化效果反而下降。在使用时,要严格控制使用量,添加过多,一是效果不好,二是对人体有害。

丁基羟基茴香醚对动物脂肪的抗氧化作用较强,可广泛应用于油脂、含油食品及食品包装材料等。猪油中单独使用 0.02% 的 BHA 就可使其在第九天的过氧化值还略小于对照样第三天的过氧化值,与 0.01% 的柠檬酸共用并不能提高 BHA 的抗氧化能力。在鱼油中添加 0.02% 的 BHA 可显著提高氧化稳定性。BHA 应用在各种干香肠中,可防止其褪色和变质。乳粉和干酪中加入 0.01% 的 BHA 可延长其保质期。此外,焙烤用油和盐中加入 BHA 可以保持焙烤食品和盐味花生的香味。BHA 也可以用于包装材料上,将其涂抹在包装内表面,也可在包装袋内充入抗氧化剂的蒸气,或用喷雾方法将抗氧化剂喷洒在包装纸张或纸板上,用量为 0.02% ~ 0.1%(胡国华,2005)。

2. 二丁基羟基甲苯(CNS 号:04.002;INS 号:321)

二丁基羟基甲苯又名 2,6 - 二叔丁基对甲酚,简称 BHT。BHT 为无色结晶或白色结晶性粉末,无臭、无味、不溶于水,可溶于乙醇或油脂中,对热稳定,与金属离子反应不着色,具有单酚型特征的升华性,加热时有随水蒸气挥发的特点。

BHT 同其他油溶性抗氧化剂相比,稳定性高,抗氧化效果好,没有没食子酸丙酯那样与金属离子反应着色的缺点,也没有 BHA 的特异臭,而且价格低廉,但其急性毒性相对较高。BHT 的急性毒性虽比 BHA 大一些,但无致癌性。1986 年 JECFA 第 30 次会议在对 BHT 重新评价时,将其暂定 ADI 值从 0 ~ 0.5mg/kg 体重降至 0 ~ 0.125mg/kg 体重,1990 年仍维持这一规定。

我国 GB2760—2011 规定:BHT 的使用范围及最大使用量与 BHA 大致相同,但不包括杂粮粉,BHT 不可以应用于杂粮粉食品。两者混合使用时,各自用量占其最大使用量的比例之和不应超过 1。

BHT 现行标准为 GB 1900 - 2010。

3. 没食子酸丙酯(CNS 号:04.003;INS 号:310)

没食子酸丙酯又名棓酸丙酯,简称 PG,为白色至淡褐色的结晶性粉末,无臭稍带苦味。PG 易与铜、铁离子反应呈紫色或暗绿色,光线能促进其分解,有吸湿性,难溶于水和脂肪,易溶于乙醇,对热非常稳定,在油中加热到 227℃ 保持 1h 仍不会分解。关于 PG 与 BHA、BHT 溶解度的比较见表 4 - 1。

表 4 - 1　BHA、BHT、PG 的溶解度　　单位:g/100g

溶剂	BHA	BHT	PG
乙醇	70	25	103
丙二醇	50	不溶	67

续表

溶剂	BHA	BHT	PG
甘油	1	不溶	25
猪油	30	40~50	1.1
玉米油	20	40~50	1.2
棉籽油	30	40~50	1.2
水	不溶	不溶	0.35

PG对猪油的抗氧化作用较BHA或BHT强,与增效剂并用效果更好,但不如PG与BHA和BHT混合使用时抗氧化作用强。

没食子酸酯类可在机体内被水解,没食子酸大部分变成4-*O*-甲基没食子酸,内聚成葡萄糖醛酸,随尿排出。

我国GB2760—2011规定:PG的使用范围与BHA大致相同,但不包括BHA允许使用的杂粮粉和即食谷物,包括碾轧燕麦(片)。各种食品中没食子酸丙酯的用量因食品种类、品质不同而异,一般用量在0.01%以下。

PG在油脂中溶解度较小,使用时可先取一部分油脂,然后将PG按量加入,加温充分溶解后,再与全部油脂混合。或取一份PG与半份柠檬酸、三份95%乙醇混合后,徐徐加入油脂中搅拌均匀即可。

除没食子酸丙酯外,国外还使用没食子酸辛酯和没食子酸十二酯等作为抗氧化剂。在食子酸丙酯中加入适量的没食子酸辛酯和十二酯可增加丙酯在油脂中的溶解度。近年已发现没食子酸辛酯能渗入母乳中,对人体有过敏反应。CCFA已建议清凉饮料中禁用。

没食子酸丙酯的ADI:0~1.4mg/kg体重(FAO/WHO,2001),现行标准为GB 3263—2008。

4. 特丁基对苯二酚(CNS号:04.007;INS号:319)

特丁基对苯二酚(TBHQ)又称为叔丁基对苯二酚、叔丁基氢醌,为白色到亮褐色晶状结晶或结晶性粉末,无异味异臭,可溶于油、乙醇、乙酸乙酯、异丙酯、乙醚,稍溶于水(25℃,<1%;95℃,≤5%);沸点300℃,熔点126.5~128.5℃。与金属(如铁、铜)结合不变色,但碱存在时可转为粉红色。TBHQ可显著增加多不饱和食用油或脂肪的氧化稳定性,尤其是植物油。有研究结果表明:TBHQ与游离胺类物质反应产生不被接受的红色物质,阻止了其在蛋白质食品中的应用。

TBHQ的抗氧化活性与BHA、BHT相当或者优于它们,在油脂、焙烤、油炸谷物食品、肉制品中广泛应用。按脂肪含量添加0.015%TBHQ的自制香肠,20℃保存30d,其过氧化值为0.061,而对照样升至0.160(肉制品中过氧化值超过0.10为败坏指标)。

TBHQ除了具有抗氧化的作用,还具有抑菌和抗菌的效果。TBHQ对细菌及酵母的 MIC 在 50～100mg/kg，对霉菌的 MIC 值在 50～280mg/kg；500mg/kg TBHQ 对黄曲霉毒素的产生有明显抑制作用。TBHQ 抑菌效果受温度、pH 等环境条件的影响（王克利，2002）。

TBHQ 的毒性很低，其 LD_{50} 是 700～1000mg/kg 体重，ADI 值为 0～0.2mg/kg 体重。动物试验研究表明：单剂量 0.1～0.4g/kg 饲喂动物后，机体组织中无残留，任何剂量试验都未发现与剂量相关的明显毒理学作用，且没有资料表明其致癌性。实验证明经长期饲喂实验后大鼠各组织中 TBHQ 残留量很低，最高在脂肪中，仅 4～5mg/kg（王克利，2002）。TBHQ 的现行标准为 GB26403—2011。

我国 GB2760—2011 规定：TBHQ 可在脂肪/油和乳化脂肪制品、基本不含水的脂肪和油、熟制坚果与籽类、坚果与籽类罐头、油炸面制品、方便米面制品、饼干、腌腊肉制品类、风干/烘干/压干等水产品、膨化食品中应用。

（二）天然抗氧化剂

1. 维生素 E（CNS 号：04.016；INS 号：307）

维生素 E 又称生育酚，天然维生素 E 是各种生育酚的混合物，广泛存在于高等动植物体中，具有防止动植物组织内脂溶性成分氧化的功能。已知天然维生素 E 有 α、β、γ、δ 等 8 种同分异构体，作为抗氧化剂使用的维生素 E 是其各种同分异构体的混合物。

混合生育酚浓缩物为黄至褐色、几乎无臭的澄清黏稠液体，不溶于水，可溶于乙醇、丙酮和植物油，对热稳定，在无氧条件下，即使加热至 200℃ 也不被破坏，有耐酸性，但不耐碱，对氧十分敏感，对光和紫外线也较敏感。

生育酚的抗氧化作用来自苯环上的羟基，结合成酯后失去抗氧化性能。生育酚的同分异构体中，抗氧化效果大小顺序为：$\alpha < \beta < \gamma < \delta$。

在通常情况下，生育酚对动物脂的抗氧化作用比对植物油的效果好，因为动物脂中天然存在的生育酚比植物油少。生育酚对植物油有的有效，有的无效，这与植物油内天然存在的生育酚同分异构体的种类和含量有关。

目前很多国家除使用天然的混合生育酚浓缩物外，还使用人工合成的 $dl-\alpha-$生育酚。后者的性状和抗氧化效果基本上与天然的混合生育酚浓缩物相同。添加生育酚到食品中不仅具有抗氧化作用，而且还有营养强化作用。$\alpha-$生育酚（维生素 E）是人体必需的营养素，各国对它都规定了一定的每日膳食供给量标准。

我国 GB2760—2011 规定：维生素 E 可用于基本不含水的脂肪和油、复合调味料、熟制坚果与籽类（仅限油炸坚果与籽类）、油炸面制品、即食谷物，包括碾轧燕麦（片）、膨化食品、果蔬汁（肉）饮料（包括发酵型产品等）、蛋白饮料类、其他型碳酸饮料、非碳酸饮料（包括特殊用途饮料、风味饮料）、茶、咖啡、植物饮料类、蛋白型固体饮料中。

对猪油的抗氧化试验表明，生育酚的抗氧化效果几乎与 BHA 相同。据报道，在油炸方便面的猪油中添加本品 0.05%，抗氧化效果很好，若与 BHA 并用，效果更佳。

维生素E对富含油脂食品的氧化酸败具有比较显著的抑制作用,配合维生素C或柠檬酸使用,其抗氧化效果更好。抗炒制花生粉油脂氧化的最佳配方是维生素E为0.06%,维生素C为0.02%,柠檬酸为0.06%;抗月饼油脂氧化的最佳配方是维生素E为0.020%,维生素C为0.005%,柠檬酸为0.010%(李军生等,2003)。

维生素E在无氧条件下对热稳定,但对氧十分敏感,易氧化破坏。在食品加工中,主要是谷物碾磨时可因机械作用脱去胚芽而受到损失,凡引起类脂部分分离、脱除的任何加工、精制或者脂肪氧化时都可能引起维生素E的损失。

维生素E的ADI:0~2mg/kg体重(FAO/WHO,2001),天然维生素E现行标准为GB 19191—2003,维生素E(*dl*-α-醋酸生育酚)现行标准为GB 14756—2010。

2. 甘草抗氧化物(CNS号:04.008)

甘草抗氧化物是从提取甘草浸膏或甘草酸之后的甘草渣中再提取的一组脂溶性混合物,呈粉末状,熔点范围70~90℃。主要成分为黄酮类、类黄酮类物质。有良好的抗氧化作用,其抗氧化效果可比人工合成品PG更好。甘草抗氧物安全性高。

我国GB2760—2011规定:甘草抗氧化物可用于基本不含水的脂肪和油、熟制坚果与籽类(仅限油炸坚果与籽类)、油炸面制品、方便米面制品、饼干、腌腊肉制品类(如咸肉、腊肉、板鸭、中式火腿、腊肠)、酱卤肉制品类、熏、烧、烤肉类、油炸肉类、西式火腿(熏烤、烟熏、蒸煮火腿)类、肉灌肠类、发酵肉制品类、腌制水产品、膨化食品中。

二、常用水溶性抗氧化剂

(一)合成抗氧化剂

1. 抗坏血酸及抗坏血酸钠(CNS号:04.014;INS号:300,301)

抗坏血酸又名维生素C,为白色粉末或带淡黄色的结晶或粉末,无臭,味酸。易溶于水,水溶液呈酸性。遇光时颜色逐渐变深,干燥状态比较稳定,在水、中性或碱性溶液中不稳定。

抗坏血酸钠为白色或带有黄白色的粒、细粒或结晶性粉末,无臭,稍咸,较抗坏血酸易溶于水,2%的抗坏血酸钠水溶液pH为6.5~8.0。

抗坏血酸是人体所必需的维生素之一,通常的摄入量对人体无害。抗坏血酸及抗坏血酸钠的ADI为0~15mg/kg体重(以抗坏血酸总量计)。

我国GB2760—2011规定:抗坏血酸及抗坏血酸钠可在除GB2760—2011附表A.3所列食品类别外的各类食品中按生产需要适量添加,另外,维生素C在小麦粉中的最大使用量为0.2g/kg,在去皮或预切的鲜水果、去皮、切块或切丝的蔬菜中的最大使用量为5.0g/kg。

维生素C(抗坏血酸)的现行标准为GB 14754—2010;抗坏血酸钠的现行标准为GB 16313—1996。

抗坏血酸用作啤酒、清凉饮料、果汁等的抗氧化剂,可防止褪色、变色、风味劣变,以及其他因氧化而产生的质量问题。现将抗坏血酸及抗坏血酸钠的应用分别介绍如下。

(1)果汁与碳酸饮料 理论上3.3mg抗坏血酸可与1mL空气反应。若容器顶隙中空气含氧量平均为5mL,则添加15~16mg抗坏血酸,可以使顶隙空气中的氧含量降低到临界水平以下,从而防止产品在储存期间因氧化而引起的风味改变。

罐头或瓶装果汁或饮料中的非酶氧化作用,可由每升产品添加50mg抗坏血酸而降低。此外,应避免铜、铁的污染,并防止果汁与空气接触,尽量除去共存的氧。抗坏血酸一般先溶解于少量水中再添加,添加后最好立即隔绝空气。其用量应根据果汁中原有抗环血酸的含量和容器中的真空度确定,一般为50~200mg/L。

啤酒中使用抗坏血酸是在滤酒时加入,使用量0.01~0.02g/kg。

(2)水果罐头 水果罐头放久了会变味和褪色,添加抗坏血酸可保持原有的品质,一般用量为0.025%~0.06%。

(3)蔬菜罐头 大多数蔬菜罐头不添加抗坏血酸作抗氧化剂。但花椰菜等常用抗坏血酸来防止变黑。另外,可用0.1%抗坏血酸浸渍液抑制蘑菇在加热时的褐变。

(4)冷冻食品 冷冻水果特别是缺乏天然抗坏血酸的水果,酶促褐变与风味变劣是一个严重问题,添加抗坏血酸可以保持制品的品质。一般用0.1%~0.5%抗坏血酸溶液浸渍食品5~10min。

(5)果蔬半成品 均分去皮后的果蔬半成品,用0.1%抗坏血酸溶液浸渍,有助于防止氧化变色。使用时,添加适量的柠檬酸有增加抗坏血酸作用的效果。生产糖水桃或糖水李子等罐头时,在预煮水中加0.1%抗坏血酸可防止褐变。

(6)葡萄酒 抗坏血酸有助于保持葡萄酒的风味,使用量一般为0.005%~0.015%。

(7)肉制品 因抗坏血酸有酸味,在肉制品中多采用抗坏血酸钠作为抗氧化剂以辅助亚硝酸钠的作用。同时,它还具有保持肉制品的风味,增加制品的弹性以及防止亚硝胺生成的作用,一般添加量为0.05%。

2. D-异抗坏血酸及其钠盐(CNS号:04.004,04.018;INS号:315,316)

D-异抗坏血酸是抗坏血酸的同分异构体,化学性质与抗坏血酸非常相似,其抗氧化的还原作用也与抗坏血酸大致相同。D-异抗坏血酸为白色或淡黄色结晶或结晶性粉末,无臭,有微酸味和微咸味,易溶于水,水溶液呈酸性,0.1%水溶液的pH为3.5,对热和光的稳定性差。

D-异抗坏血酸钠为白色或淡黄色的粒或结晶性粉末,无臭,有微咸味,易溶于水,0.1%水溶液的 pH 为 7.3。

D-异抗坏血酸几乎没有维生素 C 的抗坏血病的作用。有人提出它可能在人体内与抗坏血酸起竞争性作用,影响坑坏血酸的消化吸收,从而使维生素 C 不能充分地发挥其生理作用。但实际使用时,其用量很小,一般不会影响维生素 C 的代谢。1990 年经 JECFA 再次评价后制订 ADI 无需规定。D-异抗坏血酸现行标准 GB 22558—2008;D-异抗坏血酸钠现行标准 GB 8273—2008。

我国 GB2760—2011 规定:D-异抗坏血酸及其钠盐可在除 GB2760—2011 附表 A.3 所列食品类别外的各类食品中按生产需要量添加,另外,D-异抗坏血酸及其钠盐在八宝粥罐头中的最大使用量 1.0g/kg(以抗坏血酸计),在葡萄酒中的最大使用量为 0.15g/kg(以抗坏血酸计)。

3. 乙二胺四乙酸二钠(CNS 号:18.005;INS 号:386)

乙二胺四乙酸二钠简称 Na_2EDTA,为白色结晶颗粒或粉末,易溶于水,难溶于乙醇,无臭、无味,是一种重要的金属螯合剂。利用其螯合作用,添加于食品中可防止氧化变质,保持食品原有的色、香、味。

我国 GB2760—2011 规定:乙二胺四乙酸二钠可用于果酱、蔬菜泥/酱(番茄沙司除外)、复合调味料、果脯类(仅限地瓜果脯)、腌渍的蔬菜蔬菜罐头、坚果与籽类罐头、八宝粥罐头、饮料类(GB2760—2011 中 14.01 包装饮用水类除外)中。

ADI:0~2.5mg/kg 体重。乙二胺四乙酸二钠现行标准为卫生部 2011 年第 8 号公告指定标准。

(二)天然抗氧化剂

1. 植酸(CNS 号:04.006)

植酸又名肌醇六磷酸,广泛分布于高等植物内,多与钙、镁构成盐的形式存在,为淡黄色或淡褐色的黏稠液体,易溶于水和乙醇,对热比较稳定,有较强的金属螯合作用。

急性毒性试验、蓄积毒性试验和致突变实验表明,食品级植酸属于低毒弱蓄积类物质,对生殖细胞和体细胞未见遗传毒性作用。植酸具有抗氧化作用,有可能作为抗衰老的保健食品。据资料报道,美国还未将植酸应用于食品工业,但在很多其他国家,植酸已被作为食品添加剂广泛地应用于食品工业。有资料表明,用 50% 的植酸水溶液进行毒性试验,其 LD_{50} 为 4192mg/kg 体重,该值介于乳酸和山梨酸之间,试验结果充分说明了植酸的安全性(吴谋成等,1997)。

由于植酸具有天然、安全、无毒的优点,近些年,有关植酸作为食品添加剂应用于食品工业的研究很多,其原因主要基于植酸抗氧化性与强螯合作用。目前在食品行业中,植酸已经被广泛用作抗氧化剂、防腐剂和稳定剂(任传英,2007)。

由于植酸具有很强的螯合能力,能螯合油脂中许多促进氧化作用的微量金属离子,从而使其失去催化活性,同时释放出具有还原能力的氢,破坏分解油脂在自动氧化过程中产生的过氧化物,从而使过氧化物的积累速度减慢,使之不能继续形成醛、酮等产物，可在相当长时间内从气味等感官上看不到油脂的酸败迹象。植酸的抗氧化性无论是在菜籽色拉油还是大豆色拉油中，均优于 BHT 与维生素 E。在大豆油中添加 0.01% ~0.2% 的植酸，可使大豆油的抗氧化能力提高 4 倍。在花生油中加入少量的植酸，不仅可使其抗氧化能力提高 40 倍，而且还可抑制具有强致癌作用的黄曲霉毒素的生成。

植酸与辅酶中的金属离子螯合，抑制或延缓酶促反应的进行，从而达到抗褐变和保鲜的作用。植酸作为食品保鲜剂，能有效地提高食品耐储性，改善食品质量，使其色、香、味均保持较长时间且营养不变。在贝类罐头中添加 0.1% ~0.5% 的植酸，在鱼类中添加 0.3% 植酸均能有效地防止生产中产生的 H_2S 与肉中的铁离子形成黑色物质，植酸加入到鱼虾罐头中可防止鸟粪石的形成。果蔬在贮藏过程中易发生褐变，严重影响果蔬的食用品质。以植酸作为果蔬保鲜剂，安全无毒、使用方便。另外，各种熟肉品、豆制品、方便食品、饮料中加入适量植酸，也可提高产品质量，延长保鲜期，同时具有保健功能。

植酸或植酸盐类因其本身的强螯合能力，具有微生物所需的营养成分，其肌醇部分具有维生素 B_1 及生物素的生理活性，可作为酒类除金属剂、微生物发酵促进剂以及啤酒的保鲜剂等。因其与金属、蛋白质（或多酚类物质）易形成难溶的三元复合物，故能降低酒类降度后的固形物，提高酒的品质和风味。

酶促褐变和非酶褐变是果蔬加工和贮藏过程中的两大难题。酶促褐变是果蔬组织中的酚酶在有氧条件下，使果蔬组织中的酚类或其衍生物氧化，生成褐色聚合物的化学反应，而广泛存在于果蔬组织的邻苯酚类化合物，则被氧化生成褐色和红褐色的醌类，然后又经非酶褐变反应，生成较高相对分子质量的暗褐色化合物，植酸可以明显减缓或阻止这些反应的发生。试验表明植酸和植酸钠对防止苹果汁褐变和菠菜汁加工过程的护色都有较好的作用。植酸对山楂红色素的保持也有明显效果。将新鲜的莲藕、芋头等用微量浓度的植酸液浸泡 20 ~30min，可于室温下保持 4d 不变色。另外，植酸还可用作护色剂使人工与合成色素稳定，国外已有利用植酸防止核黄素溶液、鱼子酱及沙丁鱼干变色的成功报道。若用植酸代替硝酸盐加入到酱制品中，可保持制品的色泽，而避免硝酸盐对人体的危害。

我国 GB2760—2011 规定：植酸可用于鲜水产（仅限虾类），也可用于基本不含水的脂肪和油、加工水果加工蔬菜、装饰糖果（如工艺造型，或用于蛋糕装饰）、顶饰（非水果材料）和甜汁、腌腊肉制类如咸肉、腊肉、板鸭、中式火腿、腊肠、酱卤肉制品类、熏、烧、烤肉类、油炸肉类、肉灌肠类、西式火腿（熏烤、烟熏、蒸煮火腿）类、发酵肉制品类、调味糖浆、果蔬汁（肉）饮料（包括发酵型产品等）中。

植酸现行标准为 HG 2683—1995。

2. 茶多酚（CNS 号：04.005）

茶多酚又称维多酚，浅黄或浅绿色粉末，有茶叶味，无不良气味。易溶于 40 ~80℃ 温水或含水乙醇中，在酸性和中性条件下稳定，最适 pH4 ~8。

茶多酚系从茶叶提取和分离制得,内含多酚类化合物,主要化学成分为没食子儿茶素没食子酸酯,且有抑菌、防止食品褪色、保护维生素等作用。

茶多酚作为一种天然食品抗氧化剂,其抗氧化效果高于人工合成品 BHA 和 BHT。对油脂的氧化抑制率达96%以上,强于维生素 C 和维生素 E;茶多酚与维生素 C 和维生素 E 有协同作用;可提高维生素和胡萝卜素的稳定性;对酸、热较稳定;具有抑菌作用、能清除自由基;可抑制亚硝酸盐形成;有抗突变、抗癌变等作用。

茶多酚的安全性高,应用领域广;在猪油、大豆油、菜油、色拉油和花生油中添加0.02% ~0.08%的茶多酚,过氧化值和酸价抑制率在90%以上,比维生素 E 高5倍。油炸食品在储存、炸制过程中易氧化使颜色变深、发黑,品质逐渐下降,但加入茶多酚后酸败现象延缓,能提高货架寿命。用300 ~500mg/kg 的茶多酚浸渍水产品可防止干鱼因“油烧”而引起的变黄及脂质过氧化;在冷冻鲜鱼时也能使鱼类保鲜效果更佳。

火腿、腌肉在腌制和保存期间,常因脂肪的自动氧化而变质。用茶多酚的酒精溶液喷涂火腿、腌肉制品表面,可延长制品的保存期。分割的火腿经茶多酚处理后放置30d,其氧化值比对照低20%以上。

在各式月饼、花生系列糕点、麻酥糖、椒桃片等食品中添加茶多酚,以室温和模拟梅雨高温季节的条件下存放作对照,色、香、味均优于对照样。

利用茶多酚可配制各种饮料,如茶汽水、茶可乐、茶棒冰、冰茶、脱咖啡因茶、罐装茶饮料、菊花茶、柠檬茶、果味茶等,还可应用到各种酒精饮料中,如茶黄酒、茶清酒、茶烧酒等产品。在茶饮料中,茶多酚添加量一般为0.02% ~0.1%。茶多酚能应用到果汁饮料的加工和保鲜过程中,添加0.02%茶多酚能抑制温州蜜柑汁浓缩时异臭的产生。添加茶多酚0.01% ~0.05%于果汁饮料中,能抑制抗坏血酸、维生素 A、B 族维生素和β-胡萝卜素的降解破坏,保证果汁的有效成分和产品质量。

茶多酚除了有明显的抗油脂食品氧化作用外,还具有帮助消化、增加食欲、减少体内脂肪积累、降低胆固醇的作用,并有抑制痢疾、伤寒、霍乱、金黄色葡萄球菌等有害菌的作用。茶多酚还具有较强的抗辐射、抗衰老、抗血小板凝聚、降胆固醇、抗动脉粥样硬化、降血压、抗癌作用。茶多酚添加于食品中制成保健食品,既可延长保质期,又可对人体起到保健作用。

茶多酚可有效抑制大豆腥气,去除燕麦、小麦、豆制品及粉制品等的异味,加入口香糖可消除口臭。

我国 GB2760—2011 规定:茶多酚可用于蛋白型固体饮料、基本不含水的脂肪和油、糕点、焙烤食品馅料及表面用挂浆(仅限含油脂馅料)、腌腊肉制品类(如咸肉、腊肉、板鸭、中式火腿、腊肠)、酱卤肉制品类、熏、烧、烤肉类、油炸肉类、西式火腿(熏烤、烟熏、蒸煮火腿)类、肉灌肠类、发酵肉制品类、预制水产品(半成品)、熟制水产品(可直接食用)、水产品罐头、熟制坚果与籽类(仅限油炸坚果与籽类)、油炸面制品、即食谷物,包括碾轧燕麦(片)、方便米面制品、膨化食品、复合调味料、植物蛋白饮料中。具体应用时,对油脂可按计算量添加其乳化液并充分搅拌均匀。

项目三　抗氧化剂在食品工业中的应用

一、抗氧化剂使用注意事项

各种抗氧化剂均有其特殊的化学结构与理化性质,在使用时必须全面考虑。一般应注意以下几点:

(1)充分了解抗氧化剂的性能。由于不同的抗氧化剂对食品的抗氧化效果不同,一旦需要添加抗氧化剂的食品确定后,应在充分了解抗氧化剂的性能的基础上,选择最适宜的品种。若不能肯定则最好通过试验来确定。

两种或两种以上抗氧化剂混合使用,常会增加抗氧化效果。国外销售的抗氧化剂常为复合品,如 Tenox(2)为 BHA、PG、柠檬酸(CA)的复合品,Tenox(6)为 BHA、BHT、PG 和 CA 的复合品,G－50 为 BHA、BHT 及柠檬酸甘油单酯的复合品。各种复合品对某种食品有特殊的抗氧化效果,使用时应注意说明。

(2)正确掌握添加时机。抗氧化剂只能抑制氧化作用,延缓食品开始败坏时间,但不能改变已经变坏的后果。因此,必须尽早在油脂氧化之前使用抗氧化剂,才能充分发挥其抗氧化作用。

(3)选择合适的添加量。使用抗氧化剂的浓度要适当,虽然浓度较大,抗氧化效果较好,但它们并不成正比。由于溶解度、毒性等问题,油溶性抗氧化剂使用浓度一般不超过 0.02%,浓度过大,除了会造成使用困难外,还会引起不良作用。水溶性抗氧化剂使用浓度较高,一般不超过 0.1%。

(4)均匀分布。抗氧化剂用量一般很少,只有充分地分散在食品中,才能有效地发挥其作用。

水溶性抗氧化剂溶解度较大,在水基食品中一般分布较均匀。油溶性抗氧化剂在油脂中溶解度较小,一般需将其溶在有机溶剂如乙醇、丙二醇、甘油等中,搅拌均匀后再加到油基食品中,尤其在与油溶性抗氧化剂并用时,更需考虑每种抗氧化剂的溶解特性,如 BHA、PG、CA 混用,前两者可溶于油脂,而后者难溶于油脂,但三者都溶于丙二醇,因此,可选用丙二醇作溶剂。

(5)避免光、热、氧、金属离子对抗氧化剂的影响。光(紫外线)、热等能促进氧化反应的进行,经过加热的油脂,极易被氧化。一般的抗氧化剂经过加热特别是在油炸等高温处理下,很容易分解或挥发,例如几种抗氧化剂在大豆油中经加热至 170℃,其完全分解的时间分别是:BHT 90min,BHA 60min,PG 30min。

氧化反应在氧的存在下会加速进行,所以在使用抗氧化剂的同时,应采用充氮或真空密封等包装措施,以更好地发挥抗氧化剂作用。若任食品与空气接触,即使大量添加抗氧化剂,也难以达到预期效果。

铜、铁等金属离子是促进氧化的催化剂,尤其铜的作用更强。所以必须尽量避免混入这些离子,或同时使用能螯合这些离子的增效剂。某些油溶性抗氧化剂如BHA、BHT、PG等遇金属离子,特别是在高温的情况下,颜色会变深。因此,使用这些抗氧化剂时必须加入增效剂,以螯合金属离子。

二、油溶性抗氧化剂的应用

1. 在动物脂肪中的应用

动物脂肪通常用于油炸食品和焙烤食品中,一般需要加入耐高温和油溶性好的抗氧化剂。通常使用的抗氧化剂为BHA、PG和CA的混合物,也可使用BHA、BHT、PG和CA的混合物,其抗氧化效果比较如下:0.01% BHA < 0.01BHT < 0.01% BHA + 0.01% BHT < 0.01% PG < 0.01% PG + 0.05% CA < 0.01% BHA + 0.003% PG + 0.02% CA < 0.0098% BHA + 0.0042% PG + 0.0021% CA < 0.0075% BHA + 0.0075% BHT + 0.0045% PG + 0.0045% CA。

2. 在植物油中的应用

植物油常常含有一些天然抗氧化剂,如生育酚等,但在加工精制时易被除去,所以仅靠其自身所含的天然抗氧化剂并不能阻止氧化酸败的发生。植物油同动物脂相比含有较多的不饱和脂肪酸,容易受空气中的氧所氧化,所以应选择抗氧化效果好的抗氧化剂如PG等。植物油中添加的抗氧化剂大多为PG和CA的混合物,热加工用植物油需要使用耐高温的抗氧化剂,通常用BHA、BHT、PG和CA的混合物。其抗氧化效果如下。

(1)玉米油　0.02% BHA < 0.01% BHA + 0.01% BHT < 0.02% BHT < 0.0075% BHA + 0.0075% BHT + 0.0045% PG + 0.0045% CA < 0.02% PG + 0.01% CA。

(2)棉子油　0.02% BHA = 0.01% BHA + 0.01% BHT < 0.02% BHT < 0.0075% BHA + 0.0075% BHT + 0.0045% PG + 0.0045% CA < 0.02% PG < 0.02% PG + 0.01% CA。

3. 在高油脂食品中的应用

高油脂食品如油炸核桃仁、花生仁和土豆片等所用的抗氧化剂必须依照所用油的种类、油炸温度和油的酸碱性情况而定,通常用BHA、BHT、PG和CA的混合物。

4. 在肉类制品中的应用

肉类制品含油量高,油脂在这类制品中呈均匀的球滴分布,所以很容易加入抗氧化剂处理,通常用BHA和柠檬酸的混合物,添加量为0.02% BHA和0.01% CA。

5. 在鱼类制品中的应用

抗氧化剂应用在鱼类制品并不理想，这是因为鱼类制品中含有非常多的不饱和脂肪酸，容易被氧化。此外，这类制品还含有许多天然的氧化催化剂，如血红素等。

鱼类制品包括鱼油和鱼肉制品，鱼油中富含维生素 A 和维生素 D，这两种维生素含不饱和键多，故易被氧化。为了防止鱼油品质变劣，必须添加抗氧化效果好的抗氧化剂，本应使用含多羟基的 PG，但由于鱼油中含有大量的铁，不易被柠檬酸等有机酸全部螯合，而铁容易与 PG 形成不良的颜色，所以通常不用 PG，而选用 BHA 和 CA 的混合物。

6. 在其他食品中的应用

(1)果实油　如柠檬油、橘子油等，使用抗氧化剂是用来防止色、香的变劣。通常使用的抗氧化剂为 BHA，用量为 0.02%，在这类产品制成后温度最低时加入。

(2)水果籽油　如猕猴桃籽油，添加抗氧化剂是提高猕猴桃籽油抗氧化性能的有效措施之一。其中，三种抗氧化剂对猕猴桃籽油抗氧化作用的大小顺序为 TBHQ > PG > BHT。TBHQ 及其与 PG 的复合抗氧化剂，对猕猴桃籽油具有良好的抗氧化效果。抗坏血酸和柠檬酸对该复合抗氧化剂均表现出较强的抗氧化协同作用，且抗坏血酸的协同作用优于柠檬酸。使用 0.015% TBHQ + 0.005% PG + 0.01% 柠檬酸或 0.015% TBHQ + 0.005% PG + 0.01% 抗坏血酸作为猕猴桃籽油的抗氧化剂，能有效地抑制该油脂在保存和销售过程中因氧化而产生的酸败，可使猕猴桃籽油在 60℃ 条件下储藏时间由 4d 延长到 25 ~ 26d，在 20℃ 条件下的预期储藏时间从 2 个月延长至 13 ~ 14 个月(余佶等，2007)。

(3)糖果　在糖果中使用抗氧化剂是用来防止其内部的香气成分、油脂成分或含高油脂的辅料如核桃仁、花生仁、芝麻等氧化，通常使用 BHA 或 BHT。

7. 在食品包装材料中的应用

食品包装材料使用抗氧化剂可防止其内含食品的氧化。通常将抗氧化剂涂布或喷洒在包装材料上，最常用的抗氧化剂为 BHA 和 BHT，用量为每 1t 包装材料添加 0.2 ~ 1kg BHA 或 BHT。

三、水溶性抗氧化剂的应用

1. 在水果加工中的应用

(1)在猕猴桃加工过程中的应用　打浆是造成猕猴桃果实维生素 C 损失较严重的工序，猕猴桃经打浆处理后，还原型维生素 C 的损失率为 20.22%，总维生素 C 的损失率为 15.11%，打浆前，在猕猴桃中添加抗氧化剂能提高维生素 C 保存率。合成抗氧化剂以 0.02% 的 BHT 和 0.04% 的 TBHQ 的应用效果最好，可使还原型维生素 C 保存率分别高达 92.85% 和 93.23%；天然抗氧化剂中效果较好的是 0.02%

的茶多酚,可使还原型维生素C保存率达85.41%。0.03%的植酸与0.02%的茶多酚组合可使猕猴桃还原型维生素C保存率高达95.24%,总维生素C保存率高达95.90%(焦凌霞等,2006)。

(2)在大枣加工过程中的应用　大枣加工过程中维生素C的保存是影响大枣产品质量的关键技术。通过实验表明,植酸处理对还原型维生素C的保存效果最好,其次是0.04%的六偏磷酸钠和0.06%的Na_2EDTA;茶多酚和Na_2EDTA对氧化型维生素C的降解起抑制作用,六偏磷酸钠可使氧化型维生素C的含量增加(陈月英等,2006)。

(3)在草莓加工过程中的应用　打浆前,用0.03%的植酸浸洗,能有效控制草莓果实浸洗工序中维生素C的损失(王绍美等,2000)。在草莓打浆工序中,添加0.12%的六偏磷酸钠和0.03%的TBHQ能明显提高草莓浆还原型维生素C的保存率;添加0.03%的茶多酚能明显地提高草莓还原型维生素C和氧化型维生素C的保存率(熊卫东等,2004)。

(4)在桃加工过程中的应用　抗坏血酸处理能够保持桃果实硬度,延缓果实可溶性糖含量和可溶性果胶含量的升高,减轻果实褐变,抑制了多酚氧化酶(PPO)和过氧化物酶(POD)活性,因此,抗坏血酸处理能明显保持果实品质和增加耐储性。其中,0.1mol/L抗坏血酸处理对维持"北京14号"桃采后品质效果最优(吴娱等,2008)。

2.在动物油脂中的应用

将茶多酚与维生素C应用在乳化猪油中,会表现出良好的协同抗氧化性。当将0.01%~0.05%的茶多酚(TP)单独加入猪油时,随其浓度增加,POV值明显下降,表现出良好的线性负相关,说明抗氧化性增强,当TP浓度达0.07%时,POV值逐渐上升,抗氧化性逐步下降,因此单独使用TP时,需在合适浓度下,才能更好地发挥作用。当TP浓度一定时,随着维生素C浓度增加,POV值下降,其中在高浓度TP(0.1%~0.15%)和低浓度TP(0.01%)下,POV下降的斜率大于中浓度TP(0.03%~0.07%)的斜率,显然TP在高浓度和低浓度范围内,随维生素C的增加表现出显著的抗氧化增效作用;TP在0.03%~0.07%浓度下,显示出稳定和较高的抗氧化性能,当TP浓度上升到0.1%以上时,抗氧化效能下降,这说明即使(TP+维生素C)体现出协同抗氧化性时,TP仍然存在助氧化作用。

当维生素C在0.01%~0.05%浓度时,TP随浓度增加(0.01%~0.07%),协同抗氧化效能随之增加,但当TP上升到0.1%以上后,协同抗氧化效能相应下降,维生素C浓度对TP最终效应起了关键作用;当维生素C浓度一定时,TP存在一个抗氧化-助氧化平衡浓度,在此浓度时,(TP+维生素C)的抗氧化效果与单独使用维生素C相当,低于此浓度时,TP表现抗氧化作用,高于此平衡浓度时,TP表现出助氧化性(王绍美等,2000)。

项目四　抗氧化剂的发展趋势

食品添加剂行业的技术进步，带动了食品抗氧化剂的研制、开发、生产和应用的长足发展。目前食品工业主要使用人工合成抗氧化剂。因合成抗氧化剂的安全性受到质疑，动物实验表明具有一定的毒性和致癌作用。所以具有安全性高、抗氧化能力强、防腐保鲜等特点的天然食品抗氧化剂日益受到重视。为了满足各种食品生产的需要，研究开发广谱、高效、安全的天然抗氧化剂，成为当今食品添加剂研究领域中的热点之一。

21 世纪是一个追求食品安全与可持续发展的绿色世纪。各种天然植物抗氧化剂已在世界范围内得到开发和应用，其抗氧化效果、稳定性和安全性都获得了国际上的认可。可以预测天然食品抗氧化剂将有广阔的应用前景。我国植物资源十分丰富，开发植物源食品抗氧化剂的潜力巨大。在回归自然的呼声中，中国的天然植物源食品抗氧化剂产品日益受到国际市场的青睐（陈小强等，2011）。但由于各种植物的生物学特性、规模化栽培受到限制，导致原料价格高；另外天然植物提取成本高、有机溶剂残留，造成其在食品中使用受到限制。开发实用、高效、成本低廉的天然抗氧化剂仍是研究重点。近年来，一些学者致力于利用各种生物工程技术（细胞工程、基因工程、发酵工程等）制备不同天然植物酚类抗氧化剂的活性成分，这也将成为今后天然植物酚类抗氧化剂的主要生产方式。此外，其发展过程应注重生产各阶段的基础研究，从而逐步实现生产高附加值产品的目的。例如，植物提取过程尽量采用规模化、高新技术进行，而避免出现大量的小作坊式生产。这种生产方式浪费了大量的资源的同时，不成熟的技术手段得到的产品质量往往达不到要求，如纯度、活性物质含量等方面的指标。许多研究表明：不但许多化学成分对某些天然植物抗氧化剂具有协同增效作用，而且不同的抗氧化剂之间同样具有协同增效作用，所以复合天然植物抗氧化剂是高附加值抗氧化剂的一个研究方向。随着对食品安全性的重视及研究的深入，许多天然物质也被证明有很强的毒性，因此，在确定使用某种天然抗氧化剂时仍要通过毒理、诱变、致癌等毒理学评价。（阎果兰等，2005）

一、天然蜂蜜/蜂胶抗氧化活性研究

从本质上来说，蜂蜜是转化糖的浓缩物，但是也含有非常复杂的其他功能性成分，如生物酶、氨基酸、有机酸、多酚、胡萝卜素、美拉德反应产物、维生素和矿物质等。其多酚类物质类黄酮、酚酸的主要功能是作为日常饮食中的抗氧化剂,天然蜂蜜加入水果和蔬菜产品中可以抑制多酚氧化酶引起的酶促褐变,其效果随蜂蜜的来源不同而有差异。天然蜂蜜的抗氧化活力与总酚含量也有很大关系,意大利的两种蜂蜜 Millefiori 和 Acacia 的总酚含量分别达到 12.5 ~ 17.5mg/100g 和 3.0 ~ 11.0mg/100g(以咖啡酸表示),通过还原三价铁离子抗氧化能力试验,Acacia 比 Millefiori 的抗氧化能力差。马来西亚两种蜂蜜的乙酸乙脂提取物的抗氧化活性与总酚含量有显著相关性。

二、从中草药开发天然食品抗氧化剂

国外对天然食品抗氧化剂从中草药的提取、筛选、抗氧化性能和机理进行大量试验研究的同时,也对有关食品抗氧化剂的法规不断补充、完善。韩国对 180 种中药的甲醇提取物进行试验,发现其中的 44 种对油酸有强抗氧化能力。从余锦香的甲醇提取物中分离的逆没食子酸、没食子酸及没食子酸甲酯等 6 种水溶性单宁和单宁苷类化合物对油酸的抗氧化能力除没食子酸外均强于生育酚。醌类可以作为主要抗氧化剂使用,通过相对快地与脂类游离基反应,形成除去围绕在芳香环和氧原子上的电子而稳定的游离基。大约 0.015% 的丹参已烷提取物的抗氧化效果与 α - 生育酚的效果相似,在加热到 180℃ 的猪油中加入 0.2% 丹参已烷提取物时,可达到稳定的效果。

中国的传统中草药被《中药大词典》收录了 4773 种,它们的药效和安全性较明确。某些中草药的疗效与抗氧化作用密切相关,是继香辛料之后另一类有潜力的天然抗氧化剂资源。

三、从香辛料研究天然食品抗氧化剂的作用

香辛料植物主要有迷迭香、鼠尾草、百里香、牛至草、丁香、薄荷、胡椒、生姜、芝麻、大蒜等。1951 年,Chipult 等人报道迷迭香和鼠尾草具有优异的抗氧化能力。1982 年至 1984 年,Inatani 和 Nakatani 等人从迷迭香干叶的正已烷提取物中分离得到三种酚系二萜化合物:迷迭香酚、表迷迭香酚和异迷迭香酚,它们对猪油和亚油酸都有很强的抗氧化能力,尤其对猪油的抗氧化能力是 BHA 和 BHT 的 4 倍。从迷迭香中得到的迷迭香酚和鼠尾草酚等物质同样可以从鼠尾草中分离得到,鼠尾草中有比 BHA、BHT 和维生素 E 都强的抗氧化成分。Yayo、Nakatani 等从百里香的丙酮提取物中分离得到六种黄酮类物质及五种联苯化合物,发现 3 种黄酮类化合物和 2 种联苯化合物的抗氧化能力与 BHT 相当。薄荷中含有水溶性多酚类化合物迷迭香酸(RosA),RosA 的抗氧化功效强于 BHT、绿原酸、维生素 E 等。

芬兰学者 Hinneburg 等对九种香料的抗氧化活性进行了对比研究，九种香料分别是罗勒、月桂、欧芹、杜松、大茴香、茴香、小茴香、豆蔻和生姜。通过对各种香辛料水蒸馏提取物的总酚含量测定及三价铁还原、亚油酸过氧化抑制、二价铁螯合等试验，罗勒和月桂提取物除了铁螯合差以外，其抗氧化活性最高。欧芹虽然有很好的铁螯合作用，但对亚油酸氧化的延缓效果差。亚油酸过氧化试验表明：lg 罗勒和月桂提取物分别相当于 177g 和 212g Trolox 的效果。这两种提取物代替合成抗氧化剂在食品中使用的前景看好。

丹麦学者 Lu 等对鼠尾草多酚的抗氧化活性进行了试验，主要评价鼠尾草黄酮苷和一系列迷迭香酸衍生物的抗氧化活性。实验结果，迷迭香酸衍生物显示出有效的抗氧化活性，迷迭香酸衍生物所显示出高的 SOD 活性与其所含的邻苯二酚自由基清除活性和咖啡酸衍生物对黄嘌呤氧化酶抑制作用是分不开的。类黄酮的抗氧化活性有不确定性，有 β 环的邻苯二酚结构的类黄酮比没有该结构的类黄酮抗氧化活性高。

四、水果/蔬菜的抗氧化活性的研究

果蔬中含有丰富的维生素，如维生素 C、维生素 E、类胡萝卜素及丰富的各种酚类物质。酚类物质是植物中一类具有强抗氧化性的植物营养素，包括苯酚、酚酸、羟基肉桂酸衍生物和类黄酮等。

韩国学者对韩国六种李子果实（*Beltsville Elite* B70197、*Cacak Best*、*French Damson*、*Long John*、*Stanley*、*Yugoslavian Elite* T101）的总酚、类黄酮含量及抗氧化活性进行了研究，提取溶剂为 80% 的甲醇水溶液，并用超声波辅助提取，六种新鲜李子的总酚含量达到 174 ~ 375mg/100g（以五倍子酸计），总类黄酮达到 118 ~ 237mg/100g（以儿茶酚汁）；在这六种李子中，*Beltsville Elite* B70197 抗氧化能力最强，其抗氧化能力与总酚含量相关性强。

马来西亚学者 Ismail 等对几种普通蔬菜的抗氧化活性和总酚含量进行了研究，这几种蔬菜有羽衣甘蓝、菠菜、卷心菜、空心菜及大葱。在所有新鲜和热处理蔬菜样品中，抗氧化活性：大葱 > 菠菜 > 空心菜 > 卷心菜 > 羽衣甘蓝；总酚含量：菠菜 > 空心菜 > 羽衣甘蓝 > 大葱 > 卷心菜。对比抗氧化活性和总酚含量，两者似乎不成正相关，虽然大葱总酚含量不高，但因其总酚中抗氧化活性强的类黄酮含量高而使其抗氧化活性强。

阿根廷佛手瓜通过试管还原力试验、β - 胡萝卜素亚油酸模型和 DPPH 自由基清除试验，叶子的乙醇提取物、叶子和种子的水提取物对 β - 胡萝卜素漂白试验有极强的抑制作用（抗氧化值达到 90%）；而且这三种提取物在 DPPH 自由基存在情况下表现出强供氢能力（IC_{50} = 2μg/mL）；通过铁氰化钾还原试验，它们也表现出强还原能力。佛手瓜的叶子和种子提取物可用于开发食品生物防腐剂和抗氧化剂。

葡萄籽是一种酚类含量非常高的水果副产物,葡萄籽提取物是迄今为止发现的植物来源中最高效的抗氧化剂之一。通过体内和体外试验表明:葡萄籽提取物的抗氧化效果是维生素 C 和维生素 E 的 30 ~ 50 倍。该提取物中包含有黄烷醇类、花色素苷类、黄酮醇类和缩聚鞣质等 50 多种物质,其中抗氧化能力最强的是原花青素(procyanidins, PC)。到目前为止,已从葡萄籽和皮中分离、鉴定了 16 种原花青素,国外许多研究者通过实验发现:葡萄籽提取物具有防止动脉粥样硬化、抗凝血、增加高密度脂蛋白或高密度脂蛋白胆固醇、抑制低密度脂蛋白的氧化、清除自由基、防癌抗肿瘤等多种功效。

五、食用菌的抗氧化活性

蘑菇在生长过程中积累了多种次级代谢产物,包括酚类化合物、聚酮化合物、萜烯烃和类固醇,研究发现蘑菇酚类化合物是优越的抗氧化剂和抗氧化增效剂。Cheung 等人用三种不同的方法(β - 胡萝卜素和亚油酸抗氧化试验、DPPH 自由基清除实验和老鼠溶血性红血球抑制试验)研究香菇和草菇甲醇和水提取物抗氧化能力,四种提取物中,香菇的水提物在各种试验中显示出最强的自由基清除活性,同时水提物总酚含量比醇提物高,蘑菇提取物总酚含量与抗氧化活性成正相关性。印度学者 Ganguli、Abhijit 等人对盐渍双孢子蘑菇总酚含量与抗氧化活性进行了评价,并把其同盐渍的双孢子蘑菇作对比,通过 DPPH 和 ABTS 自由基清除活性试验,以及比色法测定总酚含量和类黄酮水平,结果表明:未盐渍蘑菇自由基清除活性最强,总酚含量最高(高伦江等,2008)。

六、其他天然食品抗氧化物质

除上述植物外,还有许多植物原料中都含有抗氧化物质,从 20 世纪 60 年代就进行开发利用,主要是将银杏叶的黄酮类物质用于食品、医药、保健食品和化妆品。据报道,日本开发了以葵花籽壳和粕为原料提取的水溶性抗氧化剂,主要成分是绿原酸和异绿原酸;加拿大学者研究发现油菜籽粕乙醇提取物的抗氧化能力与 BHA、BHT 相当;波儿多树皮中含有一定量的生物碱——波儿定碱,对鱼油的抗氧化能力是 BHA、BHT、生育酚的 2 ~ 3 倍。花白蜡树皮中的七叶素和秦皮素、链球菌中的去铁胺、正二氢愈疮酸等都是天然抗氧化物;花卉中的多酚类也有一定的抗氧化能力,日本对 95 种花卉(主要有蔷薇科、菊科、山茶科)中多酚含量及其抗氧化活性进行了研究,发现其多酚类的含量与抗氧化性有相关性,比 BHA 抗氧化活性高。从油茶果壳中提取没食子酸和儿茶素类物质,这些物质抗氧化能力强于 BHT、PG

和维生素 E;从忍冬叶中提取咖啡酸、异绿原酸、木樨草素等抗氧化成分,不同提取物具有不同的抗氧化效果。近几年来,国内外学者对美拉德反应产物抗氧化性及天然抗氧化肽的研究越来越多,随着科学技术的发展,相信更多高活性的天然抗氧化剂将会被开发、利用(郑德勇等,2004)。

总结发现天然抗氧化剂的抗氧化活性成分主要有黄酮类化合物、植物多酚、酚酸类化合物、维生素、活性多糖、酶、蛋白质和氨基酸等。

思考题

1. 简述油脂氧化败坏的机理。
2. 比较 BHA、BHT、TBHQ、抗坏血酸、茶多酚等抗氧化剂的应用特点。
3. 如何提高食品抗氧化剂的抗氧化效率?
4. 试论述天然食品抗氧化剂的分类及抗氧化作用机理。
5. 设计以方便面为例的抗氧化方案。

实训内容 抗氧化剂对脂肪氧化的影响

【实训目的】

1. 了解脂肪氧化的机理。
2. 了解脂肪氧化的评价方法。

【实训原理】

脂肪氧化的初级产物是氢过氧化物 ROOH,因此,通过测定脂肪中氢过氧化物的量,可以评价脂肪的氧化程度。同时脂肪氧化的初级产物 ROOH 可进一步分解,产生小分子的醛、酮、酸等,因此酸价也是评价脂肪氧化程度的一项重要指标。本实验通过油脂在不同条件下储藏,并定期测定其过氧化值和酸价,了解影响油脂氧化的主要因素。与空白和添加抗氧化剂的油样品进行比较,评估抗氧化剂的性能。

实验中过氧化值的测定采用碘量法,即在酸性条件下,脂肪中的过氧化值与过量的 KI 反应生成 I_2,用 $Na_2S_2O_3$ 滴定生成的 I_2,求出每 100g 油中所含过氧化物的质量(g),称为脂肪的过氧化值(POV)。

油脂的酸价以中和 1g 脂肪中游离酸所需消耗的氢氧化钾的质量(mg)表示。酸价的测定是用中性乙醇 - 乙醚混合溶剂溶解油样,再用碱标准溶液滴定其中的游离脂肪酸,根据油样质量和消耗碱液的量计算油脂酸价。

【实训设备与器材】

1. 试剂

①0.1mol/L KOH(或氢氧化钠)标准溶液;②中性乙醚 - 乙醇(2:1)混合溶剂(临用前用 0.1mol/L 碱液滴定至中性);③1g/100mL 酚酞乙醇溶液指示剂;

④0.01mol/L$Na_2S_2O_3$:用标定的0.1mol/L $Na_2S_2O_3$ 稀释而成;⑤ 氯仿-冰乙酸混合液:取氯仿40mL加冰乙酸60mL,混匀;⑥饱和碘化钾溶液:取碘化钾10g,加水5mL,储存于棕色瓶中,如发现溶液变黄,应重新配制;⑦ 0.5%淀粉指示剂:500mg淀粉加少量冷水调匀,再加一定量沸水(最后体积约为100mL)。

2. 器材

①20mL或50mL滴定管;②250mL锥形瓶;③分析天平(精确至0.001g);④容量瓶、移液管、称量瓶、试剂瓶、量筒、烧杯等。

【实训步骤】

1. 油脂氧化

在干燥的小烧杯中,将120g油分为二等份,向其中一份加入0.012g BHT,两份油脂作同样程度的搅拌至加入的BHT完全溶解。向三个广口瓶中各装入20g未添加BHT的油脂,另三个中各装入20g已添加BHT的油脂,按表4-2所列编号存放,一星期后测定过氧化值和酸价。

表4-2　油脂氧化实训记录表

实验条件	序号	样品注释	过氧化值/(g/100g)	酸价(以KOH计)/(mg/g)
室温光照	1	未添加BHT的油脂		
	2	添加BHT的油脂		
室温避光	3	未添加BHT的油脂		
	4	添加BHT的油脂		
60℃	5	未添加BHT的油脂		
	6	添加BHT的油脂		

2. 过氧化值测定

称取2g(准确至0.01g)油脂置于干燥的250mL碘量瓶底部,加入20mL氯仿-冰乙醇混合液,轻轻摇动使油溶解,加入1mL饱和碘化钾溶液,摇匀,加塞,置暗处放置5min。取出立即加水50mL,充分摇匀,用0.01mol/L $Na_2S_2O_3$ 滴定至水层呈淡黄,加入1mL淀粉指示剂,继续滴定至蓝色消失,记录体积V。

3. 酸价

称取混匀试样3~5g于250mL锥形瓶中,加入中性乙醚-乙醇(2:1)混合溶剂50mL,小心旋转摇动烧瓶,使试样溶解,再加3滴酚酞指示剂,用0.1mol/L碱液滴定至出现微红色,在30s内不消失,记录消耗的碱液体积(mL)。

4. 结果计算

(1)过氧化值(POV)

$$\mathrm{POV}=\frac{V\times c\times 0.1269}{m}\times 100$$

式中：POV——油脂的过氧化值，g/100g；

c——$Na_2S_2O_3$ 溶液浓度，mol/L；

V——消耗 $Na_2S_2O_3$ 溶液体积，mL；

m——称取油脂质量，g；

0.1269——与 1.00mL 硫代硫酸钠标准滴定溶液相当的碘的质量，g。

（2）油脂酸价

$$X = \frac{V \times c \times 56.11}{m}$$

式中：X——油脂的酸价（以氢氧化钾计），mg/g；

V——滴定消耗的氢氧化钾溶液体积，mL；

c——KOH 溶液浓度，mol/L；

m——称取油脂质量，g；

56.11——与 1.0mLKOH 标准滴定溶液［c(KOH) = 1.000mol/L］相当的氢氧化钾质量（mg）。

若双试样分析结果的实际差不超过允许差（0.2mg/g），求其平均数，即为测定结果。测定结果取小数点后一位。

参考文献

1. 邓森元. 食品抗氧化剂. 广州化工，2004，32(2)：53～55.

2. 杨洋，韦小英，阮征. 国内外天然食品抗氧化剂的研究进展. 食品科学，2002，23(10)：137～140.

3. 王雪珍. 中国食品抗氧化剂亟待完善. 观点，2009，17(12)：3.

4. 胡国华. 食品添加剂应用基础. 北京：化学工业出版社，2005：85.

5. 李军生，何仁，丘朝清等. 复合维生素 E 对延长复合油脂食品保质期的影响. 食品科技，2003(11)：61～63.

6. 余佶，李军生，何仁，等. 复合维生素 E 对延长月饼保质期的影响. 食品与发酵工业，2003，29(8)：92～94.

7. 张永康，麻成金等. 抗氧化剂对猕猴桃籽油抗氧化性能的影响. 吉首大学学报（自然科学版），2007，28(3)：112～116.

8. 吴谋成，袁俊华. 植酸的毒理学评价和食用安全性. 食品科学，1997(2)：46.

9. 陈海霞，谢笔钧. 茶多酚的抗氧化作用机理及其在食品中的应用. 山西食品工业，2000(2)：24，34.

10. 焦凌霞，李刚. 抗氧化剂对控制猕猴桃加工中维生素 C 损失的研究. 食品工业科技，2006(12)：92～94.

11. 陈月英,朱维军,王林山. 抗氧化剂对大枣汁加工中维生素 C 的影响. 中国酿造,2006(2):57 ~ 58.

12. 王绍美,卿晓红,黄美霞. 天然抗氧化剂控制草莓加工中维生素 C 损失效应研究. 食品科技,2000(6):36 ~ 37.

13. 熊卫东,赵建华,符晓静. 抗氧化剂对控制草莓打浆工序中维生素 C 损失的效应. 食品工业科技,2004(3),68 ~ 69.

14. 吴娱,赵玉梅,雷晓娟,等. 抗坏血酸处理对桃果实采后品质和保鲜效果的影响. 食品科技,2008(10):246 ~ 249.

15. 王绍美,黄美霞,卿晓红,等. 茶多酚与维生素 C 对猪油乳化体系协同抗氧化性研究. 食品科学,2000,21(10):23 ~ 25.

16. 杨洋,宋延珍,韦小英. 生姜色素的提取及其抗氧化能力测定. 广西大学学报,2002,27(2):144 ~ 147.

17. 万素英,侯银菊,李小六,等. 美拉德反应产物的抗氧化性能研究. 中国食品添加剂,2005(6):46 ~ 49.

18. 张昊,任发政. 天然抗氧化肽的研究进展. 食品科学,2008,29(4):443 ~ 447.

19. 高伦江,唐春红,董全. 国外天然酚类抗氧化剂的研究进展. 中国食品添加剂,2008(1):75 ~ 78.

20. Chen J H, Ho C T. Antioxidant activities acid and its related hydroxycinnamic acid comp - ounds. Journal of Agricultral and Food Chemistry, 1997, 45(7):2374 ~ 2378.

21. Iris Hinneburg, Damien Dorman H J, Raimo Hiltunen. Antioxidant activities of extracts from selected culinary herbs and spices. Food Chemistry, 2006(97):122 ~ 129.

22. Yinrong Lu, Yeap FooL. Antioxidant activities of polyphenols from sage (Salvia officin - alis). Food Chemistry, 2001(75):197 ~ 202.

23. Amin Ismail, Zamaliah M Marjan, Chin W Foong. Total antioxidant activity and phenolic content in selected vegetables. Food Chemistry, 2004(87):581 ~ 586.

24. Ordonez A A L, Gomez J D, Vattuone M A, Lsla M I . Antioxidant activities of Sechium e - dule(Jacq.) Swartz extracts. Food Chemistry, 2006(97):452 ~ 458.

25. Negro C, Tommasi L, Miceli A. Phenolic compounds and antioxidant activity from red grape marc extracts. Bioresources Technology, 2003, 87(1):41 ~ 44.

26. Cheung L M, Peter C K. Cheung, Vincent E C Ooi. Antioxidant activity and total phenolics of edible mushroom extracts. Food Chemistry, 2003(81):49 ~ 255.

27. Abhijit Ganguli, Moushumi Ghosh, Navdeep Singh. Antioxidant Activities and Total Phen - olics of Pickles Produced from the Edible Mushroom, Agaricus bisporous. Journal of Culinary Science &Technology, 2006(5):131 ~ 142.

28. 郑德勇,安鑫南. 植物抗氧化剂的研究概况与发展趋势. 林产化学与工业,2004,24(3):113 ~ 118.

模块五　食品着色剂

学习目标

本模块主要介绍了影响食品色泽特性的食品着色剂的呈色机理、分类、作用及使用方法，通过本模块的学习，应掌握食品着色剂的呈色机理，了解食品着色剂的作用，具备在实际应用中合理使用食品着色剂的能力。

学习任务

1. 了解着色剂的呈色机理及其分类。
2. 掌握食品调色的原理及食品着色剂的使用注意事项。
3. 了解常用天然食品着色剂特点及其应用范围。

【案例解析】

有这样一个有趣的实验：在能够看到饮料真实色泽的情况下，参加品评实验的人员总能正确辨认出饮料的味道。当不能看到饮料色泽时，他们就会判断错误。例如，当不让品评员看到葡萄饮料的色泽时，只有70%的人品尝后认为是葡萄味饮料，15%的人认为是柠檬味饮料；只有30%品尝樱桃饮料的人认为是樱桃味，大多数人认为是柠檬饮料。

曾经有人做过这样的实验：通过调研知道一些人最喜欢的食品，并把它们染成蓝色，然后送给他们品尝。结果显示，即使食物的味道很正常，这些蓝色食物还是不能让人产生食欲。

色泽可以影响人们的食欲和对味觉的判断，色泽搭配合理的食物容易增进食欲，如红色和黄色搭配会增加饥饿感，快餐公司麦当劳是使用该色泽搭配案例的成功企业代表。但错误的色泽搭配可能意味着失败和食品生命周期的提前终止。

项目一　着色剂呈色机理

色泽是衡量食品质量的重要指标之一,色泽优良的食品不仅可以提高其感官性状,给人以美的享受,而且还能增进食欲。天然食品一般都有美丽的色泽,但经过加工处理后,则会发生褪色或变色现象,为了保持或改善食品的色泽,在食品加工中往往需要对食品进行人工着色。着色剂就是赋予食品色泽和改善食品色泽的物质。

不同的物质能吸收不同波长的光。如果某物质所吸收的光,其波长在可见光区域(400~800nm),那么该物质就会呈现一定的色泽,该色泽由未被吸收的光波所反映(即被吸收光波颜色的互补色)。例如某种物质选择吸收波长为510nm的绿色光谱,而人们看到的是紫色,紫色是绿色的互补色。不同波长的光波相应的色泽及肉眼所见到的色泽见表5-1。

表5-1　不同光波和色泽的关系

吸收光波		互补色	吸收光波		互补色
波长/nm	相应的色泽		波长/nm	相应的色泽	
400	紫	黄绿	530	黄绿	紫
425	蓝青	黄	550	黄	蓝青
450	青	橙黄	590	橙黄	青
490	青绿	红	640	红	青绿
510	绿	紫	730	紫	绿

物质之所以能吸收可见光而呈现不同的色泽,是因为其分子本身含有某些特殊的基团,即生色团(生色基或发色团),这些基团有 $>C=C<$、$>C=O$、$—C(=O)—H$、$—C(=O)—OH$、$—N=N—$、$—N=O$、$—NO_2$、$>C=S$ 等。上述生色基的吸收波长在200~400nm,若有机物分子中含有一个上述生色基仍表现为无色;如果有机物分子中有两个或两个以上的生色基共轭时,可以使分子对光的吸收波长移向可见光区域内,该有机物就显示色泽。例如1,2-二苯基乙烯是无色的,但在两个苯环之间连接3个共轭的碳-碳双键化合物,便开始显示淡黄色;连接5个共轭

的碳－碳双键化合物，则呈橙色，连接11个共轭的碳－碳双键化合物则为黑紫色。

有些基团，如—OH、—OR、—NH_2、—NR、—SR、—Cl、—Br等，它们本身的吸收波段在远紫外区，但这些基团与共轭键或生色基相连接，可使共轭键或生色基的吸收波移向长波方向而显色，这些基团称为助色团（助色基）。

着色剂都是由发色团和助色团所组成，能够呈现各种不同的色泽。

项目二　着色剂分类与各论

一、着色剂分类

着色剂按其来源和性质可分为合成色素和天然色素两大类。

合成色素主要指用人工合成方法所制得的色素。按其来源可分为：①焦油色素，如苋菜红、胭脂红、赤藓红、诱惑红、酸性红、柠檬黄、日落黄等及其同名色淀；②金属氧化物：如二氧化钛、氧化铁黑和氧化铁红；③其他，如人工合成β－胡萝卜素、叶绿素铜钠（钾）盐、人工合成番茄红素等。按化学结构不同可分成两类：偶氮类色素和非偶氮类色素。偶氮类色素按溶解性不同又分为油溶性和水溶性两类，油溶性偶氮类色素不溶于水，进入人体内不易排出体外，毒性较大，现在世界各国基本上不再使用这类色素对食品着色。水溶性偶氮类色素较容易排出体外，毒性较低，目前世界各国使用的合成色素有相当一部分是水溶性偶氮类色素及其色淀。色淀是由水溶性色素沉淀在许可使用的不溶性基质上所制备的特殊着色剂，其色素部分是许可使用的合成色素，基质部分多为氧化铝。

天然色素主要是天然存在的色素。按来源不同，主要有以下三类：①植物色素，如甜菜红、姜黄、β－胡萝卜素、叶绿素等；②动物色素，如紫胶红（虫胶红）、胭脂虫红等；③微生物色素，如红曲红等。按化学结构的不同，天然色素可分为：①花色苷类，如越橘红、萝卜红等；②黄酮类，如高粱红、红花黄等；③类胡萝卜素，如辣椒红、栀子黄、β－胡萝卜素等；④酮类衍生物，如红曲红、姜黄素等；⑤醌类衍生物，如紫胶红、胭脂虫红等；⑥其他，如焦糖色、植物炭黑等。

二、合成色素

近年来，由于合成色素的安全性问题，实际使用的品种正在逐渐减少。据统计，1958年世界各国曾作为食用色素使用的合成色素有近90种，而现在仍在使用的不到二分之一。我国食品添加剂使用标准 GB 2760—2011 允许使用的食用色素有 66 种,其中人工合成色素仅有 17 种。

(一)偶氮类合成色素

1. 苋菜红及其铝色淀(CNS 号:08.001;INS 号:123)

苋菜红又名蓝光酸性红,为紫红色粉末,无臭,0.01% 水溶液呈玫瑰红色,可溶于甘油及丙二醇,不溶于油脂。21℃时溶解度为:17.2%(水)、6.9%(10% 乙醇)、0.5%(50% 乙醇)。耐细菌性差,有耐光性、耐热性、耐盐性。耐酸性也比较好,对柠檬酸、酒石酸等稳定,但在碱性溶液中则变成暗红色。由于耐氧化、还原性差,不适于在发酵食品中使用。

苋菜红多年来被公认为安全性高,并被世界各国普遍使用。ADI 为 0 ~ 0.5mg/kg体重(FAO/WHO,1984)。欧盟食品安全局于 2010 年将其 ADI 降低为 0.15mg/kg体重。苋菜红及其铝色淀的现行标准分别为 GB4479.1—2010,GB4479.2—2005。

我国 GB 2760—2011 规定:苋菜红可用于冷冻饮品、果酱、装饰性果蔬、蜜饯凉果、腌渍的果蔬、可可制品、巧克力(包括代可可脂巧克力及制品)以及糖果、糕点上彩装、焙烤食品馅料及表面挂浆(仅限饼干夹心)、水果糖味糖浆、固体汤料、果蔬汁饮料(包括发酵型产品等)、碳酸饮料、风味饮料、固体饮料、配制酒、果冻、浓缩型产品、固体饮料类和果冻粉。

2. 胭脂红及其铝色淀(CNS 号:08.002;INS 号:124)

胭脂红又名丽春红 4R,为红色至深红色粉末,无臭,溶于水,水溶液呈红色,溶于甘油,微溶于乙醇,不溶于油脂。20℃时在水中的溶解度为 23%。耐光性、耐酸性、耐盐性较好,但耐热性、耐还原性相当弱,耐细菌性也较弱。

胭脂红经动物试验证明无致癌、致畸作用,ADI 为 0 ~ 4mg/kg 体重(FAO/WHO,1983)。胭脂红及其铝色淀的现行标准分别为 GB4480.1—2001,GB4480.2—2001。

我国 GB2760—2011 规定:胭脂红可用于调制乳、风味发酵乳、调制炼乳、冷冻饮品、蜜饯凉果、虾味片、糕点上彩装、焙烤食品馅料及表面用挂浆、果蔬汁饮料、含乳饮料、风味饮料、配制酒、果冻、膨化食品、胶原蛋白肠衣、植物蛋白饮料、可食用动物肠衣类、蛋卷、水果罐头、装饰性果蔬、糖果和巧克力制品包衣、调制乳粉和调制奶油粉、调味糖浆、蛋黄酱、沙拉酱、果酱、水果调味糖浆、半固体复合调味料。

3. 新红及其铝色淀(CNS 号:08.004)

新红为红色粉末,易溶于水,水溶液呈红色,微溶于乙醇,不溶于油脂。为上海染料研究所研制成的食用合成红色素,经长期动物实验,除偶见有肾盂移行上皮增生外,未见有致癌、致畸、致突变性,最大无作用量为 0.5%。

我国 GB 2760—2011 规定:新红可用于凉果类、可可制品、巧克力和巧克力制品、糕点上彩装、果蔬汁饮料、碳酸饮料、果味饮料、配制酒、装饰性果蔬。

新红及其铝色淀现行标准分别为 GB14888.1—2010,GB14888.2—2010。

4.诱惑红及其铝色淀(CNS 号:08.012;INS 号:129)

诱惑红为深红色粉末,无臭;溶于水、甘油与丙二醇,微溶于乙醇,不溶于油脂。溶于水呈微带黄色的红色溶液。耐光、耐热性强,耐碱及耐氧化还原性差。

诱惑红染着力强,毒性较小,ADI 为 0 ~ 7mg/kg 体重(FAO/WHO,1981)。诱惑红及其铝色淀的现行标准分别为 GB17511.1—2008,GB17511.2—2008。

我国 GB 2760—2011 规定:诱惑红可用于肉灌肠类、西式火腿、糕点上彩装、即食谷物,包括碾轧燕麦片、冷冻饮品、苹果干、熟制豆类、加工坚果与籽类、饼干夹心、除包装饮用水外的饮料、膨化食品、粉圆、可可制品、巧克力和巧克力制品以及糖果、调味糖浆、酱、沙拉酱除外的半固体复合调味料。

5.柠檬黄及其铝色淀(CNS 号:08.005;INS 号:102)

柠檬黄又名酒石黄,为橙黄色粉末,无臭,0.1% 水溶液呈黄色,溶于甘油、丙二醇、微溶于乙醇,不溶于油脂。25℃时溶解度为:20%(水)、12.0%(25% 乙醇),4.0%(50% 乙醇),20.0%(25% 丙二醇、25% 甘油)。耐酸性、耐热性、耐盐性、耐光性均好,但耐氧化性较差,遇碱稍变红,还原时褪色。

柠檬黄的 ADI 为 0 ~ 7.5mg/kg 体重(FAO/WHO,1994),柠檬黄及其铝色淀的现行标准分别为 GB4481.1—2010,GB4481.2—2010。

我国 GB 2760—2011 规定:柠檬黄可用于蛋卷、谷类及淀粉类甜品、即食谷物,包括碾轧燕麦片、风味发酵乳、调制炼乳、冷冻饮品、饼干夹心和蛋糕夹心、果冻、蜜饯凉果、装饰性果蔬、腌渍的蔬菜、熟制豆类、加工坚果与籽类、可可制品、巧克力和巧克力制品以及糖果、虾味片、糕点上彩装、香辛料酱、饮料类、膨化食品、液体复合调味料、粉圆、固体复合调味料、面糊、裹粉和煎炸粉、布丁和糕点馅料及表面挂浆、其他调味糖浆、水果味糖浆、果酱。风味派馅料仅限使用柠檬黄。

6.日落黄及其铝色淀(CNS 号:08.006;INS 号:110)

日落黄为橙色的颗粒或粉末,无臭,易溶于水,0.1% 水溶液呈橙黄色。溶于甘油、丙二醇,但难溶于乙醇,不溶于油脂。在 25℃时的溶解度为:19.0%(水)、3.0%(50% 乙醇)、20.0%(50% 甘油)、7.0%(50% 丙二醇)。对光、热和酸都很稳定,仅遇碱呈红褐色,还原时褪色。

日落黄的 ADI 为 0 ~ 4mg/kg 体重(FAO/WHO,2011),日落黄及其铝色淀的现行标准分别为 GB6227.1—2010,GB6227.2—2005。

我国 GB 2760—2011 规定:日落黄可用于谷类和淀粉类甜品、果冻、调制乳、风味发酵乳、调制炼乳、含乳饮料、冷冻饮品、西瓜酱罐头、蜜饯凉果、熟制豆类、加工坚果与籽类、可可制品、巧克力和巧克力制品以及糖果、虾味片、糕点上彩装、饼干夹心、果蔬汁饮料、乳酸菌饮料、植物蛋白饮料、碳酸饮料、风味饮料、配制酒、膨化食品。

(二)非偶氮类合成色素

1. 赤藓红及其铝色淀(CNS 号:08.003;INS 号:127)

赤藓红又名樱桃红,为红至红褐色颗粒或粉末,无臭。0.1%水溶液呈微蓝的红色,酸性时生成橙红色沉淀。溶于乙醇,特别易溶于甘油及丙二醇,不溶于油脂。25℃时的溶解度为:9.0%(水)、1.0%(50%乙醇)、0.6%(75%乙醇)、6.0%(50%丙二醇)、16%(50%甘油)。染着力强,对热、碱、氧化还原及细菌的稳定性均好,但耐酸性、耐光性很差。

1974 年,JECFA 曾规定赤藓红的 ADI 为 0~2.5mg/kg 体重,1984 年再次评价,认为无作用剂量论据不足,将其降为暂定 ADI 为 0~1.25mg/kg 体重,1986 年降为暂定 ADI 为 0~0.6mg/kg 体重。1989 年再次降为暂定 ADI 为 0~0.05mg/kg 体重。1990 年对其进行评价后制订 ADI 为 0~0.1mg/kg 体重。赤藓红及其铝色淀现行标准分别为 GB17512.1—2010,GB17512.2—2010。

我国 GB2760—2011 规定:赤藓红可用于肉灌肠类、肉罐头类、熟制坚果与籽类、膨化食品、凉果类、可可制品、巧克力和巧克力制品、糕点上彩装、酱及酱制品、复合调味料、果蔬汁饮料、碳酸饮料、风味饮料、配制酒。

2. 番茄红素[CNS 号:08.017;INS 号:160d(ⅰ)]

番茄红素是一种广泛存在于自然界中的类胡萝卜素,由于最早从番茄中分离制得,故称“番茄红素”。其纯品为针状深红色晶体,在分子结构上有 11 个共轭双键和 2 个非共轭双键组成的直链型碳氢化合物。在类胡萝卜素中,番茄红素清除自由基的功效远胜于其它类胡萝卜素和维生素 E,其淬灭单线态氧的速率常数是维生素 E 的 100 倍,是迄今为止自然界中被发现的最强抗氧化剂之一。

由于番茄红素在天然产物中的含量较低,提取代价较高,各国学者又相继在生物及化学合成领域进行了研究,并取得了一些突破。

由丝状真菌三孢布拉霉 Blakesleatrispora 生物合成β胡萝卜素的过程中,通过 pH 控制环化即可合成番茄红素。通过发酵培养螺旋藻并在培养基中加入尼古丁 200~500mmol/L,可以富集生产番茄红素,且成本较低。

罗氏公司所采用的合成番茄红素工艺是由三苯基、一氯化磷与 2,7-二甲基-2,4,6-辛三烯二醛在 2-丙醇中进行 Wittig 烯化反应,制得番茄红素,收率 65%。此外,也有由三苯基(3,7,11-三甲基-2,4,6,10-十二四烯基)-甲磺化磷与 2,7-二甲基-2,4,6-辛三烯二醛经 Wittig 烯化反应得到番茄红素的工艺专利。

2007 年番茄红素的 ADI 定为 0~0.5mg/kg 体重(FAO/WHO,2007)。2009 年认定在 GMP 前提下应用番茄红素,其 ADI 不作限制性规定(FAO/WHO,2010)。番茄红素(合成)的现行标准为 2011 年卫生部第 19 号公告指定标准。

我国 GB 2760—2011 规定:合成番茄红素可应用于糖果、固体汤料、半固体复合调味料、饮料类(包装饮用水除外)中。

3. 亮蓝及其铝色淀(CNS 号:08.007;INS 号:133)

亮蓝为有金属光泽的红紫色粉末,易溶于水,水溶液呈亮蓝色。亦易溶于乙醇、丙二醇和甘油。耐光性、耐热性、耐酸性、耐盐性和耐微生物性均很好,耐碱性和耐氧化还原特性也好。

亮蓝的 ADI 为 0 ~ 12.5mg/kg 体重(FAO/WHO,1994)。亮蓝及其铝色淀的现行标准分别为 GB7655.1—2005,GB7655.2—2005。

我国 GB2760—2011 规定:亮蓝可用于即食谷物,包括碾轧燕麦片、饮料类(包装饮用水除外)、风味发酵乳、调制炼乳、冷冻饮品、凉果类、腌渍的蔬菜、熟制的豆类、加工坚果与籽类、虾味片、糕点、饼干夹心、果蔬汁饮料含乳饮料、碳酸饮料、风味饮料、配制酒、果冻、油炸坚果与籽类、膨化食品、装饰性果蔬、粉圆、可可制品、巧克力和巧克力制品以及糖果、水果调味糖浆、半固体复合调味料、

4. 靛蓝及其铝色淀(CNS 号:08.008;INS 号:132)

靛蓝又名酸性靛蓝、磺化靛蓝,为蓝色粉末,无臭,0.05% 水溶液呈深蓝色。对水的溶解度较其他合成色素低,略溶于甘油,微溶于乙醇,不溶于油脂。在 25℃时的溶解度为:1.6%(水)、1.0%(25% ~ 100% 甘油)、0.5%(25% 乙醇)、0.3%(50% 乙醇)、0.6%(25% 丙二醇)。对光、热、酸、碱、氧化都很敏感,耐盐性及耐细菌性亦较差,还原时褪色,但染着力好。

靛蓝的 ADI 为 0 ~ 5mg/kg 体重(FAO/WHO,1994)。我国尚未制定此产品的国家标准。

我国 GB 2760—2011 规定:靛蓝可用腌渍的蔬菜、油炸坚果与籽类、膨化食品、蜜饯类、凉果类、糕点、可可制品、巧克力和巧克力制品以及糖果、糕点上彩装、饼干夹心、果蔬汁饮料、碳酸饮料、风味饮料、配制酒、装饰性果蔬、除胶基糖果以外的其他糖果。

靛蓝色泽比亮蓝暗,染着性、稳定性、溶解度也较差,实际应用较少。

5. 叶绿素铜钠盐,叶绿素铜钾盐(CNS 号:08.009;INS 号:141ii)

叶绿素广泛存在于一切绿色植物中。叶绿素铜钠可由青草、苜蓿或蚕沙(蚕粪)用有机溶剂抽提出叶绿素后,经皂化、铜代制成。为叶绿素 a 盐与叶绿素 b 盐的复合物。

叶绿素铜钠为墨绿色粉末,易溶于水,略溶于乙醇。水溶液呈蓝绿色,透明、无沉淀,耐光性比叶绿素强。若有钙离子存在,则有沉淀析出。此外,叶绿素铜钠盐不宜直接加入酸性饮料中,否则易沉淀析出。

叶绿素铜钠盐经动物试验表明安全性高,除美国外,世界其他各国普遍许可使用。日本按化学合成品对待。ADI 为 0 ~ 15mg/kg 体重(FAO/WHO,1994)。叶绿素铜钠盐现行标准为 GB 26406—2011。

我国 GB 2760—2011 规定:叶绿素铜钠盐和叶绿素铜钾盐可用于冷冻饮品、蔬菜罐头、熟制豆类、加工坚果及籽类、糖果、烘焙食品、饮料类、配制酒、果冻等食品中。

三、天然色素

我国从植物中提取天然色素和利用天然色素对食品着色有悠久的历史,北魏末年(公元6世纪)贾思勰所著的《齐民要术》就有关于从植物中提取色素的记载。

世界各国许可使用的天然色素品种和用量都在不断增加。近年来,我国积极发掘、总结和推广民间使用的天然色素,也取得了可喜成绩。目前,我国许可使用的天然色素已有49种。

(一)花色苷类

花色苷属多酚类衍生物,是一类水溶性色素,广泛分布于植物界,并且是花、叶、茎和果实等美丽色彩的主要成分,由糖和花色苷配基组成。自然界最常见的花色苷配基有天竺葵素、矢车菊素、飞燕草素、芍药色素、牵牛色素、锦葵色素6种。其基本结构是苯并吡喃。

花色苷对pH、光、热、金属离子等都很敏感。花色苷在酸性时呈红色,$pH < 4$时颜色较稳定,在碱性时则呈蓝色。它对光和热都很敏感。由于糖苷配基的不同,特别是其酚羟基个数和位置等的不同,颜色的稳定性亦不同。氧和金属离子对其稳定性也有一定的影响,尤其是铜、铁等金属离子可加速其降解或变色。使用花色苷类色素时应注意选取其适宜的pH范围,并尽量避免光、热和金属离子(如铜、铁离子)的作用。储存时应避光,密封保存,防止吸湿。

我国许可使用的天然色素中属于花色苷的有葡萄皮红、红米红、黑豆红、玫瑰茄红、萝卜红、桑葚红、越橘红、黑加仑红等。现分别介绍如下。

1. 葡萄皮红(CNS号:08.135;INS号:163ii)

葡萄皮红色素的主要着色成分为锦葵素、芍药素、翠雀素和3′-甲基花翠素或花青素的葡萄糖苷。由酿制葡萄酒后剩余的葡萄皮去除种子后浸提而得。

葡萄皮红为紫红色液体或粉末,溶于水、乙醇和丙二醇,不溶于油脂。酸性条件下显红色,碱性条件下显暗蓝色,耐光、耐热、耐氧化性稍差。小白鼠经口$LD_{50} >$ 15g/kg体重,ADI为0~2.5mg/kg体重。

我国GB2760—2011规定:葡萄皮红可用于冷冻饮品(GB2760—2011中03.04食用冰除外)、果酱、糖果、糕点、果蔬汁(肉)饮料、碳酸饮料、果味饮料、配制酒。

2. 红米红(CNS号:08.111)

红米红是由红米糖提取制得,其主要着色物质是含矢车菊素的花色苷。

红米红为深红色液体、黑紫色膏状物或粉末,易溶于水和乙醇。在盐酸乙醇溶液中呈紫红色,随pH上升变成红褐色,碱性时为青绿色,加热则变成黄色。

我国GB 2760—2011规定:红米红可用于调制乳、冷冻饮品、糖果、含乳饮料和配制酒中。

红米红现行标准为GB 25534—2010。

3. 黑豆红(CNS号:08.114)

黑豆红是由黑豆皮提取制得,其主要着色物质是含有矢车菊素-3-半乳糖的紫菀苷。

黑豆红为深红色液体、黑紫色膏状物或粉末,易溶于水,其水溶液在酸性条件下为红色,中性及偏碱性时为红棕色。

我国GB 2760—2011规定:黑豆红可用于糖果、糕点上彩装、果蔬汁饮料、果味饮料、配制酒中。因结构特点,黑豆红耐光、耐热性较好,适用于多种酸性食品及饮料的着色。在糖果中的用量通常为0.4~0.6g/kg,汽水、葡萄酒等饮料中的用量为0.5~0.8g/kg。

黑豆红现行标准为QB/T 3793—1999。

4. 玫瑰茄红(CNS号:08.125)

玫瑰茄红是由玫瑰茄干萼片提取制得,其主要着色物质是含飞燕草素和矢车菊素的花色苷。

玫瑰茄红为深红色液体、膏状或固体粉末。稍有特异臭,易溶于水、乙醇和甘油,难溶于油脂。

我国GB 2760—2011规定:玫瑰茄红可用于糖果、果蔬汁(肉)饮料、果味饮料和配制酒中。玫瑰茄红用于糖果着色时,若冷却迅速(如制硬糖),虽经过135℃高温也很少降解,但冷却时间过长(如制软糖),则应在75℃以下着色,否则有明显降解。

5. 萝卜红(CNS号:08.117)

萝卜红是由红萝卜提取制得,其主要着色物质是含有天竺葵素的花色苷。

萝卜红为深红色液体、膏状、固体或粉末,易溶于水,稍有特异臭,其稳定性相对较高。

我国GB 2760—2011规定:萝卜红可用于冷冻饮品、果酱、蜜饯类、糖果、糕点、醋、酱及酱制品、复合调味料、果蔬汁(肉)饮料、果味饮料、配制酒和果冻中。

萝卜红现行标准为GB 25536—2010。

6. 桑葚红(CNS号:08.129)

桑葚红是由桑葚果中提取制得,主要着色成分是矢车菊-3-葡萄糖苷。

桑葚红为深紫红色浸膏,易溶于水和稀乙醇,不溶于非极性有机溶剂。在pH2.8的柠檬酸-柠檬酸钠缓冲溶液中最为稳定,并在513nm处有最大吸收值。

我国GB 2760—2011规定:桑葚红用于果糕类、糖果、果蔬汁(肉)饮料、果味饮料、果酒和果冻。

7. 越橘红(CNS号:08.105)

越橘红是由越橘果实提取制得,其主要着色物质是含矢车菊素和芍药素的花色苷。

越橘红为深红色液体、膏状、固体或粉末,稍有特异臭,易溶于水和酸性乙醇。

我国 GB 2760－2011 规定:越橘红可用于冷冻饮品、果蔬汁饮料、果味饮料中。使用越橘红着色时,食品可带有一定的野果芳香气味。

越橘红现行标准为 GB/T 6228—1986。

8. 黑加仑红(CNS 号:08.122)

黑加仑红是由黑加仑浆果提取制得,含多种成分,其主要着色物质为矢车菊素和飞燕草素的花色苷。为深红色粉末,有吸湿性,易溶于水,微溶于乙醇,不溶于乙醚、丙酮等有机溶剂。耐光、耐热性良好。

我国 GB 2760－2011 规定:黑加仑红可在糕点上彩装,碳酸饮料、果酒中按生产需要适量使用。

此外,我国许可使用的花色苷类天然色素还有杨梅红、蓝靛果红、橡子壳棕等。

(二)黄酮类

黄酮类色素是多酚类衍生物中另一类水溶性色素,同样以糖苷的形式广泛分布于植物界。其基本化学结构是 α－苯并吡喃酮。这类色素的稳定性较好,但也受分子中酚羟基数和结合位置的影响。此外,光、热和金属离子对其也有一定的影响。我国许可使用的红花黄、高粱红等天然色素均属于这类色素。

1. 高粱红(CNS 号:08.115)

高粱红由黑紫色高粱壳提取制得,其主要着色物质为芹菜苦苷配基。为深红色液体、膏状或粉末,易溶于水。高粱红色素的稳定 pH 为 4 ~ 12,溶于水、含水乙醇和丙二醇,不溶于油脂,其色调随 pH 的改变而发生变化。酸性时色泽变浅,碱性时色泽变深;当溶液 pH 小于 4 时,色素会从溶液中析出,故不应用于 pH 小于 4 的酸性液体食品;当 pH 大于 12 时,色调由红变褐,这可能是高粱红色素在强碱性条件下结构发生了改变。在 pH 为 7 ~ 8 时透明度好,色泽鲜艳。水溶液在酸性时呈红色,在碱性时呈紫色,对光和热非常稳定,但易受金属离子特别是铁离子影响而变褐色。

我国 GB 2760—2011 规定:高粱红可在各类食品中按生产需要适量使用。用于熟肉制品如酱肉和糖醋排骨等食品着色时,色泽柔和自然,且多为表面着色。

高粱红现行标准为 GB 9993—2005。

2. 红花黄(CNS 号:08.103)

红花黄是从菊科植物红花的花中提取制得,为黄色粉末,易溶于水,微溶于乙醇,不溶于油脂,耐光性较好,但耐热性较差。在 pH4.5 ~ 7 时呈黄色,色调稳定,在碱性溶液中则呈红色。其 ADI 暂无规定。

我国 GB 2760—2011 规定:红花黄可用于冷冻饮品、腌渍的蔬菜、油炸坚果与籽类、方便米面制品、粮食制品馅料、腌腊肉制品类、调味品、膨化食品、水果罐头、蜜饯凉果、装饰性果蔬、蔬菜罐头、糖果、八宝粥罐头、糕点上彩装、果蔬汁(肉)饮料、碳酸饮料、果味饮料、配制酒、果冻中。

红花黄现行标准为 LY 1299—1999。

3. 可可壳色(CNS 号:08.118)

可可壳色又叫可可色素,是将可可壳粉碎浸提制得。为黄酮类的儿茶酸、无色花色苷以及黄烷 3,4 - 二醇等在焙炒可可豆的过程中,经氧化、缩聚而成的颜色很深的多酚化合物。可可壳色为褐色液体或粉末,无异味,无臭,易溶于水,对光、热及还原性物质的稳定性均好,在 pH4 ~11 时色泽稳定,pH <4 时,色素析出,色调随 pH 增大而加深。对蛋白质及淀粉的染着性较好,特别是对淀粉的着色,远比焦糖色好,在加工及保存的过程中很少变化。

我国 GB 2760—2011 规定:本品可用于冷冻饮品、可可制品、巧克力和巧克力制品(包括代可可脂巧克力及制品)以及糖果、饼干植物蛋白饮料、糕点、焙烤食品馅料及表面用挂浆、碳酸饮料、糕点上彩装、配制酒中。

可可壳色现行标准为 GB 8818—2008。

(三)类胡萝卜素

类胡萝卜素是异戊二烯衍生物,均属于多烯色素。广泛分布于生物界,颜色从黄、橙、红到紫色均有,不溶于水,可溶于脂肪溶剂,属于脂溶性色素。

类胡萝卜色素对 pH 较稳定,对热也比较稳定,但光和氧对它有破坏作用。我国许可使用的天然色素中有 8 种属于这类色素,现分别介绍如下。

1. 天然 β - 胡萝卜素(CNS 号:08.147)

β - 胡萝卜素广泛存在于胡萝卜、南瓜、辣椒等蔬菜中,水果、谷物、蛋黄、奶油中含量也较丰富。过去是由植物主要是胡萝卜中提取制得,现在多用合成法制取,但在化学结构上与自然界发现的完全相同。

β - 胡萝卜素为紫红色结晶或结晶粉末,不溶于水,可溶于油脂。色调在低浓度时呈黄色,在高浓度时呈橙红色。在一般食品的 pH 范围内(pH 2 ~7)较稳定,且不受还原物质的影响。但对光和氧不稳定,铁离子可促进其褪色。β - 胡萝卜素结晶在 CO_2 或 N_2 中储存,温度低于 20℃时可长期保存,但在 45℃的空气中储存 6 周后几乎完全被破坏。其油脂溶液及悬浮液在正常条件下很稳定。

β - 胡萝卜素是食物的正常成分,并且是重要的维生素 A 原。其 ADI 为 0 ~ 5mg/kg 体重(FAO/WHO,2001)。β - 胡萝卜素现行标准为 GB 8821—2010。

我国 GB 2760—2011 规定:β - 胡萝卜素可在除 GB2760—2011 表 A.3 所列食品类别外的各类食品中按生产需要量适量使用,β - 胡萝卜素除作为色素使用外,还具有食品营养强化作用。

2. 辣椒红(CNS 号:08.106)

辣椒红是从红辣椒中提取制得。其主要着色物质是辣椒红素。

辣椒红为暗红色黏稠状液休、膏状或粉末,其性状类似 β - 胡萝卜素,不溶于水,溶于油脂和乙醇,乳化分散性及耐热性、耐酸性均好,耐光性差。对金属离子稳定,染着力强。依使用量不同可产生从浅黄至橙红一系列的色调。

由于辣椒红是从红辣椒中提取,安全性较高,世界各国普遍许可使用,暂无 ADI。

我国 GB 2760 - 2011 规定:辣椒红可用于人造黄油及其类似制品、冷冻饮品、腌渍的蔬菜、油炸坚果与籽类、可可制品、巧克力和巧克力制品、糖果、面糊、裹粉、煎炸粉、方便米面制品、冷冻米面制品、粮食制品馅料、糕点、糕点上彩装、饼干、焙烤食品馅料及表面用挂浆、调理肉制品、腌腊肉制品类、熟肉制品、冷冻鱼糜制品、调味品、果蔬汁(肉)饮料、蛋白饮料类、果冻、膨化食品中。

辣椒红现行标准为 GB 10783—2008。

3. 栀子黄(CNS 号:08.112)

栀子黄是茜草科植物栀子果实中的黄色素,其主要着色物质为藏花素。

栀子黄为橙黄色液体、膏状或粉末,易溶于水,可溶于乙醇和丙二醇中,不溶于油脂。pH 对色调几乎无影响。在酸性(pH 4 ~6)和碱性(pH 8 ~11)时都比 β - 胡萝卜素稳定。特别是碱性时黄色更鲜明。耐盐性、耐还原性和耐微生物特性均好,但耐热性、耐光性在低 pH 时较差。染着蛋白质和淀粉时较稳定,但在水溶液中则不够稳定。在酸性时比在碱性时褪色显著。对金属离子相当稳定,几乎不受钙、锰、铅、铜、锡、锌等的影响,对铁则有变黑的倾向。

我国 GB 2760—2011 规定:栀子黄可用于人造黄油及其类似制品、冷冻饮品、蜜饯类、油炸坚果与籽类、坚果与籽类罐头、可可制品、巧克力和巧克力制品以及糖果、生湿面制品、生干面制品、方便米面制品、粮食制品馅料、糕点、饼干、焙烤食品馅料及表面用挂浆、熟肉制品、调味品、果蔬汁(肉)饮料、果味饮料、固体饮料类、配制酒、果冻、膨化食品中。

栀子黄现行标准为 GB 7912—2010。

4. 玉米黄(CNS 号:08.116)

玉米黄是以黄玉米生产淀粉时的副产品黄蛋白为原料提取制得,其主要着色物质为玉米黄素和隐黄素。玉米黄为黄色油状液体,不溶于水,可溶于油脂,对光、热等敏感,但受金属离子的影响不大。

我国 GB 2760—2011 规定:玉米黄可用于氢化植物油和糖果的着色。

5. 沙棘黄(CNS 号:08.124)

沙棘黄是从植物沙棘果渣中提取制得,含多种成分,主要着色物质为胡萝卜类和黄酮类色素。

沙棘黄为橙黄色粉末或黏稠液体,易溶于水和乙醇,耐热性强,安全性高。我国 GB2760—2011 规定:沙棘黄可应用于糕点上彩装和氢化植物油中。

6. 菊花黄浸膏(CNS 号:08.113)

菊花黄浸膏是从菊科大金鸡菊的花中提取制得。其主要着色物质是大金鸡菊查尔酮苷、大金鸡菊奥弄和大花金鸡奥弄苷。

菊花黄浸膏为棕褐色黏稠液体,易溶于水和乙醇,具有菊花的清香气味,溶液在酸性时呈黄色，色调稳定，在碱性时呈橙黄色，染着力强，耐光性、耐热性均较好。

我国 GB 2760—2011 规定：菊花黄浸膏可用于可可制品、巧克力和巧克力制品以及糖果、糕点上彩装、果蔬汁饮料、风味饮料。食品着色后可略有增香作用，效果甚好。

菊花黄浸膏现行标准为 QB 3792—1999。

7. 栀子蓝（CNS 号：08.123）

栀子蓝是应用生物工程技术开发、研制出来的一种新型色素。它以栀子为基本原料，经微生物酶的作用制得。

栀子蓝为蓝色粉末，无异味，易溶于水和稀醇，不溶于有机溶剂。在 pH 2.5～8 范围内颜色稳定。对光、热、金属离子等都相当稳定。尤其是它可以和红、黄色素任意调配成各种中间色调，适用于多种食品的着色。

我国 GB 2760—2011 规定：栀子蓝可用于冷冻饮品、果酱、腌渍的蔬菜、油炸坚果与籽类、糖果、方面米面制品、粮食制品馅料、焙烤食品、调味品、果蔬汁类、蛋白饮料类、果味饮料、固体饮料类、配制酒、膨化食品中。

（四）酮类

我国许可使用的酮类色素有红曲红和姜黄。现分别介绍如下。

1. 红曲米和红曲红（CNS 号：08.119；08.120）

红曲米又名红曲、赤曲、红米、福米，是将稻米蒸熟后接种红曲霉发酵获得。它是中国自古以来传统使用的天然色素，安全性高，现在许多亚洲国家均有应用。

红曲红，可由红曲深层培养或从红曲米中提取制得。红曲红有多种色素成分，其主要着色物质是红斑素和红曲红素。红曲红为粉末状，色暗红，带油脂状，无味，无臭。溶于热水及酸、碱溶液，对 pH 稳定，耐光、耐热，几乎不受金属离子和氧化还原剂的影响，但经阳光直射时会褪色。对含蛋白质高的食品染着性好，一旦染着后，经水洗也不褪色。

我国 GB 2760—2011 规定：红曲米和红曲红可用于调制乳、风味发酵乳、调制炼乳、冷冻饮品、果酱、腌渍的蔬菜、番茄沙司除外的蔬菜泥（酱）、腐乳类、油炸坚果及其籽类、糖果、装饰糖果、顶饰和甜汁、方便米面制品、粮食制品馅料、糕点、饼干、焙烤食品馅料及表面用挂浆、腌腊肉制品类、熟肉制品、调味糖浆、调味品、果蔬汁（肉）饮料、蛋白饮料类、碳酸饮料、果味饮料、固体饮料类、配制酒、果冻、膨化食品中。

红曲米现行标准为 GB4926—2008，红曲红现行标准为 GB 15961—2005。

2. 姜黄（CNS 号：08.102；INS 号：100 ⅱ）

姜黄是由囊荷科姜黄属的多年生草本植物姜黄的地下根茎干燥、粉碎所得。为黄褐色至暗黄褐色粉末，有特殊的辛辣气味。

姜黄安全性高，世界各国广泛应用。1986 年 JECFA 第 30 次会议再次评价其安全性时，认为姜黄（碎姜黄粉）常被认为是食品，而不作为食品添加剂，故不规定其ADI。

我国GB 2760—2011规定:姜黄可用于调制乳粉和调制奶油粉、冷冻饮品、果酱、凉果类、装饰性果蔬、腌渍的蔬菜、油炸坚果与籽类、可可制品、巧克力和巧克力制品以及糖果、即食谷物、方便米面制品、焙烤食品、调味品、饮料类、配制酒、果冻和膨化食品中。因姜黄有特异臭和辛辣味,故多用于调味和着色。

3. 姜黄素(CNS号:08.132;INS号:100 ⅰ)

姜黄素是由姜黄经乙醇等有机溶剂抽提、精制所得的二酮类色素。

姜黄素为黄色结晶性粉末,不溶于水,可溶于乙醇和丙二醇,易溶于冰乙酸和碱性溶液。在中性或酸性条件下呈黄色,在碱性时则呈红褐色,对光、热、氧化作用以及铁离子等不稳定,但耐还原性好。有很好的着色性,特别是对蛋白的染着力强。姜黄素的ADI为0~3mg/kg体重(WHO/FAO,2004)。

我国GB2760—2011规定:姜黄素可用于人造黄油及其类似制品、冷冻饮品、油炸坚果与籽类、可可制品、巧克力和巧克力制品以及糖果、装饰糖果、顶饰和甜汁、面糊、裹粉、煎炸粉、方便米面制品、粮食制品馅料、调味糖浆、复合调味料、碳酸饮料、果冻、膨化食品中。

(五)醌类

醌类色素有紫胶红、胭脂虫红和酸枣色等。

1. 紫胶红(CNS号:08.104)

紫胶红又名虫胶红,是由一种很小的蚧壳虫——紫胶虫在蝶形花科黄檀属、梧桐科芒木属等寄主植物上所分泌的紫胶原胶中的色素。主要着色物质是紫胶酸,且有A、B、C、D、E五个组分,以A和B为主。

紫胶红为鲜红色粉末,可溶于水、乙醇和丙二醇,但溶解度不大,20℃时溶解度为:0.0335%(水)、0.916%(95%乙醇)。纯度愈高,在水中的溶解度愈小。在酸性条件下对光和热稳定,但对金属离子不稳定。其色调随pH变化而改变,pH<4时为橙黄色,pH在4.0~5.0时为橙红色,pH>6时为紫红色,pH>12时放置则褪色。

我国GB2760—2011规定:紫胶红可用于果酱、可可制品、巧克力和巧克力制品以及糖果、焙烤食品馅料及表面用挂浆(仅限风味派馅料)、复合调味料、果蔬汁(肉)饮料、碳酸饮料、果味饮料、配制酒中。

紫胶红现行标准为GB 4571—1996。

2. 胭脂虫红(CNS号:08.145;INS号:120)

胭脂虫红又称胭脂虫红提取物、胭脂红、胭脂红酸、胭脂虫红铝,色调亮红鲜艳,作为一种主要的红色色素,胭脂虫红从古代开始就用于食品着色。

胭脂虫红为带光泽的深红色粉末,微溶于热水,几乎不溶于冷水和稀酸。胭脂虫红是用水提取胭脂虫后制得,色泽变化从橙到红。胭脂虫红除对酸碱敏感外,阳离子也会影响其颜色。当阳离子浓度增高时,其颜色会更趋于蓝色。胭脂虫红对热、光线、氧及二氧化硫都很稳定。1994 年规定其 ADI 为 0 ~ 5mg/kg 体重(FAO/WHO,1994),2001 年取消,JECFA 委员会认为胭脂虫红在食品和饮料中可能会引发部分人群的过敏反应。

我国 GB 2760—2011 规定:胭脂虫红可用于风味发酵乳、调制乳粉和调制奶油粉、调制炼乳、干酪、植脂奶油、冷冻饮品、果酱、油炸坚果与籽类、代可可脂巧克力及使用可可脂代用品的巧克力类似产品、糖果、面糊、裹粉、煎炸粉、即食谷物、方便米面制品、焙烤食品、熟肉制品、复合调味料、饮料类、配制酒、果冻和膨化食品中。

3. 酸枣色(CNS 号:08.133)

酸枣色是从酸枣中提取制得,其主要着色成分为蒽醌类物质。

酸枣色为棕黑色结晶或棕红色粉末,易溶于热水,可缓慢溶于冷水和稀乙醇,不溶于各种有机溶剂。其水溶液和稀醇溶液呈橙红色,在酸性溶液中色稍浅,遇碱则颜色变深。色调随 pH 改变。对光、热稳定性高,即使将色素液长时间煮沸或暴晒,影响均很小,耐酸、碱性及抗氧化性亦好。

我国 GB 2760—2011 规定:酸枣色可用腌渍的蔬菜、糖果、糕点、酱油、果蔬汁(肉)饮料、果味饮料中。

(六)其他

1. 甜菜红(CNS 号:08.101;INS 号:162)

甜菜红由红甜菜(紫菜头)提取制得,主要着色物质为甜菜苷。

甜菜红为红至红紫色液体、膏状或固体粉末。溶于水,不溶于无水乙醇。pH 4 ~ 7时呈色稳定。在碱性条件下变成黄色,耐光性较好,但耐热性差,金属离子和水分活度对其稳定性也有一定影响。甜菜汁的成分对甜菜苷有一定的保护作用。

甜菜红安全性高,1976 年 JECFA 曾规定其暂定 ADI 无需规定。1982 年考虑到应用较广且已有纯品甜菜苷出现,而毒理学资料不足,故撤销其暂定 ADI。1987 年 JECFA 第 31 会议再次评价,确定其 ADI 无需规定(FAO/WHO,1987)。甜菜红现行标准为 QB/T 3791—1999。

我国 GB 2760—2011 规定:甜菜红可在各类食品中按生产需要适量使用。因甜菜红对光、热和水分活度敏感,故适合于对不需要高温加工和短期储存的干燥食品着色。

2. 天然苋菜红(CNS 号:08.130)

天然苋菜红是由苋科、苋属、红苋菜提取制得,主要着色物质是苋菜苷和甜菜苷。

天然苋菜红为红至紫红色液体、膏状或固体粉末,溶于水,难溶于乙醇。pH 4 ~ 6时呈紫红色,pH > 8 时呈紫色,在碱液(pH > 12)中则变为黄色。对热和光的稳定性较差,金属离子对其也有一定影响。ADI 暂定为 0 ~ 0.75mg/kg 体重(FAO/

WHO,1982)。天然苋菜红现行标准为 GB4479.1—2010。

我国 GB 2760—2011 规定:天然苋菜红可用于蜜饯凉果、装饰性果蔬、糖果、糕点上彩装、果蔬汁(肉)饮料、碳酸饮料、果味饮料、配制酒和果冻中。天然苋菜红着色物质与甜菜红类似,理化性质亦相似,故最好用于不需要高温加工和短期储存的干燥食品着色。

3. 落葵红(CNS 号:08.121)

落葵红是从落葵属植物落葵的果实中提取制得。其主要着色物质经分析鉴定为甜菜苷。

落葵红为暗紫色粉末。有吸湿性,易溶于水,可溶于稀乙醇而不溶于无水乙醇。其他方面的性能均与甜菜红相似。

我国 GB 2760—2011 规定:落葵红可用于糖果、果冻、糕点上彩装和碳酸饮料中。

4. 焦糖色

焦糖色俗称酱色,是将食品级的糖类物质经高温焦化而成,其中混合有多种化合物。我国食品添加剂使用卫生标准 GB2760—2011 允许使用的焦糖色按生产方法的不同分为普通法、加氨法、亚硫酸铵法、苛性硫酸盐法四种(编者注:其中苛性硫酸盐法为卫生部 2011 年第 23 号公告增补)。

焦糖色具有胶体特性,有等电点,其 pH 通常在 3~4.5,依制造方法和产品的不同而异。在一般条件下,焦糖色均带有很少的正电或负电,应用时应确保食品自身所带电荷种类与焦糖色相同。否则易相互吸引,产生絮凝或沉淀。优质饮料使用的焦糖应带强负电荷,且等电点在 pH1.5 以下。酱油、啤酒焦糖通常带正电荷。一般加入饮料的焦糖,其 pH 在 2.5~3.5,而加入酱油中的焦糖,其 pH 多在 3.8~5。

焦糖色用量很大,约占食用色素总量 90%。欧洲食品安全局表示,焦糖色素不是致癌物质,目前并没有证据表明该物质对人类的生殖系统和儿童发育存在不利影响。

(1)普通法焦糖色(CNS 号:08.108;INS 号:150a)　普通法焦糖色是将食品级的糖类如葡萄糖、转化精、乳糖、麦芽糖浆、糖蜜、淀粉水解物和蔗糖等,在 121℃以上高温下热处理使之焦化制成。但普通法焦糖色很少用蔗糖作为原料,因为蔗糖不但成本高,而且转化成葡萄糖和果糖后生成焦糖的反应速度不同,致使焦化过程难以控制,往往使得此法所生产的焦糖不如淀粉水解产物制成的质量高。后两种方法除可缩短生产周期外,制品色泽较好,得率高。

普通法焦糖色为暗褐色的液体或固体粉末,有特殊的甜香气和焦苦味,但在通常的使用量时很少表现出来。易溶于水,1% 的水溶液呈清亮的黄褐色。对光和热稳定性好,在阳光下照射 6h 无明显变化。

普通法焦糖色安全性高,其 ADI 不作特殊规定(FAO/WHO,1994)。

我国 GB 2760—2011 规定：普通法生产的焦糖色可用于调制炼乳、冷冻饮品、可可制品、巧克力和巧克力制品以及糖果、面糊、裹粉、煎炸粉、即食谷物、饼干、焙烤食品馅料及表面用挂浆、调理肉制品、调味糖浆、醋、酱油、酱及酱制品、复合调味料、果蔬汁（肉）饮料、含乳饮料、果味饮料、鸡精饮料、白兰地、配制酒、调香葡萄酒、黄酒、啤酒和麦芽饮料、果冻、果酱、威士忌、朗姆酒和膨化食品中。

普通法焦糖色现行标准为 GB 8817—2001。

（2）苛性硫酸盐法焦糖色（INS 号：150b）　这类焦糖色在生产制造过程中没有使用含氨的催化剂，而是用 Na_2SO_3 或 K_2SO_3 与葡萄糖作用，这种产品的市场用量很少。其 ADI 为 0～160mg/kg 体重（FAO/WHO，2001）。我国卫生部 2011 年第 23 号增补公告规定：苛性硫酸盐法焦糖色仅在白兰地、朗姆酒和配制酒中按生产需要适量使用。

（3）氨法焦糖色（CNS 号：08.110；INS 号：150c）　氨法焦糖色是在普通法生产过程中添加氨化合物作催化剂制成，这是一类只用氨作催化剂而没有亚硫酸盐参与的焦糖色产品；焦糖粒子带正电荷。此型号焦糖的品种规格甚多，使用范围较广，在酿造、啤酒等食品行业用量很大，也是一类发现含有 2－乙酰基－4（5）－四羟基丁基咪唑（THI）的焦糖色。液态食品中 ADI 为 0～200mg/kg 体重，固体食品中 ADI 为 0～150mg/kg 体重（FAO/WHO，1994）。

我国 GB 2760—2011 规定：氨法生产的焦糖色可用于调制炼乳、冷冻饮品、果酱、可可制品、巧克力和巧克力制品以及糖果、面糊、裹粉、煎炸粉、粉圆、即食谷物、饼干、调味糖浆、醋、酱油、酱及酱制品、复合调味料、果蔬汁（肉）饮料、含乳饮料、果味饮料、鸡精饮料、白兰地、威士忌、朗姆酒、配制酒、调香葡萄酒、黄酒、啤酒和麦芽饮料和果冻中。

氨法焦糖色现行标准同普通法焦糖色。

（4）亚硫酸铵法焦糖色（CNS 号：08.109；INS 号：150d）　亚硫酸铵法焦糖色是在普通法生产的过程中添加亚硫酸铵和铵化合物作催化剂制得，性质同普通法焦糖色，其中所含有 4－甲基咪唑（4－MeI）要求 ＜200mg/kg，液态食品中 ADI 为 0～200mg/kg 体重，固体食品中 ADI 为 0～150mg/kg 体重（FAO/WHO，1994）。

我国 GB 2760—2011 规定：亚硫酸铵法生产的焦糖色可用于调制炼乳、冷冻饮品、可可制品、巧克力和巧克力制品以及糖果、面糊、裹粉、煎炸粉、即食谷物、粮食制品馅料（仅限风味派）、饼干、酱油、酱及酱制品、料酒及制品、复合调味料、果蔬汁（肉）饮料、含乳饮料、碳酸饮料、果味饮料、茶饮料类、固体饮料类、鸡精饮料、白兰地、威士忌、朗姆酒、配制酒、调香葡萄酒、黄酒、啤酒和麦芽饮料中。

亚硫酸铵法焦糖色现行标准同普通法焦糖色。

此外，我国许可使用的食用天然色素尚有：多穗柯棕、金樱子棕、花生衣红、辣椒橙等。

项目三　着色剂在食品工业中的应用

一、着色剂配制、特点及使用注意事项

(一)色素溶液配制

合成色素的使用,一般分为混合法与涂抹法两种。混合法适用于液态与酱状或膏状食品,即将欲着色的食品与色素溶液混合并搅拌均匀。例如,生产糖果时,可在熬糖后冷却时把色素溶液加入糖膏中并混匀。涂抹法适用于不可搅拌的固体食品,这可将色素溶液涂抹在欲着色的食品表面,糕点装潢常用此法。由此可见,无论是采用混合法还是涂抹法,均需要将色素用适当的溶剂溶解,配成溶液应用,以保证色素在食品中或食品表面均匀分布,不至于出现色素斑点。

色素溶液一般使用的母液浓度为1% ~10%,过浓则难于调节色调。配制时,色素的称量必须准确。此外,溶液应该按每次用量配制,因为配好溶液久置后易析出沉淀。由于温度对色素溶解度的影响,色素的浓溶液在夏天配好后,储存在冰箱或是到了冬天,亦会有色素析出。胭脂红水溶液在长期放置后会变成黑色。配制色素水溶液所用的水,通常需预先煮沸,冷却后再用,或者应用蒸馏水/离子交换树脂处理过的水。配制溶液时应尽可能采用玻璃、搪瓷、不锈钢等耐腐蚀的清洁容器,避免与铜、铁器接触,剩余溶液保存时应避免日光直射,最好在冷暗处密封保存。

(二)天然色素特点及使用注意事项

天然色素同合成色素相比,具有以下特点。

1. 优点

(1)天然色素多来自动、植物组织,其安全性较高。

(2)有的天然色素具有维生素活性(如β-胡萝卜素可转化为维生素A),因而兼有营养强化作用;有的色素还具有一定的保健作用(如红曲红具有降血压作用);有的色素具有抑菌作用(如焦糖色)。

(3)能更好地模仿天然物的颜色,着色时色调比较自然。

(4)有的品种具有特殊的芳香气味,添加到食品中能给人带来愉快的感觉。

2. 缺点

(1)纯品成本比合成色素高。

(2)色素含量一般较低,染着力比合成色素差,某些与食品原料反应会变色或褪色。

(3)不同色素相溶性差,难于用不同色素配出任意色调。

(4)稳定性差,在应用加工及流通过程中,由于外界因素的影响多易劣变。

(5)由于共存成分的影响,有的天然色素有异味、异臭。

(6)成分复杂,易产生沉淀、浑浊等现象。

(7)受金属离子和水质影响,易发生分解、变色或生成不溶性盐类。

(8)产品差异较大,天然色素基本上都是多种成分的混合物,而且同一着色剂由于来源不同,加工方法不同,所含成分也有差别。如从蔬菜中提取和从蚕沙中提取的叶绿素色调存在差异。

3. 使用注意事项

从安全性考虑,似乎使用天然食用色素,特别是那些来自食用动、植物组织的天然色素比较好,这也是着色剂朝天然色素方向发展的原因之一。但天然并不等于无毒,由于天然色素成分复杂,生产过程中化学结构可能发生变化,且可能混入其他有害物质,所以也存在毒性问题。为安全起见,天然色素用于食品着色之前也需经过毒理学检验。至于其色素含量、染着力低,稳定性较差,以及有异味、异臭等缺点,可以通过改进提取、精制技术逐步克服。其色调随 pH 改变和与介质反应变色等缺点,则可通过充分了解色素本身的性质和所应用的食品组成成分等,予以合理使用。

关于天然色素的质量表示方法,除一般理化和卫生指标外,色素的含量是重要指标。由于天然色素中存在大量非色素成分,所以多数不能用一般测定色素的方法来表示其质量。国外大都用色价法,FAO/WHO 也用色价法表示产品质量,我国目前大部分天然色素生产厂家也采用色价法来表示天然色素的有效成分。色价又称为比吸光值,即 100mL 溶液中含有 1g 着色剂,在对应的波长下,光程为 1cm 时的吸光值,即:

$$色价 = E_{1cm}^{1\%}\lambda$$

式中:λ——相应色素的波长(最高吸收峰处的波长),单位为 nm。个别色素检测时使用0.5cm 或更大光程的比色皿,另外,目前韩国和日本等少数国家以 10% 的含量来计算。

另按 GB2760—2011 规定相同色泽着色剂在混合使用时,各自用量占其最大使用量的比例之和不应该超过 1。

二、食品着色剂在食品工业中的应用

随着人类生活水平的提高和对食品安全的关注,合成色素的弊端日益凸显,天然色素受到越来越多人的青睐(胡宜亮等,1997)。但是,天然色素的应用却进展缓慢,其主要原因是天然色素受外界因素影响容易发生变色、褪色等现象,给其应用带来诸多不便。所以天然色素在应用过程中,既要选择合适的色调,合理拼色,也要对所使用色素的物理化学性质进行了解,并选择适宜的使用方法和条件,避免各种不利因素的影响。影响天然色素稳定性的因素主要有如下几种。

(一)pH

天然色素中的黄酮类、花色苷素类等,随着 pH 的变化而发生色变的现象比较常见,如酸枣色素在酸性条件下呈褐黄色,碱性时则呈棕红色;玫瑰茄色素在不同 pH 条件下的吸收曲线大不一样,呈现的色泽也不同,pH4 呈鲜红色,pH5 ~6 为橙色,pH7 以上则呈青紫色;pH 为 5.6 ~8.3 时,对红曲红色调的影响较小,所以调节色素液的 pH 为中性左右,有利于保持红曲红色素的鲜红状态。pH 是影响姜黄色素稳定性的一个重要因素,偏酸性环境中姜黄色素呈浅黄色,在中性环境中则呈现玫瑰红色,而在碱性环境下姜黄色素呈红褐色或棕色,有研究表明姜黄色素在 pH≤4.5的酸性溶液中易出现沉淀,而在碱性条件下色素则呈可溶状态。有些天然色素在不同 pH 情况下,对光、热、氧等的稳定性亦有所不同,如辣椒色素在 pH4 的溶液中照射 6d 的色差是 pH8 时的 8 倍,紫胶红色素在不同 pH 下加热至 120℃ 1h 色差也达数倍,越接近中性染色性越差,适用于偏酸性的食品。多酚类色素如红花黄、高粱红等,在酸性或碱性条件下加热易发生水解反应,引起色变或溶解性变化,表现为褪色或混浊。食品作为被着色物料,其 pH 一般在 2.0 ~7.0,因此在使用天然色素时,必须注意食品本身的 pH,应选择在该 pH 条件下稳定性好、色泽匹配的色素。在食品性质、风味无明显改变的情况下,可以适当调节 pH 以适应色素的稳定性要求,但必须进行充分的预试验。

(二)金属离子

金属离子对天然色素的稳定性影响非常明显,其可以直接和色素发生反应引起色变,也可以在储藏过程中促进色素发生氧化反应,加速褪色。一些金属离子如 Fe^{3+}、Al^{3+} 和 Cu^{2+} 易与姜黄色素分子螯合而产生螯合物沉淀,且影响程度与金属离子的浓度有关。有研究表明,加入适量三聚磷酸钠可避免铁离子对姜黄色素的破坏,如姜黄色素在铁离子的作用下,可以变为墨绿色、褐色等;栀子黄色素在铁、铜、锡等离子作用下,可发生吸收峰变化及消失,并有严重褪色。因此,在使用天然色素时,应选择不锈钢以及耐酸碱的陶瓷、搪瓷、玻璃制品等作为生产容器,对生产用水必须预先软化,或者在食品中添加适当的金属离子螯合剂,如植酸、柠檬酸、醋酸钙、偏磷酸钠等。金属离子螯合剂可与金属离子生成性质稳定的络合物,消除其影响,而且不会影响食品本身的质量。如在辣椒色素配制的饮料中加入适量的螯合剂硫代硫酸钠具有明显的护色作用。另外,氨基酸也是一种很好的螯合剂,如丙氨酸、甘氨酸均能螯合金属离子,同时又可增加食品营养,并具备一定的抗氧化作用。

(三)氧气

氧在自然界中分布极广,对食品中各种成分均有不同程度的影响,天然色素也不可避免。辣椒色素与氧接触可加速其褪色,抗氧化剂的存在可以降低氧对色素的影响。另外，醌类、花色苷类以及含酚羟基较多的其他色素均能被氧化而发生色变，直接影响食品质量。因此，在使用天然色素时，应尽量避免长时间与氧接触，包装时可采用真空软包装或充入惰性气体，也可在不影响食品风味的前提下加入适量的抗氧化剂。抗坏血酸对类胡萝卜素系色素、酮类色素、胭脂虫、甜菜红、叶绿素等有防止褪变色效果。

（四）温度

温度是影响天然食用色素稳定性的重要因素。花色苷类天然色素遇热会发生褐变反应。如紫甘蓝色素加热 5min 即可发生色变，红米红色素 100℃ 加热 30min 色素损失则达 20% ~60%，玫瑰茄色素在 90℃ 加热 4h 色素损失达 60%，紫胶红色素在 pH8 时加热至 120℃1h 色素损失达 85%。此外对热特别不稳定的还有甜菜红和藻蓝色素。辣椒红耐热性良好，在 160℃ 加热 2h 几乎不褪色。在实际操作过程中，应根据所用天然色素及被着色食品的特性适当调整加工温度，尽可能进行低温操作。此外，色素的加入最好设计在生产工艺的后段工序，尽量缩短加热时间。

（五）光线

无论是天然色素本身的储藏、使用，还是着色食品的加工、储藏，随时都有可能被光线照射，进而引起许多色素的色泽发生变化，影响食品的质量。在光线中以紫外线对色素的影响最大，其次是可见光及红外线。日光灯光线的能量分布近似于太阳光，对色素的影响作用也近似于太阳光，这一点往往被人们所忽视。如姜黄色素系天然色素的主要品种，但对光稳定性极差，日光照射 0.5h 色差达 50%；紫胶红色素在碱性条件下，日光照射 5h 色差达 40%；辣椒红色素在酸性条件下光照 6 天色差达 80%；在日光照射下 lh，所有红曲色素溶液的吸光度均降至 50% 以下，叶红素类色素在光照情况下也不够稳定（杨玲等，2009）。因此，对于这类天然色素的应用，除在加工过程中予以遮光外，产品的储藏避光则更为重要。

（六）食品成分

食品成分有时也会对天然色素产生影响，如胭脂虫红和紫胶红与蛋白质反应变成紫色或灰色，最不适用于含蛋白质、淀粉的饮料、糖果或糕点等面制品。用栀子黄色素着色的方便面会发生绿变也是这一原因引起，栀子苷在蛋白酶或 β - 葡萄糖苷酶的作用下易与伯氨基化合物发生反应生成栀子蓝色素。日本常采用 OD 值比率作为衡量栀子黄色素绿变可能性的指标，即栀子苷的最大吸光度（吸收峰值在 238nm 处）与栀子黄色素的最大吸光度（吸收峰值在 440nm 处）的比值。当 OD 值比率小于 0.4 时，可避免绿变的发生。另外如抗氧化剂维生素 C 对胡萝卜素有稳定作用，但是对花色苷类色素就会有破坏稳定的作用，所以不同食品成分对天然色素的影响亦有差别。

以上所述是影响天然色素稳定性的几种主要因素，在实际应用过程中，可能同时遇到两种以上的问题，它们不仅对天然色素产生独立影响，还可能有明显的相乘作用。因此,在使用天然色素时,应根据具体情况,考虑需要着色的食品是水相还是油相,生产食品时所采用的加工工艺,食品所用的包装,包装食品的储存条件等,充分试验后,选择合适的护色剂。选择护色剂遵守的原则有:①作用对象色素的性质与结构形式;②对色素有影响的各种因子;③针对性的选择护色剂及考虑护色剂的加入对色素呈色有没有负面影响;④了解护色剂间的相互影响(协同或拮抗作用);⑤尽量选用天然或类天然的护色剂以保证天然色素的天然特性和安全性。

一种护色剂一般只有一种或两种功能特性有利于保护色素,如三聚磷酸钠对金属离子有一定的络合作用,可以抑制金属离子与色素发生作用。但却不能抑制色素受热、光、碱、氧化和还原作用,所以要求选用多种护色剂。不同护色剂之间存在不同的相互作用,有些协同增效,有些却相互抑制。需要利用各护色剂单体进行复配,充分利用各护色剂的协同互补性,实现最理想的护色效果。

当然,提高天然色素的稳定性,最终的发展方向还是依靠色素加工工艺的发展和改进,利用不同天然色素的特点进行复配也可以达到色泽稳定的效果。

除了在产品开发时需考虑色素本身的性质和上述各个因素外,在产品精进时,也需考虑配方或工艺对色素稳定性的影响。下面以橙汁饮料中色素上浮的案例举例说明。

1. 质量问题描述

某品牌橙汁饮料,静置数周后,透过产品 PET 瓶外包装,可以清晰看到橙红色的细小颗粒在橙汁饮料中飘浮,有的甚至形成了环状的油圈,显著影响产品的感官品质和消费者的可接受度。

2. 调查分析

(1)通过对悬浮物的颜色、状态及气味判断为 β - 胡萝卜素与橙油相溶并团聚。

(2)对产品配方中可溶性固形物、密度、黏度等理化指标进行过调整,导致产品整个体系失去固有平衡,最终产品中的 β - 胡萝卜素不能够在产品中稳定地悬浮,β - 胡萝卜素小颗粒逐渐团聚,形成大的颗粒后,明显漂浮在橙汁中,严重到形成橙色油圈。

(3)原料　由于不同 β - 胡萝卜素原料在产品中稳定性的区别,可能出现色素上浮现象;同时考虑橙浓缩汁及香精中所含橙油量的高低,因为橙油含量越高,色素上浮现象越严重。

(4)生产工艺　均质压力的不同影响产品色素自身的稳定性,如果由于均质压力不足,或者破坏了色素的结构,导致内部电荷不平衡而相互团聚,凝结成肉眼可见颗粒悬浮在橙汁中,或者未达到均质的目的,不能使色素充分乳化,均匀分布,在布朗运动的驱使下,产品中的色素团聚,最终形成肉眼可见颗粒悬浮在橙汁中。

(5)经过对理化、微生物等指标进行检测,确定橙汁色素上浮只是感官变化,其他指标完全正常,摇匀后不影响正常饮用。

3. 改善措施

(1)评估新的β-胡萝卜素样品，由于β-胡萝卜素属油溶性色素，应选用其水分散型产品。

(2)调整产品的黏度，通过更换增稠剂改变产品的黏度，从而达到悬浮、稳定色素的目的。

(3)提高生产橙汁饮料的均质压力：压力从16MPa提高到20MPa。

经过验证，整改措施效果良好，新的配方及工艺能很好地保证色素在货架期内的分散稳定性。

项目四　着色剂使用存在的安全问题

使用色素改变食物的颜色不是现代食品工业的创造，我国自古就有将红曲米酿酒、酱肉、制红肠等习惯，现代的菠菜面和蔬菜汁鸡蛋羹也都是如此。但合成色素的应用是现代食品工业发展的结果，与其他现代食品工业的技术和添加剂一样，合成色素从诞生那天就充满了争议。

很多人认为食用色素仅仅是改变颜色，而事实并非如此，食物颜色改变会直接影响人们味觉的感受。成分和加工过程完全相同的食品，仅是采用的颜色不同，会导致人们对它的评价显著差别。除此之外，对于加工食品，消费者肯定不能接受同种食品在货架上就能用肉眼看出颜色的不同。大规模工业生产中，采用食用色素增加食品的吸引力和实现食品的标准化是通用的方法。但由于天然色素的价格过高，其次天然色素往往不够稳定，在食品加工储藏过程中容易褪色，于是合成色素有了巨大的优势。

传统意义上的合成色素大多以苯、甲苯、萘等芳烃类化工产品为原料，经过磺化、硝化、卤化、偶氮化等一系列有机反应而成。它们不仅没有营养，而且物质本身对人体有害，同时在合成过程中产生的杂质如砷、汞、苯酚、乙醚、氯化物等均有不同程度的毒性(丁成翔等，2009)。

2007年9月，英国南安普顿大学研究人员发现，偶氮类色素能够引发多种儿童多动症。同年，Stevenson也通过研究证实，常用的六种偶氮类合成色素可加剧幼小儿童的多动症。目前人们对合成色素的毒理学研究结果还存在一些争议，但随着人们健康意识的提高，人们更加关注小剂量长期食用色素对人类健康造成的影响。

无论合成色素或天然色素，只要依法合理添加，对人体健康不会产生明显的副作用。

2006年“苏丹红”事件曾引起大众恐慌，提起红心鸭蛋，大家唯恐避之不及。

苏丹红是一种化学染色剂。该物质具有偶氮结构,由于这种化学结构的性质决定了它具有致癌性,对人体的肝肾器官具有明显的毒性作用。我国对于食品添加剂有着严格的审批制度,我国从未批准将苏丹红用于食品生产,“苏丹红”事件是食品生产企业违法在食品中加入非法添加物。

2011 年 4 月,“染色馒头”事件被曝光,引起社会强烈反响。染色馒头因其添加了食品添加剂“柠檬黄”而引起人们的强烈担忧,人们甚至谈“添加剂”即色变。柠檬黄是我国批准使用的合成色素,但在食品添加剂使用标准中柠檬黄不允许在发酵面制品中应用,染色馒头即属于超范围违法添加食品添加剂,是一种违反食品安全法的行为。

类似的事件还有很多,如:榨菜中超剂量使用柠檬黄以缩短腌制过程,提高产品感官品质;普通面条中添加色素充当蔬菜面;学校附近零售给小学生的染色零食(辣片、碎面)等。因此,在现有条件下,加强着色剂使用管理非常重要。在食品加工阶段,应严格执行规定标准,在不影响着色效果的条件下,在符合规定标准的范围内,尽可能少量添加或不加,做到着色自然、均匀。加强标签管理,明确列出所添加色素剂量。在添加了偶氮类食用色素的食品上都要在包装上加上警告信息,提醒消费者可能会对儿童的活动与注意力有不良影响。这样,消费者可以自己选择和把握所食着色剂量的程度。同时,倡导使用天然色素。

项目五　着色剂的发展趋势

我国食用色素开发较晚,最初主要是以合成色素为主(90% 以上)。经过 20 多年的发展,我国食用色素除了在品种数量、产量、产值上有了较快的发展,在结构上也发生了很大的变化。天然色素在总的食用色素中的地位得到了极快的提升;合成色素则由于现有品种基本可以满足食品的着色需要,并且新品种的安全性评价需要很高的成本这两方面原因,而很少有新品种推出。与天然色素相比,合成色素的应用受到使用量、使用范围的限制,但是在一定的使用范围内,其仍然具有突出的且天然色素不具备的优势,而对于允许使用的合成色素,只要按照规定要求使用就不会对人体产生危害。随着色素合成技术的发展,合成色素也将越来越安全(董桂彬,2008),近年来国外正在致力于大分子聚合物合成色素的开发,其相对分子质量 30000 到 130000,这种色素在生理上不活跃,并经同位素标记证实几乎完全不会吸收,摄入人体内由肠道排出,不会对人体产生危害,可适用多种食品着色。除此之外,国内外制造商着重致力于应用研究开发,除了提高现有产品色素质量外,还在这些色素不同制剂和衍生产品上进行开发,以满足用户对色调、性能等方面的不同要求。

天然色素在国际市场上销售额的年增长率一直保持10%以上，天然色素的市场巨大，需求量逐年上升，各国竞相开发生产。我国天然色素研究起步较晚，目前尚处于天然色素与合成色素并存的状况。但我国已把开发与推广应用天然色素作为食用色素发展的主要方向。为了使我国天然色素真正与国际市场接轨，还需从以下几个方面进行深入的研究：①加强植物资源的开发和研究，筛选稳定性好，成本低廉的天然色素；②改进工艺，减少产品杂质，提高纯度；③加强应用技术的开发，培养专业技术人才。通过复配使产品在颜色、剂型、稳定性、pH等适应性上最终完全满足食品的需要，从而使天然色素的应用更加方便、更加广泛；④对天然色素分子进行改造和修饰，以提高色素的稳定性。近年来，天然色素的应用技术发展很快，可以使油溶的天然色素改变溶解性，使其可以在水里溶解或均匀分散，水溶性的天然色素也可以经过加工使其在油脂产品里溶解或均匀分散，有些还可以兼性溶解，既可以在水里溶解，亦可以在油里溶解，大大提高天然色素的应用领域；⑤异味脱除，运用超临界技术和其他包埋技术，各种天然色素的异味基本都可以脱除或减少到人们可以接受的程度；⑥分析天然色素的成分和结构，合成出与天然色素结构相同或相近的类似物。

随着食品添加剂向多功能化发展，多功能天然色素的研究日趋活跃。在多功能食用色素中，营养型天然色素备受瞩目，最为成功的是胡萝卜素类色素。由于胡萝卜素类是维生素A的前体，同时很多研究均发现胡萝卜素类有显著的防治癌症与心血管病的作用。因此，国外把胡萝卜素类列为营养添加剂，美国已把β-胡萝卜素应用到婴幼儿食品中；叶绿素铜钠盐有止血消炎的作用；花色苷具有消炎、抗肿瘤、清除氧自由基、抑制脂蛋白氧化和血小板聚集的功能。因此，人们越来越倾向于使用天然色素，以减少毒副作用或增加产品的天然特色。可以预言，多功能天然色素开发是食用色素发展的重要方向（黎彧，2003）。

思考题

1. 什么是食品着色剂？食品着色剂分为哪几类？
2. 在肉制品常使用的食品着色剂有哪些？如何应用？
3. 简述天然β-胡萝卜素与人工β-胡萝卜素的异同点，及两者的检测方法。
4. 饮料产品中常用的食品着色剂有哪些？应用时需注意哪些方面？

实训内容　色调选择与调配

【实训目的】

学会选择色调和拼色。

【实训原理】

色调选择应该与食品原有色泽相似或与食品的名称一致。我国规定允许使用合成色素拼色。它们分属红、黄、蓝三种基本色,在食品生产过程中,根据不同需要选择其中2种或3种拼配成各种不同的色调。基本方法是由基本色拼配成二次色,或再拼成三次色,其过程可用图表示如下:

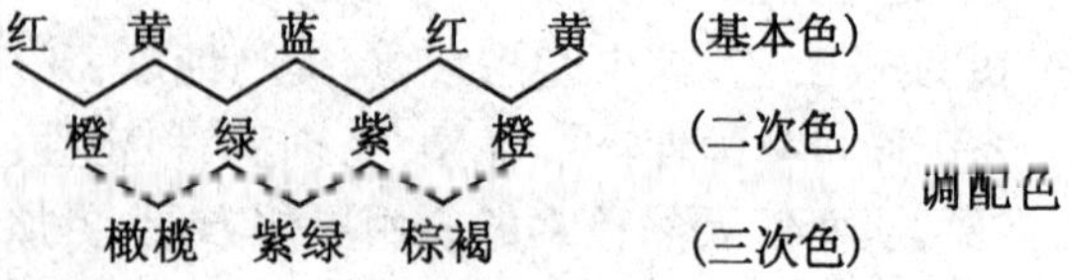

【实训材料与器材】

材料:胭脂红、苋菜红、柠檬黄、日落黄、靛蓝、亮蓝。

器材:天平(1kg,0.0001g),烧杯,量筒,玻璃棒。

【实训步骤】

(1)分别称量胭脂红、苋菜红、柠檬黄、日落黄、靛蓝、亮蓝各1.0g,用纯净水定容至1000g。

(2)根据表5-2,用量筒量取不同比例(%)的色素溶液,并进行复配,记录所拼配的色泽。

表5-2 颜色拼配记录表

序号	胭脂红	苋菜红	柠檬黄	日落黄	靛蓝	亮蓝	拼配色泽
1	40		60				
2	50	50					
3	40	60					
4		93		7			
5		73		27			
6		2	93	5			
7			72			28	
8			45		55		
9		68				32	
10		40			60		
11		75	20			5	
12		43	32		25		
13		36	48		16		

参考文献

1. 黎彧. 利用天然资源开发食用色素. 资源开发与市场,2003,19(4):246~247.

2. 吕帮玉,杨新河,毛清黎. 我国天然食用色素的开发现状与前景. 江西农业大学学报,2007,19(10):112~114,116.

3. 董桂彬. 食用合成色素将越来越安全. 食品安全导刊. 2008 (5):59.

4. 丁成翔,代汉慧,陈冬东. 六种着色剂毒性研究进展. 检验检疫学刊,2009,19(2):75~78.

5. 左林格. 色素化学——有机染料和颜料的合成性能和应用. 第 3 版. 吴祖望等译. 北京:化学工业出版社,2005.

6. 胡宜亮,郑新荣,袁西恩,等. 天然食用色素色变的原因及其防护. 河南科学,1997,15(3):69~73.

7. 欧阳杰,赵佳丽,陈旭华. 天然食用色素的稳定化技术研究进展. 食品科技,2006 (8):198~200.

8. 杨玲,江丹,周波,等. 环境因素对红曲色素稳定性的影响及其光稳定性提高的方法. 食品研究与开发,2009,30(5):186~188.

9. 吕玉璋,张宏宇,李韬,等. 高粱红色素的开发及利用现状. 农产品加工(学刊),2010 (6):41~42,48.

模块六　食品护色剂与漂白剂

学习目标

本模块主要介绍了食品加工中常用的护色剂和漂白剂，包括它们的理化性质、作用特点。通过本模块的学习，了解护色剂和漂白剂的作用机理、使用注意事项及应用范围。

学习任务

1. 掌握护色剂的护色机理和漂白剂的漂白机理。
2. 了解常用的护色剂和漂白剂的种类及其使用范围。

【案例解析】

市售预包装肉制品的配料表上标示有硝酸钠或亚硝酸钠。硝酸钠和亚硝酸钠在肉制品中起什么作用？为什么果脯制作时，需要硫熏这一工序且产品还需要控制二氧化硫残留量？

肉制品中使用硝酸盐和亚硝酸盐的作用是通过氧化还原反应保持肉制品的鲜红色。果脯制作过程常采用硫熏（或熏硫）工序，其目的是通过硫磺燃烧产生的二氧化硫阻止酶促褐变，使果实中的单宁物质免于被氧化褐变；同时，亦可阻止由还原糖与氨基酸反应所引起的非酶褐变；另外，还可使产品保持半透明状浅黄色或金黄色，增加对消费者的吸引力。但二氧化硫对人体有害，所以需要对二氧化硫残留量进行控制，二氧化硫残留量应低于2.0g/kg（以游离二氧化硫计）。

项目一　护色剂

护色剂是指能与肉及肉制品中呈色物质作用，使之在食品加工、保藏等过程中不致分解、破坏，呈现良好色泽的物质。在使用护色剂的同时，还常常加入一些能促进护色的还原性物质，这些物质称为护色助剂。常用的护色剂有硝酸钾、亚硝酸钾、硝酸钠和亚硝酸钠;常用的护色助剂有 L－抗坏血酸及其钠盐、异抗坏血酸及其钠盐、烟酸及烟酰胺等。

一、护色机理

护色剂主要用于肉及肉制品中。原料肉的红色是由肌红蛋白(Mb)和血红蛋白(Hb)呈现的一种感官性状。由于肉的部位不同和家畜品种的差异,其含量和比例亦有差别。一般说,肌红蛋白约占 70%～90%,血红蛋白占 10%～30%。由此可见,肌红蛋白是使肉类呈色的主要成分。

鲜肉中的肌红蛋白为还原型,呈暗紫红色,很不稳定,易被氧化变色。开始,还原型肌红蛋白分子中二价铁离子上的结合水被分子状态的氧置换,形成氧合肌红蛋白(MbO_2),色泽鲜红。此时的铁仍为二价,因此这种结合不是氧化而称氧合。当氧合肌红蛋白在氧或氧化剂的存在下进一步将二价铁氧化成三价铁时,则生成褐色的高铁肌红蛋白。

为了使肉制品呈现鲜艳的红色,在加工过程中常添加硝酸盐与亚硝酸盐,它们往往是肉类腌制时混合盐的成分。硝酸盐在亚硝酸菌的作用下还原成亚硝酸盐,亚硝酸盐在酸性条件下可生成亚硝酸。一般宰后成熟的肉因含乳酸,pH 为 5.6～5.8,故不需外加酸即可生成亚硝酸,其反应为:

$$NaNO_2 + CH_3CHOHCOOH \rightleftharpoons HNO_2 + CH_3CHOHCOONa \qquad (6-1)$$

亚硝酸很不稳定,即使在常温下,也可分解产生亚硝基(NO):

$$3HNO_2 \rightleftharpoons H^+ + NO_3^- + 2NO + H_2O \qquad (6-2)$$

所生成的亚硝基很快与肌红蛋白反应生成鲜艳的、亮红色的亚硝基肌红蛋白(MbNO)。

$$Mb + NO \rightleftharpoons MbNO \qquad (6-3)$$

亚硝基肌红蛋白遇热后放出巯基(—SH),生成较稳定的具有鲜红色的亚硝基血色原。

由式(6－2)可知,亚硝酸分解生成 NO 时,也生成少量硝酸,而 NO 在空气中还可被氧化成 NO_2,进而与水反应生成硝酸。

$$2NO + O_2 \rightleftharpoons 2NO_2 \qquad (6-4)$$

$$2NO_2 + H_2O \longrightarrow HNO_3 + HNO_2 \qquad (6-5)$$

如式(6－4)、(6－5)所示,不仅亚硝酸被氧化生成硝酸,而且还抑制了亚硝基肌红蛋白的生成。硝酸有很强的氧化作用,即使肉中含有还原性物质,也不能防止肌红蛋白部分氧化成高铁肌红蛋白。因此,在使用硝酸盐与亚硝酸盐的同时,常用 L－抗坏血酸及其钠盐等还原性物质防止肌红蛋白氧化,且可把氧化型的褐色高铁肌红蛋白还原为红色的还原型肌红蛋白,以助发色。此外,烟酰胺可与肌红蛋白结合生成很稳定的烟酰胺肌红蛋白,难以被氧化,故在肉类制品腌制过程中添加适量的烟酰胺,防止肌红蛋白在从亚硝酸到生成亚硝基期间的氧化变色。

如果在肉类制品腌制过程中,同时使用 L－抗坏血酸或异抗坏血酸及其钠盐与烟酰胺,则助色效果更好,并能保持长时间不褪色。

二、护色剂各论

(一)亚硝酸钠及亚硝酸钾(CNS 号:09.002,09.004;INS 号:250,249)

亚硝酸钠($NaNO_2$)为白色或微黄色结晶或颗粒状粉末,无臭,味微咸,易吸潮,易溶于水,微溶于乙醇。在空气中可吸收氧而逐渐变为硝酸钠。亚硝酸钾(KNO_2)为白色或微黄色晶体或棒状体,极易溶于水,微溶于乙醇,有吸湿性。

亚硝酸钠是食品添加剂中急性毒性较强的物质之一,大量亚硝酸盐进入血液后,可使正常的血红蛋白(二价铁)变成高铁血红蛋白(三价铁),失去携氧功能,导致组织缺氧。潜伏期仅为 0.5～1h,症状为头晕、恶心、呕吐、全身无力、心悸、全身皮肤发紫。严重者会因呼吸衰竭而死亡。亚硝酸钠因外观、滋味类似食盐,谨防误食中毒。亚硝酸钾的毒性作用参照亚硝酸钠。亚硝酸钠和亚硝酸钾 ADI 均为 0～0.07mg/kg 体重(以 NO_2^- 计;但不适用于 3 月龄以下婴儿;FAO/WHO,2001)。

我国 GB2760—2011 规定:亚硝酸钠和亚硝酸钾可用于腌腊肉制品类、酱卤肉制品类、熏、烧、烤肉类、油炸肉类、西式火腿类、肉灌肠类、发酵肉制品类、肉罐头类食品中。

亚硝酸钠的现行标准为 GB 1907—2003;亚硝酸钾的现行标准为 2011 年卫生部第 19 号公告指定标准。

(二)硝酸钠及硝酸钾(CNS 号:09.001,09.003;INS 号:251,252)

硝酸钠($NaNO_3$)为无色、无臭、结晶性粉末,味咸并稍带苦味,有吸湿性,溶于水,微溶于乙醇。对水的溶解度为:90%(冷水)、160%(热水)。10% 水溶液呈中性。硝酸钾(KNO_3)为无色透明棱柱晶体、白色颗粒或白色结晶性粉末。无臭、味咸,口感清凉,在空气中具有微吸湿性。易溶于水,微溶于乙醇。水中溶解度为:13.3%(0℃)、26.0%(15℃)、38.0%(25℃)、75.0%(45℃),水溶液呈中性。

硝酸盐的毒性作用主要是因为它在食物、水或在胃肠道,尤其是在婴幼儿的胃肠道中,易被还原为亚硝酸盐所致。硝酸钠和硝酸钾 ADI 均为 0～3.7mg/kg 体重(以 NO_3^- 计;但不适用于 3 月龄以下婴儿;FAO/WHO,2001)。

我国 GB2760—2011 规定:硝酸钠和硝酸钾可用于腌腊肉制品类、酱卤肉制品类、熏、烧、烤肉类、油炸肉类、西式火腿类、肉灌肠类、发酵肉制品类食品。

硝酸钠的现行标准为 GB 1891—2007。

(三)葡萄糖酸亚铁(CNS 号:09.005;INS 号:579)

葡萄糖酸亚铁为灰绿色或微黄色粉末或颗粒;有焦糖臭,味涩。在热水中易溶，在乙醇中几乎不溶，5%的样品溶液对石蕊呈酸性。其ADI值不作限制性规定(FAO/WHO，2001)。

我国GB2760—2011规定：葡萄糖酸亚铁可用于腌渍的蔬菜(仅限橄榄)。

葡萄糖酸亚铁的现行标准为YY0035—1991。

在使用护色剂时，还常使用L-抗坏血酸及其钠盐、D-异抗坏血酸及其钠盐、烟酸及烟酰胺等作为护色剂助剂使用。

项目二　漂白剂

洁白的物品常给人一种清洁、卫生的感觉。如果食品中带有晦暗、令人不愉快的颜色，则很可能无人问津。如何去掉这些讨厌的颜色，就需要发挥漂白剂的作用。漂白剂是指能够破坏、抑制食品的发色因素，使其褪色或使食品免于褐变的物质。

一、漂白剂的分类

按其作用方式分为两类：氧化漂白剂和还原漂白剂。

(一)氧化漂白剂

氧化漂白剂是指利用色素受氧化作用而分解褪色达到漂白目的。其优点是食品经过漂白后，再暴露于空气中，不会再受空气中的氧所氧化而使颜色再现。其缺点是有些色素不受氧化漂白剂的作用，有些经过氧化后仍不能达到漂白的目的。其包括过氧化丙酮、过氧化氢、二氧化氯、高锰酸钾、次氯酸钠、漂白粉、过氧化苯甲酰等。随着国家对食品安全的重视程度与日俱增，在最新版的GB2760—2011中已经把过氧化苯甲酰和过氧化钙等氧化型漂白剂删除，禁止在面粉等食品中添加氧化型漂白剂。

(二)还原漂白剂

还原漂白剂是利用色素受还原作用而褪色，以达到漂白目的。前已述及，有机物的颜色是由其分子中所含的发色基产生的。发色基均含有不饱和键，还原漂白剂释放氢原子可使发色基所含的不饱和键变成单键，有机物便失去颜色。有些食品的褐变是由三价铁离子的存在引起的，加入还原漂白剂可使三价铁离子变成二价铁离子，防止食品褐变。

应用还原漂白剂时，有色物质的色泽消褪，效果很好。但是，当还原漂白剂消失时,物质会由于空气中氧的氧化作用而再次显色。

一般而言,还原漂白制对植物性食品比较有效,其中以花色苷(红或紫)褪色最为明显,类胡萝卜素(黄色)次之,叶绿素(绿色)则几乎不褪色。

二、漂白剂各论

我国目前允许使用的还原漂白剂均为亚硫酸盐类漂白剂,有二氧化硫、焦亚硫酸钾、焦亚硫酸钠、亚硫酸钠、低亚硫酸钠(保险粉)、亚硫酸氢钠、硫磺等,现分别介绍如下。

(一)二氧化硫(CNS 号:05.001;INS 号:220)

二氧化硫(SO_2)又名亚硫酸酐,是一种很强的还原剂。在常温下,它是一种无色的气体,有强烈的刺激臭。易溶于水,与水化合生成亚硫酸,亚硫酸很不稳定,易分解放出二氧化硫。

二氧化硫的 ADI 为 0~0.7mg/kg 体重(以 SO_2 计,包括 SO_2 和亚硫酸盐的总 ADI 值;FAO/WHO,2001)。

我国 GB2760—2011 规定:二氧化硫可用于经表面处理的鲜水果、水果干类、蜜饯凉果、干制蔬菜、腌渍的蔬菜、蔬菜罐头(仅限竹笋、酸菜)、干制的食用菌和藻类、食用菌和藻类罐头(仅限蘑菇罐头)、腐竹类(包括腐竹、油皮等)、坚果与籽类罐头、可可制品、巧克力和巧克力制品(包括代可可脂巧克力及制品)以及糖果、米粉制品(仅限水磨年糕)、食用淀粉、粉丝、粉条、冷冻米面制品(仅限风味派)、饼干、食糖、淀粉糖(果糖、葡萄糖、饴糖、部分转化糖等)、调味糖浆、半固体复合调味料、果蔬汁(浆)、果蔬汁(肉)饮料(包括发酵型产品等)、葡萄酒、果酒、啤酒和麦芽饮料中。

二氧化硫的现行标准为中华人民共和国卫生部 2011 年第 19 号公告指定标准。

(二)焦亚硫酸钾(CNS 号:05.002;INS 号:224)

焦亚硫酸钾为白色或微黄色结晶或结晶性粉末,有二氧化硫臭味,易溶于水,难溶于乙醇,不溶于乙醚。1% 水溶液的 pH 为 3.4~4.5。在酸中可产生二氧化硫气体,有强还原性。

我国 GB2760—2011 规定:焦亚硫酸钾可用于多种食品的漂白,使用范围同二氧化硫。

焦亚硫酸钾的现行标准为 GB 25570—2010。

(三)焦亚硫酸钠及亚硫酸氢钠(CNS 号:05.003,05.005;INS 号:223,222)

焦亚硫酸钠($Na_2S_2O_5$)与亚硫酸氢钠($NaHSO_3$)呈可逆反应。一般市售品为二者的混合物,但主要成分为焦亚硫酸钠。

$$Na_2S_2O_5 \underset{-H_2O}{\overset{+H_2O}{\rightleftharpoons}} 2NaHSO_3$$

焦亚硫酸钠为白色结晶或粉末,有二氧化硫臭味,易溶于水与甘油,微溶于乙醇,1%水溶液的pH为4.0~4.5。在空气中放出二氧化硫而分解,有强还原性。

亚硫酸氢钠又称重亚硫酸钠,为白色晶体或结晶性粉末,稍有亚硫酸臭,易溶于水,不溶于乙醇,遇热后立即分解,在空气中可逐渐氧化成硫酸盐。

我国GB2760—2011规定:焦亚硫酸钠及亚硫酸氢钠可用于多种食品的漂白,使用范围同二氧化硫。

焦亚硫酸钠臭味小,价格低,常用于水果、蔬菜的漂白。目前,蘑菇护色多用焦亚硫酸钠溶液,一般在产地收购时将鲜蘑菇及时用含焦亚硫酸钠0.03%的水溶液浸泡两次,每次1~2min,然后浸泡在加盖的木桶中运回工厂,再用0.07%~0.1%柠檬酸水溶液预煮5~7min,这样处理后的蘑菇色泽和风味俱佳。

焦亚硫酸钠的现行标准为GB 1893—2008,亚硫酸氢钠的现行标准为GB 25590—2010。

(四)亚硫酸钠(CNS号:05.004;INS号:221)

亚硫酸钠(Na_2SO_3)为无色至白色的单斜晶系结晶,易溶于水,水中溶解度为:32.8%(0℃)、169%(40℃),水溶液呈碱性,1%水溶液pH为8.3~9.3。

亚硫酸钠在食品加工过程中,大部分分解生成二氧化硫而散失。食品中残存少量的二氧化硫进入人体后,被氧化成硫酸由正常解毒途径排出体外。因此,在食品中使用亚硫酸钠是比较安全的。

我国GB2760—2011规定:亚硫酸钠可用于多种食品的漂白,使用情况同二氧化硫。其使用方法有浸渍法和添加法两种。浸渍法是将果实或蔬菜浸在0.2%~0.6%的亚硫酸钠溶液中,再干制,可防止果蔬的褐变。添加法是在果汁中添加一定浓度的亚硫酸钠溶液,即可防止果汁颜色的变化,但二氧化硫的残留量须≤0.05g/kg。

亚硫酸钠对维生素B_1有破坏作用,不适用于添加到肉类、谷物、乳制品及坚果类食品中。

亚硫酸钠的现行标准为GB 1894—2005。

(五)低亚硫酸钠(保险粉)(CNS号:05.006)

低亚硫酸钠($Na_2S_2O_4$)俗称保险粉,又称连二亚硫酸钠,为白色结晶粉末,有二氧化硫的臭气,易溶于水,几乎不溶于乙醇,在空气中易氧化分解,潮解后析出硫磺。

低亚硫酸钠比一般亚硫酸盐有更强的还原性,在亚硫酸盐类漂白剂中还原漂白力最强。

我国GB2760—2011规定:低亚硫酸钠可用于多种食品的漂白,使用情况同二氧化硫。

低亚硫酸钠的现行标准为 GB 22215—2008。

(六)硫磺(CNS 号:05.007)

硫磺为黄色或淡黄色粉末、粒状或块状,易燃,不溶于水,略溶于乙醇和乙醚。其 ADI 值参照二氧化硫。我国传统食品水果干、果脯的加工大多数采用熏硫法或应用亚硫酸盐溶液浸渍法进行漂白处理,防止发生褐变。

熏硫就是将硫磺燃烧产生二氧化硫,熏蒸果片,其原理如下:

(1)将硫磺燃烧。

$$S + O_2 \longrightarrow SO_2$$

(2)二氧化硫与果实表面或果实内的水反应生成亚硫酸。

$$SO_2 + H_2O \longrightarrow H_2SO_3$$

亚硫酸为强还原剂,可抑制酶促褐变,但经日晒,二氧化硫易挥发。

熏硫可阻止酶促褐变,使果实中的单宁物质免于被氧化变褐,同时,亦可阻止由还原糖与氨基酸所引起的非酶褐变。果实表面所形成的亚硫酸对果实组织有软化作用,使果片表面细胞破坏,细胞膜的透水性增大,促进干燥。对于果脯、蜜饯来说,熏硫还可使产品保持半透明状浅黄色或金黄色,增加对消费者的吸引力。熏硫还可保护果实中维生素 C、抑制细菌的生长、防止日晒期间的发酵。由此可见,采用熏硫方法加工食品有许多优点。

我国 GB2760—2011 规定:硫磺可用于水果干类、粉丝、粉条、食糖、干制蔬菜、蜜饯凉果、经表面处理的鲜食用菌和藻类中。

硫磺的现行标准为 GB 3150—2010。

项目三　护色剂和漂白剂在食品工业中的应用

一、护色剂的应用

(一)护色剂在肉制品中的应用

在肉制品中可以使用的护色剂有亚硝酸钠、亚硝酸钾、硝酸钠、硝酸钾,其使用范围、最大使用量和残留量详见项目一。

硝酸盐和亚硝酸盐在肉制品中除了具有护色作用外,还具有抑菌和增强肉制品风味的作用,特别对肉毒梭状芽孢杆菌、金黄色葡萄球菌和绿色乳杆菌等抑菌效果更好。有些国家在没有使用亚硝酸盐之前,肉毒梭状芽孢杆菌中毒率很高,在使用护色剂后,肉毒梭状芽孢杆菌中毒率得到了有效的控制(白小军,2008)。

(二)护色剂在果、蔬制品中的应用

果蔬在加工过程中的颜色产生变化,主要是由于其化学成分发生酶褐变和非

酶褐变。酶褐变是指由氧化酶类参与的褐变反应。果蔬中含有的单宁物质、绿原酸、酪氨酸等氧化酶底物，氧化后生成有色物质，产生褐变，影响产品的外观和风味，并破坏维生素 C 等营养物质。在果蔬加工过程中主要依据抑制酶褐变对其进行护色(白小军,2008)。

我国允许在果、蔬制品中使用的护色剂只有葡萄糖酸亚铁(仅限于橄榄)。橄榄中含有丰富的单宁物质，在糖、酸等作用下，产生清凉感，形成清凉爽口的风味。在橄榄的加工过程中，加入一定量的铁盐，使之与橄榄中的单宁物质作用，产生特有的绿黑色，使橄榄拥有特殊的色、香、味(沈泽洞,2004)。葡萄糖酸亚铁过多使用会引起铁中毒，出现呕吐、腹泻、神志错乱、昏睡等症状。

护色剂在果、蔬加工中除抑制果蔬的褐变外，还可起到抑菌杀菌、提高维生素 C 的稳定性、延长储存期等作用(杨春城,2004)。

(三)使用注意事项

(1)最好与护色助剂共同使用。

(2)限制护色剂的使用量。

①亚硝酸盐:对于亚硝酸盐的使用，基本原则是:尽量不用，少用;妥善保管、做好标志，防止误食。用量应仔细计算，使用时最好二人以上对其进行操作，以防一人过于自信发生悲剧。包装物外要有醒目标签;剩余的试剂，要立即入库，专人妥善保管。

我国规定:其最大添加量为 0.15g/kg。西式火腿类亚硝酸钠残留量不得超过 70mg/kg，肉罐头类不得超过 50mg/kg，其余均为不得超过 30mg/kg。

②硝酸盐:我国规定:其最大添加量为 0.5g/kg，残留量以亚硝酸钠计，均不得超过 30mg/kg。

(3)充分混合　以午餐肉为例，将净瘦肉和肥瘦肉切成 3 ~ 5cm 的条块，分别腌制。每 100kg 加混合盐 2kg，搅拌机拌匀，在 0 ~ 4℃冷库中腌制 48 ~ 72h。其中混合盐的成分为食盐 98%，砂糖 1.5%，亚硝酸钠 0.5%。

二、漂白剂的应用及使用注意事项

(一)漂白剂的应用

我国目前允许使用的漂白剂均为亚硫酸盐类漂白剂，亚硫酸盐均能产生具有还原性的亚硫酸，亚硫酸在被氧化时将着色物质还原，而呈现强烈的漂白作用。植物性食品的褐变，多与氧化酶的活力有关，而亚硫酸是一种强还原剂，对氧化酶的活力有很强的抑制作用。所以制作果干、果脯时使用这类漂白剂可以防止酶促褐变。另外，亚硫酸与葡萄糖等能进行加成反应，此加成产物虽可与氨基酸等的氨基缩合，但不能再进一步生成复杂的高分子类黑精。因此，可防止由羰氨反应所造成的非酶褐变。亚硫酸和果蔬中糖的结合能力很强，其结合强弱顺序为:阿拉伯糖 >

葡萄糖 > 果糖 > 蔗糖。这种结合速度与 pH 有关,pH 愈低其结合速度愈慢。

亚硫酸盐作为重要的漂白剂,主要用于水果干类、蜜饯凉果、干制蔬菜、腌制蔬菜、蔬菜罐头、腐竹类、坚果籽类罐头、可可制品、食用淀粉、粉丝粉条、饼干、食糖等的漂白。其使用范围详见项目二。关于亚硫酸盐的使用举例说明如下。

1. 樱桃的漂白

樱桃的鲜红色为大多数人所喜爱。但是,采摘后的樱桃颜色不一,有的鲜红、有的色淡。为了得到均一的鲜红色樱桃,一般将它先漂白,然后重新染色。一种生产染色樱桃漂白液的配方为:亚硫酸钠 7.7kg、乙酸 2.7kg、氯化钙 3.2kg、水 380kg。上述配方在使用时需将溶液的 pH 调整到 3.5 以上。

2. 杏的糖渍

将亚硫酸钠溶于糖度为 20°Bx 的糖水中,制成浸渍液,所含二氧化硫的量控制在 0.05% ~0.1%。此浸渍液即可使杏漂白又可使糖液渗透到果实内部,具有防腐作用,为干制果实时不可缺少的步骤。然后由 20°Bx 糖度的浸渍液再移到 50°Bx 糖度的浸渍液中。可促进果实脱水,增加其含糖量。

(二)漂白剂使用注意事项

1. 用硫磺熏硫时的使用注意事项

(1)需要熏硫的食品应切成片再置于密闭室内,以增加熏硫时接触的表面积。

(2)掌握合适的硫磺用量。其量与熏硫室的大小有关,通常为 0.1% ~0.4%,即 1kg 食品需要 1 ~4g 硫磺。

(3)掌握合适的温度。温度过高硫会直接升华,附着在食品的表面,结果使食品有很重的硫磺味,并使食品呈黄色外观。

(4)掌握合适的时间。熏硫时间依果实品种、成熟度、熏房的大小以及熏硫物多少而定,一般为 30 ~60min,最长可达 3h。

(5)熏硫室要密闭,但要求通风良好。因二氧化硫是一种有害的气体,在空气中浓度较高时,对眼睛和呼吸道黏膜有强烈刺激性。如 1L 空气中含数毫克二氧化硫可因声门痉挛窒息而死亡。我国规定:二氧化硫在车间空气中的最高允许浓度为 $15mg/m^3$。

2. 亚硫酸盐类的使用注意事项

(1)使用亚硫酸盐类时,应首先了解其二氧化硫的含量(表 6 - 1,陈毅鸿,2005)。然后,做预实验,确定各种食品所需漂白剂的量后再应用到生产中。在做预实验时,加入的量应稍大于需要的量,推广到实际生产时也是这样。因为亚硫酸在食品内可能被破坏,或被空气中的氧所氧化,只有加入量大于需要量才可避免颜色的再现。但要注意残留在食品中的二氧化硫不要过多,应在允许范围之内。

(2)使用亚硫酸盐类漂白剂时应选择合适的食品,否则无意义。

表 6－1　含硫化合物有效二氧化硫的含量

名　称	分子式	含量/%
液态二氧化硫	SO_2	100
亚硫酸(6%)	H_2SO_3	6
亚硫酸钠	$Na_2SO_3 \cdot H_2O$	25.42
无水亚硫酸钠	Na_2SO_3	50.84
亚硫酸氢钠	$NaHSO_3$	61.59
焦亚硫酸钠	$Na_2S_2O_5$	57.65
低亚硫酸钠	$Na_2S_2O_4$	73.56

(3)尽量避免金属离子干扰。食品中若存在金属离子,可将残留的亚硫酸氧化,亦可能将已褪色的物质再被氧化复色。所以,在生产过程中,注意不要混入铁、铜、锡及其他金属离子。为了除去食品或水中原有的这些金属离子,可以使用金属离子螯合剂如 EDTA、植酸等。

(4)亚硫酸盐类溶液易分解失效,最好现用现配。

项目四　护色剂和漂白剂使用存在的安全问题

一、护色剂的安全性问题

近年来,人们发现亚硝酸盐能与多种氨基化合物(主要来自蛋白质分解产物)反应,产生致癌的 *N*－亚硝基化合物,如亚硝胺等。亚硝胺是目前国际上公认的一种强致癌物,动物试验结果表明:不仅长期小剂量作用有致癌作用,而且一次摄入足够的量,亦有致癌作用。因此,国际上对食品中添加硝酸盐和亚硝酸盐的问题很重视,JECFA 建议在目前还没有理想的替代品之前,把用量限制在最低水平。

据研究,亚硝酸盐的添加量在 0.024g/kg 以下发色不好,在 0.024～0.04g/kg 可以发色,发色程度随添加量的上升而增加,发色较好的添加量约为 0.13g/kg,其亚硝酸盐的残留量为 0.04g/kg。我国规定肉制品中亚硝酸盐的最大残留量为 0.03～0.05g/kg。

二、关于亚硝酸盐替代品问题

许多世纪以来,人们一直使用含有硝酸盐,可能还含有亚硝酸盐的腌制盐保存肉类。到19世纪末,才认识到硝酸盐能够促进腌肉颜色的产生。后来,又发现硝酸盐可转变成亚硝酸盐,使腌肉产生颜色。直到20世纪40年代初期,人们对亚硝酸盐的作用的认识还仅仅局限于此。后来,发现亚硝酸盐可抑制引起肉类变质的微生物生长,特别对引起肉毒中毒(肉毒中毒是由肉毒杆菌外毒素所致的中毒性疾病)的肉毒梭状芽孢杆菌有很强的抑制作用。有些国家在没有使用硝酸盐之前,肉毒梭状芽孢杆菌中毒率很高,使用后,肉毒中毒才真正得到了控制。亚硝酸盐除抗菌作用外,还有抗氧化及增强风味的作用。尽管如此,由于亚硝酸盐的安全性即致癌问题,使其应用愈来愈受到限制,全世界都在寻求理想的替代品。

目前,人们寻求使用的亚硝酸盐替代品有两类:一类是部分或完全取代亚硝酸盐的添加剂;另一类是在常规亚硝酸盐浓度下能阻断亚硝胺形成的添加剂。

亚硝酸盐的较好替代品为抗坏血酸盐、α-生育酚(维生素E)和亚硝酸盐的混合物。此外,亦有应用山梨酸钾和低浓度亚硝酸盐、次磷酸钠作为替代品。其中,除抗坏血酸盐与α-生育酚可阻断亚硝胺的形成以外,其他品种可部分代替亚硝酸盐的抗菌作用。

(一)抗坏血酸盐和生育酚

抗坏血酸盐在非食物系统中可阻断亚硝胺的形成,特别在低pH时,其效果更为明显。它在多种腌肉中,包括火腿和腊肉中也都很有效。美国农业部要求在使用亚硝酸盐腌肉的同时使用0.55g/kg的抗坏血酸钠或异抗坏血酸钠,用于降低在腊肉中形成亚硝胺的数量。据报道,腊肉中亚硝胺的含量最高。在食品加工过程中,亚硝胺也可在腊肉脂肪中形成,然而,抗坏血酸只微溶于脂肪,所以其作用有限。

α-生育酚也可以阻断亚硝胺的形成,并溶于脂肪。据报道,α-生育酚可以使肉中亚硝胺明显降低。由于α-生育酚在腌渍液中不容,需要采取特殊的方法,如加入聚山梨酸酯等乳化剂,确保α-生育酚在产品中的均匀分布。亦可通过喷洒或浸渍,使α-生育酚均匀地分布在产品表面,腌肉时添加0.5g/kg的α-生育酚即有效。

使用0.55g/kg抗坏血酸盐(或异抗坏血酸盐)、0.5g/kgα-生育酚和0.04~0.05g/kg亚硝酸钠,有助于腊肉发色,并可有效阻断亚硝胺的生成。

(二)山梨酸钾

在各种加工条件下,含山梨酸钾2.6g/kg和亚硝酸钠0.04g/kg的腊肉与含0.12g/kg亚硝酸钠的腊肉有同样的抗肉毒梭状芽孢杆菌作用。

(三)次磷酸钠

单独使用3.0g/kg的次磷酸钠(NaH_2PO_2),或是将1.0g/kg次磷酸钠与0.01g/kg亚硝酸钠并用,可使肉获得和常规使用亚硝酸钠相同的抗肉毒梭状芽孢杆菌作用。

此外,辐射对抑制肉毒梭状芽孢杆菌也有效。辐射与0.025~0.04g/kg的亚硝酸钠并用,对火腿和腊肉的效果较好。

山梨酸钾、次磷酸钠和辐射只能代替亚硝酸盐的抗菌作用，而不能使肉呈现良好的色泽。所以，在实际生产中仍需添加少量的亚硝酸盐，亦有用天然色素对肉制品直接着色者，以完全取代亚硝酸盐。

尽管有种种亚硝酸盐的替代品，但迄今尚未发现有能完全取代亚硝酸盐的理想物质。目前，国内外仍在继续使用亚硝酸盐发色，其原因是亚硝酸盐对防止肉毒梭状芽孢杆菌毒素中毒和保持腌肉制品的色、香、味有独特的作用。

三、漂白剂的安全性问题

目前我国法规允许使用的漂白剂均属亚硫酸盐类。亚硫酸盐是食品工业中使用广泛的添加剂，包括二氧化硫、硫磺、亚硫酸盐、亚硫酸氢盐、焦亚硫酸盐、低亚硫酸盐等。它们通过产生二氧化硫对食品起到防腐、抗氧化、漂白等作用，二氧化硫是其真正的有效成分。

亚硫酸盐使用历史悠久，早期研究资料显示其无安全风险（周秀琴，1989；Armentia - Alvarez，1993），然而随着科学技术的进步，人们逐步认识到亚硫酸盐的毒性，摄入过多亚硫酸盐会产生头痛、恶心、晕眩、气喘等过敏性反应（刘雨潇，2003），特别是哮喘患者对亚硫酸盐格外敏感，一些依赖类固醇的哮喘患者甚至可能危及生命（杨洁彬，1999），主要是其肺部不具有代谢亚硫酸盐的能力（杨剑平，1990）。动物长期摄食含有亚硫酸盐的饲料后，因二氧化硫的吸入会对动物肝组织、生殖细胞和淋巴细胞产生毒性作用（白剑英，2004；孟紫强，1994；党卫红，2009），甚至对动物多种脏器 DNA 产生损伤（孟紫强，2005）。

项目五 护色剂和漂白剂的发展趋势

一、护色剂的发展趋势

由于传统护色剂有产生亚硝胺等致癌物质的可能性，世界各国研究工作者一直致力于寻找更安全可靠的肉制品护色剂，主要集中在开发低硝和无硝的新型护色剂，并取得了一定的成果。

（一）低硝护色剂的开发

护色时加入氨基酸。氨基酸呈中性和酸性，则完全可以阻止二甲基亚硝酸胺的生成并有良好的护色效果。据报道：0.5% ~1% 赖氨酸盐和精氨酸等量混合物与 10mg/kg 的亚硝酸钠，用于灌肠制品，产品色调很好。氨基酸类物质有可能大幅度降低亚硝酸钠的用量,从而明显降低亚硝酸盐的危险性并有助于护色。

蔡健等(2005)通过加入抗坏血酸、柠檬酸钠、富马酸钠、焦磷酸钠、全蛋黄粉末、麦芽糖等添加剂,进行了午餐肉的无硝、低硝腌制系统的研究。结果显示,腌制后的午餐肉在色、香、味和亚硝酸盐残留等方面取得了较好的结果。

(二)无硝护色剂的开发

朱曜等(1994)使用山梨酸与六偏磷酸钠做护色剂,腌制成的各种中国名特优腌腊制品均呈鲜艳红色,并具有防腐作用,无毒性,安全卫生,它是当前理想的新型护色剂,可以推广使用。

王远明(1998)以新鲜猪血为原料,经抗凝、离心分离、防腐脱腥、发色、抗氧化等处理,不用含硝试剂,制成无硝的血红蛋白着色剂。它工艺简便,产品保质期长,对光和热的稳定性好,用于熟肉制品,色泽自然悦目。

寇德运等(2007)通过对肉制品护色剂的研究,发现由碳酸钠和五碳糖(如木糖)组合,添加10% ~30%烟酰胺或维生素C为助剂,有时再添加含硫氨基酸,其发色效果毫不逊色于硝酸盐和亚硝酸盐,而且安全性高。

王也等(2006)初步研究了红曲红色素在腊肉中代替亚硝酸钠发色作用的应用效果,结果显示红曲红色素可以以注射形式添加到腊肉中,添加量为肉重的0.001%。注射时要求增加注射点,减少每点注射量,使注射均匀。从色泽、水分含量、质构角度分析,均能达到类似亚硝酸钠的水平。

尽管这些新型发色剂还处于研究探索阶段,但在不久的将来,相信最终能够找到一种安全、经济、健康的肉制品护色剂。

二、漂白剂的发展趋势

我国允许使用的漂白剂均为亚硫酸盐类,包括二氧化硫、硫磺、亚硫酸盐、亚硫酸氢盐、焦亚硫酸盐、低亚硫酸盐等,其有效成分为二氧化硫,残留量通常是以二氧化硫计,这类物质在食品中的安全性取决于二氧化硫的残留量。因此,食品中二氧化硫的残留控制就显得特别重要。

食品中二氧化硫的残留控制主要包括两方面内容,一方面是规范食品中二氧化硫及其盐类的使用,另一方面是对食品加工中产生的二氧化硫进行清除。二氧化硫清除一般有三种方法:离子交换法、化学氧化法和酶法,但是三种方法各有不足。探索新的二氧化硫清除方法是近年来科研工作者研究的重点,但是到现在为止,还没有一种完善的方法能够彻底解决这一难题(陈玉梅,2010)。

在当今国家越来越关注食品安全的大环境下,除了探索新的二氧化硫清除方法外,寻找优于亚硫酸盐的替代品亦是刻不容缓的任务。

思考题

1. 简述护色剂及护色助剂的护色机理，并举例予以说明。
2. 简述氧化和还原漂白剂的漂白机理及主要特点。
3. 以果脯产品为例，设计漂白工艺方案。

实训内容　D－异抗坏血酸钠对桃浆的护色作用

【实训目的】

1. 通过观察桃浆的褐变了解护色的意义。
2. 了解D－异抗坏血酸钠对桃浆的护色作用与效果。

【实训原理】

D－异抗坏血酸钠等护色剂，通过其还原作用可以对果蔬汁进行护色。

【实训材料与设备】

材料：新鲜桃、D－异抗坏血酸钠。

设备及器皿：打浆机、电子天平（量程3kg，精确至0.01g）、烧杯（500mL）、量筒、玻璃棒等。

【实训步骤】

1. 称取一定量的D－异抗坏血酸钠，加水配制成10mg/mL的护色液。
2. 选择若干个新鲜、完整的桃，清洗干净。
3. 用水果刀切开去核，将桃放入打浆机制成桃浆约1000mL，用量筒分成两等份分别装入500mL烧杯中。
4. 在两个装有桃浆的烧杯中分别加入护色液10mL和空白（不加），用玻璃棒搅匀，放入4℃冰箱储藏4h。
5. 比较两杯桃浆的颜色。

参考文献

1. Armentia－Alvarez A，Fernandez－Casero A，Garcia－Moreno C，et al. Residual levels of free and total sulphite in fresh and cooked burgers. Food Additives and Contaminants，1993，10(2)：157～165.

2. 白剑英，孟紫强. 二氧化硫对肝脏组织学结构的影响. 中华病理学杂志，2004，33(2)：155～157.

3. 白小军. 护色剂在食品加工中的应用. 宁夏农林科技,2008(5):60~61.

4. 蔡健,王薇. 低硝午餐肉的研究. 江苏农业科学,2005(4):113~114.

5. 陈毅鸿. 简论食品漂白剂——亚硫酸及其盐. 山西食品工业,2005(2):18~19,37.

6. 陈玉梅. 亚硫酸盐类在食品中的应用及残留控制. 检验检疫学刊,2010,20(3):22~24.

7. 党卫红,任平国. 亚硫酸盐生殖毒性研究. 现代食品科技,2009,25(4):373~375.

8. 寇德运. 肉制品发色剂的改良. 肉类工业,2007(9):33~34.

9. 刘雨潇,林智平,王会军. 谈二氧化硫在啤酒中的作用与变化. 啤酒科技,2003(5):60~63,67.

10. 孟紫强,张波,秦国华,等. 二氧化硫对小鼠不同脏器 DNA 的损伤作用. 中国环境科学,2005,25(4):424~427.

11. 孟紫强,张连珍. 亚硫酸氢钠(SO_2)对人血淋巴细胞染色体畸变、姊妹染色单体互换及微核的效应. 遗传学报,1994,21(1):1~6.

12. 沈泽洞,黄儒强. 铁盐对橄榄菜质量的影响初探. 广州食品工业科技,2004,20(2):65~67.

13. 王也,胡长利,崔建云. 红曲红色素替代亚硝酸钠作为腊肉中着色剂的研究. 中国国家农产品加工信息,2006(2):26~29.

14. 王远明. 无硝血红蛋白着色剂的研制. 华东理工大学学报,1998,24(6):655~658.

15. 杨春成,古能平,侯文贤. 硫处理在果蔬保鲜与加工中的利与弊. 保鲜与加工,2004,4(4):37~38.

16. 杨剑平. 二氧化硫及亚硫酸盐在食品加工中的应用. 山东罐头科技,1990(2):14~18.

17. 杨洁彬,王晶,王柏琴,等. 食品安全性. 北京:中国轻工业出版社,1999:102~103.

18. 周秀琴. 食品中的亚硫酸盐及应用. 宜宾科技,1989(1):15~18.

19. 朱曜. 中国名特优腌腊制品中的新型发色剂研究. 肉类工业,1994(6):41~44.

模块七 食品用香料与香精

学习目标

本模块着重介绍了食用香料的主要品类、性状；食用香精的定义、分类、组成及食用香精安全使用的一般原则，以及不同国家对食用香料管理的法律法规。通过本模块的学习，应掌握食用香精的组成和使用原则。

学习任务

1. 了解食用香料、食用香精的定义、分类及使用原则。
2. 掌握食用香精的调配方法及使用注意事项。

【案例解析】

糖果中的硬糖是用白砂糖或淀粉糖浆熬煮后，注模冷却包装而成。硬糖的主要原料并没有香气或只有微弱的焦香味，那么市售硬糖中的风味是如何实现的？硬糖在制作过程中，在糖浆熬煮冷却到一定温度，开始注模之前，通过添加不同的食用香精，可以生产不同风味的硬糖产品。食品用香精在糖果中使用量虽然很少，所起的作用却非常明显，对产品的风味起着决定性的作用。好的风味会使糖果产品更有吸引力，令人产生愉快的感觉，从而促进食欲、辅助消化，这是香精最重要的作用。

项目一 食品用香料

诱人的食品香气不仅能刺激、增强食欲，而且能促进人体对营养成分的消化和吸收，所以“香”是食品的一项重要感官指标。但有些食品本身没有香味，或香味不足，常需要添加适当的食品用香料改善或增强其香味，以满足人们的嗜好。食品用香料一般配成食品香精后用于食品加香，部分也可直接用于食品加香。食品用香料香精是现代加工食品香味的重要来源，对于满足人们对食品香味的追求具有重要作用。食品用香料、香精不包括只产生甜味、酸味或咸味的物质，也不包括增味剂。

一、食品用香料的分类

食品用香料是指能够用于调配食品用香精的香料，包括天然香料和合成香料两类。天然香料主要是指用物理法、微生物法或酶法从食物或动植物材料(未经加工或经过食品制备过程加工)获得的，如甜橙油、桂花浸膏等。合成香料是指化学合成的或用化学手段(工艺)从天然芳香原料中分离得到的香味物质，它可以与人类所消费的天然产品(不管其是否加工过)中的物质结构完全一致，如从香荚兰豆中获得的香兰素；或者从未用于人类消费的天然产品(不管其是否加工过)中鉴定出的香味物质，如乙基麦芽酚等。食品用香料是食品添加剂中品种最多的一类。目前世界各国使用的食品用香料有4000多种，其中美国香料生产者协会(Flavor and Extract Manufactures Association，FEMA)认可的GRAS物质到2011年已公开了25批，约2700余种(FEMA号2001~4726)。截至2011年6月，列入《食品安全国家标准 食品添加剂使用标准》(GB 2760—2011)的食品用香料有1853种，其中天然香料400种，合成香料1453种。

二、天然香料

(一)香辛料

通常把具有芳香或刺激性气味，能赋予食物以风味，并能够增进食欲、帮助消化吸收的植物的根、茎、叶、花蕾、种子等称为香辛料。香辛料不仅具有强烈的呈味、呈香作用，还具有抗菌、抗氧化功能，如丁香、桂皮等对多种微生物具有较强的抗菌性，迷迭香、鼠尾草、大蒜、生姜等具有较强的抗氧化性。列为食品用香料的香辛料通常是香辛料制品，如精油、油树脂、净油、酊剂等。

1. 八角茴香油(CNS号:N005;FEMA号:2096)

八角茴香为我国特产，常绿乔木，通常由8个蓇葖果形成八角状聚合果，油细胞呈散于中果皮。干品含精油5%。八角茴香油为八角的新鲜枝叶或成熟果实经水蒸气蒸馏提取的挥发油，20℃以上为无色透明至浅黄色液体，温度下降时会有片状结晶析出。具有八角茴香的特征香气和香味。冷却后常发生浑浊或析出结晶，升温后又澄清。主成分为茴香脑(80%~95%)及茴香醛、茴香酮、茴香酸。相对密度(20℃/20℃)0.975~0.992，折射率(20℃)1.552~1.560，微溶于于水，易溶于乙醇、乙醚和氯仿中。

八角茴香油的现行标准为GB/T 15068—2008。

2. 大蒜油（CNS 号：N015；FEMA 号：2503）

大蒜油为由百合科植物大蒜的鳞茎经水蒸气蒸馏得到黄色至橘黄色澄清挥发性精油，具有强烈刺激气味和蒜所特有的辛辣味，主成分为丙基二硫化丙烯（约60%）、二硫化二丙烯（23% ~39%）等100多种挥发性含硫化合物。总含硫量为35% ~45%。在化学稳定性方面，大蒜油属于挥发性香料，溶于大多数非挥发性油和矿物油，不溶于水，易溶于乙醇、乙醚、苯等有机溶剂。强酸、强氧化剂和紫外线可引起大蒜油变质。

大蒜油具有很强的抗菌杀菌、防癌抗癌作用，有助于心血管疾病的防治，保护肝脏，提高机体免疫力、改善消化系统、抗衰老、美容等方面有诸多功效。相对密度（25℃/25℃）1.050 ~1.095，折射率（20℃）1.550 ~1.580。用途为香料和调味剂，调配肉香、海鲜和辛香类香精。

大蒜油的现行标准为 GB/T 14156—2009。

3. 中国肉桂油（CNS 号：N039；FEMA 号：2258）

中国肉桂油为樟科植物肉桂的干皮及树皮经水蒸气蒸馏得到的黄色或黄棕色的澄清挥发油；黄色至红褐色液体，具有中国肉桂的特异香气和辛香味，置空气中或存放日久，色渐变深，质渐浓稠。中国肉桂油在乙醇或冰醋酸中易溶。冷却至0℃，加等体积的硝酸振摇后，即析出结晶性沉淀。

肉桂醛是肉桂油的主要成分，肉桂醛中的羰基可凝结蛋白，破坏三羧酸循环，从而具有抗菌的作用，还具有镇静、镇痛、解热、增强胃肠蠕动、抗肿瘤等作用。

中国肉桂油的现行标准为 GB/T 11425—2008。

4. 生姜油（CNS 号：N075；FEMA 号：2522）

生姜属多年生草本宿根植物，其根茎芳香而辛辣，为传统的调味香料，是一种传统药食两用植物。生姜油是用水蒸气蒸馏法从生姜的根茎中提取的精油。含有多种成分，如 α－姜烯、β－防风烯、芳姜黄烯、龙脑、α－蒎烯、姜醇和柠檬醛等。主要用于食品及饮料的加香调味，也是世界范围大宗香料和药用原料之一。生姜油为淡黄色到黄色液体，具有生姜特征香气。相对密度（20℃/20℃）0.873 ~0.885，折射率（20℃）1.488 ~1.494。

生姜油的现行标准为 GB 8318—2008。

（二）植物精油或浸膏

1. 甜橙油（CNS 号：N131；FEMA 号：2821）

甜橙油为无色至淡黄色挥发性精油，具有新鲜的橙子皮的特有香味。溶于大部分非挥发性油、矿物油和乙醇（有浑浊），不溶于甘油和丙二醇。其主要成分为柠檬烯，含量达90%以上，此外还含有月桂烯、癸醛、辛醇、芳樟醇、柠檬醛、乙酸辛酯等成分。

甜橙油广泛用于配制各种食品用香精，是橘子、甜橙等果香型香精的主要原料。也可直接将甜橙油添加于糖果、糕点、饼干、冷饮等食品中，尤其是在高档的橘子汁、柠檬汁等果汁中,增香效果很好,橘子汁中用量约0.05g/kg。

甜橙油的现行标准为ISO 3140-2011。

2. 柠檬油(CNS号:N086;FEMA号:2625)

柠檬油为绿黄色或黄色精油,低温下浑浊,具有新鲜柠檬果皮的特征香气和香味,味辛辣,微苦,可溶于大多数挥发性油、矿物油和乙醇(可出现浑浊),不溶于甘油和丙二醇,主要成分是柠檬烯与柠檬醛。

柠檬油是柠檬型香精的主要原料,在柠檬型香精配方中其用量为25%。亦可直接将本品添加到糖果、糕点、饼干、冷饮等食品中,是高档的柠檬汁等果汁类常用的增香剂。

冷磨柠檬油相对密度(20℃/20℃)0.849~0.858,折射率(20℃)1.474~1.477,酸值≤3.0mgKOH/g,含醛量(以柠檬醛计)3.0%~5.5%。

柠檬油的现行标准为GB 6772—2008。

3. 留兰香油(CNS号:N122;FEMA号:3032)

留兰香油的主要成分是香芹酮、柠檬烯和3-辛醇等,为浅黄至绿黄色澄清液体,具有留兰香叶的特征香气和香味。留兰香油为用水蒸气法从留兰香草的花获得的精油。不同含酮量留兰香油的相对密度、折射率均不同。

留兰香油用途很多,广泛用于日化和食品领域,最大的用途是用于牙膏、漱口水等,食品方面最大的用量是胶姆糖等,可作为薄荷香精的修饰剂。常压熬制的留兰香硬糖中的使用量约0.8g/kg。

留兰香油的现行标准为QB/T 2521—2001。

三、合成香料

(一)酚类

1. 丁香酚(CNS号:S0091;FEMA号:2467)

丁香酚(4-烯丙基-2-甲氧基苯酚,$C_{10}H_{12}O_2$),相对分子质量164.22,为微黄色至黄色液体,具有丁香香气,不溶于水,与乙醇、乙醚及油可混溶。主要用于抗菌、麻醉、抗炎、解热等;也可用于香水香精以及各种化妆品香精和皂用香精配方中,还可以用于烟熏火腿、坚果和香辛料等食用香精的调配,亦为合成香兰素的主要原料。

丁香酚的相对密度(25℃/25℃)1.063~1.068,折射率(20℃)1.540~1.542,酸值≤1.0mgKOH/g,含量≥98.0%,沸点253.1~253.4℃,闪点约104℃,冻点10.3℃。天然丁香酚大量(可达85%)存在于丁香、丁香罗勒、月桂及肉桂叶等精油中。

ADI:0~2.5mg/kg体重(FAO/WHO,2006)。丁香酚的现行标准为QB/T

1509—2007。

2. 愈疮木酚(CNS 号:S0104;FEMA 号:2532)

愈疮木酚(邻甲氧基苯酚,$C_7H_8O_2$),相对分子质量 124.14,为白色或微黄色结晶或无色至淡黄色透明油状液体(28℃以上时),在空气和日光下逐渐变成暗色。呈香甜香气,有苯酚气味。含量为 5mg/kg 时成山核桃香味。沸点 205℃,闪点 82.2℃,熔点 27.9℃,微溶于水和苯,易溶于甘油,混溶于乙醇、乙醚、氯仿、冰醋酸和大多数非挥发性油。天然愈创木酚存在于橙叶、芹菜籽等精油中。

(二)醛类

1. 苯甲醛(CNS 号:S0165;FEMA 号:2127)

苯甲醛(C_7H_6O)又名人造苦杏仁油,相对分子质量 106.13,纯品为无色液体,普通品为无色至淡黄色液体,呈浓郁的苦杏仁香气和焦味。微溶于水,溶于乙醇和油。熔点 -26℃,沸点 179.9℃,闪点 62℃,酸值 <10mgkOH/g。苯甲醛实际使用中除制杏仁香精外,也可用于仿制草莓、奶油、杏、白兰地、樱桃、椰子、甘草、苹果、梅、胡桃、朗姆等香精中。

ADI:0 ~5mg/kg 体重(FAO/WHO,1994)。

2. 柠檬醛(CNS 号:S0174;FEMA 号:2303)

柠檬醛($C_{10}H_{16}O$)有 α、β、顺、反 4 种异构体,相对分子质量 152.26,为淡黄色液体,具有强烈的柠檬样香气,不溶于水,溶于乙醇,与大多数天然和合成香料互相溶。相对密度(25℃/25℃)0.885 ~0.891,折射率(20℃)1.486 ~1.490,酸值 ≤5.0mgkOH/g,含醛量≥97.0%(以柠檬醛计)。沸点 228℃,闪点 101℃。天然品存在于柠檬草油、山苍子油、柠檬油、白柠檬油、柑橘类叶油等中。柠檬醛广泛应用于食品用香精,如苹果、樱桃、姜、葡萄、柠檬、白柠檬、橙、圆柚、香辛料、草莓、香草香精。最终加香食品的柠檬醛浓度约 0.004%,胶基糖果中可达 0.015% ~0.017%。

ADI:0 ~0.5mg/kg 体重(FAO/WHO,1994)。柠檬醛的现行标准为 QB/T 1789—2006。

3. 肉桂醛(CNS 号:S0176;FEMA 号:2286)

肉桂醛(C_9H_8O),相对分子质量 132.16,为黄色黏稠状液体,大量存在于肉桂等植物体内。自然界中天然存在的肉桂醛均为反式结构,该分子为一个丙烯醛上连接上一个苯基,因此可被认为是一种丙烯醛衍生物。

肉桂醛通常称为桂醛,天然存在于斯里兰卡肉桂油、桂皮油、藿香油、风信子油和玫瑰油等精油中。桂醛有顺式和反式两种异构体,现商用的桂醛,无论是天然的或者是合成的桂醛,都是反式体。

4. 糠醛(CNS 号:S0180;FEMA 号:2489)

糠醛(呋喃甲醛,$C_5H_4O_2$),分子式为,相对分子质量 96.09,纯品为无色油状液体,露于光和空气中变成棕红色,并树脂化。具有刺激性肉桂和杏仁香气,具有焦糖味。溶于水,混溶于乙醇、乙醚和苯。沸点 161.7℃,熔点 -36.5℃,闪点 60℃。天然品存在于松叶油、薰衣草油、斯里兰卡肉桂油、月桂油、丁香油等中。

ADI:0 ~ 0.5mg/kg 体重(FAO/WHO,2000)。

5. 香兰素(CNS 号:S0172;FEMA 号:3107)

香兰素(3 - 甲氧基 - 2 - 羟基苯甲醛,$C_8H_8O_3$),相对分子质量 152.15,为白色至微黄色针状结晶或结晶性粉末,具有甜香、奶香和香草香气。易溶于乙醇、乙醚、氯仿、冰醋酸和热挥发油。相对密度(20℃/20℃)1.056,沸点 284 ~ 285℃,溶点 81 ~ 83℃。天然品存在于香荚豆、丁香油、香茅油、安息香膏、秘鲁香膏等中。

ADI:0 ~ 10mg/kg 体重(FAO/WHO,2002)。香兰素的现行标准为 GB 3861—2008。

6. 乙基香兰素(CNS 号:S1171;FEMA 号:2464)

乙基香兰素(3 - 乙氧基 - 4 - 羟基苯甲醛,$C_9H_{10}O_3$),相对分子质量 166.18,白色或微黄色结晶或结晶性粉末。乙基香兰素具有明显甜香气及暖、轻微花和奶香,与香荚兰豆香有些相似,香气持久性极好,纯品的香气较香兰素强 3 ~ 4 倍,特别适于乳制品的赋香,

水溶液呈酸性,沸点 285℃,熔点 76 ~ 78℃,微溶于水,溶于乙醇、丙二醇和许多天然或合成香料。

ADI:0 ~ 3mg/kg 体重(FAO/WHO,1995)。乙基香兰素的现行标准为 GB/T 1791—2006。

(三)酯类

1. 丁酸异戊酯(CNS 号:S0426;FEMA 号:2060)

丁酸异戊酯($C_9H_{18}O_2$),相对分子质量 158.24,为无色液体,具有果香香气。相对密度(25℃/25℃)0.861 ~ 0.866,折射率(20℃)1.409 ~ 1.414,熔点 -73.2℃,沸点 168.9℃。易溶于乙醇、乙醚等有机溶剂。几乎不溶于水、丙二醇、甘油。酸值 ≤1.0mgKOH/g,含量≥98.0%。

丁酸异戊酯广泛用于生梨、香蕉、菠萝、杏、樱桃和什锦水果等果香型香精的调制及朗姆酒的调香。一般用量为:冰淇淋 0.01 ~ 0.02g/kg、糖果 0.005 ~ 0.015g/kg。

ADI:0 ~ 3mg/kg 体重(FAO/WHO,1994)。丁酸异戊酯的现行标准为 QB/T 2646—2004。

2. 水杨酸甲酯(CNS 号:S0505;FEMA 号:2745)

水杨酸甲酯(邻羟基苯甲酸甲酯,$C_8H_8O_3$),相对分子质量 152.16,为无色或淡黄色液体,具有冬青叶香味。易溶于乙醇、乙醚、冰醋酸等有机溶剂,微溶于水。

(四)呋喃类和吡喃类

1. 麦芽酚(CNS 号:S0098;FEMA 号:2656)

麦芽酚(2 - 甲基 - 3 - 羟基 - 4 吡喃酮,$C_6H_6O_3$),相对分子质量 126.11,为白色至微黄色针状结晶或结晶性粉末,具有焦香奶油硬糖的特殊香气,其稀溶液具有

轻微草莓香味。易挥发，93℃升华，1g麦芽酚可溶于约82mL水、21mL乙醇、80mL甘油或28mL丙二醇。天然品存在于炒麦芽、松针和菊苣中。

ADI：0～1mg/kg体重（FAO/WHO，2006）。乙基麦芽酚的现行标准为GB 12487—2010。

2. 糠基硫醇（CNS号：S0692；FEMA号：2493）

糠基硫醇（C_5H_6OS）又名咖啡醛，相对分子质量114.17，为柠檬黄透明油状液体，不溶于水，溶于有机溶剂和稀碱液。具有焦煳味、咖啡和肉香以及芝麻香。在食用香精中调配咖啡、巧克力（芝麻、花生等）干果类香精，也可调制焦糖和糖浆类香精。

（五）吡咯类和吡啶类

1. 吡咯（CNS号：S1156；FEMA号：3386）

吡咯（C_4H_5N），相对分子质量67.10，为无色至淡黄色液体，易受光的作用而聚合并转为棕色。具有氯仿似甜果味和刺激味。相对密度（20℃/20℃）0.950～0.980，熔点-24℃，沸点130～131℃，闪点39℃。溶于乙醇、乙醚、苯、稀酸和大多数非挥发性油，不溶于水和稀碱。由骨油和硫酸共热分馏后，使转变成其钾盐（C_4H_4NK），用乙醚洗涤和用水处理后在干燥、分馏而得。

2. 2-乙酰基吡咯（CNS号：S0731；FEMA号：3328）

2-乙酰基吡咯（C_6H_7NO），相对分子质量109.12，为浅灰至淡黄色细小结晶，呈面包香气。熔点90℃，沸点220℃，溶于水、酸、乙醇和乙醚。存在于茶叶、烘过的杏仁、咖啡、烤牛肉、烟草中，主要用于配制焙烤食品型香精。

3. 吡啶（CNS号：S0774；FEMA号：2908）

吡啶（C_5H_5N），相对分子质量79.10，为无色至淡黄色液体，有特殊辛辣味。相对密度（25℃/25℃）0.982，沸点115.5℃，凝固点-42℃，闪点20℃。溶于水、乙醇、丙酮、乙醚和苯。有吸湿性，易燃、易爆。天然品存在于咖啡、烟草、颠茄等中。

（六）噻唑类

2,4,5-三甲基噻唑（CNS号：S0725；FEMA号：3325）

2,4,5-三甲基噻唑（C_6H_9SN），相对分子质量127.21，嗅觉阈值0.05mg/kg，沸点167℃。2,4,5-三甲基噻唑为无色透明黏稠液体，呈可可和坚果似香气，天然品存在于牛肉、干红豆、煮马铃薯、葡萄酒等中。用于可可、巧克力、烤牛肉、熟牛肉、坚果类、饮料、沙司、冰淇淋等食用香精；在烟草中使用能够增强可可、坚果风味，改善、提高烟草吸味。

（七）酮类

1. 2-戊酮（CNS号：S0208；FEMA号：2842）

2-戊酮（$C_5H_{10}O$），相对分子质量86.15，为无色液体，有丙酮气味；微溶于水，溶于醇、乙醚。主要用作溶剂、有机合成中间体。

2－戊酮对黏膜具有刺激作用,高浓度可致麻醉,吸入后引起上呼吸道刺激、头痛、头晕、恶心、呕吐、嗜睡、昏迷。对眼及皮肤有刺激性;未见慢性中毒病例;长期接触可致皮炎。2－戊酮为易燃液体,蒸汽可与空气形成爆炸性混合物,储存和使用时要远离火源和强氧化剂,防止静电。对皮肤、眼睛和呼吸系统有刺激性。

2. 薄荷酮(CNS 号:S0237;FEMA 号:2667)

薄荷酮($C_{10}H_{18}O_2$),相对分子质量 154.28,为无色液体,不溶于水,溶于大多数有机溶剂,以 1:3 溶于 70% 乙醇。具有特有的类似药材的香气。主要采用氧化法,以薄荷醇为原料,经氧化反应而得;也可从天然薄荷、老鹳草等天然原料中,经精馏提取而得。酮类合成香料,主要用作薄荷、薰衣草、玫瑰等香精的调合香料;也用于香叶天竺葵油等的调配。

(八)羧酸

1. 丁酸(CNS 号:S0296;FEMA 号:2221)

丁酸($C_4H_8O_2$),相对分子质量 88.12,为无色至淡黄色透明油状液体,呈强烈的奶油和干酪香气及奶油脂肪酸败香味。丁酸与乙醚类似,易溶于水,但易被盐析,易溶于乙醇、丙二醇、乙醚、大多数挥发油和大部分有机溶剂;能随水蒸气挥发,可与水形成共沸物。10μg/kg 浓度的丁酸即可被狗嗅出,人则大于 10mg/kg 浓度可被分辨出。丁酸是脂肪酸,在动物脂肪和植物油中以丁酸酯形式存在。与低级醇生成的酯类具有水果的香味。沸点 163.5℃,熔点 －7.9℃,闪点 76℃,相对密度(25℃/25℃)0.952～0.960,折射率(20℃)1.397～1.399。主要用于配制奶油、干酪等乳制品及焦糖类香精。

丁酸的现行标准为 GB/T 2796—2010。

2. 肉桂酸(CNS 号:S0318;FEMA 号:2288)

肉桂酸(β－苯丙烯酸,$C_9H_8O_2$),相对分子质量 148.17,为白色或淡黄色微细针状结晶性粉末,具有树脂和蜜蜂花香。有顺式和反式两种异构体,天然品为反式。熔点 133℃,沸点 300℃。溶于热水、乙醇、甲醇、乙醚、丙酮、冰醋酸和大多数非挥发性油类。天然品(反式)存在于苏合香脂、桂皮油、秘鲁香脂油、罗勒油等中(游离态或部分酯化)。

(九)含氮化合物

1. 哌啶(CNS 号:S0774;FEMA 号:2908)

哌啶(C_5H_5N),相对分子质量 79.10,为无色至淡黄色液体,有类似胡椒的气味和皂感。能与水混溶,溶于乙醇、乙醚、苯和氯仿。相对密度(20℃/20℃)0.980～0.984。有吸湿性,易燃,易爆。天然品存在于咖啡、烟草、颠茄等中。

2. 2,3－二甲基吡嗪(CNS 号:S0711;FEMA 号:3271)

2,3－二甲基吡嗪($C_6H_8N_2$),相对分子质量 108.16,为无色至微黄色液体,呈焙烤、奶油和肉类香气,有烤焦的蛋白质气味和可可果气味。沸点 182.2℃,闪点 64℃,相对密度(20℃/20℃)1.000～1.022。混溶于水和大多数有机溶剂。由双乙酰与乙二胺的反应产物与氢氧化钾在乙醇液中共热而得。

项目二　食品用香精

随着食品工业的发展，对食品添加剂中食品用香精提出了更广泛和更高的要求，但总的要求就是食品用香精香味必须与天然食品相似，或者与不同食品的某些特定品种类似，或者与不同成熟度的食品香味类似，或者与食品不同的加工方法最后产生的香味类似。

食用香精是指用来起香味作用的浓缩配制品（只产生咸味、甜味或酸味的配制品除外），它可以含有也可不含有食用香精辅料。通常它们不直接用于消费。食用香精包括食品用香精、饲料用香精和接触口腔与嘴唇用香精。食用香精辅料是指对食用香精生产、储存和应用所必须的食品添加剂和食品配料，所加的食品添加剂在最终加香产品中无功能。

一、食品用香精的分类

食品用香精品种很多，按剂型可分为两类。

（一）液体食品用香精

按溶解性不同可分为三类。

1. 水溶性食品用香精

水溶性香精是指以水或水溶性物质为溶剂的液体香精。常用的溶剂为乙醇或乙醇水溶液，也少量应用丙醇、丙二醇、丙三醇代替部分乙醇。食用水溶性香精一般是透明的液体，其色泽、香气、香味与澄清度符合该型号的标样，不呈现液面分层或浑浊现象。水溶性香精广泛用于果汁及果汁饮料、果冻、冰淇淋和酒类中。

2. 油溶性食品用香精

油溶性香精是指以油类或油性物质为溶剂的液体香精。油性溶剂如植物油、甘油或丙二醇等。油溶性食品用香精一般应是透明的油状液体，其色泽、香气、香味与澄清度符合该型号的标样，不呈现液面分层或浑浊现象。油溶性食品用香精中含有较多的植物油或甘油等高沸点稀释剂，其耐热性比水溶性香精高，香味浓郁，留香性能好，主要用于焙烤食品、糖果、巧克力等食品中。

3. 乳化食品用香精

乳化香精是属于一种水包油（O/W）型乳化体系，在水中能迅速分散，形成稳定的乳浊体系,是将香料、乳化剂、稳定剂及纯净水混合而成的。其中起乳化作用的表面活性剂有单硬脂酸甘油脂、大豆磷脂、山梨糖醇酐脂肪酸酯、聚氧乙烯木糖醇酐硬脂酸酯等。起乳化稳定剂和增稠剂作用的有明胶、阿拉伯胶、果胶、变性淀粉、羧甲基纤维素钠、海藻酸钠、酪朊酸钠等。

乳化香精主要用于果汁及果汁饮料、奶糖、巧克力、糕点、乳制品等食品中。

(二)固体食品用香精

固体食品用香精又称粉末食品用香精,可分为香气和/或香味成分与固体粉末载体拌合在一起的拌合型粉末香精,香气和/或香味成分以微小芯材的形式被包裹于固体壁材之内的微胶囊型粉末香精,通过喷雾干燥形成的粉末香精和通过冷冻干燥形成的粉末香精等类型,广泛应用于固体饮料、固体汤料、乳粉等食品中。

此外,人们根据食品中的化学成分引起感觉器官的味觉反应特点对食品基本味道进行分类,可分为甜味香精和咸味香精两大类。甜味香精(Sweet flavoring)指具有甜味的食品香精,按香型分为果香型香精、乳香型香精、坚果香型香精等。咸味香精(Savory flavoring)指由热反应香料、食品香料化合物、香辛料(或提取物)等香味成分中的一种或多种与食用载体和或其他食品添加剂构成的混合物,用于咸味食品的加香。主要包括牛肉、猪肉、鸡肉等肉味香精,鱼、虾等海鲜香精,各种菜肴香精以及其他调味香精。

此外,食品用香精按香型不同还可分为以下八类:

(1)柑橘型香精　甜橙、柠檬、白柠檬、柚子、红橘等。

(2)果香型香精　苹果、香蕉、樱桃、葡萄、菠萝、李子、草莓等。

(3)豆香型香精　香荚兰、可可、巧克力等。

(4)薄荷型香精　薄荷、留兰香等。

(5)辛香型香精　众香子、肉桂等。

(6)坚果型香精　杏仁、花生、胡桃等。

(7)奶香型香精　牛乳、奶油、干酪、酸乳酪等

(8)肉香型香精　牛肉、鸡、猪肉、鱼贝类等。

二、食品用香精调配

食品用香精是由数种甚至数十种食品用香料及溶剂等组分调配而制成的。所谓调配香精就像画家把颜料混合。然后描绘成自然色彩一样,把天然和合成的香料作为原料,调配成预定的香气的艺术创作。

香精的香气主要表现在头香、体香和尾香三个方面特征。头香是最先感受到的香气特征,香气生动、愉快、飘逸、易感性强;体香是主体香气,具有在较长时间内稳定一致的香气特征;尾香是最后残留的香气,绵绵留长。

食品用香精的调配需要根据加香产品的性质、状态和用途分别将各种不同的香料调配加工成香精，一个比较完整的香精配方由主香剂、辅香剂、头香剂、定香剂组成。

(1)主香剂 也称香精主剂，是形成香精主体香韵的基础，是构成香精香气的基本原料。

(2)辅香剂 也称配香原料，弥补主香剂的不足，起协调和变调作用。

(3)顶香剂 也称头香剂，是一种易挥发、香气扩散力强的香料，使香精的香气突出、明快、透发。

(4)定香剂 也称保香剂，多为高分子结构和高沸点物质，其作用是使香精中各种香料成分挥发均匀，防止快速蒸发，使香精保持均匀而持久的芳香。

把这四种成分适当地组合使之成为非常协调的成品——香精。

食品用香精的典型调配过程如下所示：

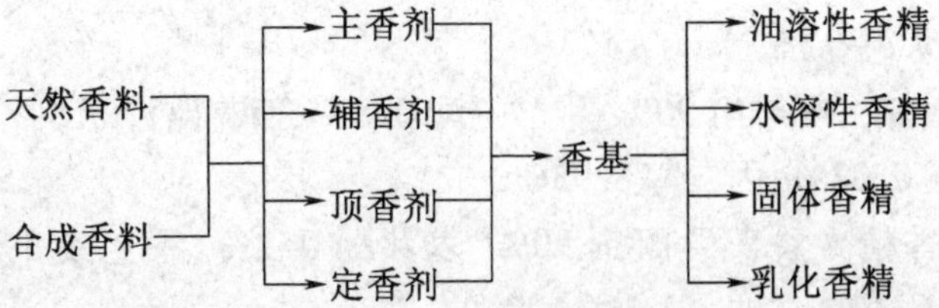

首先明确所配香精的香型和用途，以确定香精组成所需要的天然香料和合成香料，按挥发程度将头香、体香和尾香进行不同比例添加，为使香味在幅度和深度上得到扩散，再加辅香剂调制定型。为了得到一定的保留性和挥发性，再加上定香剂和乙醇等有机溶剂，并经过一定时期的圆熟，就制成食品用香精的基本类型，称为香基。然后再进一步将香基经过加工制成水溶性香精、油溶性香精、乳化香精以及固体香精等各种制品。现将几种常用香基配方介绍如下，供参考。

(1)苹果香基 戊酸戊酯25%、丁酸戊酯24%、乙酸乙酯15%、甲酸乙酯15%、己醇5%、甲酸戊酯4%、戊醇2%、乙酰乙酸乙酯2%、乙酸己酯2%、芳樟醇2%、香叶醇2%、乙酸香叶酯1%、香兰素1%。

(2)香蕉香基 乙酸异戊酯50%、丁酸戊酯12%、乙醛10%、戊酸戊酯6.5%、芳樟醇5%、乙酸乙酯5%、丁酸乙酯5%、丁香酚3%、香兰素3%、洋茉莉醛0.5%。

(3)葡萄香基 邻氨基苯甲酸甲酯50%、乙酸乙酯16%、丁酸乙酯10%、戊酸戊酯10%、芳樟醇4%、戊醇4%、正己酸乙酯2%、香兰素2%、麦芽酚1%、乙酸1%。

(4)菠萝香基 正己酸己酯30%、丁酸乙酯30%、乙酸乙酯25%、己酸烯丙酯10%、环己基烯丙酯2%、香兰素2%、麦芽酚1%。

(一)水溶性香精调配

1.柑橘型香精

取40%～60%乙醇100份和柑橘类植物精油10～20份，装入带有搅拌装置的浸提釜中,在60~80℃下搅拌2~3h进行温浸,亦可在常温下搅拌一段时间进行冷浸。浸提物密闭保存2~3天后进行分离,将乙醇溶液部分在-5℃左右冷却数日,加入适当的助滤剂,低温滤去析出的不溶物质,经圆熟后即为成品。

2. 酯型水溶性香精(水果香精)

以酯类为主构成的香基与柑橘型香精不同。将香基、醇和水混合溶解,然后冷却、过滤、着色即得成品,具体配方如下:

(1)苹果香精　苹果回收食用香味料30%、苹果香基10%、丙二醇5%、乙醇55%。

(2)香蕉香精　香蕉香基20%、水25%、乙醇55%。

(3)葡萄香精　葡萄回收食用香味料30%、葡萄香基5%、丙二醇10%、乙醇55%。

(4)菠萝香精　菠萝香基7%、柠檬香精10%、乙醇48%、柑橘香精10%、水25%。

3. 其他香基的香精

(1)咖啡香精　咖啡酊90%、甲酸乙酯0.5%、西克路汀0.5%、10%呋喃硫醇0.05%、丁二酮0.02%、丙二醇8.93%。

(2)香草香精　香荚兰酊剂90%、麦芽酚0.2%、香兰素3%、乙基香兰素0.5%、丙二醇6.3%。

(二)油溶性香精调配

油溶性香精通常用10%~20%的香基,以80%~90%植物油、丙二醇等作为溶剂调合得到的成品。

(1)苹果香精　苹果香基15%、植物油85%。

(2)香蕉香精　香蕉香基30%、柠檬油3%、植物油67%。

(3)葡萄香精　葡萄香基10%、乙酸乙酯10%、麦芽酚0.5%、植物油79.5%。

(4)菠萝香精　菠萝香基15%、柠檬油2%、植物油83%。

(5)咖啡香精　咖啡油树脂50%、甲基环戊烯酮醇2%、麦芽酚1%、10%呋喃硫醇0.2%、丁二醇0.1%、丙二醇46.7%。

(6)香荚兰香精　香荚兰油树脂30%、香兰素5%、乙基香兰素2%、麦芽酚1%、丙二醇42%、甘油20%。

(三)乳化香精调配

乳化香精一般是以油性香料为内相,水为外相的乳化液,加入适当的乳化剂、稳定剂、抗氧化剂和色素等制成,简单的乳化香精配方如下:

(1)菠萝乳化香精　内相:菠萝香基5.0%、柠檬油1.0%;外相:20%阿拉伯树胶溶液94.0%。

(2)橘子乳化香精　内相:橘子油10%;外相:20%阿拉伯树胶溶液90%。

(四)粉末香精调配

(1)由固体香料粉碎制得。如粉末香荚兰香精为:香兰素 10%、乳糖 80%、乙基香兰素 10%。

(2)喷雾干燥法制得。采用与乳化香精同样的方法制成乳化液,然后进行喷雾干燥,从而获得被食用胶等赋形剂所包裹的球状粉末香精,或称微胶囊香精。

(五)热反应香料的制作

热反应香料是一种通过加热食品组分和/或允许用于食品或热反应香料中的组分而制得的具有风味特性的产品。常用的热反应香料原料包括:蛋白氮源(肉、禽、蛋、乳制品、鱼、河鲜、谷物、酵母、果蔬及其制品)、糖类(单、双和多聚糖、谷物、果蔬及其制品等)、脂肪或脂肪酸(动物、水产品等的可食用油脂及其制品等)等。

我国目前尚未有热反应香料的制作规范,根据欧盟(EC)1334/2008 的规定,热反应香料制作时的温度应低于 180℃,且在 180℃的加工时间不超过 15min。加工温度降低,反应时间可以相应延长,加工温度每降低 10℃,反应时间可以延长一倍,但反应时间不得超过 12h。反应体系的 pH 不得超过 8.0。此外,欧盟还对热反应香料中的两种物质提出限量 50μg/kg 的要求,这两种物质分别是:2-氨基-3,4,8-三甲基咪唑[4,5-f]喹啉(4,8-DiMeIQx)和 2-氨基-1-甲基-6-苯基咪唑[4,5-b]吡啶(PhIP)。

项目三　食品用香料与香精在食品工业中的应用

一、食品用香料、香精的使用原则

(1)在食品中使用食品用香料、香精的目的是使食品生产过程中,改善或提高食品的风味。食品用香料一般配制成食品用香精后用于食品加香,部分也可直接用于食品加香。

(2)食品用香料、香精在各类食品中按生产需要适量使用,GB2760—2011 表 B.1 所列没有加香必要的食品,不得添加食品用香料、香精,法律、法规或国家食品安全标准另有明确规定者除外。是否加香应按相关食品产品标准规定执行。

(3)用于配制食品用香精的食品用香料品种应符合国家标准 GB2760—2011 的规定。用物理方法、酶法或微生物法(所有酶制剂应符合国家标准的有关规定)从食品(可以是未加工过的,也可以是经过了适合人类消费的传统的食品制备工艺的加工过程)制得的具有香味特性的物质或天然香味复合物可用于配制食品用香精。

(4)具有其他食品添加剂功能的食品用香料,在食品中发挥其他食品添加剂功能时,应符合国家标准 GB2760—2011 的规定。例如:苯甲酸、肉桂醛、瓜拉纳提取物、二醋酸钠、琥珀酸二钠、磷酸三钙、氨基酸等。

(5)食品用香精可以含有对其生产、储存和应用等所必须的食品用香精辅料(包括食品添加剂和食品)。食品用香精辅料应符合:①食品用香精中允许使用的辅料应符合 QB/T 1505—2007《食用香精》标准的规定。在达到预期目的的前提下尽可能减少使用品种;②作为辅料添加到食品用香精中的食品添加剂不应在最终食品中发挥功能作用,在达到预期目的前提下尽可能降低在食品中的使用量。

(6)食品用香精的标签应符合 QB/T 4003—2010《食用香精标签通用要求》标准的规定。

(7)凡添加了食品用香料、香精的食品应按照国家相关标准进行标示。

二、食品用香料、香精在食品工业中的应用

随着食品工业的发展,除了原有的加香产品如饮料、冷饮、肉制品、糖果、焙烤制品等食品外,近年来,各种快餐、点心、人造肉等食品的出现,扩大了食品用香料香精的应用范围。同时,由于消费者口味在不断变化,使得香料、香精品种又有所增加、而且在加香的浓度及其方式上也有改变。

食品用香料、香精在食品中的应用有三种情况:①产品本身没有香味,完全依靠添加香料、香精使食品产生香味;②由于食品本身的香味部分损失,为了增强或改善产品香味,使之具有特征性香味,需要添加香料、香精;③使用香料、香精来掩盖或修饰产品本身具有的不良风味。

每一种食品都有其不同的特征,应选择不同的食品用香料、香精满足消费者对食品香味的要求。

(一)在饮料类中的应用

饮料基本配料多是糖、酸、增稠剂或乳化剂等食品添加剂,强调色、香、味的合理搭配,这使饮料具有一定的滋味和口感,但主要区别还是风味差异,因此食品用香精在饮料中起着重要作用。

果汁饮料是在果汁(浆)或浓缩果汁(浆)中加入水、食糖和(或)甜味剂、酸度调节剂等调制而成的饮料,果汁(浆)含量≥10%(质量分数)。未添加香精前,风味不明显,加入特征香精后,赋予产品不同的风味,如橙、柠檬、石榴、芒果、香蕉、西柚、葡萄,以及各种香气混搭。

碳酸饮料是在一定条件下充入二氧化碳气的饮料,不包括由发酵法自身产生的二氧化碳的饮料。其香味完全是由香精赋予的,这类产品中使用最多的是水溶

性香精。近年来,利用乳化香精制成的碳酸饮料由于其外观接近天然果汁,所以受到人们的青睐。

在碳酸饮料生产中,香精可在配制糖浆时添加,溶解后的热糖浆经过滤后打入配料罐,一般再按顺序加入防腐剂、柠檬酸、色素、乳化剂、稳定剂等,最后加入香精(此时糖浆温度比较低),再经搅拌均匀即可装罐。

植物蛋白饮料是用有一定蛋白质含量的植物果实、种子或果仁等为原料,经加工制成(可经乳酸发酵)的浆液中加入水,或加入其他食品配料制成的饮料。香精在植物蛋白饮料中的应用有两种情况:产品本身的香味部分损失,为增强或改善产品香味,添加香精使之具有特征性的香味;使用香精来掩盖或掩饰产品本身具有的不良风味,如加工中产生的异味等。

在植物蛋白生产中,食品用香精应选择合适的时机添加,一般在定容加热后均质前慢慢添加,并减少在空气中暴露,以减少其挥发,同时更易于香气成分的均匀分布。

(二)在冷冻饮品中的应用

以饮用水、食糖、乳制品、水果制品、豆制品、食用油等中的一种或多种为主要原料,添加或不添加食品添加剂,经配料、灭菌、冷冻而制成的冷冻固态制品。主要包括冰淇淋、雪糕、雪泥、冰棍、甜味冰、食用冰等,使用最多的是香荚兰、草莓、巧克力、柠檬、橘子等香精。

生产冰棍,香精可在料液冷却时添加,一般用量为0.02%~0.1%。料液打入冷却罐后,待料液温度降到10~16℃,再加入柠檬酸及香精。

生产冰淇淋,香精可在凝冻时添加。当凝冻机内的料液在搅拌下开始凝冻时,可加入香精、色素等添加剂,凝冻完毕就可以成型。冰淇淋中使用香精的量因香精的种类不同而各异,一般在0.05%~0.1%。

(三)在肉制品中的应用

以畜禽肉或可食副食产品等为主要原料,添加或不添加辅料,经腌、腊、卤、酱、蒸、煮、熏、烤、焙烤、干燥、油炸、成型、发酵、调制等有关工艺加工而成的生或熟的肉类制品。肉制品的香味非常复杂,由于各种肉类本身成分不同,所产生的香味亦有差异。此外,即使原料相同,由于烹调方法不同,如煮牛排和烤牛排所产生的肉香亦有显著差异。

肉类的香味是肉汁中所含有的糖类与氨基酸类、蛋白质与脂肪在加热的过程中发生了复杂的有机化学反应,产生了挥发性香味物质。目前已有1000多种挥发性肉类成分被鉴定出来,主要包括内酯化合物、吡嗪化合物、呋喃化合物和硫化物。

运用现代科技将美拉德反应、酶解技术、超临界萃取技术、微胶囊技术、调香技术等综合运用于香精的生产,形成以美拉德反应产物为主体,通过调香生产出具有各种肉香和肉味的香精。

在肉制品加工过程中,采用斩拌或乳化工艺生产的产品,应注意避免香精和磷酸盐直接接触。因为磷酸盐的 pH 偏碱性(约为 9),而肉香精的 pH 则偏酸性(5 ~ 6,甚至更低)两者直接接触,在有水分的情况下易发生中和反应,削弱两者的作用。应先添加磷酸盐,待其分散均匀与肉充分作用后,再加入香精。

高温肉制品应选择耐热性能好,能改善口感的香精,在搅拌工序或乳化工序后期加入。低温肉制品由于储存在 4 ~ 7℃的环境中,香气挥发受到抑制,使产品头香不足,风味不突出,所以应选择头香浓郁,低温挥发性强的香精,在滚揉工序或搅拌工序后期加入。

(四)在糖果及巧克力制品中的应用

糖果是以白砂糖、淀粉糖浆(或其他食糖)、糖醇或允许使用的其他甜味剂为主要原料,经相关工艺制成的固态、半固态或液态甜味食品。糖果制品的香味几乎均由所添加的香精所赋予,使糖果品种丰富多彩。硬糖加香多使用柠檬、橘子、草莓、菠萝、葡萄等水果型香精,也使用咖啡、巧克力、薄荷等香精。香精应在冷却过程调和加入,当糖膏倒在冷却台,温度降到 105 ~ 110℃时,加入酸度调节剂、色素和香精。香精过早加入将因挥发而损失。软糖加香亦多用水果型香精。此外,由于 pH 影响胶状物的凝胶强度,所以控制 pH 是关键。香精和酸度调节剂的添加要在最后阶段进行,一般在糖浆温度降到 80℃以下时添加。产品的胶质影响加香效果,使用果胶的产品香味最佳,琼脂次之,动物胶最差。胶基糖果所用的香精要求在口腔具有持续性,使用微胶囊香精的产品留香效果较好。食品用香精在糖果中的添加量一般为 0.1% ~0.3%,但在胶基糖果中的添加量一般需要达到 0.5% ~ 0.8%,甚至 1.0%,是各种食品香精用量最高的一种。

巧克力及巧克力制品包括以可可液、可可粉、可可脂、类可可脂、代可可脂、白砂糖、乳制品、食品添加剂等为原料加工而成的巧克力及其制品。巧克力及其制品的风味主要取决于可可自身带来的滋味。为了增加巧克力的花色品种,经常使用奶油香精、香兰素等。

(五)在焙烤食品中的应用

焙烤食品是以粮、油、糖、蛋、乳等为主料,添加适量辅料,并经调制、成型、焙烤工序制成的食品。我国目前用于焙烤食品的香精主要是油溶性香精,常用的有杏、奶油等香精以及香兰素,现在也开始使用牛肉、火腿等香精。

香精在面包中的用量为 0.04% ~0.1%,饼干、糕点中为 0.05% ~0.15%。香料、香精加入焙烤食品中有四种方法:①把食品用香料、香精添加在面团中再烘烤;②将食品用香料、香精喷洒在刚出炉的制品上;③制品涂油后再喷洒食品用香料、香精;④把食品用香料、香精混在夹心或包衣之中。

如果把食品用香料、香精先混于面团中,在焙烤时,由于水分蒸发散失,可带走部分香料、香精。使用油溶性香精可减少损失。此外,由于搅拌机的高速搅拌,摩擦产生高温也会导致香味散失。通常往往多加 20% 以补偿损失。

饼干一般是在出炉后，温度降到40～50℃时加香，这时饼干组织疏松且易吸附香料、香精。对于甜度高的饼干，香料、香精的使用量较少，甜度低的韧性饼干，耐嚼，需要添加的量较大。

三、使用注意事项

食品用香料、香精用于食品中仅限于加香，禁止用于其他目的，如不得把香料、香精作为防腐剂使用。除此以外，在使用食品用香料、香精过程中还应注意以下几点。

（一）选择合适的添加时机

食品用香料、香精都有一定的挥发性，对必须加热的食品应尽可能在加热后冷却时，或在加工处理的后期添加，以减少挥发损失。

有些食品在加工过程中，其香味的损失在开放系统中比在封闭系统中大，所以应尽量减少食品暴露在外的面积，或避开此工序再添加食品用香精、香料。

无论是加压还是减压，都会改变食品用香料、香精的浓度，使香味变化。如真空罐装的食品就会使较多的挥发香味物质损失，这样就要考虑将食品用香料、香精的用量加大。有的食品要经过真空脱臭处理，食品用香料、香精应在脱臭后添加。

食品用香精中含有的香料和稀释剂，除了容易挥发的以外，有些食品用香料遇空气往往容易氧化变质。这与充气产品有很大关系，如冰淇淋，在加工过程中需要高速搅拌，除了挥发性物质损失外，更重要的是产品中混入大量空气会使某些香料氧化，这就需要考虑防止香料损失的各种途径，使用微胶囊香精可以避免香料氧化。

（二）掌握正确的添加顺序

一般食品用香料、香精在碱性食品中不稳定，一些使用蓬松剂的焙烤食品使用食品用香料、香精时需分别添加，以防止碱性物质与食品用香料、香精发生反应，从而影响食品的色、香、味。如香兰素与碳酸氢钠接触后会失去香味，变成红棕色。

多种食品用香料、香精混合使用时，应先添加香味较淡的，然后再加香味较浓的，例如柑橘→柠檬→香槟→香蕉→香橼→葡萄等。

（三）掌握合适的添加量

食品生产中，食品用香料、香精的用量要适当，添加量过少，固然影响效果，添加量过多，也会带来不良的效果。液体食品用香精用重量法比量杯、量筒计量准确。使用时应尽可能使食品用香精在食品内均匀分布。

项目四 食品用香料与香精使用存在的安全问题

食品安全问题已经引起了世界各国从政府、新闻媒体、食品生产相关企业到普通消费者的普遍关注,加工食品的安全性更是成为关注的焦点。2009 年 6 月 1 日起实施的《中华人民共和国食品安全法》,反映出国家立法水平和民众的法律意识的极大提升。食品用香料、香精对食品的安全性是否构成威胁,对人体健康是否有害,是生产者和消费者最关心的问题。食品质量安全对于保障人民生活和促进社会稳定都具有重要的战略意义。食品用香料属于重要的食品添加剂之一,它的安全性和食品香精中使用的添加剂的安全性决定了食品香精的安全性。

对食品用香料、香精安全性评价的讨论一直很激烈,全面的潜在的有毒的安全性评价需要增加毒理学和分析学数据。食品用香精、香料多种多样,但都是以食品用香料和许可使用的稀释剂等所组成,故仅对食品用香料进行安全性评价。食品用香精、香料中只能使用经过毒理学评价试验证明对人体无害的,评价标准在《(GB 15193.1—2003)中华人民共和国食品安全性毒理学评价程序》中有明确的规定。毒理学评价过程包括四个阶段:急性毒性试验、毒性和致突变试验、亚慢性毒性(包括繁殖、致畸)和代谢、慢性(包括致癌)试验。

食品用香精、香料在食品中的用量通常很小,而每种香料在香精中所占的比例就更低,故每种的香料用量极小(可低达 1mg/kg)。当其使用超过一定范围时其香味会令人不快,因此,食品用香料和香精是属于"自我限量"的食品添加剂。

许多天然香料随同食品一起被消费。同样,香料也可以合成品的形式加入食品中,并被摄食。这样的香料以前后二种形式消费的比例称"消费比",消费比的比值越大,表明该香料的安全性越高。

我国的食品用香料品种,参照国际的或发达国家的香料立法和管理状况,按有关规定进行评价,通过允许或暂时允许使用的名单,并陆续制订国家标准,由有关主管部门批准公布后遵照执行。

世界各国对食品香精的生产使用均采用 GMP 的办法,要求企业从原料、人员、设施设备、生产过程、包装运输、质量控制等方面按国家有关法规达到卫生质量要求。对食品用香精控制原料及生产方法,原料是合法的,生产条件是卫生的,食品用香精就是安全的,不必也不可能对每个食品香精加以申请和审批。食品用香精的使用也按照 GMP 原则,其使用范围不必单独申请,其使用量也受"自我限制"。

在食品香精生产中所使用的香料和其他辅料必须是食品用原辅料,其用量必须在允许范围内,生产过程和产品包装必须符合食品卫生的有关规定,食品香料和食品香精本身并不会对食品的安全性造成威胁,也不会对人体带来危害。

项目五 食品用香料与香精的发展趋势

食品用香料香精以其特有的增香、赋香等作用有效改善和丰富了食品的风味,满足了人们对食品风味的多元化需求,从而在食品工业中得到了广泛的应用。随着食品加工技术、食品化学、香料化学、分析化学和物理化学的发展,在今后相当长的时间内,食品用香料与香精工业仍将以高于其他行业的平均增长速度快速发展。

一、食品用香料

1. 香料化学

(1)人工香料 随着人们生活方式、价值观和消费市场的变化,尽管新香料的开发日益趋缓,但新产品、新工艺的寻找、开发和生产仍在继续进行。这包括利用新的或廉价易得的天然或石油原料和中间体进行香料开发;常用香料的工艺开发和原料更新研究的不断深入;手性合成、立体异构体的合成研究不断深入;绿色催化合成技术不断发展。

(2)反应香料 利用食品烹饪加工过程中生成风味物质这类称为美拉德反应及热分解反应原理制得的一些香料耐高温、留香时间长,逼真度高。根据美国FDA在联邦法典中对天然香料的定义,热反应香料属于天然香料,其香型从坚果、巧克力到肉味比较广泛。目前反应香料研究主要集中于反应机理的探讨、反应过程中风味前驱物质的形成以及如何控制。实际工作中这类反应的控制更多地依赖于经验。随着化学分析技术的不断提高,使得组成各种香韵香味的微量和稀缺成分陆续被发现。但香料各组成成分在构成特征香味方面所起的作用并不完全相同,研究人员的注意力逐渐从发现新的香味组分转移到研究各类香味特征的主要成分及其含量,各类香味组成成分的形成和转化方式,进而促使反应向着有利于特定香韵的方向发展。在回归自然、追求绿色食品的潮流下,随着科学技术的发展,热反应香料作为一类天然香料必将迎来更大的发展空间。

(3)生物香料 由于对化学合成香料安全性的担心和对环境污染的忧虑,以生物技术生产单体香料越来越受到重视。据美国FDA的规定,所有发酵产品可视为天然产物,常用的香原料有香兰素等。随着微生物发酵技术的进步与发展,一些微生物的生长代谢特性逐渐被掌握,其中间代谢产物及其对某一营养源的特征性变异株促使微生物香料发展迅速。一些著名香料公司利用微生物发酵生产香料已达到工业规模,且自动化程度很高。此外,奶制品或脂肪经生物酶解反应制成的天然香料也有相当的进展,通过把一些微生物与生物酶加入牛奶或奶油中可以产生高强度香味的奶味香料。寻找香味的前驱物质,加入适当的生物酶进行反应,在理论上就可以制得所需要的香味物质。

2. 香料评价

食品用香料的研究旨在为香精开发服务,而食品用香精尽可能更逼真地模拟天然香韵,只有在明晰天然食品或原料香味精确构成的基础上才能更好地进行模拟。香料的检测评定进展主要集中于风味化合物的分离分析技术。

(1)风味物质分离制备技术　在鉴定挥发性香味成分方面,目前的研究工作已有长足的发展,下面几个因素使风味分析要求比较特殊:①食品中的风味化合物以很低的浓度(多是 10^{-12} ~ 10^{-6})存在;②风味混合物的多样性与复杂性,食品中鉴定出逾 4300 种不同的香味化合物,咖啡中也已经鉴定出 900 多种挥发性化合物,但实际存在的数量可能更多;③风味化合物极高的挥发性(高蒸汽压);④某些风味化合物的不稳定性(容易发生光分解、氧化、聚合等反应);⑤风味化合物之间及与食品其他组分间存在动态平衡。食品中香味化合物种类的鉴定可能相对简单,但要确知它们的绝对数量非常复杂;另外,一种食品的香味物质在分离检测之后,还需要确定被鉴定出的每一个化合物对既定香味的重要性。目前对食品风味的鉴定一般是对风味化合物先分离、浓缩,最后进行定性和定量分析;上述每步分析操作均要求确保风味化合物的变化降到最低程度。风味萃取物的组成与使用的分离方法息息相关,分离方法一般根据风味物质的溶解性、挥发性以及分析目标来选定。

(2)分析技术　目前对复杂香味进行分析的方法主要是用气相色谱进行分离,然后根据不同目的利用不同检测器进行分析鉴定,使用得较多的是 FID、MS、红外检测器等。但调香工作者在了解风味物质具体构成的基础上,更关心特征风味物质的香气特征。对于痕量的风味组分,获得纯物质,然后进行感官评价并确定浓度在目前而言还比较困难。目前需要理解一种风味物质如何改变混合物风味特征的标准,寻找更新、更权威的食品风味萃取方法,实现分析结果中的风味化合物按照适当的比例混合,可以重现既定的食品风味。

二、食品用香精

食品用香精的发展与食品消费趋势的变化紧密相关。现代的消费者喜欢到感觉舒适的场所进行探险及品尝不同的风味及其组合。香精的创新必须满足消费者的需求且能够带来快乐和价值。成功的关键因素是聆听消费者的需求、审视目前的流行趋势和预测未来之需求。食品用香精表现出如下发展趋势。

1. 香精香型

随着社会经济的发展,人员流动的加快,消费者的经历越来越丰富,也越来越喜爱选择一些具有特殊风味的食品。风味的选择主要受环境及季节的影响，目前外出就餐非常流行，消费者具有更多体验新食品风味的机会；这种消费趋势表明消费者希望品尝、体验新的、奇异的食品。风味的选择也受年龄的影响，儿童的口味喜好通常受家长的影响，但这种现象正在改变，因为现代的儿童已拥有一定的购买决定权；但成年人的喜好受文化的影响，而老年人都在寻找味道浓烈的食品，因为他们已经厌倦了常规食品的风味特征。

(1)奇异的风味　奇异的风味、异国风情的风味及不同寻常的风味组合在市场上引导消费热潮，这种趋势被消费者愿意尝试新的口味及独一无二的风味组合所驱使。但对香精公司而言，正确理解消费者的嗜好并及时将奇异香型的香精应用于产品，并呈献给消费者是一件极具挑战性的工作。

(2)民族风情风味　消费者已经倾向于购买具有民族风情的食品。具有民族特色风味的食品在市场上持续受欢迎，特别是富有东方特色、中华民族特色风味食品及其他亚洲国家的特色食品引导消费潮流。这种消费趋势促进了具有民族风情风味香型的香精产品创新。

(3)保健功能　目前，保健功能食品拥有很大的发展机会，人们希望永葆健康与青春，传统的、应用于保健食品的香精旨在使保健食品的风味更易接受，消费者寻求特定的及具有怀旧风格的保健功能食品主要为了提升心理健康。这些产品对生活、工作充满压力的现代年轻人非常必要。

2. 香精生产技术

香精产品中有机香料化合物如何与各种食品混合均匀是众多香精香料公司的主攻方向，低脂食品消费的流行加大了香精与食品基质混合均匀的难度。此外保证挥发性的香精产品在食品保质期内稳定并能够按照人们的意愿定时释放也是香精公司的研究重点。

(1)香精乳化技术　乳化香精生产主要集中于相对密度调节剂、乳化剂的选择及乳化工艺的优化研究；乳化香精中使用的食品添加剂(包括相对密度调节剂和胶体)因合法性问题正受到越来越多的关注。具有潜在价值的天然材料有淀粉及其他碳水化合物、植物油和蛋白质等，包含上述原料的乳化香精为了在饮料和食品产品中达到可接受的稳定性，乳化香精不同相密度差、乳滴粒径分布、静电相互作用和油水界面膜的形成等需要进行评估。

(2)香精缓释技术　香精缓释技术研究也是香精生产工艺研究的重点。微胶囊香精工艺包括对传统喷雾干燥壁材的选择、工艺参数的优化等；利用挤压技术也可以对香精进行微胶囊化，生成的玻璃态物质可以使香精的释放速度得到很好地控制。

降低食品的脂肪含量及用其他物质取代食品中的脂肪将显著地改变食品的风味，因为脂肪通常是香精的溶剂和保护剂。因此，脂肪的降低改变了香精成分的蒸汽压，破坏了原有的香气平衡。在低脂食品中，香精成分在食品的水相和油相中的分配比例发生改变,此外,香精的成分可能因失去油相的保护而更易与食品中的其他成分发生氧化反应及美拉德反应。

香精的特性需符合应用食品的要求。对于微波食品,研究香精在不同产品中在合适的温度释放对于食品的可口性和拥有促进食欲的香气非常重要。固体饮料及固体汤料要求香精在接触水的时候释放香气,每一个固体饮料及汤料产品根据其应用特征都有香气释放时间和温度的特殊要求。对于袋泡茶食品,微胶囊化香精的胶囊粒径非常关键。在所有的情形中,香精产品必须具有优异的稳定性,保证长的货架寿命。不断进步的微胶囊化技术促进了香精储存过程中稳定性的提高。

在未来几年内天然香精将是最主要的发展趋势,这种事实将鼓励天然香精生产厂家适应流行趋势,供应更多的天然香精产品。另外无糖产品的风靡,很多香精公司努力开发具有掩蔽应用甜味剂带来的后苦感功能的香精产品。食用香精的发展正随着饮食习惯及消费潮流的发展而不断前行。

另外,我国现有的国家标准和行业标准不能完全满足企业生产和外贸出口的需求,应加强行业标准和国家标准制定、修订,鼓励企业制定高水平企业标准。同时,应加大技术创新力度,对我国特产资源进行深入的分析研究,鉴定特有的香味成分,形成自己的创新体系,鼓励传统产品的工艺创新。重视现代生物技术、催化技术、分析技术等高新技术在食品用香料香精行业的应用;增加科技投入和新产品的开发研究,加大对香精调配、分析、新的剂型和应用领域的研究。

思考题

1. 简述食品用香料与食品用香精的关系?哪些食品不得添加食品用香料、香精?
2. 香料为什么会产生香气?有哪些类型?
3. 以食品用番茄香精为例,回答香精的调配需要哪几类成分?各种食用香料成分分别起什么作用?
4. 以食品用香精为例,论述复配食品添加剂对食品工业的影响。

实训内容　食品用香精在饮料调香中的应用

【实训目的】

了解不同香味食品用香精在10%苹果汁饮料中的赋香作用。

【实训材料与设备】

材料:一级白砂糖、一水合柠檬酸、苹果酸、柠檬酸钠、苹果浓缩汁(70°Bx)、抗坏血酸、焦糖色素、食品用苹果香精5支。

设备及器皿:电子天平(量程3kg,精确至0.01g),电子天平(量程100g,精确至0.001g)、烧杯(1000mL)、量筒、移液器(1~100mL)、玻璃棒、高速乳化均质机、高压均质机等。

【实训调香】

1. 香精感官评析

采用闻香纸顶部蘸香精适量，闻香，对香气进行描述。

苹果香精 A:________________________

苹果香精 B:________________________

苹果香精 C:________________________

苹果香精 D:________________________

苹果香精 E:________________________

2. 香精应用感官评析

将 4 支定性分析结果较好苹果香精按添加量 0.05%（质量分数）加入 10% 苹果汁饮料的基础配方中，并进行品评，记录结果。

苹果香精______:________________________

苹果香精______:________________________

苹果香精______:________________________

苹果香精______:________________________

3. 香精复配

将应用结果较好的 2 支苹果香精进行复配（优选的苹果香精以 X_1 和 X_2 表示），复配方案如表 7－1。

表 7－1　苹果香精 X_1 与苹果香精 X_2 复配　　单位:g/kg

	1#	2#	3#	4#	5#	6#	7#	8#	9#	10#
苹果香精 X_1	0.5	0.45	0.4	0.35	0.3	0.25	0.2	0.15	0.1	—
苹果香精 X_2	—	0.05	0.1	0.15	0.2	0.25	0.3	0.35	0.4	0.5
品评										

4. 稳定性分析

（1）将较优的复配方案进行应用实验，并制备 10% 苹果汁饮料样品 18 瓶（其中，单一香精应用饮料样品各 6 瓶，复配香精应用饮料样品 6 瓶）。

饮料基础配方：苹果浓缩汁 1.5%、白砂糖 90%（根据测定调整）、苹果酸 0.04%、柠檬酸（根据测定调整）、柠檬酸钠（柠檬酸用量的 1/5）、抗坏血酸 0.02%、焦糖色素 0.01%、香精 0.05%、纯净水定容至 1000 g。

理化指标：折光率 10.5°Bx，总酸 0.3%（以柠檬酸计）。

饮料工艺：杀菌温度：98℃，杀菌时间 30s，冷却至 85℃灌装至聚对苯二甲基乙二醇酯（PET）瓶中，密封后倒置 5min，冷却至室温。

（2）稳定性实验：分别将不同的饮料样品分成三组置于 25℃、37℃的培养箱及

25℃的光照老化箱中保温1个月。

(3)品评分析:

饮料样品(X_1):______

饮料样品(X_2):______

饮料样品(X_1+X_2):______

参考文献

1. Hema T V, Panickcr C Y, Daizy P, et al. IR, Raman and SERS studies of methyl Salicylate. Speetroehimica Acta Part A: Molecular and Biomolecular Spectroscopy, 2007, 66(4~5): 959~963.

2. Mottram D S. Flavour formation in meat and meat products: a review. Food Chemistry, 1998, 62(4): 415~424.

3. Smith R L, Adams T B, et al. Safety evaluation of natural flavour complexes. Toxicology Letters, 2004, 149(1~3): 197~207.

4. Timothy B A, Robert L S. Issues and challenges in the safety evaluation of food flavors. Toxicology Letters, 2004, 149(1~3): 209~213.

5. 陈红平,刘雨田. 大蒜素功效研究. 中国饲料,2005(4):13~14.

6. 陈明爱. 香精香料在糖果工业中的应用. 中国食品添加剂,2003(1):70~72.

7. 孙宝国,田红玉,刘玉平,等. 食品香料香精对食品安全的影响. 现代科学仪器,2006(1):49~51.

8. 孙灵霞,赵改名,高晓平. 食用香精香料的功能特性及在食品工业中的应用. 肉类研究,2010(9):71~74.

9. 杨荣华,张国农. 香辛料的香气成分及其在食品中的利用. 中国调味品,2000(10):26~28.

10. 张亚红,岳春,刘玉洁,等. 食用香精香料的现状及发展趋势. 饮料工业,2008,11(9):3~6.

11. 朱晓明. 胶基糖中的香精应用和胶基糖配方. 食品工业科技,2005(6):181~182.

12. 刘钟栋. 食品添加剂. 南京:东南大学出版社,2006.

13. 孙宝国,何坚. 香精概论:生产、配方与应用. 第2版. 北京:化学工业出版社,2006.

14. 杜世祥. 食品香精安全性评价. 中国食品添加剂,2003(2):16~18.

15. Fowe D J. Chemistry and Technology of Flavors and Fragrances. CRC Press Inc, 2005, 274~304.

16. Steure B, Schulz H. Classification and analysis of citrus oils by NIR spectroscopy. Food Chemistry, 2001 (72): 113~115.

模块八　食品调味剂

学习目标

本模块主要介绍了影响食品滋味特性的酸度调节剂、甜味剂和增味剂的分类、功效及其在食品中的应用。

通过本模块的学习，应掌握甜味剂的作用，了解各类食品甜味剂的应用技术；熟悉我国允许使用的酸度调节剂、增味剂的种类及应用范围。

学习任务

了解酸度调节剂、甜味剂和增味剂的种类及主要应用范围。

【案例解析】

“木糖醇口香糖”、“零度可乐”等宣称无糖的食品依然具有可口的甜味，既然不添加糖，是由什么物质提供甜味呢？通过查看这些食品的配料表，我们发现，产品中含有木糖醇、阿斯巴甜等物质，这些物质就是本模块所介绍的甜味剂。

在1968年，国外曾有过“中餐馆综合征(CRS)”的奇趣报道，CRS系指在中餐馆用餐后身体上半部分出现短暂的麻木和心悸等轻微、短暂的主观症状，在饭后15min左右产生，在1～2h内消失且没有后遗症。有人推测是中餐食品配料诸如谷氨酸钠所致。但患者的皮肤温度、心率、心电图或肌肉颜色以及血浆谷氨酸水平和症状之间均未发现直接关系。后续研究表明这种CRS是由于美国人不同饮食习惯所导致的一种轻微食管炎的显性症状。什么是谷氨酸钠？它对食品有什么作用？谷氨酸钠就是家庭厨房中所常见的味精或鸡精的主要成分，在食品中起到增鲜作用，是一种食品添加剂。

项目一　食品调味剂的作用

味觉是人的基本感觉之一，是人类对食物进行辨别、挑选和决定是否接受的主要因素之一。同时，食品本身所具有的风味对相应味觉的刺激，使人类在进食时产生相应的精神享受。味觉在食品感官鉴评上占据重要地位(董婧,2008)。

某种味觉物质(即味质)溶解于唾液,作用于味觉细胞上的感受器后,经过细胞内信号转导、神经传递把味觉信号分级传送到大脑,进行整合分析,产生味觉(李燕等,2005)。人类的味觉感受器是味蕾,主要分布在舌头、上腭和咽部黏膜处。哺乳动物的味蕾多呈球形,其顶端在口腔的上皮表面有个开口,称为味孔(李蕾蕾等,2006)。味蕾由 50 ~ 150 个味蕾细胞组成,味蕾细胞的微绒毛只有通过味蕾间小孔才能与口中的唾液接触,故味刺激物须有一定的水溶性,这样才能随唾液进入味蕾空穴,吸附在味蕾细胞表面产生味感。

不同味觉物质在味蕾上有不同的结合部位,尤其是甜味、苦味和鲜味物质,其分子结构有严格的空间专一性,即舌头上不同部位有不同的敏感性。一般来说,人的舌前部对甜味最敏感,舌尖和边缘对咸味较敏感,而靠腮两边对酸味敏感,舌根部则对苦味最为敏感(董婧,2008)。

虽然各种食物都有其特殊的味道,但因人们的偏爱和口味有所不同,因此,常用调味剂来调和适当的口味,促进食欲。

果汁乳饮料是当前饮料中的一个流行品类,它将果汁和牛乳复合到一起,兼顾了果汁和牛乳的营养和美味,是当前颇受消费者喜爱的品类,娃哈哈的营养快线和汇源的果汁乳都是这类产品。果汁乳饮料以牛乳、还原乳或者发酵乳为原料,添加白砂糖、甜味剂、酸度调节剂等食品调味剂,将其调至一个合适的糖酸比及 pH,使其达到人们喜爱的口感。

果汁乳饮料因为兼具果汁与牛乳的特点,所以其口味也可灵活多变,风格迥异。不同风格的口味就要有不同的糖酸比,也需要有不同风格的甜味和酸味。例如,调制柑橘、苹果等水果味为主的果汁乳饮料,可以将甜味剂的用量稍微增大,使得甜味爽口,同时酸度调节剂也多采用柠檬酸、苹果酸等爽口的酸度调节剂,令此种饮料的果味更加突出,有特色;但在调制果汁乳酸菌饮料时,需要突出发酵乳的特色,这时就需要少用或者不用甜味剂,采用白砂糖令饮料的甜味饱满丰厚。酸度调节剂除采用柠檬酸、苹果酸外,还需添加乳酸,其独特柔和的酸味对这种饮料发酵乳的风格起到画龙点睛的作用。

调味主要是根据食品原料的特性对酸碱度(pH)、甜度、稳定性或者整体风味的提升而进行,所用的添加剂即为调味剂。

项目二　食品调味剂的分类与各论

一、食品调味剂分类

味觉是人类重要的生理感觉,一般分为酸、甜、苦、咸、鲜五种基本味觉(董婧,2007),各种味道均由这五种基本味觉组合而成。而通常所说的辣味是红辣椒内的辣椒素作用于口腔黏膜上皮的感觉神经元而非味觉受体细胞引起的疼痛感,所以辣并不是一种基本味觉(李燕等,2005)。

调味剂有酸度调节剂、甜味剂、增味剂、咸味剂和苦味剂等。其中苦味剂应用很少,咸味剂一般使用食盐,在我国并不作为食品添加剂管理。本项目仅就前三类做扼要介绍。

二、食品调味剂各论

(一)酸度调节剂

以赋予食品酸味为主要目的的食品添加剂称为酸度调节剂。其作用除了赋予食品酸味外,还有调节食品的 pH、用作抗氧化剂的增效剂、防止食品酸败或褐变、抑制微生物生长及防止食品腐败等作用。

酸度调节剂按其组成分为两大类:有机酸及其盐类和无机酸及其盐类。食品中天然存在的主要是有机酸,如柠檬酸、酒石酸、苹果酸、乳酸等。目前,作为酸度调节剂使用的主要为有机酸,无机酸使用较多的仅有磷酸及其盐类。

酸味给人以清凉和爽快的感觉,有增进食欲、促进消化吸收的作用。酸度调节剂的酸味是溶液中解离的氢离子刺激味觉神经的感觉。无机酸的酸味阈值(感官上能尝出酸味的最低浓度)在 pH3.4~3.5,而有机酸则多在 pH3.7~4.9。但是,酸味的强弱不能只用 pH 来衡量,还与可滴定酸度、缓冲效应等有关。

在相同的浓度下,各种酸的酸味强度不同。人们对是何种因素导致这种生理学上的差异尚不完全了解,据推测可能是由于游离阴离子对味觉产生的影响所致。因此,一种酸的酸味不能完全以相等质量或浓度的另一种酸代替。以同一浓度比较不同酸的酸味强度,其顺序为:盐酸 > 硝酸 > 硫酸 > 甲酸 > 乙酸 > 柠檬酸 > 苹果酸 > 乳酸 > 丁酸。

目前,还没有用一种酸代替另一种酸获得同样酸味强度的规则。以无水柠檬酸为 100,据经验,接近无水柠檬酸酸味强度的其他酸的近似百分比用量为:富马酸 67~72,酒石酸 80~85,苹果酸(柑橘属香味)89~94,苹果酸(水果香味)78~83,己二酸 110~115,磷酸(85%)55~60。酸度调节剂不仅有酸味,且带有苦味、涩味等,如柠檬酸、抗坏血酸、葡萄糖酸有缓和圆润的酸味,苹果酸稍带有苦味,盐酸、磷酸、乳酸、酒石酸、延胡索酸稍带涩味,乙酸、丙酸稍带刺激臭,琥珀酸、谷氨酸带有鲜味。

酸味与甜味、咸味、苦味等味觉可相互影响。甜味与酸味易相互抵消。酸味与咸味、酸味与苦味难于相互抵消。酸味与某些苦味物质或收敛性物质(如单宁)混合,则能使酸味增强。

1. 有机酸度调节剂

(1) 乙酸及其钠盐

①乙酸(CNS 号:01.107;INS 号:260):乙酸($C_2H_4O_2$),相对分子质量 60.05,又名醋酸,为无色透明液体,有强烈刺激臭。在水果或植物油中主要以其化合物酯的形式存在,在动物的组织内、排泄物和血液中以游离酸的形式存在,普通食醋中含有 3% ~5% 的乙酸。乙酸具有腐蚀性,其蒸汽对眼和鼻有刺激性作用。

浓度在 99.5% 以上的乙酸在 15.6℃以下时能冻结成冰状固体,通常称为冰乙酸,又称冰醋酸,有吸湿性,味极酸,当用水充分稀释后仍有酸味,可与水、乙醇和甘油任意混合。

我国 GB2760—2011 规定:乙酸和冰乙酸(低压羰基化法)可在各类食品中按生产需要适量使用,但附表 A.3 所列食品类别除外。

乙酸的 ADI:不作限制性规定。现行标准为 GB1903—2008。冰乙酸(低压羰基化法)的现行标准为 2011 年卫生部第 19 号公告指定标准。

②乙酸钠(CNS 号:00.013;INS 号:262i):乙酸钠($C_3H_5NaO_3$),相对分子质量 112.06,无色或微黄色微黏性澄清液体,无气味或稍带特殊气味。易吸湿,能与水、乙醇混溶,其水溶液呈中性。一般商品为 70% ~80% 溶液。可作为 pH 调节剂应用于食品加工中。

我国 GB2760—2011 规定:乙酸钠可在复合调味料和膨化食品中使用。

乙酸钠的 ADI:不作限制性规定。乙酸钠的现行标准为 2011 年卫生部第 19 号公告指定标准。

(2)乳酸及其钠盐、钙盐

①乳酸(CNS 号:01.102;INS 号:270):乳酸($C_3H_6O_3$),相对分子质量 90.08,又名 2-羟基丙酸,为无色或微黄色的糖浆状液体,几乎无臭,味微酸,有吸湿性,可以与水、乙醇、丙酮任意混合。在常压下加热分解,浓缩至 50% 时,部分变成乳酸酐,因此乳酸产品一般是乳酸和乳酸酐($C_6H_{10}O_5$)的混合物,常含有 10% ~15% 的乳酸酐。

乳酸分为 D-乳酸、DL-乳酸(又名合成乳酸)和 L-乳酸(又名发酵乳酸)三种(吕绍杰,2001)。D-乳酸用途很少,已基本不生产;DL-乳酸有一定毒副作用,一般只作工业用。1998 年,世界卫生组织已将 DL-乳酸列为禁止药用与食用(王永芹,2009)。通常食品工业中使用的乳酸为 L-乳酸。

L-乳酸在自然界中广泛存在,是世界上最早使用的酸度调节剂,是乳制品中的天然固有成分,它有着乳制品的口味和良好的抗微生物作用,是乳制品加工中常用的酸度调节剂。乳酸酸性柔和且性质稳定,酸味温和适中,在食品工业中可以广泛用做酸度调节剂、风味剂、pH 调节剂和细菌酸败抑制剂。乳酸被美国 FDA 确认为安全(GRAS)优良的防腐剂和腌渍剂。可以用于清凉饮料、糖果、糕点的生产。乳酸水溶液可以延长禽肉和鱼肉的货架期。在啤酒生产中,美国停止使用磷酸等无机酸调节 pH,而全部改用乳酸(王永芹,2009)。

我国 GB2760—2011 规定:乳酸可在各类食品中按生产需要适量使用,但

GB2760—2011 附表 A.3 所列食品类别除外。乳酸用于婴幼儿配方食品时，按生产需要适量使用。

乳酸的 ADI：不作限制性规定。现行标准为 GB 2023—2003。

② 乳酸钠/钾（CNS 号：15.012，15.013；INS 号：325，326）：乳酸钠（$C_3H_5NaO_3$），相对分子质量 112.06，无色或微黄色微黏性澄清液体，无气味或稍带特殊气味。能与水、乙醇混溶，其水溶液呈中性（pH6.5～7.5）。一般商品为 70%～80% 溶液。可用作食品 pH 调节剂。

乳酸钾（$C_3H_5KO_3$）为透明无色或基本无色的黏稠液体，无臭或略有不愉快的气味，混溶于水。

乳酸钠/钾可用作调味料、pH 调节剂（如用于清酒）、风味改良剂、焙烤食品（蛋糕、蛋卷、饼干等）的品质改良剂、保湿剂、干酪增塑料、抗氧化增效剂、乳化剂。

我国 GB2760—2011 规定：乳酸钠/钾可在除 GB2760—2011 附表 A.3 所列食品类别外的各类食品中按生产需要适量添加，乳酸钠还可在生湿面制品（如面条、饺子皮、馄饨皮、烧卖皮）中使用，但用量不得高于 2.4g/kg。

乳酸钠/钾 ADI 值不作限制性规定（FAO/WHO，2001），其 LD_{50} 为 2000mg/kg 体重（大鼠，腹注），对患乳糖不耐症婴儿不宜用。乳酸钠的现行标准为：GB25537—2010。

③乳酸钙（CNS 号：01.310；INS 号：327）：乳酸钙[$C_6H_{10}CaO_6 \cdot xH_2O$（$x=0\sim5$）]，相对分子质量 218.22（无水物），白色颗粒或粉末，无异味。微有风化性，易溶于热水，不溶于乙醇、乙醚和氯仿。具有溶解度高、溶解速度快、生物利用率高、口感好的特点，广泛应用于水果加工、糖果、调味品等食品领域。

我国 GB2760—2011 规定：乳酸钙在加工水果、糖果、蔬菜罐头（仅限酸黄瓜产品）、复合调味料（仅限油炸薯片调味料）、固体饮料类及膨化食品中使用。

乳酸钙的 ADI 不作限制性规定（FAO/WHO，2001），现行标准为 GB 25555—2010，GB 6226—2005。

（3）酒石酸（CNS 号：01.111；INS 号：334）　酒石酸，即 2，3－二羟基丁二酸，有二个不对称碳原子，有 3 种立体异构体，即：右旋型（D－酒石酸）、左旋型（L－酒石酸）、内消旋型（DL－酒石酸）。酒石酸只存在于葡萄属植物和天竺属植物中，在模式植物如拟南芥、番茄以及其他水果和经济作物中均没有酒石酸的积累，因此，它又名葡萄酒酸，植物中存在的主要是 L－酒石酸（问亚琴等，2009）。

①L（＋）－酒石酸（CNS 号：01.111；INS 号：334）：L（＋）－酒石酸（$C_4H_6O_6$），相对分子质量 150.09，无色半透明晶体或白色粉末，溶于水、丙酮、乙醇，有酸味，比旋光度 α_m（20℃，D）为＋12.0～＋13.0。

L（＋）－酒石酸广泛用作饮料和其他食品的酸度调节剂，用于葡萄酒、软饮料、糖果、面包、某些胶状甜食，在食品生产中还可用作 pH 调节剂。

我国 GB2760—2011 规定：L（＋）－酒石酸可在各类食品中按生产需要适量使

用,但 GB2760—2011 附表 A.3 所列食品类别除外。

L(+)-酒石酸的 ADI:0~30mg/kg 体重(FAO/WHO,1994)。现行标准为 GB 25545-2010。

②酒石酸(CNS 号:01.103;INS 号:334):酒石酸,即 DL-酒石酸,按含结晶水量的不同分为两种类型,一种名为 DL-酒石酸(结晶品),分子式 $C_4H_6O_6 \cdot H_2O$,相对分子质量 168.11,为无色结晶或白色结晶粉末,另一种名为 DL-酒石酸(无水品),分子式 $C_4H_6O_6$,相对分子质量 150.09,为白色颗粒或粉末。

酒石酸无臭、有酸味,在空气中稳定,结晶品加热至 100℃时失掉结晶水。易溶于水,可溶于乙醇、乙醚中。

酒石酸广泛用于食品工业,可用作啤酒发泡剂、食品酸度调节剂、矫味剂等,特别适用作葡萄汁的酸度调节剂。

我国 GB2760—2011 规定:酒石酸可在各类食品中按生产需要适量使用,但 GB2760—2011 附表 A.3 所列食品类别除外。

酒石酸的现行标准为 GB 15358—2008。

(4)偏酒石酸(CNS 号:01.105;INS 号:353)　偏酒石酸($C_6H_{10}O_{11}$),相对分子质量 258.14,微黄色轻质多孔性固体,无味,难溶于冷水,有吸湿性,水溶液呈酸性。能与钾、钙离子形成可溶性络合物,使酒石酸盐呈溶解状态,从而控制沉淀。过度受热易分解成酒石酸。

我国 GB2760—2011 规定:偏酒石酸可以应用于水果罐头中。

偏酒石酸的 ADI:不作限制性规定(EEC,1990)。

(5)苹果酸(CNS 号:01.104;INS 号:296)　苹果酸($C_4H_6O_5$),相对分子质量 134.09,又名羟基琥珀酸、羟基丁二酸。因为具有手性结构,有三种立体异构体,根据其结构不同可分为 D-苹果酸(右旋苹果酸)、DL-苹果酸(内消旋苹果酸)和 L-苹果酸(左旋苹果酸)。在果实中最常见的是 L-苹果酸,广泛存在于蔬菜与水果中(汪多仁,2008),不成熟的山楂、苹果和葡萄果实的浆汁中含量丰富,也可由延胡索酸经生物发酵制得。食品工业中常用的苹果酸为 DL-苹果酸和 L-苹果酸。

DL-苹果酸为白色或类白色结晶粉末或颗粒,有特殊的酸味。比旋光度 α_m(20℃)为 -0.10 ~ +0.10。L-苹果酸白色结晶或结晶粉末,有特殊的酸味,比旋光度 α_m(20℃)为 -1.6 ~ -2.6。L-苹果酸酸感强度相当于柠檬酸的 1.2 倍左右,相对密度 1.595,熔点 100℃,易受潮,易溶于水,微溶于乙醇和醚,加热到 180℃可失去水变成富马酸或马来酸(郝夕祥等,2010)。

L-苹果酸口感接近天然果汁,与柠檬酸相比,产生的热量更低,酸味刺激缓和,口味更好。而且它是人体内部循环的重要中间产物,易被人体吸收,因此作为性能优异的酸度调节剂广泛应用于食品领域。国外将其用于替代柠檬酸,美国和欧洲软饮料使用的酸度调节剂中,已减少柠檬酸用量,增加 L-苹果酸用量。

L-苹果酸是国外用量很大的一种酸度调节剂。1967 年,美国食品和药品管理局登记确认为一种安全、无毒、无害、可食用的有机酸，近年来随着市场需求量的逐年增加，产品迅速发展（汪多仁，2008）。

我国 GB2760—2011 规定：苹果酸可在各类食品中按生产需要适量使用，但 GB2760—2011 附表 A.3 所列食品类别除外。

苹果酸的 ADI：不作限制性规定（FAO/WHO，1994）。DL－苹果酸的现行标准为 GB 25544—2010。L－苹果酸的现行标准为 GB13737—2008。

(6) 富马酸及其钠盐

①富马酸（CNS 号：01.110；INS 号：297）：富马酸（$C_4H_4O_4$），即反丁烯二酸，相对分子质量 116.07，是最简单的不饱和二元羧酸，最早从延胡索中发现，又名延胡索酸，也存在于多种蘑菇和新鲜牛肉中。白色结晶粉末或结晶颗粒，无臭，有特殊酸味，微溶于冷水，可溶于热水，其溶解度在 25℃时为 0.62%，在 100℃时为9.8%，3% 水溶液 pH 为 3～4。

富马酸的吸湿性很小，且与碳酸氢钠中和起泡所需要的量最小，其酸度约为柠檬酸的 1.5 倍，在食品加工中常与柠檬酸并用。

我国 GB2760－2011 规定：富马酸的使用范围为胶基糖果、生湿面制品（如面条、饺子皮、馄饨皮、烧卖皮）、面包、糕点、饼干、焙烤食品馅料、其他焙烤食品、果蔬汁（肉）饮料（含发酵型产品）和碳酸饮料。

富马酸的 ADI：不作限制性规定（FAO/WHO，2001）。现行标准为 GB 25546—2010。

②富马酸一钠（CNS 号：01.311；INS 号：365）：富马酸一钠（$C_4H_3NaO_4$），相对分子质量 138.06，白色结晶性粉末，无臭，有特殊酸味（带碱性味）。可溶于水，加热炭化，熔点约 290℃。富马酸一钠作为酸度调节剂常与苹果酸、柠檬酸等其他有机酸合用。

我国 GB2760—2011 规定：富马酸一钠可以应用于胶基糖果、生湿面制品（如面条、饺子皮、馄饨皮、烧卖皮）、焙烤食品、肉及肉制品（生、鲜肉类除外）、水产及其制品（包括鱼类、甲壳类、贝类、软体类、棘皮类等水产及其加工制品等）（鲜水产品除外）、饮料类（包装饮用水类除外）等产品中。

富马酸一钠的 ADI：不作限制性规定（FAO/WHO，1994）。富马酸一钠的现行标准为 2011 年卫生部第 19 号公告指定标准。

(7) 柠檬酸及其钠盐、钾盐

①柠檬酸（CNS 号：01.101；INS 号：330）：柠檬酸，又名枸橼酸，根据其是否含有结晶水分为两种，无水物分子式 $C_6H_8O_7$，相对分子质量 192.12，水合物分子式 $C_6H_8O_7 \cdot H_2O$，相对分子质量 210.14。本品为无色或白色结晶状颗粒或粉末，无毒，无臭，味极酸，易溶于水，溶于乙醇，微溶于乙醚，水溶液呈酸性反应，一水柠檬酸在干燥空气中略有风化。

天然柠檬酸在自然界中分布很广，天然的柠檬酸存在于植物果实和动物的骨骼、肌肉、血液中。很多种水果和蔬菜,如梅、李子、梨、桃、无花果等水果中,尤其是柑橘属的水果中都含有很多的柠檬酸(常琴琴等,2011)。柠檬酸的生产方法主要是从天然植物中提取和生物发酵法两种,目前以发酵法生产柠檬酸为主(孙荣等,2011),生产所用的原料有糖蜜(甜菜糖蜜、甘蔗糖蜜、葡萄糖结晶母液等)、淀粉质原料(木薯、玉米、小麦)、纤维质原料的水解液等。我国一般采用薯干、玉米、糖蜜、木薯生产柠檬酸(汪多仁,2004)。

我国 GB2760—2011 规定:柠檬酸可在各类食品中按生产需要适量使用,但 GB2760—2011 附表 A.3 所列食品类别除外。柠檬酸应用于婴幼儿配方食品、婴幼儿辅助食品时,按生产需要适量使用。

柠檬酸的 ADI:不作限制性规定(FAO/WHO,1994)。柠檬酸现行标准为 GB1987—2007。

②柠檬酸钠(CNS 号:01.303;INS 号:331iii):即柠檬酸三钠,又名枸橼酸钠,一般所称的柠檬酸钠皆含 2 分子结晶水,分子式 $C_6H_5O_7Na_3 \cdot 2H_2O$,相对分子质量 294.10,为白色或无色结晶状颗粒或粉末,无臭,味咸,在湿空气中微有潮解性,在热空气中略有风化,易溶于水,不溶于乙醇。常温下稳定,加热到 150℃ 失去结晶水(周本华等,2010)。

柠檬酸钠是一种弱酸强碱盐,具有良好的 pH 调节及缓冲性能,与柠檬酸并用可组成较强的 pH 缓冲体系,因此在某些不适宜 pH 大范围变化的食品中有重要作用。另外,柠檬酸钠还具有优良的缓凝性能及稳定性。

我国 GB2760—2011 规定:柠檬酸钠可在各类食品中按生产需要适量使用,但附表 A.3 所列食品类别除外。应用于婴幼儿配方食品、婴幼儿辅助食品时,按生产需要适量使用。

柠檬酸钠的 ADI:不作限制性规定(FAO/WHO,1994)。现行标准为 GB 6782—2009。

③柠檬酸一钠(CNS 号:01.306;INS 号:331i):柠檬酸一钠($C_6H_7NaO_7$),相对分子质量 214.11,为白色晶体或结晶粉末,无臭。易溶于水,几乎不溶于乙醇。在潮湿空气中轻微潮解。熔点 200℃,高于 310℃ 时分解。100g/L 样品溶液的 pH 为 3.4~3.8。

我国 GB2760—2011 规定:柠檬酸一钠可在各类食品中按生产需要适量使用,但附表 A.3 所列食品类别除外。应用于婴幼儿配方食品、婴幼儿辅助食品时,按生产需要适量使用。

柠檬酸一钠的 ADI:不作限制性规定(FAO/WHO,1994)。柠檬酸一钠的现行标准为 2011 年卫生部第 8 号公告指定标准。

④柠檬酸钾(CNS 号:01.304;INS 号:332ii):柠檬酸钾($C_6H_5K_3O_7 \cdot H_2O$),相对分子质量 324.41,又名枸橼酸钾、柠檬酸三钾,白色或微黄色结晶颗粒或结晶性粉末,有微吸湿性,易溶于水,微溶于甘油,不溶于乙醇。

我国 GB2760—2011 规定:柠檬酸钾可在各类食品中按生产需要适量使用,但 GB2760—2011 附表 A.3 所列食品类别除外。应用于婴幼儿配方食品、婴幼儿辅助食品时,按生产需要适量使用。

柠檬酸钾的 ADI:不作限制性规定(FAO/WHO,1994)。现行标准为 GB14889—1994。

(8)己二酸(CNS 号:01.109;INS 号:355)　己二酸($C_6H_{10}O_4$)相对分子质量 146.14,又名肥酸。为白色结晶或结晶性粉末,能升华,不吸湿,相当稳定,酸味柔和且持久。己二酸在较高浓度范围内 pH 变化较小,具有较好的调节 pH 的缓冲性能。能使食品 pH 保持在 2.5~3.0。0.1% 溶液的 pH 为 3.2。

我国 GB2760—2011 规定:己二酸可应用于胶基糖果、固体饮料类和果冻中。

己二酸的 ADI:0~5mg/kg 体重(以游离酸计,FAO/WHO,2001)。

2. 无机酸度调节剂

(1)磷酸及磷酸三钾

① 磷酸(CNS 号:01.106;INS 号:338):磷酸(H_3PO_4),相对分子质量 97.99,无色透明或略带浅色稠状液体,无臭,是一种常见的无机酸,是中强酸。含量为 85% 的磷酸,相对密度为 1.59,极易溶于水和乙醇,若加热到 150℃时则成为无水物,200℃时缓慢变成焦磷酸,300℃以上则变成偏磷酸。本品通常以含量为 85% 左右的商品出售。

磷酸的酸味较酒石酸和柠檬酸强烈。商品磷酸为相对密度 1.5 或 1.75 的浓磷酸。相对密度 1.75 的磷酸相当于浓磷酸,相对密度 1.5 的磷酸与柠檬酸有相近的用量。

磷酸为无机酸,其酸味较酒石酸和柠檬酸强烈,一般认为其风味不如有机酸好,所以应少用。在非果味汽水中,用磷酸作酸度调节剂可以和叶、根、坚果或草味的香气有较好的混合,特别是在可乐型汽水中,磷酸可提供一种独特的酸味,且可以和可乐型香精很好地混合(侯伟,2008),可以说,没有磷酸就没有可乐。它是构成可乐风味不可缺少的风味促进剂,因其酸味强度大,故用量相对较低。

由于磷是人体一种必不可少的营养素,也是食品中不可避免的组成成分,对其而言,不适合也不可能给出一个 0 至某最大值范围的日容许摄入值,因此,JECFA 决定用最大可容许日摄入量(Maximum Tolerable Daily Intake,MTDI)而不是常用的 ADI 描述其的安全性。磷酸的 MTDI 为 70mg/kg 体重(以磷计,FAO/WHO,1982)。这适用于食品中所有天然存在的磷酸盐或聚磷酸盐,也包括磷酸、磷酸氢二铵、磷酸钙、磷酸镁、磷酸钠盐(一钠、二钠、三钠)、三聚磷酸钠、六偏磷酸钠、焦磷酸钠等。磷酸的现行标准为 GB3149-2004。

②磷酸三钾(CNS 号:01.308;INS 号:340iii):磷酸三钾(K_3PO_4),又名磷酸钾,为白色的斜方晶系结晶或粉末,无臭,相对分子质量为 212.28,密度 2.564g/cm^3,熔点 1340℃。在空气中易潮解,对热很稳定,可溶于水(51g/100mL,25℃),不溶于乙

醇,其水溶液呈强碱性,1%水溶液的pH约为11.5。吸湿性较强。根据是否含有结晶水分为两类,一类是无水物磷酸三钾(K_3PO_4),相对分子质量212.27,一类是水合磷酸三钾($K_3PO_4 \cdot nH_2O$),白色结晶粉末或颗粒。水合物有三水化合物和八水化合物两种。三水化合物为六方晶系粒状粉末或结晶体,八水化合物为直角小片状结晶体。

磷酸三钾是肉制品的品质改良剂,亦可作为膨松剂的酸性盐使用,也可应用于面条中,使其蛋白质更具有弹性,增加风味以及使面条的颜色变黄。

我国GB2760—2011规定:磷酸可应用于乳及乳制品(巴氏杀菌乳、灭菌乳、特殊膳食用食品除外)、乳粉和奶油粉、水油状脂肪乳化制品、水油状脂肪乳化制品以外的脂肪乳化制品,包括混合的和(或)调味的脂肪乳化制品、其他油脂或油脂制品(仅限植脂末)、冷冻饮品(冰淇淋、雪糕类、食用冰除外)、蔬菜罐头、熟制坚果与籽类(仅限油炸坚果与籽类)、可可制品、巧克力和巧克力制品(包括代可可脂巧克力及制品)以及糖果、米粉(包括汤圆粉)、小麦粉及其制品、生湿面制品(如面条、饺子皮、馄饨皮、烧卖皮)、杂粮粉、八宝粥罐头、其他杂粮制品(仅限冷冻薯条、冷冻薯饼、杂粮甜品罐头)、食用淀粉、即食谷物,包括碾轧燕麦(片)、方便米面制品、冷冻米面制品、谷类和淀粉类甜品(如米布丁、木薯布丁)(仅限谷类甜品罐头)、焙烤食品、预制肉制品、熟肉制品、冷冻鱼糜制品(包括鱼丸等)、预制水产品(半成品)、水产品罐头、调味糖浆、复合调味料、其他固体复合调味料(仅限方便湿面调味料包)、饮料类(包装饮用水类除外)、果冻和膨化食品中。

在以上产品中,磷酸与磷酸三钾可单独或混合使用,也可与其他磷酸盐混合使用,所有磷酸及磷酸盐的最大使用量以磷酸根(PO_4^{3-})计。

磷酸三钾的现行标准为GB 25563—2010。

(2)盐酸(CNS号:01.108;INS号:507)　盐酸(HCl)相对分子质量36.46,无色或浅黄色透明液体,是氯化氢的水溶液,为一元酸。能与水和乙醇任意混溶,溶于苯,呈强酸性。能与许多金属和金属的氧化物起作用,能与碱中和,与磷、硫等非金属均无作用。

盐酸在食品加工中,有诸多用途,例如配制标准溶液滴定碱性物质、调节溶液的酸碱度、水解淀粉和蛋白质等。

盐酸是胃液的一种成分(浓度约为0.5%),对消化功能有重要作用,它能使胃液保持激活胃蛋白酶所需要的最适pH,还能使食物中的蛋白质变性而易于水解,以及杀死随食物进入胃里的细菌。此外,盐酸进入小肠后,可促进胰液、肠液的分泌以及胆汁的分泌和排放,它所造成的酸性环境还有助于小肠内铁和钙的吸收。

我国GB2760—2011规定:盐酸可以应用于蛋黄酱、沙拉酱,按生产需要适量使用。

盐酸的现行标准为GB 1897—2008。

(3)碳酸钠及碳酸钾

①碳酸钠(CNS 号:01.302;INS 号:500i):碳酸钠(Na_2CO_3),相对分子质量105.99,又名苏打、纯碱、洗涤碱,白色结晶粉末。为强电解质,易溶于水,具有盐的通性。可溶于水和甘油,不溶于乙醇,水溶液呈强碱性。吸湿性强,很容易结成硬块。稳定性较强,但高温下也可分解,生成氧化钠和二氧化碳。长期暴露在空气中能吸收空气中的水分及二氧化碳,生成碳酸氢钠,并结成硬块。

我国 GB2760—2011 规定:碳酸钠可在除附表 A.3 所列食品类别之外的各类食品中按生产需要适量使用,应用于生湿面制品(如面条、饺子皮、馄饨皮、烧卖皮)、生干面制品时,按生产需要适量使用。

碳酸钠的 ADI:不作限制性规定(FAO/WHO,2001)。碳酸钠现行标准为 GB 1886—2008。

②碳酸钾(CNS 号:01.301;INS 号:501i):碳酸钾(K_2CO_3),相对分子质量130.20,白色粉末或颗粒状结晶。易溶于水,不溶于乙醇、丙酮和乙醚。吸湿性强,在空气中易潮解。暴露在空气中能吸收二氧化碳和水分,转变为碳酸氢钾。水溶液呈强碱性,有刺激性。

我国 GB2760—2011 规定:碳酸钾可在除附表 A.3 所列食品类别之外的各类食品中按生产需要适量使用,在生湿面制品(如面条、饺子皮、馄饨皮、烧卖皮)中的最大使用量为60g/kg,在婴幼儿配方食品中按生产需要适量使用。

碳酸钾的 ADI:不作限制性规定(FAO/WHO,1994)。现行标准为 GB 25588—2010。

(4)碳酸氢钾及碳酸氢三钠

①碳酸氢钾(CNS 号:01.307;INS 号:501ii):碳酸氢钾($KHCO_3$),相对分子质量100.11,又名重碳酸钾,白色晶体或粉末。在空气中稳定,可溶于水,难溶于乙醇,因水解而呈弱碱性。

我国 GB2760—2011 规定:碳酸氢钾可在除 GB2760—2011 附表 A.3 所列食品类别之外的各类食品中按生产需要适量使用,应用于婴幼儿配方食品、特殊医学用途配方食品(婴幼儿配方食品除外)时,按生产需要适量使用。

碳酸氢钾的 ADI:尚未规定。碳酸氢钾的现行标准为 GB 25589—2010。

②碳酸氢三钠(CNS 号:01.305;INS 号:500iii):碳酸氢三钠($Na_2CO_3 \cdot NaHCO_3 \cdot 2H_2O$),又名倍半碳酸钠,相对分子质量226.03,白色针状、片状结晶或结晶粉末,其中碳酸氢钠占35.0%~38.6%,碳酸钠占46.4%~50.0%。

我国 GB2760—2011 规定:碳酸氢三钠可以应用于乳及乳制品(巴氏杀菌乳、灭菌乳、特殊膳食用食品除外)(仅限羊奶)、糕点、饼干,按生产需要适量使用。

碳酸氢三钠的 ADI:尚未规定。碳酸氢三钠的现行标准为 GB 25586—2010。

(5)氢氧化钾及氢氧化钙

①氢氧化钾(CNS 号:01.203;INS 号:525):氢氧化钾(KOH),相对分子质量56.11,又名苛性钾,分为固体和液体两型。固体为白色或近乎白色,无臭,颗粒状、

片状、棒状或熔融状固体,极易吸收空气中水分而潮解,吸收二氧化碳而成碳酸钾,易溶于水、乙醇、甘油。液体为无色、无臭、清亮的或略有混浊的液体。当溶解于水、醇或用酸处理时产生大量热量。有强腐蚀性。

我国 GB2760—2011 规定:氢氧化钾可以应用于调制乳粉和调制奶油粉(包括调味乳粉和调味奶油粉)、饼干、婴幼儿配方食品,按生产需要适量使用。

氢氧化钾的现行标准为:GB 25575—2010。

② 氢氧化钙(CNS 号:01.202;INS 号:526):氢氧化钙[$Ca(OH)_2$],相对分子质量 74.09,又名消石灰,白色粉末。溶于酸、铵盐、甘油,微溶于水,不溶于醇,溶于水时放出少量的热。氢氧化钙具有碱的通性,是一种强碱,碱性比氢氧化钠强,但由于氢氧化钙的溶解度比氢氧化钠小,所以氢氧化钙溶液的腐蚀性比氢氧化钠小。这些性质决定了氢氧化钙有广泛的应用。

我国 GB2760—2011 规定:氢氧化钙可应用于乳粉(包括加糖乳粉)和奶油粉及其调制产品、婴幼儿配方食品,按生产需要适量使用。

氢氧化钙的 ADI:不作限制性规定(FAO/WHO,2001)。氢氧化钙的现行标准为 GB 25572—2010。

(二)甜味剂

甜味剂是赋予食品甜味的食品添加剂。按来源可分为天然甜味剂与合成甜味剂两大类,天然甜味剂又分为糖与糖的衍生物,以及非糖天然甜味剂两类。通常所说的甜味剂是指人工合成的非营养甜味剂、糖醇类甜味剂与非糖天然甜味剂三类。至于葡萄糖、果糖、蔗糖、麦芽糖和乳糖等物质,虽然也是天然甜味剂,但因长期被人食用,且是重要的营养素,我国通常视为食品原料,不作为食品添加剂管理。

食品的甜味不但可以满足人们的嗜好需求,而且还能改进食品的可口性和其他食品加工性质。

1. 合成甜味剂

(1)糖精钠(CNS 号:19.001;INS 号:954)　糖精钠($C_7H_4NNaO_3S \cdot 2H_2O$)是糖精的钠盐,相对分子质量 241.20,又称可溶性糖精、水溶性糖精,属人工合成的非营养甜味剂。

糖精学名为邻磺酰苯甲酰亚胺,糖精为无色至白色结晶或结晶性粉末,无臭或微有芳香气。味极甜,即使稀释 1000 倍的水溶液也能尝到甜味。在水中溶解度很低(表 8－1)。0.35% 的水溶液 pH 为 2.0。

糖精难溶于水,故实际应用时多用其钠盐。糖精钠为无色或稍带白色的结晶性粉末,无臭或有微弱香气,易溶于水,微溶于乙醇。在空气中缓慢风化,失去约一半结晶水变成白色粉末。有强甜味,并稍带苦味。甜度约为蔗糖的 300 倍,易溶于水,溶解度随温度上升而迅速增加。

表 8-1 糖精与糖精钠不同温度的溶解度 单位:%

	25℃	45℃	65℃	85℃	95℃
糖精	0.2	0.6	1.1	1.7	2.2
糖精钠	115.4	165.3	220.2	289.1	328.2

糖精钠在加热后会慢慢分解,使甜味消失并产生苦味,尤其在有机酸存在时,其分解速度更快,所以在加工时须避免加入糖精钠后再加热。其水溶液长时间放置后甜度降低,故配好的溶液应在短时间用完。

糖精自 1879 年应用以来,一直是最广泛使用的甜味剂,开始人们一直认为糖精不能在体内利用,随尿排出,在实际应用中没有发现对人体有毒害作用,多年来一直被认为安全性高。但是 20 世纪 70 年代初发现其产品中易带有致癌物质邻甲苯磺酰胺后,美国即将其从 GRAS 名单中删除,并宣布禁用而又延期禁用。尽管 1984 年由 JECFA 评价允许使用,但终究因其安全性问题,在实际应用中逐渐减少。我国也从 2000 年开始对糖精钠进行限产,并明令禁止在婴儿食品中使用糖精钠(陈荔红,2010)。

我国 GB2760—2011 规定:糖精钠可在冷冻饮品(食用冰除外)、水果干类(仅限芒果干、无花果干)、果酱、蜜饯凉果、凉果类、话化类(甘草制品)、果丹(饼)类、腌渍的蔬菜、新型豆制品(大豆蛋白膨化食品、大豆素肉等)、熟制豆类(五香豆、炒豆)、带壳熟制坚果与籽类、脱壳熟制坚果与籽类、面包、糕点、饼干、复合调味料、饮料类(包装饮用水类除外)、配制酒中使用。

糖精钠的 ADI:0 ~ 5mg/kg 体重(ADI 值指糖精及其钙、钾、钠盐之和,FAO/WHO,2001)。现行标准为 GB 4578—2008。

(2)环己基氨基磺酸钠及环己基氨基磺酸钙

① 环己基氨基磺酸钠(CNS 号:19.002;INS 号:952):环己基氨基磺酸钠又名甜蜜素,分子式 $C_6H_{12}NNaO_3S \cdot nH_2O$(结晶品 $n=2$,无水品 $n=0$),相对分子质量 237.25(结晶品)、201.22(无水品),环己基氨基磺酸钠分为 A 型和 B 型(含两个结晶水),分别称为环己基氨基磺酸钠 A 型和环己基氨基磺酸钠 B 型,A 型为白色结晶粉末、针状结晶,B 型为白色针状、片状结晶;无臭,有甜味。100g/L 水溶液 pH 为 5.5 ~ 7.5。

甜蜜素熔点约为 170℃,对热、光和空气稳定,无臭。加热后略有苦味,分解温度约为 280℃,不发生焦糖化反应。酸性环境下稳定,碱性时略有分解。易溶于水(200g/L)和丙二醇(200g/L),几乎不溶于乙醇、乙醚、苯和氯仿(苏扬等,2011)。

环己基氨基磺酸钠属人工合成的非营养高甜度的合成甜味剂。甜蜜素的甜味呈现得较慢,但持续时间长,甜味比较纯正,有近似砂糖的甜味和良好的水果风味,甜度为白糖的 50 ~ 60 倍,可以替代蔗糖或与蔗糖混合使用(蔡丹丹等,2010)。

环己基氨基磺酸钠在国际上曾广泛使用。1969 年,因有报告称其有致癌、致畸作用,各国相继禁用。此后,很多国家继续对其进行毒性研究,未见异常。1982年,FAO/WHO联合食品添加剂专家委员会再次评价,允许其使用。此后,许多国家又开始许可使用。

环己基氨基磺酸钠的ADI:0~11mg/kg体重(以环己基氨基磺酸计,FAO/WHO,2010)。现行标准为GB 12488—2008。

②环己基氨基磺酸钙(CNS号:19.002;INS号:952):环己基氨基磺酸钙($C_{12}H_{24}CaN_2O_6S_2 \cdot 2H_2O$),为白色结晶或结晶性粉末,几乎无臭,味甜,甜度为蔗糖的30~50倍,对热、光、空气均稳定。140℃加热2h,可失去结晶水,于500℃分解。易溶于水,微溶于乙醇,几乎不溶于苯、氯仿和乙醚。10%水溶液的pH为5.5~7.5。

环己基氨基磺酸钙的ADI:0~11mg/kg体重(以环己基氨基磺酸计,FAO/WHO,2010)。

我国GB2760—2011规定:环己基氨基磺酸钠及环己基氨基磺酸钙可应用于冷冻饮品(食用冰除外)、水果罐头、果酱、蜜饯凉果、凉果类、话化类(甘草制品)、果丹(饼)类、腌渍的蔬菜、腐乳类、带壳熟制坚果与籽类、脱壳熟制坚果与籽类、面包、糕点、饼干、复合调味料、饮料类(包装饮用水类除外)、配制酒和果冻中。

(3)天门冬酰苯丙氨酸甲酯(CNS号:19.004;INS号:951)　天门冬酰苯丙氨酸甲酯($C_{14}H_{18}N_2O_5$),相对分子质量294.31,又名阿斯巴甜(Aspartame),是人工合成的非糖甜味剂。

天门冬酰苯丙氨酸甲酯为白色结晶颗粒或粉末,无臭,甜味纯正,甜度为蔗糖的200倍。微溶于水和乙醇,溶解度随pH的不同而变化。在25℃时,其溶解度为:10.2%(水,pH7.0)、18.2%(水,pH3.7)。比旋光度α_m(20℃,D)为+14.5~+16.5。在常温、弱酸(pH为3~5)条件下十分稳定,在长时间高温强碱条件下会分解为无毒、无味的二酮哌嗪。阿斯巴甜在体内能很快消化成3个组分:天冬氨酸、苯丙氨酸和甲酯,然后被吸收(吴璞强等,2010)。

天门冬酰苯丙氨酸甲酯的甜味带有凉爽感,没有苦涩、甘草和金属味,可增加饮料的水果风味,故将本品用在偏酸性的冷饮制品中较合适,当与蔗糖或其他甜味剂并用时,甜度增加。

天门冬酰苯丙氨酸甲酯在美国于1974年被批准作为食品的甜味剂,但因报道其有可能引起脑损伤而被终止使用。此后,经过十多年的动物试验,证明其安全无毒,目前世界各国普遍许可使用。天门冬酰苯丙氨酸甲酯的热值仅为4186 kJ/kg,是蔗糖的1/200。尤其适用于糖尿病、肥胖病、高血压和心血管疾病患者食用。其摄入后的消化、吸收和代谢过程与食品中的蛋白质相似,不会引起龋齿(赵琳等,2009)。

我国GB2760—2011规定:天门冬酰苯丙氨酸甲酯可在除GB2760—2011附表A.3所列食品类别之外的各类食品中按生产需要适量使用,添加阿斯巴甜之食品应标明:"阿斯巴甜(含苯丙氨酸)"。

天门冬酰苯丙氨酸甲酯的 ADI:0 ~ 40mg/kg 体重(FAO/WHO,2001)。现行标准为 GB 22367—2008。

(4)三氯蔗糖(CNS 号:19.016;INS 号:955) 三氯蔗糖($C_{12}H_{19}Cl_3O_8$),又名蔗糖素,相对分子质量 397.63,无色近白色结晶性粉末,无臭。极易溶于水(溶解度 28.2g,20℃)(黄东雨等,2011),对热、酸、碱十分稳定,稳定性好,可以长期贮存,并且在高温食品加工过程中甜味不会受到破坏。其结晶产品在 20℃ 的干燥条件下储藏 4 年也很稳定,在软饮料的 pH 范围内和通常温度下,三氯蔗糖是所有强力甜味剂中性质最为稳定的一种,可以储藏一年以上而不发生任何变化。

三氯蔗糖是蔗糖的衍生物,对蔗糖的相对甜度随溶液浓度而变化,其甜度很高(是蔗糖的 400 ~ 800 倍),且甜味纯正,甜感的呈现速度、最大甜味的感受强度、甜味持续时间及后味等方面均非常接近蔗糖。它对酸味和咸味有淡化效果,对涩味、苦味、酒味等味道有掩盖效果,对辛辣、奶味等有增效作用(梁宁,2010)。

三氯蔗糖是一种低能量甜味剂,在人体内不参与代谢,不被吸收利用,热量值为零,不影响血液中葡萄糖的浓度,可以为糖尿病患者接受。另外,三氯蔗糖不被龋齿病菌利用,能够减少口腔内病菌产生的酸量以及链球菌细胞在牙齿表面的黏附,能够有效的起到抗龋齿作用。

动物研究表明,三氯蔗糖在超过人类使用水平几百倍的大剂量情况下,始终长期食用也很安全。在普通人类志愿者身上进行的长期实验表明,三氯蔗糖不会对人类健康产生不可逆作用。经长期安全性试验,美国 FAD 确认其为 GRAS 安全级添加物(邓开野,2011)。

我国 GB2760—2011 规定:三氯蔗糖可在调味乳、风味发酵乳、调制乳粉和调制奶油粉(包括调味乳粉和调味奶油粉)、冷冻饮品(食用冰除外)、水果干类、水果罐头、果酱、蜜饯凉果、煮熟的或油炸的水果、腌渍的蔬菜、腐乳类、糖果、八宝粥罐头类、其他杂粮制品(仅限微波爆米花)、即食谷物,包括碾轧燕麦(片)、焙烤食品、餐桌甜味料、醋、酱油、酱及酱制品、香辛料酱(如芥末酱、青芥酱)、复合调味料、蛋黄酱、沙拉酱、饮料类(包装饮用水类除外)、浓缩果蔬汁(浆)、配制酒、发酵酒和果冻中使用。

三氯蔗糖的 ADI:0 ~ 15mg/kg 体重(FAO/WHO,2001)。现行标准为:GB 25531—2010。

(5)乙酰磺胺酸钾(CNS 号:19.011;INS 号:950) 乙酰磺胺酸钾($C_4H_4KNO_4S$),相对分子质量 201.24,又名安赛蜜、AK 糖,为无色结晶或白色结晶性粉末,无臭,无固定熔点,约 225℃ 开始分解,极易溶于水,不吸湿,在有机溶剂中溶解度低,乙酸 130g/L,无水乙醇 1g/L,20℃ 时。甜度约为蔗糖的 200 倍,甜觉快,持续时间略长于蔗糖,无不快后味,与其他甜味剂并用,如天门冬酰苯丙氨酸甲酯或环己基氨基磺酸钠并用,有协同作用,可增强甜度。本品稳定性高,耐光、耐热,在含水介质中有良好的溶解性和稳定性,不像其他甜味剂,受热会导致甜度下降(沈东瑞等,

2007)。进食后很快吸收并在尿中以原形排出,无积蓄作用,亦不致龋。10g/L溶液pH为5.5~7.5。

我国GB2760—2011规定:乙酰磺胺酸钾可在风味发酵乳、以乳为主要配料的即食风味甜点或其预制产品(仅限乳基甜品罐头)、冷冻饮品(食用冰除外)、水果罐头、果酱、蜜饯类、腌渍的蔬菜、加工食用菌和藻类、熟制坚果与籽类、糖果、胶基糖果、八宝粥罐头、其他杂粮制品(仅限黑芝麻糊和杂粮甜品罐头)、谷类和淀粉类甜品(仅限谷类甜品罐头)、焙烤食品、餐桌甜味料、调味品、酱油、饮料类(包装饮用水类除外)和果冻中应用。

乙酰磺胺酸钾的ADI:0~15mg/kg体重(FAO/WHO,2001)。现行标准为:GB 25540—2010。

(6)*N*-[*N*-(3,3-二甲基丁基)]-L-α-天门冬氨-L-苯丙氨酸1-甲酯(CNS号:19.019;INS号:961) *N*-[*N*-(3,3-二甲基丁基)]-L-α-天门冬氨-L-苯丙氨酸1-甲酯,又名纽甜,是一种新型的二肽类强力甜味剂。它是阿斯巴甜的衍生物,2001年在澳大利亚和新西兰最早批准纽甜在食品中使用,2002年7月美国FAD也正式批准使用,我国卫生部于2003年4月批准纽甜在各类食品中使用。

纽甜的甜度大约是蔗糖的7000~13000倍,是阿斯巴甜的30~60倍(余海星,2008),具有类似蔗糖的纯正甜味,风味特性和蔗糖相似,而且表现出一种清凉味,没有任何杂味。纽甜可以单独使用或与其他强力甜味剂或多糖混合使用,和其他甜味剂共同使用时会产生明显的甜味增效作用,可降低其他甜味剂所能感知到的苦涩味等不良风味,起到改良甜味的作用,同时还可以降低使用成本。

纽甜稳定性高,不与食品中的还原糖类、醛类、芳香化合物反应,其在干燥或中性的条件下都十分稳定,尤其在含水的食品体系中比阿斯巴甜要相对稳定。

纽甜不提供能量,为非营养甜味剂,且无致龋齿性。研究表明,它不是口腔突变链球菌 *Streptococcus mutants* 的合适底物,故不会被其分解而产生会导致龋齿的酸性物质。因此,可代替常用的甜味剂,对防止龋齿有积极的作用。大量动物实验及临床实验数据都证明纽甜及其代谢产物对人体安全无毒。

纽甜适用范围广,既无致突变性、致癌性、致畸性,也不会影响动物的生长及后代的发育,另外,纽甜进入人体后不会引起血糖的波动,其代谢过程与胰岛素无关。多项实验的结果确认纽甜可以安全地应用于包括儿童、孕妇、哺乳期的母亲以及糖尿病患者在内的所有人群(魏志勇等,2008)。

我国GB2760—2011规定:纽甜可在除GB2760—2011附表A.3所列食品类别之外的各类食品中按生产需要适量使用。

纽甜的ADI:0~2mg/kg体重(FAO/WHO,2004)。

(7)L-α-天冬氨酰-*N*-(2,2,4,4-四甲基-3-硫化三亚甲基)-D-丙氨酰胺(CNS号:19.013;INS号:956) L-α-天冬氨酰-*N*-(2,2,4,4-四甲基

-3-硫化三亚甲基)-D-丙氨酰胺,又名阿力甜,甜度是蔗糖的2000倍,比阿斯巴甜高10倍,对酸对热的稳定性有大幅提高,阿力甜保留了阿斯巴甜的优点又改进其不足,是阿斯巴甜的新一代产品,有广阔的应用前景(赵彦丽等,2007)。

我国GB2760—2011规定:阿力甜可在冷冻饮品(食用冰除外)、话化类(甘草制品)、胶基糖果、餐桌甜味料、饮料类(包装饮用水类除外)和果冻中使用。

阿力甜的ADI:0~1mg/kg体重(FAO/WHO,2002)。阿力甜的现行标准为2011年我国卫生部第19号公告指定标准。

2. 天然甜味剂

(1)甘草,甘草酸铵,甘草酸一钾及三钾(CNS号:19.009,19.012,19.010;INS号:958)　甘草学名*Glyc grrhiza*,原来是甜根的意思,含有100多种化学元素,其根中含有强甜味剂、甘草酸及甘草皂苷,是我国常用的中草药之一,也是我国民间传统使用的一种非糖天然甜味剂,其甜味成分为甘草酸(甘草甜素)。

甘草末为淡黄色粉末,有微弱的特异臭,味甜,并稍带苦味。甘草水为淡黄色溶液,浓缩物通常为黑褐色黏稠液体或棕褐色固体,有特殊的甜味及微弱香气,稍带苦味,遇热软化,易吸潮。

从甘草中提取的甘草酸是一种高甜度、低热量、安全无毒的甜味剂,甘草酸的甜度约为蔗糖的170倍,甘草酸也是非常珍贵的天然解毒剂,有抗人体衰老、抗炎症、降血压、增强免疫力等功效(滕征辉,2010)。

甘草酸钾是由甘草浸提等进一步加工精制而成,即由甘草提取甜味成分甘草酸后与钾碱作用所得。淡黄色粉末,味极甜,甜度约为蔗糖的200倍且甜味残留时间长,易溶于水,不溶于无水乙醇。甘草酸钾依加碱量不同,分为甘草酸一钾和甘草酸三钾。

甘草是我国使用多年的甜味料和中草药,安全性高。甘草酸钾经动物试验证明,安全性高。

我国GB2760—2011规定:甘草、甘草酸铵、甘草酸一钾及三钾可以应用于蜜饯凉果、糖果、饼干、肉罐头类、调味品、饮料类(包装饮用水类除外)中,按生产需要适量使用。

(2)甜菊糖苷(CNS号:19.008;INS号:960)　甜菊糖苷($C_{38}H_{60}O_{18}$),相对分子质量804.86,又名甜菊苷、蛇菊苷,是一种纯天然的高倍甜味剂,从原产于南美洲的巴拉圭、巴西、阿根廷等地的菊科小灌木甜叶菊(*Steviarebaudiana bertoni*)的叶子中提取而得。甜菊糖苷的热值很低,属于天然低热量的高倍甜味剂,其甜度是蔗糖的200~300倍,而热量仅为蔗糖的1/300左右(邱洪冰等,2010)。

甜菊原来自然野生在南美洲巴拉圭东北部及巴西的阿尔拜山脉中。随着其生长成熟,叶中甜菊苷类不断增加,直到现蕾期,甜菊苷类达到最高含量,可用来加工精提甜菊糖苷。

甜菊糖苷是一系列甜菊糖苷类的混合物,是由甜菊苷、莱鲍迪A苷(RA)、莱鲍迪 B 苷、莱鲍迪 C 苷、莱鲍迪 D 苷、莱鲍迪 E 苷、莱鲍迪 F 苷、杜尔可 A 苷、甜菊醇双糖苷等糖苷组成。莱鲍迪 A 苷含量越高,甜味就越纯正,因此,提高甜菊苷产品中莱鲍迪 A 苷部分含量,可改善甜菊糖苷产品风味(孙传范等,2010)。

甜菊糖苷经过 30 多年的工业化生产,产品已发展到第三代:第一代甜菊糖苷为甜菊糖总苷,第二代产品的主要成分为甜菊苷和莱鲍迪 A 苷的混合物,第三代产品主要成分为莱鲍迪 A 苷(杨扬,2010)。

甜菊糖苷具有热量低、甜度高、味质好、耐高温、稳定性好等特点,有利于调节血糖,促进脑力活动,对心脑血管病、肥胖病、糖尿病患者有辅助治疗功能,防治龋齿,并可作为苯丙酮尿症病人的糖类替代物。加到食品中,不易变性、变质,对酸碱度要求不严,保存期长,不会结块、褐变(杨远志等,2011)。

甜菊糖苷在冷饮料中的甜度比同浓度的甜菊糖苷在热饮料中的甜度高。甜菊糖苷与蔗糖、异构化糖浆混合使用时可以充分地发挥糖的甜味,与有机酸如苹果酸、柠檬酸、酒石酸、乳酸、谷氨酸、甘氨酸等混合使用可改善甜味质量,在食盐存在下,甜菊糖苷的甜味倍数有所提高(杨湘庆)。

自 20 世纪 70 年代起,日本、美国、韩国、巴西等国家先后进行过甜菊糖苷的安全性评价。通过致突变、致癌、致畸实验及急性毒性和亚急性毒性研究表明,甜菊糖苷具有安全、低毒的特点(孙传范等,2010)。

我国 GB2760—2011 规定:甜菊糖苷可以应用于蜜饯凉果、熟制坚果与籽类、糖果、糕点、调味品、饮料类(包装饮用水类除外)、膨化食品,添加量按生产需要适量使用。

甜菊糖苷的 ADI:0 ~ 4mg/kg 体重(以甜菊糖醇计,FAO/WHO,2009)。甜菊糖苷的现行标准为 GB 8270—1999。

(3)罗汉果甜苷(CNS 号:19.015) 罗汉果甜苷是中草药罗汉果的提取成分,为浅黄色粉末,有罗汉果香,味极甜,甜度是蔗糖的 12 ~ 500 倍,熔点 197 ~ 201℃(分解)。热稳定性强,易溶于水和稀乙醇。

到目前为止,在罗汉果中已发现的葫芦烷三萜类化合物有 12 种。其中罗汉果甜苷 V 是主要成分,以罗汉果果肉和果皮中的含量较高,而种仁中的含量较低。

罗汉果提取物甜味宜人,大部分都是甜味物质或微甜物质,具有较低的血糖生成指数和一定的热稳定性。罗汉果甜苷作为健康安全的天然甜味剂,已被大规模生产和应用。罗汉果提取物具有抗氧化、防治糖尿病、抗癌、提高免疫力、活血化淤、保肝、镇咳祛痰、抑菌等功效。

对罗汉果甜苷进行连续 90d(3000mg/kg 体重)和 28d 经口喂养动物试验,未发现任何不利影响(梁静,2010)。

我国 GB2760—2011 规定:罗汉果甜苷可在除 GB2760—2011 附表 A.3 所列食品类别之外的各类食品中按生产需要适量使用。

3. 糖醇类甜味剂

(1)山梨糖醇及山梨糖醇(液)[CNS 号:19.006;INS 号:420(i),420(ii)] 山

梨糖醇又名山梨醇，可由葡萄糖氢化制得。产品可有无色、澄清、味甜之稠厚液体，亦可有无色结晶或白色结晶性粉末，后者易溶于水。

山梨糖醇不易与氨基酸、蛋白质等发生褐变反应，并有耐酸、耐热等特点。甜度约为蔗糖的一半，摄入后在体内产生的热量与蔗糖相近。但它在体内不转化为葡萄糖，不受胰岛素控制，适合作为糖尿病患者的甜味剂。山梨糖醇还有增稠、保湿、螯合作用等，因其有吸湿性，可防止糖、盐等结晶析出，并可防止淀粉老化，故很适用于谷物产品等。国外还可用于葡萄干保湿，酒类、清凉饮料的增稠、保香等。

山梨糖醇亦可制成含山梨糖醇约70%的水溶液，即山梨糖醇液，在常温下，为无色、透明、有甜味的黏稠液体，冷却时可有无色结晶析出；与水可以任意比例混溶，与水1:1混合溶液pH为5.0~7.5，相对密度1.285~1.315。

我国GB2760—2011规定：山梨糖醇及山梨糖醇（液）可在炼乳及其调制产品、水油状脂肪乳化制品以外的脂肪乳化制品，包括混合的和/或调味的脂肪乳化制品（仅限植脂奶油）、冷冻饮品（食用冰除外）、腌渍的蔬菜、熟制坚果与籽类（仅限油炸坚果与籽类）、巧克力和巧克力制品，除可可制品（包括以可可为原料的脂、粉、浆、酱、馅等）以外的可可制品、糖果、生湿面制品（如面条、饺子皮、馄饨皮、烧卖皮）中的最大使用量为30g/kg；面包、糕点、饼干、冷冻鱼糜制品（包括鱼丸等）最大使用量0.5g/kg；调味品、饮料类（包装饮用水类除外）、膨化食品、其他（豆制品工艺用）、其他（制糖工艺用）、其他（酿造工艺用）产品中均按生产需要适量使用。

山梨糖醇及山梨糖醇（液）的ADI：不作特殊规定（WHO，2001）。现行标准为：GB7658—2005。

（2）麦芽糖醇及麦芽糖醇液［CNS号：19.005；INS号：965（i），965（ii）］ 麦芽糖醇由麦芽糖氢化制得，为无色透明的中性黏稠液体。易溶于水，甜度为蔗糖的75%~95%，不结晶，不发酵，有保香、保湿作用。pH3~9时有耐热性，即使加热也几乎不分解。与蛋白质或氨基酸共存时，即使加热也不发生褐变反应，稳定性高。人体摄入后，不产生热能，在小肠内的分解量为同量麦芽糖的四十分之一，因此不会使血糖升高和血脂合成，是心血管病、糖尿病、动脉硬化、高血压患者理想的甜味剂。

我国GB2760—2011规定：麦芽糖醇和麦芽糖醇液可在调味乳、炼乳及其调制产品、稀奶油类似品、冷冻饮品（食用冰除外）、腌渍的蔬菜、熟制豆类、加工坚果与籽类、糖果、面包、糕点、饼干、焙烤食品馅料及表面用挂浆、冷冻鱼糜制品（包括鱼丸等）、液体复合调味料（不包括醋，酱油）、饮料类（包装饮用水类除外）、果冻（如用于果冻粉，按冲调倍数增加使用量）、其他（豆制品工艺用、制糖工艺用、酿造工艺用）中使用。

麦芽糖醇和麦芽糖醇液的ADI：不作特殊规定（FAO/WHO，1999）。

（3）木糖醇（CNS号：19.007；INS号：967） 木糖醇（$C_5H_{12}O_5$），相对分子质量152.15，又称为戊五醇，是一种多元醇，为白色结晶或结晶性粉末，味甜、无异味，熔点为92~96℃,易溶于水,微溶于甲醇、乙醇、醋酸,不溶于乙醚、氯仿。木糖醇有一定的吸湿性,甜度相当于蔗糖,发热量相当于葡萄糖,溶解热 -145.6 kJ/kg,热能16.99 kJ/kg。

木糖醇广泛存在于各种果蔬食物中,可用提取法制备木糖醇,即用固·液萃取的方法将木糖醇从果蔬中提取出来。但由于各种果蔬食物中含量都较低,大量生产较困难且不经济。芬兰、俄罗斯等欧洲国家拥有丰富的白桦树资源,用白桦木片经水蒸气蒸煮后得到粗糖液,再经精制得到结晶木糖醇产品。由于提取和化学合成法存在明显的缺点,国内外科研人员找到一种木糖醇生产的新途径——生物转化法。生物转化法的基本原理为,将农业废弃物(如稻草、蔗渣、玉米芯等)所含的多缩戊糖经稀酸水解后得到木糖水解液,然后利用微生物发酵水解液中的木糖得到木糖醇。微生物发酵法不仅可以省去木糖纯化步骤,还可以简化木糖醇的分离步骤,是一种很有前途的生产方法。

由于木糖醇在体内的代谢与胰岛素无关,常应用于糖尿病患者食品的生产。木糖醇在口中有清凉感,同时在口中不被细菌发酵生成乳酸,对微生物是不良的培养基,不会引起龋齿,还可通过阻止新龋形成和原有龋齿的发展而改善口腔牙齿卫生,被用作无糖糖果中具有止龋或抑龋的甜味剂。木糖醇与糖类不同,没有醛基,加热时不会和氨基酸发生美拉德反应,不会使食品色泽褐变加深,作为食糖代用品具有独特的优点。木糖醇不受酵母菌和细菌的作用,不霉变,可延长食品的保存期(刘春等,2010)。

我国 GB2760—2011 规定:木糖醇可在除 GB2760—2011 附表 A.3 所列食品类别之外的各类食品中按生产需要适量使用。

木糖醇的 ADI:不作限制性规定。木糖醇现行标准为:GB 13509—2005。

(4)赤藓糖醇(CNS 号:19.018)　赤藓糖醇($C_4H_{10}O_4$),相对分子质量 122.12,为白色结晶的四碳多元醇类化合物,化学名称为 1,2,3,4 - 丁四醇,熔点 126℃,沸点 329~331℃,溶解热 -97.4J/g。

赤藓糖醇在自然界分布十分广泛,海藻、蘑菇以及甜瓜、葡萄、桃等水果类中均含有赤藓糖醇。在发酵食品果酒、啤酒、酱油中也存在,另外还存在于人和哺乳动物的体液中。

赤藓糖醇是新型发酵型低热量甜味剂,1999 年 6 月国际食品添加剂专家委员会(JECFA)批准赤藓糖醇作为食用甜味剂,2007 年 6 月 19 日我国卫生部公告批准赤藓糖醇作为甜味剂应用于食品中。

赤藓糖醇与蔗糖的甜味特性十分接近,爽净且无后苦味,食用时具有口感清凉的特点,甜度约为蔗糖的 70% ~80%(刘建军等,2006)。与其他甜味剂混合使用具有改善、协调味质作用,如赤藓糖醇与高甜味剂甜菊苷以 1000:(1~7)混合使用,可有效掩盖甜菊苷的后苦味;将 20% 以上的赤藓糖醇与白砂糖并用,其后味和甜味比白砂糖更为理想;溶液中 1% ~3% 的赤藓糖醇能有效掩盖刺激性口味,改善溶液的口感和风味。

赤藓糖醇稳定性好，在热、酸、碱条件下稳定，适用的酸碱范围为 pH2 ~ 12，符合一般食品对酸碱的要求。由于不含羰基，所以在与氨基酸共存的情况下无美拉德反应发生，在 160℃ 高温条件下不会出现分解及热变色，避免高温加工过程食品出现的焦化。

赤藓糖醇结晶性好，吸湿性低，其吸湿性在糖醇等甜味剂中是最小的。在 20℃、相对湿度为 90% 的环境中，放置 5d 后的吸湿增重，麦芽糖约为 17%，蔗糖约为 10%，而赤藓糖醇仅为 2% 左右。

赤藓糖醇能值为 1.67kJ/g，其热量值仅为蔗糖 10% 左右，而被摄入的赤藓糖醇中只有 5% ~10% 能为人体提供能量，故赤藓糖醇的实际能量值仅为 0.084KJ/g，是所有多元糖醇甜味剂中能值最低的一种，也被称为“零”能量配料。

赤藓糖醇的生物耐受性好，安全无毒，动物和临床实验中，不会导致腹泻的赤藓糖醇最大单次剂量为 0.80g/kg 体重，是木糖醇、麦芽糖醇、异麦芽糖醇和乳糖醇的 2 ~3 倍，甘露醇的 3 ~4 倍，与其他多元糖醇相比，赤藓糖醇在人体内的最大耐受量为 50g/d。实验还表明，赤藓糖醇无致畸毒性，不影响生殖和发育，不引起染色体变异，不致癌变，也不刺激肿瘤生长（肖素荣等，2008）。

赤藓糖醇不被人口腔中变形链球菌利用分解为酸性物质，同时还对口腔病原细菌有抑制作用，因此能起到保护牙齿作用，具有抗龋齿性。

我国 GB2760—2011 规定：赤藓糖醇可在除附表 A.3 所列食品类别之外的各类食品中按生产需要适量使用。

赤藓糖醇的 ADI：不作特殊规定（FAO/WHO，2000）。赤藓糖醇现行标准为：GB26404—2011。

（5）乳糖醇（CNS 号：19.014；INS 号：966）　乳糖醇（$C_{12}H_{24}O_{11}$），相对分子质量 344.32，又名 4 - β - D 吡喃半乳糖 - D - 山梨醇，乳糖醇为结晶粉末或无色溶液，有甜味。样品溶液（100g/L）的比旋光度 α_m（20℃，D）为 +13 ~ +15。

乳糖醇极易溶于水，比乳糖稳定，二水物乳糖醇的熔程为 70 ~80℃，单水乳糖醇的熔程为 115 ~125℃，对热及储存时稳定性好。乳糖醇的吸湿性较小，与甘露糖醇相似。溶于水时会吸热，因此食用时会有一种凉爽的口感特性。甜度为蔗糖的 30% ~40%。

人体摄入乳糖醇不会引起血糖升高，也不刺激胰岛素的分泌，和脂肪同时食用时可以抑制体内脂肪过度积累，可供糖尿病人食用。在小肠几乎不被吸收，在大肠也不被吸收，过量食用会引起缓泻，但可以作为一种碳源被肠道微生物发酵生成有机酸、二氧化碳和水。用乳糖醇代替蔗糖可显著减小龋齿的生成（梁智，2003）。

我国 GB276—2011 规定：乳糖醇可在除附表 A.3 所列食品类别之外的各类食品中按生产需要适量使用，应用于发酵乳中时最大使用量为 30.0g/kg，在稀奶油、香辛料类中按生产需要适量使用。

乳糖醇的 ADI:不作特殊规定(FAO/WHO,1994)。现行标准为 2011 年我国卫生部第 8 号公告指定标准。

(6)D－甘露糖醇(CNS 号:19.017;INS 号:421)　D－甘露糖醇($C_6H_{14}O_6$),相对分子质量 182.17,又名甘露醇,与山梨醇为同分异构体,为白色结晶性粉末或颗粒。由 D－甘露糖醇和少量山梨糖醇组成。溶于水和吡啶,微溶于乙醇,几乎不溶于三氯甲烷和乙醚。不吸湿、无臭,相对密度 1.489,熔点 166～168℃,沸点 290～295℃(在 0.400～0.467kPa 下),比旋光度 α_m(20℃,D)为 +23～+24。

D－甘露糖醇最早发现存在于南瓜、蘑菇、洋葱与海藻等植物中,在自然界中广泛存在于海藻及某些水果、树木中。D－甘露糖醇具有令人愉快的甜味,其甜度为蔗糖的 55%～65%,具有多元糖醇的通性。

在功能性糖醇中,D－甘露糖醇是唯一一种不易吸潮的六元糖醇,同时具有甜度适宜、热量低、无毒副作用等特点。在人体生理代谢中,它与其他功能糖醇一样,其代谢与胰岛素无关,不提高血糖值,不致龋齿,可用作糖尿病人、肥胖病人的甜味剂(陈为民,2009)。

我国 GB2760—2011 规定:D－甘露糖醇可在糖果中按生产需要适量使用。

D－甘露糖醇的 ADI:不作限制性规定(FAO/WHO,2001)。现行标准为 2011 年卫生部第 8 号公告指定标准。

(7)异麦芽酮糖(CNS 号:19.003)　异麦芽酮糖($C_{12}H_{22}O_{11}\cdot H_2O$),又称帕拉金糖,亦称异构蔗糖。由非致病微生物中的蔗糖－葡萄糖基果糖变位酶作用于蔗糖制得,为葡萄糖与果糖以 α－1,6 糖苷键相联的右旋糖。为白色晶粒,性质与蔗糖相似,但吸湿性小,对水的溶解度亦比蔗糖低,20℃时为 38.4%,40℃时 78.2%,60℃时 133.7%。水溶液的黏度亦比同等浓度的蔗糖略低。耐酸性比蔗糖强,如 20% 蔗糖溶液在 pH2.0 时在 100℃加热 60min,全部水解为葡萄糖和果糖,而异麦芽酮糖尚未酸解。异麦芽硐糖有还原性,热稳定性比蔗糖差,甜味纯正,极似蔗糖,但甜度较低,约为蔗糖的 42%。

据报道,异麦芽酮糖可被机体吸收利用,但不致龋,尤其是当与蔗糖并用时,还有抑制蔗糖的致龋作用。

我国 GB2760—2011 规定:异麦芽酮糖可以在冷冻饮品(食用冰除外)、果酱、糖果、面包、糕点、饼干、饮料类(包装饮用水类除外)、配制酒中使用。

异麦芽酮糖的 ADI:不作限制性规定(FAO/WHO,2001)。异麦芽酮糖现行标准为 QB 1581—1992。

(三)增味剂

以赋予食品鲜味为主要目的的食品添加剂称为鲜味剂,又称增味剂或风味增强剂(Flavous enhancer),是指用以增补或增强食品原有风味的物质。

据近年研究报告,鲜味不同于酸、甜、苦、咸四种基本味,也是一种基本味。例如鲜味的受体不同于酸、甜、苦、咸四种基本味的受体,味感也与以上四种基本味不同，鲜味不影响任何其他味觉刺激而只增强各自的风味特性，从而增进食品的可口性。它也不能由具有上述四种基本味的食品原料/添加剂混合所产生。

增味剂按其化学性质的不同主要有两类：氨基酸类与核苷酸类。前者主要是L－谷氨酸及其一钠盐，后者主要是5′－肌苷酸二钠和5′－鸟苷酸二钠。此外，还有一种有机酸——琥珀酸及其钠盐也具有鲜味，现分别介绍如下。

1. 谷氨酸钠（CNS号：12.001；INS号：621）

谷氨酸钠（$C_5H_8NNaO_4 \cdot H_2O$），相对分子质量187.13，为L－谷氨酸的一钠盐，俗称味精。为无色或白色结晶状颗粒或粉末，易溶于水，微溶于乙醇，无吸湿性。无肉眼可见杂质，具有特殊鲜味，无异味。5%溶液pH为6.7～7.5，比旋光度α_m（20℃）为＋24.9～＋25.3。加热到150℃时失去结晶水，195℃熔化，210℃发生吡咯烷酮化，生成焦谷氨酸，失去鲜味。谷氨酸钠是世界上产量最多、用量最大的一类食品增味剂。

谷氨酸钠的鲜味与其解离度有关，在pH5.5～8.0时鲜味最强，当pH小于4.0时鲜味较弱，当pH大于8.0时由于形成二钠盐鲜味消失（崔桂友，1996）。

谷氨酸钠不仅具有鲜味，还有增香作用，在豆制品（如素什锦等）中加1.5～4g/kg，在曲香酒中加0.054g/kg，可使产品呈现较好的风味。

谷氨酸钠的呈味作用在食盐的共存下可增强，通常用量约为食盐的10%～15%，即1g盐加入0.1～0.15g味精呈味最佳。谷氨酸钠与5′－肌苷酸二钠或5′－鸟苷酸二钠并用，可显著增加其呈味功能，并以此生产强力味精。

谷氨酸钠在一般食品的烹调加工条件下相当稳定，但长时间高温加热时会失去一分子水，变成没有鲜味的内酰胺，所以最好在烹调后期加入。此外，pH低的酸性食品对谷氨酸钠的鲜味有影响，食用时应比普通食品多加20%，才能收到较好的效果。

谷氨酸钠长期食用安全，但曾被报告可引起一时性头晕等主观症状，而被认为与所谓的"中国餐馆病"有关。经1987年JECFA第31次会议再次评价，判定研究不能证明谷氨酸钠是"中国餐馆病"的引发剂，取消了先前的结论，确定谷氨酸钠的ADI"不作限制性规定"，对不适用于12周龄婴儿的规定也已删除。

我国GB2760—2011规定：谷氨酸钠可在除GB2760—2011附表A.3所列食品类别之外的各类食品中按生产需要适量使用。

谷氨酸钠现行标准为：GB 8967—2007。

2. 5′－肌苷酸二钠（CNS号：12.003；INS号：631）

5′－肌苷酸二钠又名肌苷酸钠，简称5′－IMP，为白色结晶或结晶性粉末，含有约7.5分子结晶水。无臭，有特别强的鲜味。易溶于水，略溶于乙醇。有吸湿性，但不潮解。5%水溶液pH为7.0～8.5。对热稳定，在一般食品的pH范围内，于100℃加热1h几乎不分解，但在pH3以下，长时间加热杀菌则有一定的分解。

5′－肌苷酸二钠的鲜味强度比5′－鸟苷酸二钠的鲜味强度小，但二者并用有显著的协同作用。

5′-肌苷酸二钠单独使用较少,多与谷氨酸钠混合使用。混合使用时,其用量为谷氨酸钠总量的1%~5%。酱油、食醋、肉制品、鱼制品、速溶汤粉、方便面和罐头食品等均可添加,用量为0.01~0.1g/kg。

5′-肌苷酸二钠可被动、植物组织中广泛存在的磷酸酯酶分解而失去呈味作用,所以当将其加入到发酵食品或生鲜食品中应予以注意。由于磷酸酯酶对热不稳定,尽管此酶的耐热程度因食品种类不同而有所不同,但一般在80℃左右就失去活性。因此,生鲜组织加入本品凉拌以前,最好用85℃以上的热水烫漂,以破坏此酶的活性后再添加。

我国GB2760—2011规定:5′-肌苷酸二钠可在除GB2760—2011附表A.3所列食品类别之外的各类食品中按生产需要适量使用。

5′-肌苷酸二钠的ADI:不作限制性规定(FAO/WHO,1994)。5′-肌苷酸二钠的现行标准执行2011年卫生部第19号公告指定标准。

3.5′-鸟苷酸二钠(CNS号:12.002;INS号:627)

5′-鸟苷酸二钠又名鸟苷酸钠,简称5′-GMP,为白色或白色结晶或白色结晶性粉末,约含7分子结晶水。有特殊强烈的鲜味,易溶于水,略溶于乙醇。5%水溶液的pH为7.0~8.5。

5′-鸟苷酸二钠的鲜味比5′-肌苷酸二钠强约3倍,它与谷氨酸钠或5′-IMP混合使用也有协同效果。与5′-肌苷酸二钠性质相似,在pH4~6之间很稳定,pH3以下则易破坏。其余参见5′-肌苷酸二钠。

我国GB2760—2011规定:5′-鸟苷酸二钠可在除GB2760—2011附表A.3所列食品类别之外的各类食品中按生产需要适量使用。

5′-鸟苷酸二钠的ADI:不作限制性规定(FAO/WHO,1994)。5′-鸟苷酸二钠现行标准为:QB/T 2846—2007。

4.5′-呈味核苷酸二钠(CNS号:12.004;INS号:635)

5′-呈味核苷酸二钠主要由5′-鸟苷酸二钠和5′-肌苷酸二钠组成,此外也可适当添加5′-尿苷酸二钠和5′-胞苷酸二钠。为白色至近白色结晶或粉末,无臭,易吸湿,溶于水,微溶于乙醇和乙醚,与谷氨酸钠并用有显著的协同作用,也可被磷酸酯酶分解失去增鲜功效。

我国GB2760—2011规定:5′-呈味核苷酸二钠可在除GB2760—2011附表A.3所列食品类别之外的各类食品中按生产需要适量使用。

5′-呈味核苷酸二钠的ADI:不作限制性规定(FAO/WHO,1994)。5′-呈味核苷酸二钠现行标准为:QB/T 2845—2007。

5.琥珀酸二钠(CNS号:12.005)

琥珀酸二钠又名干贝素,在禽、畜及鱼肉中均有少量存在,在贝类中含量较多,是贝类鲜味的主要成分,含量达0.37%,是琥珀酸的钠盐。琥珀酸二钠呈味阈值为

0.003%，可制作强力鲜味剂，普遍存在于传统发酵产品如清酒、酱油、酱中，如与食盐、谷氨酸钠、或醋酸、柠檬酸等其他有机酸合用，可增强其鲜味（冯容保，2002）。

琥珀酸二钠有含一分子结晶水和三分子结晶水两种类型，其溶解度大于琥珀酸。

琥珀酸的鲜味较琥珀酸钠盐强，琥珀酸二钠的鲜味仅有琥珀酸的1/8。但琥珀酸二钠比琥珀酸具有更强的抗热性，此外，琥珀酸二钠可依食品的pH需要有较广的适用范围。

琥珀酸亦可与味精混合使用，有协同效果，但其用量不得超过味精的1/10，否则将使谷氨酸二钠变成游离的谷氨酸，使其鲜味降低。且琥珀酸会形成琥珀酸钠，亦降低其鲜味。实际应用时，一般选择琥珀酸钠与其他鲜味剂并用。

我国GB2760—2011规定：琥珀酸二钠可在调味品中使用，最大使用量20.0g/kg。

6. 氨基乙酸（CNS号：12.007；INS号：640）

氨基乙酸（$C_2H_5NO_2$），相对分子质量75.07，又名甘氨酸，为白色结晶性颗粒或结晶性粉末，50g/L溶液pH为6.7~7.5。有甜味，易溶于水，微溶于甲醇、乙醇，不溶于丙酮、乙醚。

我国GB2760—2011规定，氨基乙酸可在预制肉制品、熟肉制品、调味品、果蔬汁（肉）饮料（包括发酵型产品等）、植物蛋白饮料中使用。

氨基乙酸的ADI：尚未规定。氨基乙酸现行标准为：GB 25542—2010。

7. L－丙氨酸（CNS号：12.006）

L－丙氨酸（$C_3H_7NO_2$），相对分子质量89.09，为白色结晶或结晶性粉末，无臭，有特殊甜味。50g/L溶液pH为5.7~6.7，比旋光度α_m（20℃，D）为+13.5~+15.5。易溶于水，微溶解于乙醇，不溶于乙醚。

我国GB2760—2011规定：L－丙氨酸可在调味品中按生产需要适量使用。

L－丙氨酸的ADI：尚未规定。L－丙氨酸现行标准为：GB 25543—2010。

项目三　调味剂在食品工业中的应用

调味剂的种类繁多，每种调味剂都有其不同的性质，其应用的范围及用量也不同，现将几种常见的调味剂在食品工业中的应用作简要描述。

一、酸度调节剂在食品工业中的应用

1. 柠檬酸在食品工业中的应用

因柠檬酸的酸味是所有有机酸中最可口的，故在各种食品中广泛使用，现将其

使用情况简介如下。

(1)在汽水和果汁中的应用　柠檬酸在饮料中提供特定的酸味,并改善饮料的风味,特别适用于柑橘类饮料,在其他饮料中也可单独或合并使用。柠檬酸在各种饮料中的用量可按原料含酸量、浓缩倍数、成品酸度指标等因素来控制,一般用量为1.2~1.5g/kg,浓缩果汁为1~3g/kg。

(2)在水果罐头中的应用　糖水水果罐头中注入的糖液中常添加适量的柠檬酸,可保持或改进罐藏水果的风味,降低某些酸度较低的水果罐藏时的pH,减弱微生物的抗热性并抑制其生长,防止水果罐头发生细菌性胀罐和败坏。一般用量为:桃2~3g/kg,橘片1~3g/kg,梨1g/kg,荔枝1.5g/kg。糖液宜现用现配,加酸后的糖液要在2h内用完。

(3)在糖果中的应用　在糖果中加入柠檬酸可使果味协调。柠檬酸多用于硬糖,能缓解其甜度,同时有提高水果香气的效果,甜酸比例适度能产生良好的味感。一般硬糖内柠檬酸的添加量为10g/kg左右,淀粉软糖中添加量4~10g/kg。在果胶软糖中,添加柠檬酸可以调整pH,使软糖韧度提高。

(4)在凝胶食品中的应用　在果酱、果冻生产过程中,由于果实含酸量比较低,其中所含果胶带有负电荷,使果酱、果冻产品易发砂。在果酱果冻中添加柠檬酸可有效降低果胶负电荷,从而使果胶分子借氢键结合而胶凝。

此外,柠檬酸还有抑菌、护色、改善风味、促进蔗糖转化作用,有利于防止食品储藏中发生蔗糖晶析而引起的发砂现象。柠檬酸应先用水溶解,在果酱浓度接近终点时加入,搅匀后到达终点即可出料装罐,其用量以保持制品的pH为2.8~3.5较合适。

(5)在蔬菜罐头中的应用　在蔬菜罐头加工的时候,一些蔬菜呈碱性状态,用柠檬酸作pH调节剂,不但可以起到调味作用,又可保持品质。如鲜蘑菇等罐头,在预煮液中添加柠檬酸为0.7~1g/kg,在鲜蘑菇、清水笋等罐头的装罐汤汁中添加柠檬酸0.5~0.7g/kg。

(6)在其他食品中的应用　柠檬酸具有螯合作用,具有清除金属离子的性能。它与抗氧化剂混合使用,能对金属离子进行钝化,起到增效、协同的作用。柠檬酸所具有的螯合作用和调节pH的特性,在速冻食品的加工中能增加抗氧化剂的性能及抑制酶活力,可以延缓蟹肉、虾、龙虾、蚝等水产品罐头在灌装及速冻过程中的褪色和变味,使食品保存期延长。柠檬酸也能制止速冻水果变色变味,防止酶促和金属催化引起的食品的氧化作用。

2.苹果酸在食品工业中的应用

L-苹果酸是一种低热量的理想酸度调节剂,具有口感柔和、风味独特的优点,克服了柠檬酸的苦涩味,还可用作食品的保鲜剂,特别适用于果冻及以水果为基础的食品,有保持天然果汁色泽的作用。L-苹果酸在食品饮料业中被广泛应用,尤其被使用作为饮料的调味剂,大量取代柠檬酸。其允许摄入量不需特殊规定。

L－苹果酸口感接近天然果汁并具有天然香味，与柠檬酸相比产生热量更低，口味更好，L－苹果酸能模拟天然果实的酸味特征，味觉自然丰满，应用于饮料中，主要用作加工和配制酒类、饮料、果汁、糖果、果酱、口香糖、果冻等的制造，且对食品有抑菌防腐作用，可延长低盐香肠和果酱的保存期。亦可用于乳酸发酵时的 pH 调节，葡萄酒酿造中除酒石酸盐等，并有逐渐替代柠檬酸的势头，是目前世界食品工业中用量最大和发展前景较好的有机酸之一。

为增强碳酸饮料和苏打冰淇淋的果类香味，特别是草莓风味，可使用 L－苹果酸与蛋白糖、糖精等甜味剂复合，其效果比柠檬酸好，还可节约白糖 10% ~12%。苹果酸作为一种重要的酸度调节剂，广泛用于普通和浓缩清凉饮料、粉末状饮料、乳酸菌饮料、乳饮料、汽水、冰淇淋、雪糕等食品中；也是口香糖、水果糖、胶冻、果酱、辣酱油、醋、果子酒、蛋黄酱、人造食品的有效作料，还可作为加工酸乳的发酵剂和酸度调节剂，露酒、果冻的酸度调节剂和防腐剂。

L－苹果酸还可用作除臭剂，去除室内鱼腥、体臭，并用于食品储藏；在牛乳中加入 L－苹果酸，可改善质量（汪多仁，2008）。

3. 乳酸在食品工业中的应用

乳酸酸性柔和且性质稳定，具有发酵产品和乳制品的口味，而且不会很快消失，后味长。在食品工业中可以广泛用作酸度调节剂、风味剂、pH 调节剂和细菌酸败抑制剂。

乳酸被美国 FDA 确认为安全（GRAS）优良的防腐剂和腌渍剂。可以用于清凉饮料、糖果、糕点的生产。乳酸水溶液可以延长禽肉和鱼肉的货架期。乳酸酯可作为乳化剂用于烘烤食品中，例如用于面包生产，使面包质地松软、细腻，还可以延长其货架期；热稳定的乳酸在乳化剂生产中不可或缺；在啤酒生产中，美国以前使用磷酸等调节 pH，而现在全部改用乳酸（王永芹，2008）。

在日本的传统食品中，很多是利用发酵乳酸的防腐性，例如酿造清酒中，酿造后过滤的酒液乳酸菌首先制成乳酸，降低 pH，抑制其他杂菌繁殖，帮助酵母菌良好繁殖；在有盐分的腌菜中，也能利用乳酸菌产生乳酸，提高其储存期和改善口味；经盐腌鱼体中乳酸含量达 1.0% ~1.2% 时，可以长期保存；发酵乳酸的钠盐在肉制品中有保鲜作用，而且可延长商品的保质期，并有代替亚硝酸钠的作用。乳酸钠对筋肉多的食品，特别是对肉食、水产品的协同性很好，而且咸味只有食盐的 1/4（吕绍杰，2001）。

二、甜味剂在食品工业中的应用

1. 天门冬酰苯丙氨酸甲酯在食品工业中的应用

天门冬酰苯丙氨酸甲酯（阿斯巴甜）作为强力甜味剂和风味增效剂广泛应用在各种食品、饮料中，主要应用于以下食品中（吴璞强等，2010）。

(1)在饮料工业中的应用　阿斯巴甜在饮料工业中主要应用于碳酸饮料中，除了碳酸饮料外，果蔬汁、茶饮料、果汁、含乳饮料等对阿斯巴甜的需求量、使用量也逐渐增大。另外，阿斯巴甜对天然风味有较明显的协同增效作用，可加强果汁饮料、果酒的风味，在饮料工业的应用范围越来越广。

(2)在冰淇淋、冰冻甜点中的应用　由于冰淇淋属高糖、高油产品，热值高，令人望而却步，冰淇淋工业迫切需要通过技术革新使产品更新换代，以加强市场竞争力。阿斯巴甜属于低热能甜味剂，因此，通过使用阿斯巴甜及其他填充料，开发出高纤维、低热量冰淇淋、无糖低热量冰淇淋等产品，可以解决此类问题。

(3)在婴幼儿食品、乳粉、豆乳粉中的应用　在婴幼儿食品、乳粉、豆乳粉中大都使用了较大量的蔗糖，过多蔗糖的摄入会导致婴幼儿过于肥胖，不利于婴幼儿发育，利用阿斯巴甜高甜度、低热量的特点可以替换此类食品中的蔗糖。

(4)在糖果中的应用　阿斯巴甜不但热量低，而且有预防龋齿的作用，在糖果、巧克力等产品中被广泛的应用。

2. *N*－[*N*－(3,3－二甲基丁基)]－L－α－天门冬氨－L－苯丙氨酸1－甲酯在食品工业中的应用

N－[*N*－(3,3－二甲基丁基)]－L－α－天门冬氨－L－苯丙氨酸1－甲酯(纽甜)可广泛应用于各类食品中(魏志勇等,2008)。

(1)在糖果、巧克力、口香糖中的应用　纽甜适于制造无糖和低热量的糖果、巧克力、口香糖，满足了日益注重健康的消费者需求。纽甜具有令人满意的类似蔗糖的甜味，没有热量，并能够强化、延长风味。由于纽甜不会产生龋齿，而且在其用量范围内能值很小，几乎为零，因此适合于生产无糖口香糖。

(2)在乳制品、早餐谷物食品中的应用　纽甜耐酸耐碱，在潮湿的环境中也相对稳定，可用于乳制品及早餐谷物食品的生产，纽甜尤其适合酸干酪的生产。

(3)在冰淇淋、冰冻甜点心中的应用　纽甜可提供甜味，并能促进冷冻、溶解等过程，制得的冰淇淋和冰冻甜点心具有很好的溶解特性和结构，其甜味纯正，没有后味。

(4)在焙烤食品中的应用　纽甜在经受瞬时高温的情况下，只有很少一部分(约15%)损失，这一损失并不会对产品的风味及品质构成影响，可用于焙烤食品中。

(5)在饮料中的应用　纽甜以其独特的清凉口味以及甜味协同作用，被用于碳酸饮料或非碳酸饮料中，且性质很稳定，与市场上销售的低能量碳酸饮料的保质期相同，如柠檬汽水、柠檬茶、酸奶等。

(6)在餐桌甜味剂中的应用　餐馆或者家庭做饭、烧菜、凉拌菜以及喝茶等常用到蔗糖，因此需要开发一些低能量的甜味剂，纽甜没有吸湿性，能值又低，因此十分适合作为餐桌甜味剂。

3. 三氯蔗糖在食品工业中的应用

三氯蔗糖的优良品质能代表目前甜味剂开发的最高水平，它在食品中的应用

越来越广泛。三氯蔗糖作为新一代的高甜度甜味剂，由于其优异的性能，应用前景十分广阔，在美国、加拿大等国的多种食品中替代蔗糖（邓开野，2011）。三氯蔗糖作为非营养强力甜味剂，既可以单独使用，也可以与传统的甜味剂配合使用。

在饮料生产中，三氯蔗糖作为一种甜味剂具有多种优势。三氯蔗糖具有良好的稳定性，不易与其他物质发生反应，不会对饮料的香味、色泽、黏度等稳定性指标产生任何影响；三氯蔗糖在高温下具有良好的稳定性，适用于采用加热杀菌的饮料，避免这类饮料在高温时出现甜度降低现象；在营养饮料、功能性饮料的生产中，三氯蔗糖可以掩蔽维生素和各种功能性物质产生的苦味、涩味等不良味道；在发酵乳和乳酸菌饮料的生产中，三氯蔗糖不仅不会被乳酸菌和酵母菌分解，也不会阻碍发酵过程，非常适用于发酵乳类、乳酸菌类饮料的生产（盐城捷康公司，2010）。

三氯蔗糖还可应用于以下食品中：焙烤类糕点、糖果类等需要高温处理的食品，面包类、酸乳酪类等发酵食品中，低糖类健康食品，如月饼等带糖馅类食品；利用三氯蔗糖渗透性能好的特点，还可应用于水果罐头类、蜜饯类食品的生产中；在农、畜、水产品的生产加工中，利用三氯蔗糖的稳定性能，将其作为调味品，可使产品的咸味、酸味等口感更加柔和（邓开野，2011）。

4. 木糖醇在食品工业中的应用

（1）在口香糖中的应用　口香糖中的蔗糖既是甜味剂又是填充剂，用木糖醇代替蔗糖来制作口香糖，甜味相同且有明显的清凉感。使用木糖醇替代蔗糖，须选用粉末状木糖醇，与通常粉末状蔗糖粒度大致相同。另外，由于木糖醇的熔点较低，在无冷却装置的粉碎机中粉碎时，有可能出现结块现象，生产中须注意克服。

（2）在酸奶中的应用　用木糖醇制成的无糖酸奶，可促进双歧杆菌增殖和营养物质的消化吸收，提高人体免疫力，越来越成为中老年人及儿童喜爱的食品，若添加果酱、果粒等配料开发出不同口味的木糖醇酸奶，更可满足不同嗜好消费者的需求。

（3）在糖果中的应用　低热量糖果已成为当今国际糖果市场的消费热点和开发重点，使用木糖醇作为填充型甜味剂代替蔗糖制成的糖果，甜味纯正，清爽冰凉，无不良后味，比其他“非蔗糖”糖果的口感更好。由于特殊的分子结构，木糖醇不会发生美拉德反应，所以用其代替蔗糖生产糖果，糖体色泽稳定，能够经受高温环境，不易发生分解。木糖醇还具有良好的储存性能，即使暴露在空气中也不会吸水潮湿，延长了产品货架期。

（4）在饮料中的应用　低温条件下，木糖醇和麦芽糖醇以1:1的比例复配使用能够赋予无糖饮料柔和醇厚的味觉，产品口感清爽宜人，除了和其他糖醇、果糖复合配制外，木糖醇也可以单独使用于无糖茶饮料、果汁饮料和保健饮料中。此外，木糖醇还可以控制热值，稳定和保护营养成分不受破坏，提高饮料产品质量。

（5）在焙烤食品中的应用　对焙烤食品来说，木糖醇不仅可以改善产品的口味，还可提高产品的品质。由于木糖醇具有很好的热稳定性，不会发生美拉德反应，以其为原料制成的奶油类焙烤制品色泽更加洁白，而对于深色焙烤食品的加工,木糖醇与果糖的配合使用则可以很好地解决上色问题。

(6)在酒类中的应用　木糖醇还可用于改善酒类的品质,日本研究认为,加入0.13%～3%的木糖醇能够改善酒的色香味。例如,加入0.13%的木糖醇代替葡萄糖,可使清酒香味芳醇,甜味柔和,并有减轻微生物腐败的特性;威士忌酒中加入0.15%～2%的木糖醇,也取得了类似效果;在白酒中加入1.15%的木糖醇,可使白酒口味滑爽、醇厚(吕白凤,2010)。

5.赤藓糖醇在食品工业中的应用

赤藓糖醇作为低热量甜味剂和高甜度甜味剂的稀释剂,在食品工业中广泛应用于糖果(包括巧克力食品)、乳类饮料、焙烤制品、软饮料中(肖素荣,2008)。

(1)在糖果、巧克力类食品中的应用　赤藓糖醇在糖果中用以替代蔗糖,可明显降低热量,改善低热量糖果的消化耐受性,改善产品的风味、组织形态及储存稳定性;在无糖糖果的制造中替代传统甜味剂,可使热量降低约85%,用于巧克力中,可降低热量约30%;与阿斯巴甜、安赛蜜强力甜味剂混合使用,可以赋予糖果类似蔗糖的风味;利用其高溶解热的特性,可制作有清凉感的糖果,其易粉碎而不吸湿的特性,便于各种糖果的忌湿储存;赤藓糖醇稳定性好,可以防止糖果加工中出现褐变或分解现象,特别是硬糖生产时在高温熬煮下的褐变。赤藓糖醇可解决巧克力制造中大部分功能性甜味剂的吸湿性高造成的起霜现象。和其他甜味剂复配制成的巧克力在口感、风味等方面优于蔗糖制品,利用其对热稳定性的特点,在80℃以上的环境中制造巧克力,能明显缩短加工时间,改善巧克力产品风味。

(2)在焙烤类食品中的应用　赤藓糖醇熔点低、吸湿性低,应用于焙烤类食品中,可防潮并延长食品的货架期。试验表明,煎饼在125℃的赤藓糖醇溶液中浸渍1～2s,室温下冷却,在相对湿度80%,温度30℃的条件下放置5d后,吸水率仅为0.5%,未经赤藓糖醇处理的吸水率达18%。焙烤食品特有的组织结构、口感和风味的形成过程中,蔗糖、油脂具有相当重要的作用,但高糖、高脂食品不符合现代人崇尚的健康理念,利用赤藓糖醇低能值、甜味纯正及甜味协调作用替代蔗糖等,不仅有利健康,而且焙烤产品具有更好的结构紧密性和柔软性,所以赤藓糖醇可以广泛应用在烘焙食品上。

(3)在保健类食品中的应用　赤藓糖醇具有不易被酶降解,不参与糖代谢,不导致血糖变化等特点,适合应用于糖尿病患者的保健食品中;赤藓糖醇代替蔗糖制成低能量的保健食品,适合肥胖人群、高血压及心血管病人食用;食用后在肠道中的代谢特点,适合肠胃功能不调人群食用。

(4)在乳制品中的应用　赤藓糖醇渗透压降低,抑制了乳酸发酵,控制酸味提升,可以延长产品的货架期。在发酵乳中,添加10%赤藓糖醇,可达到酸味提升少,乳酸菌数下降也少的效果,而用蔗糖取得同样效果需添加20%以上,且甜度提升,适口性差;单独使用赤藓糖醇的冰淇淋质构坚硬,可生产硬质冰淇淋新产品。

(5)在饮料中的应用　赤藓糖醇对饮料主要感官特征的影响体现在提高甜

度、稠厚感和滑爽感，降低苦涩感，掩盖异味，改善饮料的整体风味。赤藓糖醇可明显减少茶饮料的后苦味，生产清凉固体饮料；生产的低热量的果汁饮料，热量可降低75%～80%。赤藓糖醇可促进酒中乙醇分子与水分子结合，降低酒类饮料中酒精的异味和感官刺激，有益于改善蒸馏酒和葡萄酒的质量。

三、增味剂在食品工业中的应用

核苷酸类鲜味剂在烹调食品中并不单独使用，一般是与谷氨酸钠(MSG)配合使用，新味精或强力味精即是以MSG和5′-核苷酸钠配制的复合调味品，其标准用量(按含92%MSG与8% 5′-核苷酸钠的混合物)是：对味道清淡的菜肴加入食盐量的5%，对味道浓厚的菜肴加入食盐量的10%。

呈味核苷酸在酱油、食醋工业中应用广泛，日本生产厂商广泛采用了呈味核苷酸作为增鲜剂来提高酱油、食醋的滋味，效果非常显著。近年来，我国也开始以呈味核苷酸作为增鲜剂应用于酱油生产，产品颇受消费者欢迎。

在食品中添加呈味核苷酸能增强鲜味，而且添加的种类和数量不同，能产生不同的效果。添加5′-肌苷酸二钠(IMP)可使食品具有肉类的鲜味，添加5′-鸟苷酸二钠(GMP)可使食品产生蔬菜、香菇的鲜味，添加IMP+GMP可使食品融荤素鲜味于一体。

除了酱油、食醋外，呈味核苷酸在国外还广泛应用于罐头食品类、汤类、油浸熟鱼类、香肠肉类加工、番茄酱、蛋黄酱、各种沙司、点心类、干酪条、花生加工、饼干等，成为食品工业中最佳的调味品。

核苷酸类增味剂性质稳定，在常规储存和食品焙烤、烹调加工中不容易被破坏，但是应当注意，在动植物组织中存在的某些酶能将核苷酸分解，分解产物失去鲜味，所以不能将核苷酸直接加入生鲜的动植物原料中。由于这些酶类对热不稳定，一般在80℃就被破坏，所以使用核苷酸时应该将生鲜食品原料、酱油等发酵产品预热至85℃后再加入。

在食品中添加呈味核苷酸还能消除或抑制异味。应用于某些风味食品(如牛肉干、肉松、鱼干片)中能减少苦涩味；应用于酱类中能改善生酱味；应用于制作肉类罐头中能抑制淀粉味和铁锈味。

项目四　调味剂使用存在的安全问题

近年来我国食品安全问题层出不穷，重大食品安全事件频发，严重影响了人们的身体健康,给食品行业的形象带来不良影响,食品安全问题目前备受人们关注。食品调味剂在给人们带来各种美味食物的同时,其使用也存在着一些安全问题。

一、酸度调节剂使用存在的安全问题

(一)酸度调节剂与牙酸蚀及龋病的关系

由于调味的需要,许多应用酸度调节剂的食品尤其是饮料的 pH 都比较低,远低于牙釉质脱矿的临界值(pH5.5),食用过程中食品与牙齿表面接触时,其中的酸直接作用于釉质发生酸蚀,使釉质中的羟基磷灰石晶体溶解、破坏,被酸蚀破坏的牙易发展为龋病。将牙釉质分别浸泡在多种饮料中进行脱矿试验研究,发现牙釉质在酸性饮料中浸泡 2min 就有钙溶出,利用电子探针技术检测经酸性饮料浸泡后的牙釉质,发现浸泡 5min 的牙釉质钙减少和硬度明显下降,扫描电镜观察有形态改变(刘彤等,2011)。

多数学者认为饮料的 pH 越低,对牙齿的酸蚀作用越强。但对于哪种酸度调节剂容易引起牙齿酸蚀众说不一,很多文献提到磷酸使牙釉质、牙本质缺损严重,牙冠薄弱,在受到咀嚼或其他外力刺激时折断,是诱发酸蚀的主要酸度调节剂(周向英等,2011;吴婴南等,2011),但也有文献说柠檬酸比磷酸更具酸蚀性(刘彤等,2011)。

(二)磷酸与人体钙磷失调的关系

酸度调节剂中最受人们关注的是磷酸的使用安全问题。众多资料显示,磷酸不仅对人体的牙齿具有酸蚀性,过多摄入磷酸还会影响钙的吸收,引起钙、磷比例失调,一旦缺钙就意味着骨骼发育缓慢,骨质疏松(周向英等,2011)。钙缺失,对于处在生长过程中的青少年身体发育损害非常大,易造成骨骼生长缓慢、易骨折等。可乐饮料中含有磷酸,经常大量饮用碳酸饮料的青少年发生骨折的概率,是其他青少年的 3 倍;进行剧烈体力活动时,其发生骨折的概率则会增加至 5 倍(李小伟等,2011)。

二、甜味剂使用存在的安全问题

(一)糖精钠的安全问题

糖精钠是最早的人工合成甜味剂,至今已有 100 多年的历史,是纯人工合成的甜味剂,不被人体吸收,随尿液排出。糖精钠食用较多时,会影响肠胃消化酶的正常分泌,降低小肠的吸收能力,使食欲减退(张桂清等,2011)。由于糖精钠的原料甲苯和氯磺酸均是化学原料,产品中易带有致癌物质邻甲苯磺酰胺,其安全性长期以来备受争议(刘婷等,2010;邓开野等,2010),其负面报道时有出现。糖精钠已经在许多国家禁用,但在2010年12月,美国环保局按照美国资源保护和回收法,将糖精及其盐类从有害物质列表中删除。尽管其现在我国仍允许其使用,但使用范围及使用量受到严格限制,产量逐年下降,发展前景黯淡。

(二)甜蜜素的安全问题

甜蜜素为人工合成甜味剂,采用环己胺和氨基磺酸为原料合成(蔡丹丹等,2010),20世纪50年代开始应用于软饮料工业,60年代成为一般性代糖甜味剂。但随后国外有研究发现甜蜜素可在肠道菌群作用下分解为可能有慢性毒性的环己胺。1969年美国国家科学院研究委员会收到有关“甜蜜素:糖精为10:1的混合物”可致膀胱癌的动物试验证据。我国对其安全性也进行了相关研究,采用小鼠进行对照试验,未发现受试小鼠出现癌变;采用小鼠进行急性毒性试验、蓄积毒性试验和小鼠骨髓微核试验,未发现甜蜜素有致畸致突变性(苏扬等,2011)。

1970年美国食品与药物管理局发出了全面禁止使用甜蜜素的命令,英国、日本和加拿大等国随后也禁用,这个禁令至今未能撤销,但目前世界上仍有80多个国家和地区批准使用。我国目前仍在使用,但对其使用范围及使用量有明确要求。

(三)阿斯巴甜的安全问题

阿斯巴甜所含热量与蔗糖相似,但得到相同的甜度其使用量相对很低,实际提供的热值就非常低,适用于糖尿病、高血压及心脑血管患者使用,其摄入后的消化、吸收和代谢过程与食品中的蛋白质相似,故不会引起龋齿(赵琳等,2009)。

国外曾有研究指出,阿斯巴甜可能提高儿童患脑癌的概率,2007年4月20日,美国FAD对阿斯巴甜具有长期致癌性观点发表评论,认为阿斯巴甜不具有长期致癌性,阿斯巴甜可以安全使用。

阿斯巴甜安全性争论的焦点是其是否会引发偏头痛,但到目前为止,众多的研究中并没有直接有力的证据证明其与偏头痛发作有关。

阿斯巴甜在胃肠道中被分解成天冬氨酸、苯丙氨酸、甲醇,当体内的苯丙氨酸浓度过高时,它就会在肝脏中转化成酪氨酸。阿斯巴甜及其衍生物可以不同程度地抑制血液中凝血酶的活性(张爱科等,2008)。

综合评价,阿斯巴甜是一种较安全的甜味剂,可以安全使用。但是其不能用于苯丙酮尿症患者,所以在使用时,添加阿斯巴甜之食品应标明:“阿斯巴甜(含苯丙氨酸)”。

(四)糖醇类甜味剂的安全性

目前我国允许使用多种糖醇类甜味剂,包括木糖醇、赤藓糖醇、山梨糖醇、麦芽糖醇、乳糖醇、D－甘露糖醇。

糖醇类甜味剂在自然界中存在广泛,生产原料基本为天然物质,无毒副作用,安全性高。且其甜味纯正,热量低,稳定性好,具有抗龋齿性,对糖尿病人安全,应用范围广泛。

多元糖醇类甜味剂使用时需要注意的是，多元糖醇在服用时，有一个共同特点，食用量过大会引起肠胃不适或腹泻，这是因为大部分糖醇在肠道中吸收速度较慢，小肠内壁未被吸收的糖醇会产生很高的渗透压，这样导致小肠壁黏膜表面产生水流，故引起腹泻。而未消化吸收的糖醇进入大肠中，被肠道细菌利用，发酵又产生大量挥发性物质，如果超出了能通过血液重新吸收和随粪便排出的数量，就会产生肠胃胀气（陈为民，2009）。不过停止食用后，腹泻自然消除，无其他不利影响。赤藓糖醇的最高耐受量为50g/天（杨海军，2007），甘露醇的最高耐受量为20g/天（陈为民，2009）。

（五）甜味剂使用的其他安全问题

甜味剂使用的一个较突出而且较普遍的问题是超量和超范围使用，近年来我国发生的食品安全问题中，相当一部分案例与甜味剂的超量、超范围使用有关。国家强制性标准GB2760—2011中对批准使用的食品添加剂的名称、分类、使用范围、最大使用量等都作了明确规定，但许多企业并没有遵照该法规执行，其原因主要是因为中小型生产企业设备相对落后，在添加时不能根据原料量按比例添加，而是凭工人平时的生产经验添加，在添加量上存在一定的随意性和盲目性；也有些企业为了降低成本，通过添加甜味剂来替代白砂糖，从而导致甜味剂的超标。

2006年7月，中央电视台曝光湖北武汉等地的“人造蜂蜜”事件。造假者在假蜂蜜中添加增稠剂、甜味剂、防腐剂、香精和色素等物质，这一事件造成该地区蜂蜜价格的大幅跌落。

2007年6月，江苏省质量技术监督局对冷冻饮品进行了质量专项监督检查，有2种产品甜蜜素含量超标，1种产品的糖精钠含量超标。

2008年8月，人造“新鲜红枣”流入乌鲁木齐市场。人造“新鲜红枣”通过铁锅里放进酱油，使青枣变成红色，并保持光泽，然后再放进加入大量糖精钠和甜蜜素的水池中浸泡，使其口感很甜。

2008年12月，武汉质量技术监督局在武汉盘龙酒厂生产的纯谷酒中检测出糖精钠超标。据了解，武汉当地的中低档白酒，多采用勾兑法生产，其糖精钠等甜味剂超标问题不容忽视。

2011年6月，国家质检总局对茶饮料、碳酸饮料、果蔬汁饮料、植物蛋白饮料等四类饮料产品质量进行了国家监督抽查，其中来宾市欣泉食品饮料厂的豆乳饮料（植物蛋白饮料）中的甜蜜素用量超标。

三、增味剂使用存在的安全问题

增味剂的安全问题主要集中于谷氨酸钠（味精）的使用上。“中餐馆综合征”

曾经备受关注,但随后的研究发现,“中餐馆综合征”和味精的摄入没有任何关系,甚至对中国食物敏感的实验者,味精的摄入也没有对其有任何影响(郑芸岭,2006;高巍等,2009)。

味精的其他安全性问题主要是集中在对神经及脑组织的损伤方面,有研究显示谷氨酸钠的摄入会引发神经的损伤并改变正常的神经发育(高巍等,2009)。大鼠腹腔给药形式被动摄入谷氨酸钠4mg/g体重时,15min后,肝脏和肾脏产生毒性反应,血浆中的酶ALAT和ASAT酶升高(Ortiz等,2006)。

综合评价,谷氨酸钠是一种安全的增味剂,可以放心应用。1987年,世界粮农组织和世界卫生组织(FAO/WHO)取消了味精摄入的数量限制,并将味精的每日允许摄入量(ADI)改为“不作限制性规定”,1991年,欧盟食品科学委员会(SCF)将味精的每日允许摄入量(ADI)定为“不作限制性规定”(郑芸岭,2006)。

项目五　调味剂的发展趋势

随着经济的发展,消费者对食品安全日益关注,健康意识也日益增强,人们对调味剂的需求呈多元化发展。此外,调味剂研究的新突破,新技术的应用使得调味剂生产水平不断提升。在这种背景下,调味剂的发展呈现出多种新趋势。

一、天然化

许多调味剂产品是通过化学合成制得,其原料、生产工艺及产品本身的安全性长期以来备受争议,加之近年来食品安全事故频发,人们对食品安全的关注程度空前高涨,在这种情况下,原料天然、生产工艺先进、安全健康的调味剂越来越受欢迎。

调味剂的原料直接关系到其安全性,所以越来越多的调味剂倾向于采用天然原料进行加工生产。例如酸度调节剂中苹果酸(林海龙,2011),甜味剂中的糖醇类甜味剂(肖素荣等,2008)、甜菊糖苷(孙传范等,2010)、罗汉果苷(张宏等,2011),鲜味剂中的动植物提取浸膏、蛋白质水解浓缩物和酵母浸膏(高海生,2004)等产品,其原料基本都是天然可再生的原料。

某些调味剂虽然原料天然安全,但是传统的直接提取方法成本高,不利于工业化生产,所以,许多调味剂的生产均开始向微生物发酵法发展。采用微生物发酵法,生产参数便于控制,生产效率高,易于实现机械化和自动化操作,利于大规模生产,而且安全卫生,是调味剂生产的趋势之一(孙荣,2011)。目前,乳酸(吕绍杰,

2001)、柠檬酸(常琴琴,2011)、苹果酸(郝夕祥,2010)、糖醇类甜味剂、大部分增味剂生产基本都在向微生物发酵法转变(高海生,2004)。

二、营养化

营养化是调味剂尤其是增味剂的一个重要发展趋势。目前国外发展最快的调味剂就是鲜味剂,营养性天然鲜味剂主要包括动植物提取浸膏、蛋白质水解浓缩物和酵母浸膏等(高海生,2004)。

酵母浸膏带有明显酵母香气和甜味,其香气和甜味是只添加谷氨酸钠和核苷酸的调味品所不具备的,因其味道鲜美和较高的营养与保健价值日益受到消费者的青睐(李大峰等,2011),被誉为第三代鲜味剂。酵母浸膏是采用生物酶解技术处理啤酒酵母、面包酵母或圆酵母,将其细胞内的蛋白质、核酸等物质进行生物降解精制而成的复合型天然调味料。因其富含多种必需氨基酸、肽类物质、维生素等营养成分,在国外已在肉制品、调味品、焙烤食品中广泛应用(唐璎等,2011)。

三、功能化

伴随着经济发展,人民生活水平的提高,生活节奏加快,工作压力增大,随之而来的亚健康、富贵病等问题也日益凸显,消费者在追求食品美味安全的同时,也在寻求其保健功能,在这种情况下,功能化成为调味剂的发展趋势之一。

酸度调节剂中具有生物保健功能的代表物质是苹果酸,是被国际认可的安全天然食品添加剂。苹果酸分为 D 型、L 型,D 型无生理活性,L 型具有生理活性,L 型苹果酸有保健功效,对肝功能不全者有辅助治疗作用(唐璎等,2011)。

功能性甜味剂现阶段主要以低聚糖为主,因其具有独特的生理功能,引起全世界的关注,成为一类重要的功能食品的基料。研究表明,功能性低聚糖除了具有低热、稳定、安全、无毒等良好的理化特性外,还有促进肠内有益菌繁殖、抑制有害菌生长的独特功能(齐峰等,2005)。在天然植物中提取的甜味剂如甜菊糖苷、罗汉果提取物等也有很好的保健功能。甜菊糖苷具有热量低、甜度高、味质好、耐高温、稳定性好等特点,在人体内无残留、安全无毒,有利于调节血糖,促进脑力活动,对心脑血管病、肥胖病、糖尿病患者有辅助治疗作用,有助于防治龋齿,并可作为苯丙尿酮症病人的糖类替代物(杨志远等,2011)。罗汉果提取物是从珍贵的药食两用植物罗汉果中提取的甜味物质,罗汉果的根茎、果实和叶中均含有皂苷化合物,种仁中富含各类油脂,果实和叶中还含黄酮、多糖等活性物质,罗汉果提取物甜度高,热量低,具有较强的保健功能,如提高免疫功能、保护肝脏、降血糖、抗癌、抗氧化等(张宏等,2011)。功能性甜味剂还有蛋白糖,例如索马甜,其含有 17 种氨基酸,甘氨酸含量最高,蛋氨酸含量最低,食用后转化为人体必需的氨基酸,其性质是水溶性蛋白质,不会给人体消化系统、胰脏带来负担,适用于消化功能、胰脏功能较弱的人群。

四、特种化

近年来,随着食品工业快速发展,生产规模的日益扩大,工业化生产的食品越来越多,加工食品的分类越来越精细,加工工艺及要求也日趋多样化和复杂化,这就对食品调味剂提出了更高、更专业的要求。面对日益增多的加工要求,调味剂的发展也有新趋势,某一调味剂,针对不同产品、不同加工方式,衍生出不同加工特性的产品。

酸度调节剂具有刺激性,极易与食品中的某些敏感成分发生反应,对产品产生某些不良影响,而把酸度调节剂微胶囊化后可克服这些缺点,控制其释放时间,从而达到较佳的效果:在焙烤食品加工过程中,酸度调节剂在烘焙后期温度达到使囊壁熔化的温度时释放出,延缓酸度调节剂与其他成分的过早接触,避免可能出现的劣变现象;微胶囊化的柠檬酸或乳酸,用在发酵肉制品的生产中可以简化加工工艺,代替乳酸菌发酵产酸,降低产品的 pH,生产初始阶段可直接加入,而不必担心会与肉类蛋白质直接接触而引起蛋白质变性(崔清波等,2008)。

高甜度的生物型甜味剂也是发展的重点,国外已经有相关报导,荷兰一家公司发现了一种名为 TBGB 的超级甜味剂,其甜度为糖精的 500 倍、蔗糖的 20 万倍,是目前世界上最甜的物质(唐璎等,2011)。这种甜味剂添加极少量就可以起到很大的效果,在某些食品加工中有很大的优势。

思考题

1. 酸度调节剂的功效是什么?在调味酸乳饮料中应用时需要注意哪些事项?
2. 食品甜味剂的功效是什么?
3. 简述如何改善甜菊糖苷、罗汉果甜苷等天然甜味剂的后甜味。
4. 简述食品增味剂的分类及不同食品增味剂的协同效应。

实训内容　食品调味剂的相互作用

【实训目的】

掌握食品调味剂间的相互作用(协同作用、拮抗作用)。

【实训材料与设备】

材料:一级白砂糖、一水合柠檬酸、食盐、阿斯巴甜商品(100 倍甜度)、安赛蜜、谷氨酸钠、5′-肌苷酸二钠。

设备及器皿:电子天平(量程 3kg,精确至 0.01g),电子天平(量程 100g,精确至0.00001)、烧杯(1000mL)、量筒、玻璃棒等。

【实训步骤】

1. 柠檬酸与白砂糖之间的抑制作用

(1)称量1.3g的一水合柠檬酸,用纯净水定容至1000g(溶液A),品尝。

(2)称量10 0g的白砂糖,用纯净水定容至1000g(溶液B),品尝。

(3)取100gB溶液,并添加0.13g一水合柠檬酸,溶解后品尝,并对其甜度与B溶液的甜度进行对比;

(4)取90gA溶液,并添加5g白砂糖,溶解后品尝,并对其酸度与A溶液的酸度进行对比。

2. 食盐对白砂糖甜度的协同作用

称量0.15g的食盐,添加至500mL B白砂糖溶液中,品尝,并将其甜度与B溶液的甜度进行对比。

3. 甜味剂之间的协同增效作用

(1)称量0.15g的阿斯巴甜,用纯净水定容至1000g(溶液C),品尝。

(2)称量0.15g的安赛蜜,用纯净水定容至1000g(溶液D),品尝。

(3)等量量取C溶液和D溶液各50mL,混合后品尝,并对其甜度与C溶液和D溶液的甜度进行对比。

4. 增味剂之间的协同增效作用

(1)称量0.5g的谷氨酸钠,用纯净水定容至1000g,品尝。

(2)称量0.5g的5′-肌苷酸二钠,用纯净水定容至1000g,品尝。

(3)将谷氨酸钠溶液与5′-肌苷酸二钠溶液分别以1:1、10:1、20:1、50:1、100:1的比例进行混合,并对每一混合溶液进行品尝,并将各自的鲜度与谷氨酸钠溶液的鲜度进行对比。

参考文献

1. 白德发,晏日安,黄雪松. 阿斯巴甜衍生物甜味剂的合成研究. 食品科技,2008,33(11):228~230.

2. 蔡丹丹,李道荣,肖凯军. 甜蜜素合成工艺优化的研究. 现代食品科技,2010,26(5):476~478.

3. 常琴琴,王苗,李志洲. 发酵法提取柠檬酸的工艺研究. 化工技术与开发,2011,40(2):28~29.

4. 陈荔红. 食品甜味剂及其检测技术的研究进展. 福建轻纺,2010(12):37~39.

5. 陈为民. 甘露醇的性质与应用. 牙膏工业,2009,19(4):40~42.

6. 崔桂友. 谷氨酸一钠和5′~核苷酸的呈味性质. 中国烹饪研究,1996(2):17~20.

7. 崔清波,常忠义,张连富. 喷雾冷却法微胶囊化酸味剂及其结构研究. 食品工业科技,2008,29(5):232~235.

8. 邓开野,谭梅唇. 我国甜味剂工业的现状及对策. 中国调味品,2010,35(9):38~41.

9. 邓开野. 新型甜味剂三氯蔗糖. 中国调味品,2011,36(2):1~3.

10. 董婧,黄赣辉. 人工甜味味觉传感器的研究进展. 食品科学,2007,28(9):633~636.

11. 董婧. 人工甜味味觉传感器的研究. 南昌大学,2008.

12. 杜琨,张亚宁,方多. 呈味核苷酸及其在食品中的应用. 中国酿造,2010(10):50~52.

13. 冯容保. 有机酸鲜味剂. 发酵科技通讯,2002,31(2):29.

14. 高海生. 国外加快微生物鲜味剂的产业发展. 食品科技,2004(3):63.

15. 高巍,罗之纲. 味精的安全性评估. 中国调味品,2009,34(7):31~33.

16. 郝夕祥,张家祥,田延军,等. L-苹果酸生产、提取及一步发酵法发酵机理研究. 山东食品发酵,2010(158):3~6.

17. 侯伟. 酸味剂的种类及其应用. 农产品加工,2008(9):16~17.

18. 黄东雨,陈海光. 三氯蔗糖合成技术的研究进展. 中国调味品,2011,36(2):89~92.

19. 李大峰,贾冬英,姚开. 食品添加剂在复合调味品中的应用现状与展望. 中国调味品,2011,36(1):1~4.

20. 李蕾蕾,张根华,邓少平. 甜味识别与转导机理. 动物医学进展,2006,27(8):12~14.

21. 李小伟,孙波. 学生"骨脆脆"谁之过. 中国学校体育,2011(4):76~77.

22. 李燕,刘清君,徐莹,等. 味觉传导机理及味觉芯片技术研究进展. 科学通报,2005,50(14):1425~1433.

23. 梁静,刘晓宇,雷小丹. 广西特色资源——罗汉果研究现状与展望. 农产品加工,2010(7):70~72.

24. 梁宁. 三氯蔗糖在调味品中的应用. 广东化工,2010,37(7):74~75.

25. 梁智. 乳糖衍生物——功能性甜味剂. 中国食品添加剂,2003(1):31~34.

26. 林海龙. 全生物法生产L-苹果酸的研究进展. 安徽农业科学,2011,39(3):1523~1524.

27. 刘春,房桂干,施英乔,等. 木糖醇的生产技术及应用研究进展. 林产化学与工业,2010,30(6):113~118.

28. 刘建军,赵祥颖,田延军,等. 低热值甜味剂赤藓糖醇的研究现状及应用. 中国酿造,2006(12):1~3.

29. 刘婷,吴道澄. 食品中使用的甜味剂. 中国调味品,2010,35(11):35~39.

30. 刘彤,李广义,程敏. 儿童常喝果汁和碳酸饮料对牙齿的危害. 中国妇幼保健,2011,26(10):1579~1580.

31. 吕绍杰. 发酵乳酸的开发前景. 适用市场技术,2001(1):15~16.

32. 齐峰,邢宇,孙伟. 甜味剂的现状及发展趋势. 化学工程师,2005(6):46~47.

33. 邱洪冰,吴一华. 甜菊糖苷在食品饮料工业中的应用. 添加剂,2010,13(3):38~40.

34. 沈东瑞,侯锡猛,陈德彬,等. 甜味剂乙酰磺胺酸钾在冷冻饮品中的应用. 中国食品添加剂,2008(2):123~126.

35. 苏扬,张聪. 甜蜜素及检测方法. 江苏调味副食品,2011,28(1):11~13.

36. 孙传范,李进伟. 甜菊糖苷研究进展. 食品科学,2010,31(9):338~340.

37. 孙荣,王燕,杨平平. 柠檬酸发酵现状及展望. 中国调味品,2011,36(1):90~96.

38. 唐璎,孟宪刚. 新型天然生物功能食品添加剂的研究与发展. 食品工业科技,2011(3):432~435.

39. 滕征辉. 甜味剂的种类、特点及在食品中的应用. 经营管理者,2010(15):389.

40. 汪多仁. L-苹果酸的开发与应用进展. 发酵科技通讯,2008,37(3):27~30.

41. 汪多仁. 柠檬酸(钠)的开发与应用进展. 化工中间体,2004(5):30~36.

42. 王永芹. 基于对 L-乳酸生产工艺的技术研究. 黑龙江科技信息,2009(31):26.

43. 魏志勇,刘颖秋,佘志刚. 纽甜的应用及研究进展. 食品工业科技,2008,29(12):252~255.

44. 问亚琴,张艳芳,潘秋红. 葡萄果实有机酸的研究进展. 海南大学学报自然科学版,2009,27(3):302~306.

45. 吴婴南,朱玲,陈婷,等. Er:YAG 激光、含氟凝胶拮抗碳酸饮料对人乳牙釉质酸蚀作用的体外研究. 口腔生物医学,2011,2(1):36~38.

46. 肖素荣,李京东. 赤藓糖醇的特性及应用. 中国食物与营养,2008(5):26~28.

47. 杨海军. 赤藓糖醇在食品工业不同领域应用情况概论. 发酵科技通讯,2007,36(4):30~35.

48. 杨湘庆. 甜菊糖苷的结构、性质及其在食品工业中的应用. 食品研究与开发,1986(2):15~17,22.

49. 杨扬,陈社云,陈凯. 甜菊糖提取工艺进展及发展前景. 中国食品添加剂,2010(5):194~199.

50. Ortiz GG, Bitzer - Quintero OK, Beas Zárate C etc. Monosodium glutamate - induced damage in liver and kidney: a morphological and biochemical approach. Biomedicine & Pharmacotherapy, 2006, 60:86~91.

模块九　食品乳化剂

学习目标

本模块主要介绍食品乳状液的形成原理及食品乳化剂的性质。通过本模块的学习，应掌握食品乳化剂的定义及其分类，掌握食品乳化剂的作用机理、常用食品乳化剂的基本特性及应用范围，了解食品乳化剂的应用现状。

学习任务

1. 了解乳状液的形成及稳定的原理。
2. 掌握乳化剂的主要类别及应用范围。
3. 了解乳化剂的协同作用。

【案例解析】

色拉酱作为一种现代常见的食品调料，品种多样，口味多变，深受消费者的喜爱。但是，色拉酱是怎么制作的呢？其形成的主要原理是什么呢？

色拉酱又称为蛋黄酱，已有200多年的历史，其主要原料有蛋黄、植物油、水(或橙汁、柠檬汁等)、调味料(糖、盐等)。制作主要是先将蛋黄与调味料混合均匀后，分数次添加植物油搅打至完全融合，形成不同口味、色泽的色拉酱。其主要原理就是利用蛋黄中存在的磷脂将蛋黄和调味料中的水分与植物油两种互不相溶的原料形成均一稳定的酱状乳状液，配料中的磷脂是天然乳化剂。

项目一　认识乳化剂及乳状液

一、乳化剂的定义

食品中含有水、碳水化合物、蛋白质、脂类等多种成分，其中有些成分互不相溶，致使食品易出现油水分离、老化、起霜等不稳定现象，影响食品质量。

乳化剂又称表面活性剂,指能使两种或两种以上互不相溶的液体(如油和水)均匀地分散成乳状液(乳浊液)的物质。我国《(GB2760—2011)食品安全国家标准 食品添加剂使用标准》规定:乳化剂是指能改善乳化体中各种构成相之间的表面张力,形成均匀分散体或乳化体的物质。乳化剂分子具有亲水和亲油两种基团,通过在水和油的界面形成吸附层,将两者连接起来,达到乳化的目的。

二、乳化剂的作用

在食品加工过程中,乳化剂可通过与食品中各组分相互作用,改善各构成相的表面张力,起到乳化、分散、起酥、稳定、消泡、发泡的作用,使食品的各组分相互融合,形成均匀、稳定的形态,从而改善食品的组织结构、口感和外观,提高食品品质,延长货架期。

(一)乳化剂与碳水化合物的相互作用

碳水化合物占人类摄入热量的80%左右,包括单糖、双糖、低聚糖、多糖和糖苷,乳化剂与碳水化合物的作用主要是疏水作用和氢键作用。

单糖和低聚糖无疏水层,因此不与乳化剂发生疏水作用,多糖类则不同。以淀粉为例,普通淀粉由15%~30%直链淀粉、70%~85%支链淀粉组成。直链淀粉在水中呈α-螺旋结构,内部有疏水作用。乳化剂可进入α-螺旋结构内,并利用疏水键与之结合,形成复合物或络合物(直链淀粉络合指数,ACI),达到防老化或软化的效果。乳化剂与支链淀粉不形成复合物,借助氢键结合到支链淀粉的表面,形成与支链淀粉的相互作用。不同结构和性能的乳化剂,与直链淀粉形成复合物的能力见表9-1。

表9-1 乳化剂与直链淀粉相互作用程度 单位:%

乳化剂	与直链淀粉形成复合物的能力(ACI值)	乳化剂	与直链淀粉形成复合物的能力(ACI值)
90%甘油单硬化动物油酯	92	硬脂酰-2_乳酸钠	72
甘油单柠檬酸酯	36	硬脂酰-2_乳酸钙	65
90%甘油单非硬化动物油酯	35	甘油单二乙酰基酒石酸酯	40
甘油单乳酸酯	22	聚甘油酯	34
90%甘油单酸酯	28	蔗糖单硬脂酸酯	26
大豆磷脂	16	90%丙二醇单硬脂酸酯	15
甘油单乙酸酯	0		

(二)乳化剂与蛋白质的相互作用

蛋白质的组成单位是氨基酸,氨基酸通过脱水缩合形成肽链。蛋白质是由一条或多条多肽链组成的生物大分子,乳化剂与多肽链上的氨基酸侧链相互作用。结合方式与乳化剂的种类、侧链的极性及体系的 pH 有关,主要有疏水结合、氢键结合及静电结合三种方式。具体为:在有水存在的情况下,非极性蛋白质侧链基团与乳化剂的烃链相互作用形成疏水结合;极性而不带电荷(亲水的)的蛋白质侧链可通过氢键与乳化剂中的亲水基团相结合;带有正电荷的碱性氨基酸蛋白质侧链可与带负电荷的乳化剂静电结合;带有负电荷的酸性氨基酸蛋白质侧链可与带正电荷的乳化剂静电结合。

通过乳化剂与蛋白质的相互作用,在焙烤制品中可强化面筋的网状结构,防止因油水分离所造成的硬化;增强面条的强韧性和抗拉力,使蛋白质具有弹性,增加体积,改善口感。不同乳化剂与蛋白质相互作用程度如表 9 - 2 所示。

表 9 - 2　乳化剂与蛋白质相互作用程度

乳化剂名称	与蛋白质相互作用程度	乳化剂名称	与蛋白质相互作用程度
二乙酰酒石酸甘油一酸酯	100	柠檬酸甘油一酸酯	20
硬脂酰乳酸钠	95	乙酸甘油一酸酯	20
硬脂酰乳酸钙	95	乳酸甘油一酸酯	20
蔗糖单硬脂酸酯	25	90% 甘油单脂肪酸酯	15

(三)乳化剂与脂类物质的相互作用

在有水存在时,乳化剂能与油脂形成乳状液。当无水存在时,可使油脂出现不同类型的结晶。油脂的不同晶型赋予食品不同的感官性能。在多数情况下,油脂的晶型是处在不稳定的 α 晶型或 β 初级晶型,并能向熔点高、能量最低的 β 晶型过渡。在食品加工中,加入具有变晶作用的乳化剂,可延缓或促进晶型的转变,从而形成有利于食品感官性状和食用性能所需的晶型。一般情况下,长链脂肪酸酯起着延缓作用,而短链脂肪酸酯起着促进作用。如蔗糖脂肪酸酯、失水山梨醇单硬脂酸酯、失水山梨醇三硬脂酸酯、聚甘油脂肪酸酯、乳酸甘油单/二酸酯、乙酸甘油单/二酸酯等亲油乳化剂可作为趋向于 α - 晶型的晶型调节剂。如向熔化的油脂中加入失水山梨醇三硬脂酸酯,冷却后形成 β 初级晶型,并由于共晶过程使这种晶体保持稳定。

由于结构和化学上的相似性,乳化剂能够替代油脂,并可减少为达到一定效果所需要的脂类化合物的用量。

三、乳状液的定义和分类

乳状液是一种(或几种)液体以液滴形式分散在另一相不混融的液体之中所构成的分散体系。乳状液中被分散的一相称作分散相或内相;另一相则称作分散介质或外相。显然,内相是不连续相,外相是连续相。乳状液一般不透明,呈乳白色。液滴直径大多为0.1~10μm,可用一般光学显微镜观察。

食品中常见的乳状液,一相是水或水溶液,称为亲水相;另一相是与水互不相溶的有机相,如油脂或由亲油又亲水溶剂组成的溶液,统称为亲油相(疏水相)。根据分散相的不同,乳状液可分水包油和油包水两种类型。水包油型可用油/水或O/W表示,油是分散相,水是连续相,其基本特性由水相决定,如牛奶为O/W型乳状液。油包水型可用水/油或W/O表示,水是分散相,油是连续相,其基本特性由油决定,如人造奶油为W/O型乳状液。

四、乳状液的制备

制备乳状液时,一种液体以微小液滴分散到另一种液体中,产生表面张力,阻碍液滴的分布,因此,抗表面张力需要做功,此功 W 与表面张力 δ 和液滴表面积增大值 $\varDelta A$ 成比例,即:

$$W = \varDelta A \cdot \delta$$

由上式可以看出,降低表面张力,可以使机械功明显减小。反之,机械能或物理化学能也可以替代乳化剂做的功。因此,在食品生产的实际中,常把这两种因素结合起来运用。如对固体原料进行乳化时,先加热熔化,然后加入乳化剂进行乳化。

使用乳化剂可以降低两相之间的界面张力,使乳状液保持稳定。然而,单纯通过机械能制备的乳状液不稳定,易发生沉淀、聚集和聚结现象。沉淀、聚集是可逆的,聚结是不可逆的,最终可导致乳状液的破坏(破乳)。为使乳状液长时间保持稳定,需缩小两相密度差、减小内相粒子体积,增大外相黏度。乳状液界面膜的弹性和体系黏度是乳状液稳定的重要因素。使用稳定剂可以提高乳状液的黏度,形成稳定的界面膜,常用的稳定剂为亲水胶体。

在乳化作用中,乳化剂必须:①吸附或富集在两相之间的界面上。因此,乳化剂要有界面活性,即它能降低互不混溶两相的界面张力;②给予乳状液粒子电荷,使它们相互排斥,或必须在乳状液粒子周围形成一种稳定的、黏性特别高的或甚至是固态的保护膜。这种效应能够多位叠加。因此,乳化剂分子结构中通常含有亲水基团和亲油基团,使乳化剂具有减弱油水两相间排斥力的作用。

项目二　乳化剂的分类与各论

一、乳化剂的分类

乳化剂根据来源可分为天然和人工合成两大类。根据乳化剂特性通常有以下几种分类方法。

(一)按亲水基团在水中所带电荷分类

任何乳化剂分子总是同时含有亲水基团和亲油基团。按照乳化剂分子中亲水基团性质的不同,乳化剂可分为离子型和非离子型。离子型乳化剂按其在水中生成离子的种类可分为三类,即阴离子、阳离子和两性乳化剂。

阴离子乳化剂指带一个或多个官能基团,在水溶液中能电离形成带负电荷的有机界面活性离子(阴离子)及平衡离子(阳离子)的表面活性剂,如硬脂酸钠。阴离子型乳化剂要求在碱性或中性条件下使用,不能在酸性条件下使用。

阳离子乳化剂指带一个或多个官能基团,在水溶液中能电离形成带正电荷的有机界面活性离子(阳离子)及平衡离子(阴离子)的表面活性剂。这类乳化剂的品种较少,都是胺的衍生物。阴离子型和阳离子型乳化剂不能同时使用在一个乳状液中,如果混合使用会破坏乳状液的稳定性。

两性乳化剂可分成两类,即两性电解质类和甜菜碱类。两性电解质是指其分子在溶液中既可作为质子给予体,也可作为质子接受体起作用的化合物,即既能够作为酸也可以作为碱进行反应。相反,甜菜碱在溶液中以“内盐”形式存在,但与真正的两性电解质不同,它们在酸性和等电点以下时表现出两性电解质的典型反应,而在碱性和等电点以上时则不发生反应。

非离子乳化剂是指在水溶液中不形成离子的表面活性剂,界面活性作用的载体是整个分子。非离子乳化剂的亲水性是通过分子中亲水基团的堆积或聚积来实现的,它既可在酸性条件下使用,也可在碱性条件下使用,而且乳化效果很好。

(二)按在不同物质中的溶解性分类

根据乳化剂在水和油中的溶解度,大致划分成亲水性和亲油性乳化剂。按照溶解度的不同,可区分乳化剂的相对极性。极性大的亲水乳化剂在水中和亲水物质中有较大的溶解度,并能促进水包油型乳状液的形成。极性小的亲水乳化剂在油中和疏水物质中有较大的溶解度,并能促进油包水型乳状液的形成。

(三)按亲水亲油平衡值(HLB值)分类

不同乳化剂因其结构不同,所产生的亲水亲油性不同。乳化剂的乳化特性和许多功效通常是由其分子中亲水基亲水性和亲油基憎水性的相对强度决定。1949年格尔芬(Griffin)首先提出了乳化剂的亲水亲油平衡值(Hydrophilic Lipophilic Balance,HLB)概念,并用HLB值表示乳化剂的亲水性。

乳化剂的HLB值只取决于其分子结构,因此除了用实验的方法测定外,可以根据分子结构来确定HLB值。对于多元醇脂肪酸酯,可用式(9-1)计算HLB值。

$$HLB = 20 \times \left(1 - \frac{S}{A}\right) \tag{9-1}$$

式中,S为酸的皂化值,A为脂肪酸的酸价。但是某些乳化剂的皂化值并不容易获得,因此对于含聚氧乙烯基($—CH_2CH_2O$)和多元醇的乳化剂可用式(5-2)计算其HLB值。

$$HLB = \frac{w_E + w_P}{5} \tag{9-2}$$

式中,w_E为乳化剂分子中聚氧乙烯基的质量分数,w_P为多元醇的质量分数。对于只含有聚氧乙烯基的乳化剂,其HLB的计算公式为:

$$HLB = \frac{w_E}{5} \tag{9-3}$$

式中,w_E为聚氧乙烯基的质量分数。

聚氧乙烯基和羟基是乳化剂的亲水部分,亲水基含量越高,HLB值就越大。当亲水基质量分数达到100%时,HLB值为20;若亲水部分含量为0,则HLB值为0。通常以石蜡的HLB值为0,油酸的HLB值为1,油酸钾的HLB值为20作为标准,HLB值越大表示亲水性越大,HLB值越小表示亲油性越大。当两种或两种以上的乳化剂混合使用时,复合乳化剂HLB值与各自的HLB值有关,可按式(9-4)计算。

$$HLB = \frac{(w_A \times HLB_A) + (w_B \times HLB_B) + (w_C \times HLB_C) + \cdots}{100} \tag{9-4}$$

例如,以83%的司盘80和17%的吐温60混合,则此复配乳化剂的HLB值为:

$$HLB = \frac{(83 \times 4.3) + (17 \times 15)}{100} = 6.1 \tag{9-5}$$

据此,人们可以按所需HLB值的大小确定不同乳化剂的混合比例。

欲获得稳定的乳状液,通常选用HLB值差异较小的乳化剂复配。不同乳化剂复配后其HLB值具有加和性,但对于HLB值差异较大的乳化剂这一规律有时并不准确。此外,HLB值计算法并不能应用于所有乳化剂,主要原因是:第一,离子型乳化剂在不同pH溶液所带的电荷不同,乳化性能也存在差异,无法确定其真正的HLB值;第二,商业乳化剂通常是多种乳化剂复配的混合物,乳化剂之间可能存在协同效应;第三,HLB值仅考虑乳化剂的分子结构,未考虑乳状液的基本性质。尽管HLB值计算法存在一定局限性,但仍是目前选择乳化剂和评价乳化剂功效应用最广的方法。

乳化剂除具有乳化作用外,随其HLB值的不同还具有消泡、湿润、洗涤、增溶等作用。因食品成分复杂，不可能完全由 HLB 值选择乳化剂，但是，如果了解乳化剂的 HLB 值，则可知其大致使用范围。不同乳化剂的 HLB 值及其用途见表 9－3。

表 9－3　亲水亲油平衡值及其用途

亲水亲油平衡值	用途	亲水亲油平衡值	用途
1.50～3	消泡剂	8～18	油/水型乳化剂
3.5～6	水/油型乳化剂	13～15	洗涤剂
7～9	湿润剂	15～18	增溶剂

制备乳状液时，HLB 值只能用于确定所形成的乳状液类型。例如，HLB 值小的油溶性乳化剂可形成 W/O 型乳状液，HLB 值较大的水溶性乳化剂可形成 O/W 型乳状液。HLB 值不能说明乳化能力或效率的大小。乳化剂用量增加，则乳化能力增大，达到某一点之后，增加乳化剂用量也不能再增强乳化效率。

二、乳化剂各论

食品工业中几种常用的乳化剂介绍如下。

(一)单、双甘油脂肪酸酯(油酸、亚油酸、亚麻酸、棕榈酸、山嵛酸、硬脂酸、月桂酸)(CNS 号:10.006;INS 号:471)

单、双甘油脂肪酸酯为微黄色的蜡状固体，凝固点不低于 56℃，不溶于水，但在热水中强烈振荡时可分散，为水/油型乳化剂，HLB 值为 3.8。因本身乳化性强，也可作为油/水型乳化剂。

我国 GB2760—2011 规定：单、双甘油脂肪酸酯可按正常生产需要在各类食品中应用，国标附表 A.3 所列部分食品中应用单、双甘油脂肪酸酯如下：在发酵乳、香辛料类中最大使用量为 5g/kg；其他糖和糖浆（如红糖、赤砂糖、槭树糖浆）中最大使用量为 6g/kg；黄油和浓缩黄油中最大使用量为 20g/kg；生干面制品中最大使用量为 30g/kg；稀奶油、生湿面制品（如面条、饺子皮、馄饨皮、烧卖皮）、婴幼儿配方食品、婴幼儿辅助食品、咖啡饮料类中可按生产需要适量使用。

在生产乳脂糖和奶糖，特别是制造低脂乳脂糖时，为了增加乳化作用而添加单硬脂酸甘油酯，其用量一般不超过 0.5%；在制造奶糖时，单硬脂酸甘油酯与油脂、乳品、香料和调味料等可在冲浆后（糖浆与明胶液混合搅拌时）加入。

巧克力生产时，添加乳化剂可防止砂糖结晶，又可防止脂肪与水分离，而使巧克力具有较佳的细度和口感。单、双甘油脂肪酸酯在冰淇淋中乳化效果与加羧甲基纤维素钠相同，可以防止冰结晶的生成及扩大，同时使油及水均匀混合，有助于增加空气量。人造奶油中加入单、双甘油脂肪酸酯，可防止发生水滴分离，同时还可以防止人造奶油加热时,因水分子运动剧烈而发生泼溅现象。使用时将油与水混合溶解,在加热至40~60℃后,再加入单、双甘油脂肪酸酯。混合加入的脂肪酸不同,防水滴分离效果也不同。罐头加热时,油脂常会浮到表面,待到冷却时结块,加入单、双甘油脂肪酸酯可使脂肪均匀分散于汤汁中。

单、双甘油脂肪酸酯的ADI不需要规定(FAO/WHO,1994)。现行国家标准有:GB1986—2007(单、双硬脂酸甘油酯)、GB15162—1995(蒸馏单硬脂酸甘油酯)。

(二)三聚甘油单硬脂酸酯(CNS号:10.021)

三聚甘油单硬脂酸酯是由甘油受控缩合后与硬脂酸酯化反应制成的混合物。主成分为三聚甘油单硬脂酸酯。为浅黄色蜡状固体,无不良气味,在室温下不溶于水,60~70℃时溶于植物油中。

三聚甘油单硬脂酸酯具有良好的乳化分散性,亦有保鲜作用。我国GB2760—2011规定:三聚甘油单硬脂酸酯可应用于冰淇淋、雪糕类、面包和糕点中。

三聚甘油单硬脂酸酯的ADI:0~25mg/kg体重(脂肪酸聚甘油酯,FAO/WHO,1994),现行国家标准为GB13510—1992。

(三)蔗糖脂肪酸酯(CNS号:10.001;INS号:473)

蔗糖脂肪酸酯由蔗糖与脂肪酸酯化反应制得,分为单酯、二酯和三酯,即1分子蔗糖分别与1、2、3个脂肪酸分子所构成,成品多为混合物。单酯含量高,亲水性强,二、三酯多则亲油性强,作为食品添加剂使用的脂肪酸多为软脂酸和硬脂酸。其乳化作用由分子内具有高亲水性的蔗糖分子和具有亲油性的脂肪酸基团所致。蔗糖脂肪酸酯依蔗糖羟基化数不同,可获得从亲油性强到亲水强的不同系列产品。

蔗糖脂肪酸酯为白色至浅灰色粉末,无臭,可溶于乙醇,水溶液黏度高,有润湿性,乳化效果好,具有最大的亲水性。通常在120℃以下稳定,加热到145℃以上则易分解,在酸性或碱性下加热则被皂化。

我国GB2760—2011规定:蔗糖脂肪酸酯可用于调制乳、稀奶油(淡奶油)及其类似品、基本不含水的脂肪和油、水油状脂肪乳化制品、水油状脂肪乳化制品以外的脂肪乳化制品,包括混合的和(或)调味的脂肪乳化制品、冷冻饮品(食用冰除外)、经表面处理的鲜水果、果酱、可可制品、巧克力和巧克力制品(包括代可可脂巧克力及制品以及糖果)、专用小麦粉(如自发粉、饺子粉)、生湿面制品(如面条、饺子皮、馄饨皮、烧卖皮)、生干面制品、面糊(如用于鱼和禽肉的拖面糊)、裹粉、煎炸粉、八宝粥罐头、方面米面制品、焙烤食品、肉及肉制品、鲜蛋、调味糖浆、调味品、饮料类(包装饮用水除外)、果冻、乳化天然色素、即食菜肴和制糖工艺中。

HLB值为11~16的蔗糖脂肪酸酯用于面包、蛋糕可增加面团韧性,增大制品体积,使气孔细密、均匀,质地柔软,防止淀粉老化。HLB值为7的蔗糖脂肪酸酯用于饼干可提高起酥性、保水性和防老化性能,还可减少饼干在储藏、运输过程中的破损。在糖果中使用蔗糖脂肪酸酯可降低黏度，防止油析或结晶，还可以提高胶基糖果的咀嚼性；蔗糖脂肪酸酯用于肉制品、鱼糜制品，可改善水分含量及口感，用于速溶食品、固体饮料可起助溶作用，减少沉淀。

蔗糖脂肪酸酯的 ADI：0～30mg/kg 体重（FAO/WHO，1999）。现行国家标准为 GB8272—2009、GB10617—2005（丙二醇法）、QB2245—1996（无溶剂法）。

（四）丙二醇脂肪酸酯（CNS 号：10.020；INS 号：477）

丙二醇脂肪酸酯是在催化剂存在时由丙二醇与硬脂酸酯化，经脱水、中和、脱醇等制得的单、双酯混合物。为白色或淡黄色蜡状固体。不溶于水，而溶于乙醇、乙酸乙酯等有机溶剂。

丙二醇脂肪酸酯主要用于各种糕点、起酥制品和人造奶油的加工。具有很好的乳化性、起泡性和泡沫稳定性，能够改善制品口感。

我国 GB2760—2011 规定：丙二醇脂肪酸酯可用在乳及乳制品（GB2760—2011 中 01.01.01、01.01.02、13.0 涉及品种除外）、脂肪、油和乳化脂肪制品、冷冻饮品（食用冰除外）、油炸坚果与籽类、油炸面制品、糕点、复合调味料和膨化食品中。

丙二醇脂肪酸酯的 ADI 为 0～25mg/kg 体重（FAO/WHO，1994）。丙二醇脂肪酸酯的现行标准为卫生部 2011 年第 8 号公告指定标准。

（五）山梨醇酐脂肪酸酯

山梨醇酐脂肪酸酯商品名称为司盘。制备时由于脂肪酸不同，可制得一系列具有不同 HLB 值和性状的脂肪酸酯（表 9－4）。

上述山梨醇酐脂肪酯为淡黄色至黄褐色的油状或蜡状物质，有特异的臭味。其 HLB 值从 1.8 到 8.6，可溶于水或油，适于制备油/水和水/油型两种乳浊液。

我国 GB2760—2011 规定：山梨醇酐脂肪酸酯可用在调制乳、稀奶油（淡奶油）及其类似品、脂肪、油和乳化脂肪制品（植物油除外）、氢化植物油、冰淇淋、雪糕类、经表面处理的鲜水果、经表面处理的新鲜蔬菜、豆类制品、可可制品、巧克力和巧克力制品，包括代可可脂巧克力及制品、除胶基糖果以外的其他糖果、面包、糕点、饼干、果蔬汁（肉）饮料、植物蛋白饮料、果味饮料、固体饮料类、干酵母和饮料混浊剂中。

表 9－4　山梨醇酐脂肪酸酯 HLB 值

名称	HLB	性状	CNS 号	INS 号
山梨醇酐单月桂酸酯（司盘 20）	8.6	淡黄色油状	10.024	493
山梨醇酐单棕榈酸酯（司盘 40）	6.7	淡褐色蜡状	10.008	495
山梨醇酐单硬脂酸酯（司盘 60）	4.7	淡黄色蜡状	10.003	491
山梨醇酐叁硬脂酸酯（司盘 65）	2.1	淡黄色蜡状	10.004	492
山梨醇酐单油酸酯（司盘 80）	4.3	黄褐色油状	10.005	494

山梨醇酐脂肪酸酯类别的 ADI 为 0 ~ 25mg/kg 体重(FAO/WHO,1994),除司盘 65 外均已制订国家标准:GB25551—2010(司盘 20)、GB25552—2010(司盘 40)、GB13481—2010(司盘 60)、GB13482—2010(司盘 80)。

(六)聚氧乙烯山梨醇酐脂肪酸酯

聚氧乙烯山梨醇酐脂肪酸酯商品名为吐温,是由司盘在碱性催化剂存在下和环氧乙烷(氧化乙烯)加成、精制而成。由于脂肪酸的种类不同,而有一系列产品。FAO/WHO 食品添加剂法规委员会许可使用的为聚氧乙烯(20)山梨醇酐脂肪酸酯。某些品种的特性见表 9 - 5。

表 9 - 5 山梨醇酐脂肪酸酯 HLB 值

名称	HLB	性状	CNS 号	INS 号
聚氧乙烯山梨醇酐单月桂酸酯(吐温 20)	16.7	琥珀色黏稠液体	10.025	432
聚氧乙烯山梨醇酐单棕榈酸酯(吐温 40)	15.6	淡黄色黏稠液体	10.026	434
山梨醇酐单硬脂酸酯(吐温 60)	15.0	淡黄色黏稠液体	10.015	435
聚氧乙烯山梨醇酐单油酸酯(吐温 80)	14.9	淡黄色黏稠液体	10.016	433

吐温和司盘常常混用,两者混合比例依所需 HLB 值而定,具体见表 9 - 6。

表 9 - 6 HLB 值与不同乳化剂的混合比

HLB 值	乳化剂
2	8% 司盘 80 + 92% 司盘 85
4	88% 司盘 80 + 12% 司盘 85
6	83% 司盘 80 + 17% 吐温 80
8	65% 司盘 80 + 35% 吐温 80
10	46% 司盘 80 + 54% 吐温 80
14	28% 司盘 80 + 72% 吐温 80
16	60% 吐温 20 + 40% 吐温 80

我国 GB2760—2011 规定:聚氧乙烯山梨醇酐脂肪酸酯可用在调制乳、稀奶油、水油状脂肪乳化制品、水油状脂肪乳化制品以外的脂肪乳化制品,包括混合的和(或)调味的脂肪乳化制品、冷冻饮品(食用冰除外)、豆类制品、面包、糕点、固体复合调味料、半固体复合调味料、液体复合调味料(不包括醋和酱油)、饮料类(包装饮用水类及固体饮料类除外)、含乳饮料、植物蛋白饮料及乳化天然色素中。

实际使用参考:吐温 20 可加入苏式月饼中,使表皮光滑油亮、皮层松薄、口感酥软。

聚氧乙烯山梨醇酐脂肪酸酯的 ADI 为 0 ~ 25mg/kg 体重(FAO/WHO,1994),

吐温 60 和吐温 80 的现行国家标准分别为 GB25553—2010 和 GB25554—2010。

(七)聚氧乙烯木糖醇酐单硬脂酸酯(CNS 号:10.017)

聚氧乙烯木糖醇酐单硬脂酸酯是在碱性催化剂下由木糖醇酐单硬脂酸酯与环氧乙烷聚合而成,为琥珀色、半胶状油状液体。溶于水、稀酸、稀碱及大多数有机溶剂,不溶于油类及乙二醇。

聚氧乙烯木糖醇酐单硬脂酸酯属非离子表面活性剂,具有乳化、分散、消泡、发泡等作用。它除乳化性能与吐温相当外,还有耐热性好、抗腐蚀力强的优点。此外,还有明显的抑菌效果,与司盘类产品复配,有协同效应。

我国 GB2760—2011 规定:聚氧乙烯木糖醇酐单硬脂酸酯可用于氢化植物油和发酵工艺。

聚氧乙烯木糖醇酐单硬脂酸酯的 ADI 为 0 ~ 15mg/kg 体重(FAO/WHO,1994),现行标准为 QB/T 3790—1999。

(八)木糖醇酐单硬脂酸酯(CNS 号:10.007)

木糖醇酐单硬脂酸酯,由木糖醇或木糖醇母液与硬脂酸反应制成,为淡黄色或棕黄色蜡状固体,无异味,不溶于冷水,在热水中分散后呈乳状液,可溶于甲苯、热乙醇等多种有机溶剂。有良好的乳化、分散性能。

我国 GB2760—2011 规定:木糖醇酐单硬脂酸酯可用于氢化植物油、糖果、面包、糕点中。

面包加工中,木糖醇酐单硬脂酸酯可使面包体积明显增大,松软、有弹性、改善色泽和口感。糖果加工中,木糖醇酐单硬脂酸酯可使其组织结构疏松、口感细腻、均匀、不粘牙、不糊口。此外,木糖醇酐单硬脂酸酯可使巧克力抗起霜作用增强,在人造奶油中可使油、水均匀乳化。

木糖醇酐单硬脂酸酯的 ADI 为 0 ~ 25mg/kg 体重(FAO/WHO,1994),现行标准为 QB/T 3784—1999。

(九)硬脂酰乳酸钠、硬脂酰乳酸钙(CNS 号:10.011,10.009;INS 号:481i,482i)

硬脂酰乳酸钠、硬脂酰乳酸钙均为白色至黄色粉末,有特异臭,难溶于水,但强烈搅拌混合,则可完全分散在水中。加热时,可溶于植物油、猪油、起酥油、但冷却时则析出。其 HLB 值为 8.3。

硬脂酰乳酸钙和硬脂酰乳酸钠是一种疏水性的乳化剂,用于作面包的品质改良剂,易与小麦粉中的面筋结合,使面筋的性能得到改善。当与小麦粉和水混合时,可以大大地增强面筋的稳定性和弹性,从而增加小麦面粉面团的耐揉性。这种特性对于面包生产的机械化、自动化、连续化操作极为有利,并可使面包品质均一,面团不发黏。一般用量为小麦粉的 0.5%,添加时可先取数倍硬脂酰乳酸钙/钠的小麦粉与其充分混匀后,再与全部小麦粉混合。

我国 GB2760—2011 规定:硬脂酰乳酸钠、硬脂酰乳酸钙可用在调制乳、风味发酵乳、稀奶油、调味稀奶油、稀奶油类似品、水油状脂肪乳化制品、水油状脂肪乳化制品类以外的脂肪乳化制品,包括混合的和(或)调味的脂肪乳化制品、植脂末、果酱、干制蔬菜(仅限脱水马铃薯粉)、装饰糖果(如工艺造型,或用于蛋糕装饰)、顶饰(非水果材料)和甜汁、专用小麦粉(如自发粉、饺子粉)、生湿面制品、发酵面制品、面包、糕点、饼干、肉灌肠类、调味糖浆、蛋白饮料类、特殊用途饮料(包括运动饮料、营养素饮料等)、风味饮料(包括果味饮料、乳味、茶味及其他饮料)、茶、咖啡、植物饮料类食品中。

硬脂酰乳酸钙和硬脂酰乳酸钠的 ADI 值为 0 ~ 20mg/kg 体重(FAO/WHO,1994),现行标准为 2011 年卫生部第 8 号公告指定标准。

(十)松香甘油酯及氢化松香甘油酯(CNS 号:10.012,10.013;INS 号:445)

松香甘油酯及氢化松香甘油酯俗称酯胶,分别由松香或氢化松香酯制得,均为浅黄色透明、玻璃状固体,较脆,无臭,无味,不溶于水和乙醇,可溶于大多数低分子芳香族和脂肪族碳氢化合物、萜烯、酯、酮、橘油和精油等。软化点也很相似,分别为 80 ~90℃和 78 ~88℃。本品安全性高。

我国 GB2760 - 2011 规定:氢化松香甘油酯可用在经表面处理的鲜水果、果蔬汁(肉)饮料(包括发酵型产品等)、风味饮料(仅限果味饮料)以及胶基糖果和乳化香精中。

松香甘油酯及氢化松香甘油酯用于胶基糖果,可使产品具有口感好、咀嚼柔软和细腻的特性。用于乳化香精时,起到乳化稳定作用,防止“浮圈”和“沉淀”,增加饮料浊度。

松香甘油酯和木松香甘油酯的 ADI:0 ~ 12.5mg/Kg 体重(暂定,FAO/WHO,2011)。氢化松香甘油酯的现行标准为 2011 年卫生部第 8 号公告指定标准。

(十一)大豆磷脂及改性大豆磷脂(CNS 号:04.010,10.019)

大豆磷脂亦可简称磷脂,由生产大豆油的副产品提制而成,为淡黄或棕色、透明或不透明的黏稠物质,稍有特异臭味,不溶于水,在水中膨胀呈胶体溶液,溶于乙醚及石油醚,部分溶于乙醇,不溶于丙酮,在空气中或光照下迅速变为褐色。

大豆磷脂是卵磷脂、脑磷脂和肌醇磷脂的混合物,其卵磷脂含量为 20% 以上,有的国家如美国常用卵磷脂来统称这一混合物。近来,人们为了改善其使用性能,除进一步精制外,尚可将其制成很少有异臭,并且稳定性良好的固体颗粒或粉末。

大豆磷脂可广泛应用于糖果、饼干、糕点、冰淇淋和人造奶油等食品。在巧克力中添加本品可降低巧克力稠度,便于注模。生产饼干时添加本品则脂肪容易混合均匀,并防止粘辊,改善饼干质量。

大豆磷脂为大豆天然成分。安全性高。ADI 不需规定(FAO/WHO,1994)。大豆磷脂现行标准为 GB 12486—1990。

改性大豆磷脂是以天然大豆磷脂为原料,经过乙酰化和羟基化改性及脱脂后制成,为黄色或黄棕色粉粒,极易吸潮,易溶于动植物油酯,能分散于水,部分溶于乙醇。

改性大豆磷脂的水分散性、溶解性及乳化性等均比大豆磷脂好。因而乳化效果更好，用量更少，可在各类食品中按生产需要使用(见表9-7)。

磷脂为天然成分，安全性高。在美国被认为GRAS物质，其ADI不作限制性规定(FAO/WHO，1994)。现行标准为LS/T 3225—1990。

项目三　乳化剂在食品工业中的应用

一、乳化剂在食品工业中的应用

1. 在焙烤及淀粉制品中的应用

乳化剂可以提高糕点生面团的气孔率，形成更多、更细密的气孔，并使面团充气均匀。而且降低面团的表面张力使空气更容易被搅入面团中，使饼干、糕点体积明显增大，在烘烤温度较高的情况下更为明显。此外，在糕点的生产过程中，乳化剂的加入可使油脂分散得更细、更均匀，从而改善糕点口感的柔软性和易碎性，而且质地软细的糕点保水性好，不易老化，食用时不发干，不发硬。在面点加工的和面工序中，乳化剂亲水基与麦胶蛋白结合，亲油基与麦谷蛋白结合，形成络合物，改善面团内部结构，提高面团质量。

乳化剂在糕点中使用可使脂肪均匀分散，防止油脂渗出，改善口感，提高脆性，并能减少蛋的用量。

2. 在冰淇淋中的应用

乳化剂在冰淇淋中能提高脂肪的分散性、促进脂肪-蛋白质的相互作用，抑制脂肪聚结，增加空气混合量，赋予成型产品干燥度，减小冰晶粒度，降低气泡体积，减少发泡时间，改善融化性能，进而提高产品各项感官品质。乳化剂也用在成型的特殊产品如冰淇淋三明治、切片和机械灌装蛋卷冰淇淋当中。

3. 在人造奶油中的应用

乳化剂利用于人造奶油中可改善油水相容状态，将水分充分乳化分散，提高乳液的稳定性，用量为0.1%~0.5%。

4. 在巧克力中的应用

在巧克力的生产中加入乳化剂可增加巧克力颗粒间的摩擦力和流动性，降低黏度，增进脂肪分散，防止起霜，提高热稳定性，提高产品表面光滑度。乳化剂的加入可以起到晶体结构调节的作用，因此在产品中加入合适的乳化剂能够减少巧克力的“起霜”现象。

为将巧克力制成特定形状，必须使其具有较低的黏度及良好的塑变性，磷脂和蓖麻醇聚甘油酯复配可达到此目的。同时，乳化剂还可以减缓油脂酸败，改善产品光泽、风味和柔软性,节约可可脂用量。

5. 在糖果中的应用

在糖果生产中,乳化剂可以降低糖膏的黏度,增加流动性,使糖果生产在压片、切块、成型中不粘刀,并使糖果产品表面光滑、易分离,防止糖果融化、粘牙,改善口感。因此,乳化剂是高油脂糖果生产中常用的添加剂。此外,多聚甘油酯等乳化剂还可用于制造糖果食品的包衣。

6. 在口香糖中的应用

乳化剂可提高基料混溶性、均匀性,改善可塑性、脆性,防止牛产时的黏着,从而提高生产效率,改善香料的乳化和分散效果,增进风味,一般油包水型乳化剂效果更佳。

7. 在植物蛋白饮料中的应用

植物蛋白饮料一般是由蛋白质、脂肪、糖类、食用纤维、淀粉类、维生素及矿物质等组成的营养性饮料。它是一种客观不稳定的分散体系,既有蛋白质微粒形成的悬浮液,又有脂肪类物质形成的乳浊液,还有以糖类、盐类形成的真溶液。这一复杂体系即使采用最先进的加工机械和加工工艺,也很难达到饮料的质量要求,会发生不同程度油层上浮、蛋白沉淀、色素凝聚等问题。要解决这一问题,需加入适量的乳化剂、增稠剂等,以使产品稳定。乳化剂主要通过乳化、润湿、起泡、增溶等作用,使饮料产品达到稳定、赋香、起浊、着色等效果。

8. 在乳化香精中的应用

香精油(如橙油、柠檬油等)都是水不溶性物质。这些风味物质混合到饮料中的方法主要是通过乳化剂的作用,将香精油加工成水中可分散的乳状液,即乳化香精。乳状液的形成可实现天然香料稳态化,防止制品中香料的损失。

9. 在其他食品中的应用

乳化剂在调味品中作为水不溶物的增溶与分散剂;在方便食品中能提高速溶性,延长保存期等。

二、乳化剂的使用注意事项

(1)不同 HLB 值的乳化剂可制备不同类型的乳状液,选择合适的乳化剂是取得最佳效果的基本保证。

(2)由于复合乳化剂具有协同效应,通常多采用混合型乳化剂,但在选择乳化剂复配时应保证其 HLB 值之差小于 5,否则得不到最佳稳定效果。

(3)乳化剂添加入体系之前,应直接溶于水中,在激烈搅拌下,将油加入;或者直接溶于油相(加热),将水直接加入(或上述混合物直接加入水中)。使其在水或油中充分分散或溶解,制成浆状或乳状液。

三、乳化剂的使用范围及用量

乳化剂是用量较大的一类食品添加剂，各国许可使用的品种很多，我国批准使用的乳化剂物质有36种，有15种其他类别的添加剂也可以用作乳化剂。其中12种可在各类食品中按需使用的乳化剂如表9-7所示。

表9-7　可在各类食品中按需使用的乳化剂

添加剂名称	CNS号	英文名称	INS号	功能
酪蛋白酸钠	10.002	sodium caseinate	-	乳化剂
单、双甘油脂肪酸酯（油酸、亚油酸、亚麻酸、棕榈酸、山嵛酸、硬脂酸、月桂酸）	10.006	mono - and diglycerides of fatty acids	471	乳化剂
双乙酰酒石酸单双甘油酯	10.010	diacetyl tartaric acid ester of mono (di) glycerides (DATEM)	472e	乳化剂
改性大豆磷脂	10.019	modified soybean phospholipid	-	乳化剂
乙酰化单、双甘油脂肪酸酯	10.027	acetylated mono - and diglyceride (acetic and fatty acid esters of glycerol)	472a	乳化剂
辛烯基琥珀酸淀粉钠	10.030	sodium starch octenyl succinate	1450	乳化剂
酶解大豆磷脂	10.040	Enzymatically decomposed soy-bean phospholipid	-	乳化剂
磷脂	04.010	phospholipid	322	抗氧化剂、乳化剂
甘油	15.014	glycerine	422	水分保持剂、乳化剂
羟丙基淀粉	20.014	hydroxypropyl starch	1440	增稠剂、膨松剂、乳化剂、稳定剂
乳酸脂肪酸甘油酯	10.031	lactic and fatty acid esters of glyc-erol	472b	乳化剂
柠檬酸脂肪酸甘油酯	10.032	citric and fatty acid esters of glyc-erol	472c	乳化剂

注：按生产需要适量使用的食品添加剂所例外的食品类别名单见GB2760—2011附表A.3。

表9-7中的乳酸脂肪酸甘油酯在稀奶油中最大使用量为5.0g/kg，柠檬酸脂肪酸甘油酯在婴幼儿配方食品中最大使用量为24.0g/kg。

项目四　乳化剂使用存在的安全问题

食品乳化剂经过长期试验筛选,形成了以脂肪酸多元醇酯及其衍生物和天然大豆磷脂为主的食品乳化剂。这些合成乳化剂在人体消化过程中可被分解为脂肪酸和多元醇,从而被人体排出体外,对人体的代谢无不良作用,也不在人体内积累而影响健康。

《中华人民共和国食品安全法》明确规定,“国家对食品添加剂的生产实行许可制度”。《(GB2760—2011)食品安全国家标准 食品添加剂使用标准》对食品添加剂的品种、使用范围、使用量等作了明确规定。所以只要严格按有关规定执行,食品乳化剂是安全的。20世纪60年代以来,人们开始重视表面活性剂使用的安全性,加强了对无毒、生物降解性好的非离子乳化剂的研究。在食品、化妆品、医药等行业限制某些乳化剂的使用,开发出山梨糖醇脂肪酸酯类、磷脂类、糖脂类乳化剂等新型乳化剂。20世纪80年代以来,人们对乳化剂提出多功能、高纯度、低刺激、高效率的更高要求,开发出更多的新型乳化剂。

目前国内食品乳化剂的安全问题主要体现在违规使用乳化剂方面,具体表现在某些不法商家为了降低生产成本,片面追求经济利益,用工业级的化工产品代替食品乳化剂原料用于食品生产,这显然是食品安全法规所不允许的。如发生在2011年4月和乳化剂相关被称为台湾30年来最严重的食品安全事件——“塑化剂”污染事件。起云剂是经台湾“卫生署”批准通过的一种乳化剂产品,在果蔬汁饮料中,有助于释放与保留果汁饮料的香气,增强果汁饮料口感的润滑性、厚实感,特别是改善果汁饮料的天然感官,提高果汁饮料的品质质量。台湾生产起云剂的主要成分应为棕榈油和软化剂,合法、限量的起云剂对人体是安全的。可是,台湾昱申香料公司为节约成本,用塑化剂替代棕榈油。塑化剂中的邻苯二甲酸酯(DEHP)成分被台湾“卫生署”明确归类为第四类毒性化学物质,而台湾昱申香料公司使用塑化剂生产起云剂长达30年之久。台湾受“塑化剂危机”影响的下游厂商已经达到几百家,产品涉及运动饮料、果汁饮料、果酱、果冻、保健品等。

为规范食品添加剂的正确使用,国务院办公厅下发了《国务院办公厅关于严厉打击食品非法添加行为切实加强食品添加剂监管的通知》(国办发〔2011〕20号);国家质检总局下发了《关于进一步加强食品添加剂标识标注监管工作的通知》(国质检食监函〔2011〕449号),就进一步加强食品添加剂标识标注监管工作提出要求:组织食品添加剂生产企业对标识标注情况开展自查;进一步加大对食品添加剂标签标识的检查力度;强化监管,加大执法查处力度。这些相关法律法规的出台,有助于刚刚兴起的复配乳化剂行业有法可依,减少不正当的竞争,步入良性发展的轨道。

项目五 乳化剂的发展趋势

近年来，随着食品工业迅速崛起成为我国产值位居第一的工业产业，食品添加剂的生产和科研也获得了长足的发展。作为最重要的食品添加剂之一，食品乳化剂不但具有典型的表面活性作用以维持食品稳定的乳化状态，还可以使食品形成均一和稳定的结构，从而进一步改善食品的口感和延长货架期，因而在食品工业中占有重要地位，并得到越来越广泛的应用。

目前，世界上生产和使用食品乳化剂的约 65 种。消费量较大的 5 类乳化剂中，最多的是甘油脂肪酸酯，其次是卵磷脂及其衍生物、蔗糖脂肪酸酯、山梨醇酐脂肪酸酯以及丙二醇脂肪酸酯。

我国在 1981 年批准使用的食品乳化剂只有单甘酯和大豆磷脂两个品种，到 2010 年，允许使用的食品乳化剂达到近 30 种。因此，我国食品乳化剂的生产和发展起步虽晚，但发展很快。目前，我国已能生产甘油酯、蔗糖酯、各种司盘和吐温、丙二醇脂肪酸酯、大豆磷脂等近 30 个种类的乳化剂产品。

中国食品添加剂工业，自 1992 年提出大力开发“天然、营养、多功能”食品添加剂的发展方针，开始逐渐与国际上提倡“回归大自然、天然、营养、低热能、低脂肪”的趋势相符。结合国内外形势，食品乳化剂正向系列化、多功能、高效率、便于使用等发面发展。要实现这样的发展目标，对食品乳化剂的复合配方技术研究至关重要。我国乳化剂主要是依靠经验进行复配，带有一定的盲目性，缺乏必要的理论指导和先进测试仪器的辅助，所得产品质量和性能都不尽完善，不利于推广和应用。因此，必须加强乳化剂复配技术的理论研究。同时，科研工作应与食品加工企业密切协作，与市场实际需要相结合，这样才能使成果迅速转化为现实生产力，更快地拓展食品乳化剂的应用空间。

思考题

1. 解释 HLB 值与食品的亲水亲油性有何关系？

2. 乳状液分为哪几类？乳化剂的作用机理是什么？

3. 如何利用食品添加剂抑制冷冻面团的老化？

4. 以稳定 β - 胡萝卜素乳状液为例，说明乳化剂复配协同效应及乳化剂应用注意事项。

实训内容　高压均质法制备β-胡萝卜素乳状液

【实训目的】

学会制备β-胡萝卜素乳状液。

【实训原理】色素乳状液是将油溶性色素通过乳化剂以及乳化设备将其分散到去离子水中而成的乳化色素,即由色素、增重剂、抗氧化剂等构成油相,由乳化剂、增稠剂、防腐剂、去离子水等构成水相,油相和水相经预乳化混合后,经均质而成,可直接应用于水溶性食品基质中。

制备乳状液的方法有电乳化法、超声乳化法、定转子乳化法(搅拌剪切法)、膜乳化和微通道乳化法、高压均质法等,本实验采用高压均质法。

高压均质机从结构上可分成使料液产生高压能量的高压泵以及产生均质效应的均质阀头两大部分。高压泵一般采用三柱塞往复泵,柱塞泵可以产生高压,采用三柱塞泵可获得稳定的排液量和恒定的输出压力。常用的均质机一般配备两级均质阀,一级均质阀压力高,以破碎为主;二级均质阀的压力较低,主要作用是使已破碎的液滴迅速分散到乳液中,避免小液滴重新聚合。对于只有一个均质阀的均质机,一般通过增加均质次数来达到粒径大小合适、分布均匀的效果。

物料通过高压往复泵输送至工作阀(一级阀和二级阀)部分。需处理的物料在柱塞所造成的高压条件下进入可调节压力的阀组件中,失压后的物料从大小可变的限流缝隙中以极高的流速(200~300m/s)喷出,撞在阀组件之一的碰撞环上,产生空化、撞击、剪切等三种效应,从而使液态物料或以液体为载体的固体颗粒得到超微细化。

【实训材料与设备】

材料:30%β-胡萝卜素油溶液、维生素E、复合乳化剂、中低碳链菜籽油(MCT)、松香甘油酯、乙酸异丁酸蔗糖酯。

设备:高速均质机、高速乳化均质机、磁力搅拌器、光学显微镜、激光粒度仪。

【实训步骤】

1. 水相制备

将复合乳化剂、多聚糖、去离子水按一定比例混合,加热到(60±1)℃,待完全溶解后保温。

2. 油相制备

将β-胡萝卜素油悬浮液溶解于MCT中,加热搅拌至完全溶解,形成油相(10%,质量分数)。

3. 粗乳液制备

在高速均质机的搅拌下,缓慢将油相添加到水相中,5000r/min剪切10min,形成粗乳液。

4. β-胡萝卜素乳状液的制备

采用二级加压均质,二级均质压力与总压力的比值为1:10。通过改变均质总压力(40MPa、50MPa、80MPa、100MPa、120MPa),均质1~5次,均质温度为55℃。

5. β－胡萝卜素乳状液粒径测量

将粗乳液和均质后的乳状液在光学显微镜(400倍)下观察不同乳状液的粒径大小及稳定性。

用激光粒度仪测量粗乳液和均质后的乳状液的粒径分布并比较大小。

参考文献

1. 刘程,周如忠. 食品添加剂实用大全. 北京:北京工业大学出版社,2000.

2. 刘钟栋. 食品添加剂原理及应用技术. 北京:中国轻工业出版社,1993.

3. 韩雅珊. 食品化学. 北京:中国农业大学出版社,1992.

4. 谭佩毅,黄秀锦,朱金林. 浅析淀粉与乳化剂的相互作用. 食品科技,1998(5):15~17.

5. 李玲主编. 表面活性剂与纳米技术. 北京:化学工业出版社,2004.

6. 林春棉,徐明仙,陶雪文编. 食品添加剂. 北京:化学工业出版社,2004.

7. 毛立科,许洪高,高彦祥. 高压均质技术与食品乳状液. 食品与机械,2007(5):146~149.

8. 耿敏,马晓军,茹湘波. 硬脂酰乳酸钠合成优化及在馒头中应用. 粮食与油脂,2006(11):22~25.

9. 毛羽扬,高蓝洋,朱在勤,等. 单甘酯和硬脂酰乳酸钙/钠对扬麦16面粉理化品质特性影响的研究. 食品科学,2008,29(11):65~68.

10. 毛立科,许朵霞,杨佳,等. 不同乳化剂制备β－胡萝卜素纳米乳液研究. 食品工业科技,2008(4):64~67.

11. 夏萍,梁新宇. 复配型面包改良乳化剂的研究. 西部粮油科技,2000,25(2):33~36.

12. 李冬霞,张国农. 新型乳化剂在豆乳饮料中应用研究. 粮食与油脂,2005(11):18~21

13. 唐民民,姜中航. 不同乳化剂对牛乳饮料稳定性影响的研究. 乳业科学与技术,2007(1):23~25.

模块十 食品增稠剂

学习目标

本模块主要介绍食品增稠剂的定义、分类及其结构与食品特性的关系。通过本模块的学习，应掌握食品加工中常用增稠剂的性状、性能及使用方法；熟悉并了解我国允许使用的食品增稠剂种类及实际应用范围。

学习任务

1. 了解 GB2760—2011 所规定允许使用的增稠剂的种类及其应用特性。
2. 掌握增稠剂之间的协同作用。

【案例解析】

从传统食品肉皮冻到现代食品凝胶糖果(果冻、软糖等)、老酸奶，这些食品均有一个特性，就是咀嚼性、黏弹性很好，深受消费者的青睐，那是什么成分使这些产品具备良好的咀嚼性和黏弹性呢？凝胶糖果和老酸奶等食品配料表中的黄原胶、魔芋胶、果胶、羧甲基纤维素钠等食品添加剂对产品有什么影响呢？上述食品添加剂都能够提高食品产品的黏稠度，改善产品的黏弹性，属于调节食品质构的一类食品添加剂——增稠剂。

项目一 认识增稠剂

增稠剂指可以提高食品的黏稠度或形成凝胶，从而改变食品的物理性状，赋予食品黏润、适宜的口感，并兼有乳化、稳定或使溶液呈悬浮状态作用的物质。增稠剂的基本化学组成是单糖及其衍生物，属于亲水性高分子化合物，可水化形成高黏度的均相液，故也称水溶胶、亲水性胶体或食用胶。在我国，变性淀粉也列为增稠剂加以管理。变性淀粉是由淀粉经不同处理后制得的一大类物质，如酸处理淀粉、碱处理淀粉、酶处理淀粉和氧化淀粉等，它们在凝胶强度、流动性、颜色、透明度和稳定性等方面均有不同。

现将增稠剂主要性质介绍如下。

(1)增稠性 增稠剂是一种高分子亲水性胶体,能够在水中迅速溶胀,提高水溶液的黏度,而且大多数食用胶在很低的浓度即可使其水溶液具有很高的黏度。一般情况下,同一种胶体,相对分子质量越大,相同质量浓度体系的黏度就越大;胶体的浓度越高,体系的黏度越大。在低浓度时,有些胶体表现出牛顿流体的性质,但随着浓度的提高,其流变学特性逐渐呈现假塑性。

影响增稠剂溶液黏度的因素除增稠剂本身外还受 pH、温度、金属离子、有机溶剂、表面活性剂、剪切力的影响。增稠剂在一定 pH 条件下可能发生降解或沉淀,如海藻酸钠在 pH5 ~ 10 时黏度稳定。当 pH 低于 4.5 时,可发生酸催化水解,体系黏度显著降低;明胶在等电点时因蛋白质沉淀黏度最小。一般在温度升高时,胶体溶液黏度下降,温度下降时黏度上升。很多高分子物质在高温下发生降解,特别是在酸性条件下,黏度会发生永久性降解。因此在生产过程中,应尽量避免增稠剂溶液长时间高温加热。一定浓度的增稠剂溶液,其黏度随搅拌、均质、输送等加工、输送过程而变化,主要是增稠剂溶液的黏度受剪切力的影响。对于假塑性流体,这种作用力越大,体系黏度降低越多,液体食品在剪切力作用下稀化现象有利于产品的管道运输和分散包装。

(2)胶凝性 一部分增稠剂有胶凝特性,在温度升高时为黏稠流体,温度降低时,溶液分子连成网状结构,整个体系成了失去流动性的半固体。有些胶体在单独使用时不能形成凝胶,但复合使用时却形成凝胶,如卡拉胶和槐豆胶;黄原胶和槐豆胶;黄蓍胶和海藻酸钠;混合胶经过一定时间后能形成高强度的凝胶或使体系的黏度大于体系中各组分单独使用黏度的总和。此外,部分增稠剂之间还存在拮抗作用,如阿拉伯胶可以降低黄蓍胶的黏度(80% 的黄蓍胶与 20% 的阿拉伯胶的混合物具有最低黏度,比其中任一组分的黏度均低)。

各种胶体的成胶条件、稳定性、口感、可接受度不尽相同,一般来说,具有较多亲水基团的胶体易形成凝胶,支链较多的胶体因酸、碱、盐影响小,不易形成凝胶。增稠剂形成凝胶的胶凝临界浓度、胶凝临界温度随体系的 pH、电解质、蛋白质和多糖等的存在而变化。

项目二 增稠剂的分类与各论

一、食品增稠剂分类

增稠剂按来源可分为两类:天然增稠剂和人工合成增稠剂。天然增稠剂多来自于植物,也有的来自于动物和微生物。来自于植物的增稠剂有树胶(如阿拉伯胶等)、种子胶(如瓜尔脂、罗望子胶等、刺槐豆胶)、海藻胶(如琼脂、海藻酸钠、卡拉胶等)和其他植物胶(如果胶等)。来自动物的有明胶、酪蛋白酸钠等,来自微生物的有黄原胶、结冷胶等。人工合成的增稠剂如羧甲基纤维素钠、聚丙烯酸钠、海藻酸丙二醇酯等。

增稠剂按离子性质可分为离子型增稠剂和非离子型增稠剂两类。离子型增稠剂有海藻酸钠、羧甲基纤维素钠、黄原胶、卡拉胶、明胶;非离子型增稠剂有海藻酸丙二醇酯,淀粉、羟丙基淀粉。

二、食品增稠剂各论

(一)动物来源的增稠剂

1. 明胶(CNS 号:20.002)

明胶是动物的皮、骨、韧带等含的胶原蛋白,经水解后得到的高分子多肽。明胶为白色或淡黄色、半透明、微带光泽的薄片或细粒,有特殊臭味。明胶不溶于冷水,但能吸收 5~10 倍水分膨胀,可溶于热水。明胶单独使用时的凝固力较弱,浓度在 5% 以下时不能形成凝胶。为了形成较结实的凝胶,浓度一般控制在 15% 左右,温度在 20~25℃之间,高于 30℃,凝胶融化。明胶凝胶富于弹性,口感柔软。明胶溶液的黏度主要受相对分子质量、pH、温度、电解质等因素的影响。明胶在水中的溶胀性随 pH 的改变而变化,在 pH2.5 时,溶胀速度达到最大。明胶不耐酸碱,与强酸强碱在沸腾的情况下,明胶可分解为多肽和氨基酸等小分子物质。

明胶除缺少色氨酸外,含有其他全部必需氨基酸,添加到食品中可提高食品的营养价值。

我国 GB2760—2011 规定:明胶可在各类食品中按生产需要适量添加,但 GB2760—2011 附表 A.3 所列食品类别除外。

明胶本身无毒,其 ADI 值不作限制性规定,其现行标准为:GB 6783—1994。

2. 甲壳素(CNS 号:20.018)

甲壳素又称几丁质、甲壳质、壳多糖等,由 1000~3000 个 2-乙酰胺-2-脱氧葡萄糖聚合而成,属于直链氨基多糖,相对分子质量从几十万到几百万不等,理论含氮量 6.9%。甲壳素为白色无定形半透明物质,无味无臭,溶于浓盐酸、硫酸、磷酸和冰乙酸,不溶于水、稀酸、碱、醇及等有机溶剂。

甲壳素是自然界中唯一带正电荷的天然高分子聚合物,广泛存在低等植物菌类和水生藻类细胞,节肢动物的甲壳类虾、蟹、蝇蛆及昆虫类的外壳、软体动物的贝类及头足类的软骨和高等动物的细胞壁中。甲壳素与生物机体细胞有良好的兼容性,并具有生物活性,广泛应用于食品、医药和养殖饲料。

我国 GB2760—2011 规定:甲壳素可在氢化植物油、植脂末、冷冻饮品(食用冰除外)、果酱、坚果与籽类的泥(酱,包括花生酱等)、醋、蛋黄酱、沙拉酱、乳酸菌饮料、啤酒和麦芽饮料中使用。

甲壳素为天然产物，无毒。FAO/WHO 规定：其 ADI 值不作限制性规定。

3. 脱乙酰甲壳素(CNS 号:20.026)

脱乙酰甲壳素，又称壳聚糖，是指脱乙酰度为 50% ~100% 的甲壳素。壳聚糖为白色至淡黄色或淡蓝白色或淡红色非结晶性粉末或鳞片状固体，无味无臭，不易溶于水，可溶于甲酸、乙酸、乳酸、苹果酸。酸性水溶液有涩味，不溶于磷酸、硫酸、中性或碱性溶液。

壳聚糖可做增稠剂和被膜剂，还具有杀菌、钝酶的功效，能显著抑制多酚氧化酶和过氧化物酶的活力(刘进杰,2007)。壳聚糖及其衍生物具有广谱抗菌性，对金黄色葡萄球菌、沙门氏菌等致病细菌及青霉、毛霉和根霉等霉菌具有一定的抑菌能力。在各类微生物中，细菌最容易被抑制，酵母次之，对霉菌的抑制作用相对较弱。壳聚糖的抗菌作用受内在因素[如来源、类型(天然或衍生物)、聚合度、相对分子质量、脱乙酰度、浓度等]、外在因素(如宿主营养成分、培养基的化学和/或营养素的组成)和环境条件(如培养基的水分活度、pH、含水量和含盐量)等的影响。随着 pH 的升高，壳聚糖溶解性和质子化程度的降低，抗菌能力逐渐减弱。pH 在 7 以上，壳聚糖不再具有杀菌作用。来源于真菌的壳聚糖较来源于蟹、虾的抗菌活性弱，这可能是来源于真菌的壳聚糖的相对分子质量较大的原因。壳聚糖的浓度与其抗菌活性之间没有明显的线性关系，但壳聚糖的抗菌活性与其脱乙酰度有线性关系，脱乙酰度在 70% ~95% 的壳聚糖有较高的抗菌活性。脱乙酰度的增加意味着壳聚糖游离氨基的增加，在酸性条件下，壳聚糖质子化氨基数增加，水溶性增强，壳聚糖与微生物带负电荷细胞壁之间相互作用的几率增大，抗菌活性增强。

壳聚糖可用于果实的防腐保鲜，通过在果实表面形成一层无色透明的半透膜，可降低水分的蒸发，阻止果蔬呼吸产生 CO_2 的散失和大气中 O_2 渗入，从而抑制果蔬的呼吸强度，调节其生理代谢。利用壳聚糖的抗菌作用，可推迟果实生理衰老，防止果实腐败变质。

壳聚糖自身的性质限制了其在食品中的应用，通过化学改性可提高壳聚糖的应用效果。如通过酰基化反应、烷基化反应和引入碳水化合物支链可提高壳聚糖的溶解性；通过酯化反应、与醛酮反应生成席夫碱或与碘复合能提高壳聚糖的抗菌活性；通过烷基化反应、引入磺基或者合成壳聚糖季铵盐可同时提高壳聚糖的水溶性和抗菌活性。

我国 GB2760—2011 规定：脱乙酰甲壳素可在西式火腿(熏烤、烟熏、蒸煮火腿)类、肉灌肠类以及大米中使用。

(二)植物及海藻来源的增稠剂

1. 阿拉伯胶(CNS 号:20.008;INS 号:414)

阿拉伯胶又名金合欢胶，主要来源于非洲。一般由树的汁液，经过溶解、混合、过滤、杀菌、喷雾干燥等工艺可获得用于食品及制药工业的精制阿拉伯胶粉。阿拉伯胶是由多种单糖(半乳糖、阿拉伯糖、鼠李糖、葡萄糖醛酸)和蛋白质组成的高分子聚合物,约由98%的多糖和2%的蛋白质组成,具有以阿拉伯半乳聚糖为主、多支链的复杂分子结构,也是一种含有钙、镁、钾等多种阳离子的弱酸性多糖大分子;为黄色至浅黄色半透明块状物或白色至淡黄色粉末,无臭、无味,相对密度1.35~1.49,溶于水,可以形成浓度超过50%的高分子溶液,且水溶液的黏度较低。阿拉伯胶水溶液呈弱酸性,但不形成凝胶。溶液的pH在5~5.5黏度最大。当pH小于3时,溶液的溶解度下降,黏度开始降低。pH在4.0~8.0范围内变化对阿拉伯胶的性质影响不显著。阿拉伯胶在40%以上浓度呈现假塑性流体特性,低于40%浓度呈现牛顿流体特性。

在所有商品胶中,阿拉伯胶水溶液的相对黏度最低,其凝固点随阿拉伯胶浓度的增加而降低。阿拉伯胶也可溶于酒精浓度低于60%的水溶液。阿拉伯胶具有非常良好的亲水及亲油性,这主要是由于阿拉伯半乳糖蛋白中的蛋白质具有疏水性,阿拉伯半乳聚糖成分则与亲水成分结合,阿拉伯半乳聚糖在阿拉伯胶的稳定功能方面起了主要作用。不同来源的阿拉伯胶的乳化稳定性有所不同,鼠李糖含量越高、含氮量越高的阿拉伯胶乳化稳定性越好。

阿拉伯胶在食品工业中广泛用于饮料及食品活性成分的微胶囊制备中。Krishnan等(2003)分别以琥珀酰蜡状玉米淀粉、麦芽糊精和阿拉伯胶作为壁材包埋小豆蔻科植物精油,在储藏过程中发现阿拉伯胶对芯材有很好的保护作用,且产品有较好的流动性。阿拉伯胶应用于糖果、点心时,可防止糖分结晶,并具有乳化、稳定能力,防止糖食、糕点中脂肪的聚集,还可用来制作透明糖衣,改善产品的外观。应用于罐头、果酱、冰淇淋等则主要是增强和提高制品的黏稠度和稳定性。此外,阿拉伯胶还可作为乳化香精的包囊等,也可作为香精的载体,形成保护薄膜,防止氧化和蒸发。在固体香料中主要用作乳化剂和包裹剂,防止香精中香精油的氧化。

阿拉伯胶可以与大部分天然多糖类物质、大多数其他水溶性胶、蛋白质、淀粉等兼容。但明胶和三价金属离子盐使阿拉伯胶溶液发生沉淀。阿拉伯胶与黄蓍胶复配比例为4:1时的黏度比任何一单体黏度都低。

我国GB2760—2011规定:阿拉伯胶可在各类食品中按生产需要适量添加,但GB2760—2011附表A.3所列食品类别除外。

阿拉伯胶为天然增稠剂,安全性高。在美国被认为GRAS物质,FAO/WHO(2001)规定:其ADI不作限制性规定。

2. 琼脂(CNS号:20.001;INS号:406)

琼脂又名琼胶冻粉或洋菜。由海藻提取,经干燥制得。依制法不同,可有条状、片状、粒状和粉状等。条状琼脂长26~35cm,类白色或淡黄色,半透明,表面微皱,无臭,味淡。粉状琼脂为鳞片状粉末,无色或者淡黄色,具胶质感,半透明。

琼脂主要是以半乳糖为主要成分的一种高分子多糖类,吸水性和持水性高,可以吸收20多倍的水，不溶于冷水，但能膨胀成胶块状，温度降低后便成凝胶，即使0.5%的低浓度也能形成凝胶。1.5%的琼脂溶胶在32～39℃可以形成坚实而有弹性的凝胶，并在85℃以下不融化为溶胶。这一特性可用区别于其他海藻胶。琼脂溶液一般在35℃即可变成凝胶，所以在夏季室温下也可凝固。琼脂凝胶的耐热性较强，耐酸性比明胶和淀粉强，但不如果胶。琼脂的低浓度和低胶凝温度这一性质使其在食品工业中具有独特的重要作用。

琼脂能改善冰淇淋的组织状态，提高凝结能力，它也能提高冰淇淋的黏度及膨胀率，防止形成粗糙的冰晶，使产品组织细腻。琼脂与糊精或蔗糖共用时其凝胶强度升高，琼脂与槐豆胶、黄原胶、卡拉胶、明胶之间都存在协同增效的作用，而与海藻酸钠、淀粉、羧甲基纤维素钠、瓜尔胶、β-环状糊精、果胶复配使用凝胶强度下降。琼脂与明胶复配使用，可轻度降低其凝胶的破裂程度。琼脂凝胶硬度大，其组织粗糙，表皮易缩起皱，质地脆，与卡拉胶复配使用可得到柔软、有弹性的制品。琼脂食用时不被酶分解，几乎无营养价值。

我国GB2760—2011规定：琼脂可在各类食品中按生产需要适量添加，但GB2760—2011附表A.3所列食品类别除外。

琼脂的LD_{50}为16g/kg体重（小鼠，口服），现行标准为GB1975—2010。

3. 果胶（CNS号:20.006;INS号:440）

果胶为淡黄褐色粉末，稍有特异臭，主要成分是多缩半乳糖醛酸甲酯。果胶一般由果皮作为原料，经过预处理、抽提、脱色、浓缩、干燥等工艺制备而成。果胶溶于水则生成黏稠状液体，不溶于乙醇及其他有机溶剂。如果与3倍或3倍以上的砂糖混合，则更易溶于水。对酸性溶液较碱性溶液稳定。天然果胶类物质以原果胶、果胶酸、果胶的形式广泛存在于植物的根、茎、叶中。原果胶不溶于水，可在酸、碱、盐和酶的作用下分解为果胶。果胶与糖和酸在适当条件下可形成凝胶。

根据果胶分子的酯化度，可将其分为高甲氧基果胶和低甲氧基果胶。酯化度是指酯化的半乳糖醛酸基对总的半乳糖醛酸基的百分比。在典型的高甲氧基果胶分子中，每4个半乳糖醛酸中有3个含有甲氧基，这样的结构被定义为酯化度75%。完全甲氧基化的果胶即酯化度为100%时，甲氧基理论含量为16.3%，一般以酯化度50%为高甲氧基果胶与低甲氧基果胶的区分值，高甲氧基果胶的酯化度为60%～80%，低甲氧基果胶的酯化度为25%～50%。即甲氧基含量高于7%者为高甲氧基果胶，而低于7%者为低甲氧基果胶。甲氧基含量越高，凝胶能力越强。高甲氧基果胶在加糖、加酸后，可以凝冻，低甲氧基果胶在加糖、加酸后，还需添加多价金属离子如钙等方能凝冻。普通果胶的溶液，可溶性固性物含量必须达到50%以上方能形成胶冻。低甲氧基果胶用氨水解则产生酰胺化的低甲氧基果胶。普通低甲氧基果胶与酰胺化的低甲氧基果胶性质相似。

高酯果胶和低酯果胶的成胶条件不同，高酯果胶的成胶条件是pH在2.0～3.8，可溶性固性物的含量大于55%，冷却后能形成非可逆的凝胶。低酯果胶不受糖、酸含量的影响,但需要钙、镁等二价离子的作用才能凝胶。

我国 GB2760—2011 中规定:果胶可在各类食品中按生产需要适量添加,但在 GB2760—2011 附表 A.3 所列例外的食品类别中的果蔬汁(浆)中的最大使用量为 3.0g/kg,在发酵乳、稀奶油、黄油和浓缩黄油、生湿面制品(如面条、饺子皮、馄饨皮、烧卖皮)、生干面制品、其他糖及糖浆(如红糖、赤砂糖、槭树糖浆)、香辛料类中也按生产需要适量添加。

果胶天然无毒,FAO/WHO 规定:ADI 不作限制性规定,在美国果胶被认为是 GRAS 物质。现行国家标准为:GB25533—2010。

4. 海藻酸钠(CNS 号:20.004;INS 号:401)

海藻酸钠是一种亲水性胶体,又名藻酸钠、藻朊酸钠,由海藻提取。为白色或淡黄色粉末,几乎无臭、无味,溶于水成黏稠状胶体溶液。不溶于乙醇、乙醚、氯仿和酸。1% 海藻酸钠水溶液的 pH 为 6 ~ 8,水溶液黏度在 pH6 ~ 9 时稳定,加热到 80℃以上则黏性降低。海藻酸钠为水合力非常强的亲水性高分子,具有吸湿性。海藻酸钠的来源很多,有红藻、绿藻、褐藻类海藻。海藻酸钠不耐强酸、强碱和某些重金属离子,海藻酸钠水溶液遇酸会析出海藻酸凝胶,遇到钙、铁、铅等二价以上的金属离子会立即凝固成这些金属的盐类,不溶于水而析出。海藻酸钠与 Ca^{2+}、明胶、果胶、卡拉胶、结冷胶有协同增效作用。

海藻酸钠应用于肉制品中可以提高肉制品的持水性能、凝胶强度。海藻酸易与金属离子结合,在海藻酸的金属盐中,除了 Na^+、K^+、Mg^{2+}、NH_4^+ 的盐类能溶于水,其他金属盐均不溶于水。利用此性质,将海藻酸钠的胶体溶液与钙离子接触时形成海藻酸钙凝胶。因此,制果酱时可利用钙离子与海藻酸钠的浓度来调节果酱的黏稠度。

我国 GB2760—2011 规定:海藻酸钠可在各类食品中按生产需要适量添加,但 GB2760—2011 附表 A.3 所列食品类别中的糖及糖浆最大使用量为 10g/kg,发酵乳、稀奶油、黄油和浓缩黄油、生湿面制品(如面条、饺子皮、馄饨皮、烧卖皮)、生干面制品、香辛料类和果蔬汁(浆)中也按生产需要适量添加。

海藻酸钠的 ADI 为 0 ~ 50mg/kg 体重(以海藻酸计),其现行标准为:GB1976—2008。

5. 海藻酸丙二醇酯(CNS 号:20.010;INS 号:405)

海藻酸丙二醇酯(PGA)是由海带提取的海藻酸与环氧丙烷酯化制得,为白色或淡黄色粉末,几乎无臭、无味,易溶于热水,不溶于乙醇,在冷水中可缓慢溶解。其 1% 水溶液的 pH 为 3 ~ 4,对酸、盐及金属离子均较稳定,尤其在酸性溶液中既不像海藻酸钠发生凝沉,也不会像羧甲基纤维素钠发生黏度下降。其水溶液在高温加热时,黏度很快下降,但在 60℃以下可不受影响。海藻酸丙二醇酯分子中含有丙二醇基,所以亲油性大,具有很好的乳化性能。

PGA 可以和黄原胶、瓜尔胶、槐豆胶、羧甲基纤维素钠、果胶起增效作用。

我国 GB2760—2011 规定:海藻酸丙二醇酯可用在乳及乳制品(GB2760—2011 中 01.01.01、01.01.02、01.04.01、13.0 涉及品种除外)、调味乳、风味发酵乳、淡炼乳(原味)、氢化植物油、水油状脂肪乳化制品及以外的脂肪乳化制品,包括混合的和(或)调味的脂肪乳化制品、冰淇淋、雪糕类、果酱、可可制品、巧克力和巧克力制品,包括代可可脂巧克力及制品、胶基糖果、装饰糖果(如工艺造型,或用于蛋糕装饰)、顶饰(非水果材料)和甜汁、生湿面制品、生干面制品、方便米面制品、调味糖浆、半固体复合调味料、饮料类(包装饮用水类除外)、啤酒和麦芽饮料中。

PGA 的 LD_{50}为 1.6g/kg 体重(大鼠,经口)。FAO/WHO(2001)规定:PGA 的 ADI 不作限制性规定,在美国被认为 GRAS 物质。其现行标准为:GB 10616—2004。

6. 卡拉胶(CNS 号:20.007;INS 号:407)

卡拉胶又名鹿角藻胶、角叉胶,由某些红海藻提取制得,是由半乳聚糖所组成的多糖类物质,相对分子质量 15 万~20 万,为白色或淡黄色粉末,无臭,味淡。卡拉胶易溶于热水成半透明的胶体溶液,不溶于冷水,但可溶涨成胶块状,不溶于有机溶剂。卡拉胶水溶液具有高度黏性和胶凝特点。卡拉胶凝胶具有热可逆性,加热时可形成溶液,冷却时又可形成凝胶。卡拉胶又分为 κ-卡拉胶、τ-卡拉胶、λ-卡拉胶等七种产品。所有卡拉胶都在中性和碱性条件下稳定,在酸性条件下发生降解,pH 小于 3.5 时,卡拉胶分子迅速降解,加热会加快降解速度。

在受控条件下凝胶成型是卡拉胶的最重要的一种性质,卡拉胶的凝胶强度和黏度取决于卡拉胶的类型和相对分子质量、体系 pH 和其他食品胶共存情况。与蛋白质类物质作用能形成稳定胶体,当卡拉胶含量达到牛奶重量的 0.2% 时,可生成牛乳凝胶。

只有 κ-卡拉胶与槐豆胶、刺云实胶、魔芋胶有协同增效的作用,κ-卡拉胶与琼脂、黄原胶、瓜尔胶、海藻酸钠、果胶之间无协同增效作用。κ-型卡拉胶与黄原胶复配可降低食品脱水收缩,κ-型卡拉胶与魔芋胶复配可形成一种具有弹性的热可逆凝胶,加槐豆胶可显著提高 κ-型卡拉胶凝胶强度和弹性。κ-型卡拉胶与钙离子能产生最大凝冻强度(胡国华,2005)。

我国 GB2760—2011 规定:卡拉胶可在各类食品中按生产需要适量添加,但在 GB2760—2011 附表 A.3 所列例外的食品类别中的其他糖及糖浆(如红糖、赤砂糖、槭树糖浆)的最大使用量为 5.0g/kg,在生干面制品最大使用量为 8.0g/kg,在婴幼儿配方食品中的最大使用量为 0.3g/L,在稀奶油、黄油和浓缩黄油、生湿面制品(如面条、饺子皮、馄饨皮、烧卖皮)、香辛料类中也按生产需要适量添加。

FAO/WHO(2001)规定:卡拉胶的 ADI 不作限制性规定。其现行标准为:GB 15044—2009。

7. 瓜尔胶(CNS 号:20.025;INS 号:412)

瓜尔胶是一种中性多糖,相对分子质量为 5 万~80 万,为白色至浅黄色粉末,无臭,能在冷水和热水中充分溶解,具有良好的水溶性和交联性,1% 溶液黏度可达到4~5Pa·s,为天然胶中黏度最高者。瓜尔胶及其衍生物一般情况呈假塑性,其假塑性没有黄原胶强,但是两者混合有协同增效作用。瓜尔胶的水溶液为中性,黏度随pH降低而下降,pH在3.5~10胶体的流变学特性变化不明显,pH6~8溶液黏度达到最大值,pH大于10黏度迅速降低。瓜尔胶在水中分散需要一个溶胀过程,粒度大小是瓜尔胶溶解动力学中的关键因素。

瓜尔胶充分水合后再调整pH,具有良好的无机盐类兼容性能,可以耐受一价金属离子的存在,可耐受食盐浓度达到60%。瓜尔胶及其衍生物在pH3以下或酸性溶液中会降解,黏度急剧下降。在加热至高温时会发生降解。

瓜尔胶与黄原胶有一定的协同作用,与卡拉胶无协同作用。在面条的生产过程中,由于胶体和面筋相互形成网状结构,使面条表面光滑、不易断,耐煮、口感好。在方便面的制作过程中,由于瓜尔胶有较高的黏度和吸水疏油性,使面条结构紧密光滑,在油炸过程中减少吸油量,降低成本。瓜尔胶在人体中有水溶性膳食纤维的功能。

我国GB2760—2011规定:瓜尔胶可在各类食品中按生产需要适量添加,但在GB2760—2011附表A.3所列例外的食品类别中的稀奶油以及较大婴儿和幼儿配方食品中最大使用量为1.0g/kg。

瓜尔胶ADI不作限制性规定(FAO/WHO,2001),在美国属于GRAS添加剂,其LD_{50}为7060mg/kg体重(大鼠,经口)。

8.罗望子多糖胶(CNS号:20.011)

罗望子多糖胶是从豆科植物罗望子树的荚果种子胚乳中提取分离的一种中性多糖,主要由D-半乳糖、D-木糖与D-葡萄糖组成,还有少量游离的L-阿拉伯糖。罗望子多糖胶是一种亲水性较强的植物胶,相对分子质量为25万~65万,为黄褐色或灰色粉末,无臭,无味。罗望子多糖胶可在冷水中分散并溶胀,加热则成黏稠溶液。且在中性和酸性溶液中都能形成胶冻,耐酸、耐盐、耐热、耐冷冻性能良好。不溶于一般的有机溶剂,当pH在2.5~6范围内,罗望子多糖胶胶体黏度基本不变。

罗望子多糖胶的凝胶与果胶凝胶形成的模式相同,必须有糖存在才能形成凝胶的氢键结合,但罗望子多糖胶的凝胶强度是相同浓度的果胶凝胶强度的两倍。罗望子多糖胶能在很宽的pH范围内与糖形成凝胶,在中性溶液中煮沸2h,其凝胶强度不受影响。在热的酸、碱性介质中,罗望子多糖胶会快速降解。

罗望子多糖胶具有胶凝、增稠、分散、乳化、保水、成膜的作用。罗望子多糖胶作为品质改良剂能抑制淀粉老化、延长面包和蛋糕的保质期,改变糊化温度,防止加热过程的黏度下降;用于咖喱类制品,可减少淀粉的用量和杀菌前后的黏度变化,保持良好的口感;还是一种理想的膳食纤维。

我国GB2760—2011规定:罗望子多糖胶可在可可制品、巧克力、巧克力制品(包括代可可脂巧克力及其制品)以及糖果、冷冻饮品(食用冰除外)和果冻中使用。

罗望子多糖胶的 LD_{50} 为 9.26g/kg 体重（大鼠，经口）。现行标准为 2011 年卫生部第 8 号公告指定标准。

9. 田菁胶（CNS 号：20.021）

田菁胶是从豆科植物田菁的种子中提取的一种天然多糖，是以半乳糖为支链的甘露糖聚合物（半乳甘露聚糖），为奶油色松散粉末，常温下能分散于冷水，形成黏度很高的黏稠状胶体溶液，其黏度比一般相同条件下的海藻酸钠高 5～10 倍。在 pH7 时黏度最高，pH3.5 黏度最低。

田菁胶溶液黏度的大小是衡量田菁胶品质的重要指标。不同的品种、不同的成熟度、是否霉烂都直接影响田菁胶的黏度。当田菁胶溶液浓度低于 0.7% 时，属于牛顿流体，当浓度高于 0.7%，属于非牛顿流体。田菁胶属于非离子型胶体，一般不受阴、阳离子的影响。田菁胶能与络合剂中的过渡金属离子交联形成网状结构、高弹性的胶冻，黏度比原溶液高 10～50 倍，具有特殊的物理、化学性能，从而广泛应用于化工及食品相关领域。

我国 GB2760—2011 规定：田菁胶可在冰淇淋、雪糕类、生干面制品、方便米面制品、面包以及植物蛋白饮料中使用。

田菁胶 LD_{50} 为 18.9～19.3g/kg 体重（小鼠，经口），其现行标准为：HG/T 2787—1996。

10. 刺云实胶（CNS 号：20.041；INS 号：417）

刺云实胶也称刺云豆胶，来源于秘鲁，刺云实胶含有 80%～84% 的多糖，3%～4% 的蛋白质，1% 的灰分及部分粗纤维、脂肪和水。刺云实胶中的多糖主要由半乳甘露聚糖组成，甘露糖与半乳糖的比值为 3:1。为白色至黄白色粉末，无臭，溶于水，不溶于乙醇，其密度为 0.5～0.8g/cm^3，水溶液不挥发。在 pH 大于 4.5 时，刺云实胶的性质相对稳定。

刺云实胶具有很强的吸湿性，遇水浸渍溶涨，能产生很高的黏度。刺云实胶的溶液特性介于瓜尔胶和槐豆胶之间，其线性多糖的分子组成决定了在低浓度时就表现出相当高的黏度并且其黏度随浓度的增加而呈指数级增加，在 25℃下，1% 的刺云实胶溶液黏度可高达 4500～6500Pa·s，45℃时 100% 溶解并形成半透明的溶液，使得它比槐豆胶使用更方便。

作为一种新型的食品增稠剂，刺云实胶通常与其他胶体混合使用，可达到更好的使用效果并提高产品质量。以不同胶体作为增稠剂生产冰淇淋发现：刺云实胶的黏度和网状结构使得冰淇淋具有可控膨胀率（黏性表现），产品顺滑（连续凝冻生产时不断裂），有咀嚼感（粘弹性结合）；同时可使形成的产品不起丝、不黏糊。刺云实胶与卡拉胶和 CMC 复配作为果冻、果酱和冷饮等产品的增稠和凝胶稳定剂的研究发现，含刺云实胶复配胶体能使产品获得较好的凝胶效果，并能有效发挥其增稠、持水、胶凝作用，使得产品口感好、组织结构致密，持水性和抗融性强。

我国 GB2760—2011 规定:刺云实胶可用在干酪、冷冻饮品(食用冰除外)、果酱、焙烤食品、预制肉制品、饮料类(包装饮用水类除外)和果冻中。

刺云实胶属于 GRAS 添加剂,FAO/WHO(1994)规定:其 ADI 不作限制性规定。现行标准为 2011 年卫生部第 8 号公告指定标准。

(三)微生物来源的增稠剂

1. 黄原胶(CNS 号:20.009;INS 号:415)

黄原胶又称汉生胶或黄杆菌胶,是以玉米淀粉、蔗糖等为主要原料经微生物发酵得到的一种高分子微生物阴离子多糖(由葡萄糖、甘露糖与葡萄糖醛酸组成,相对分子质量在 100 万以上)。黄原胶在水中能快速的分散,在冷水中也能很快溶解,有很好的水溶性。

黄原胶具有显著增加体系黏度和形成弱凝胶结构的特点,经常被用于提高食品体系的稳定性。黄原胶溶液与其他胶体溶液相比,即使很低的浓度溶液的黏度也很高,其 1% 的水溶液黏度相当于明胶的 100 倍,这种高黏度特性使它成为一种有效的增稠剂,只有当添加量达到 0.25% 后才具有稳定作用。

黄原胶是典型的假塑性流体,溶液具有剪切变稀的特性,有剪切力存在的时候,溶液具有很好的流动性,聚合体结构变为无规则线团结构,当剪切力停止时,分子结构恢复为聚合体状态,使溶液的黏度瞬间又恢复到原有黏度。

黄原胶在很大温度范围内具有黏度稳定性,溶液在一定的温度范围内反复加热冷冻,其黏度几乎不受影响,这是增稠剂的一个特例。黄原胶对酸、碱、盐、温度十分稳定,在 pH5 ~ 10 的黏度不受影响,pH 小于 4 和大于 11 时黏度只有轻微的变化。黄原胶的抗酶解能力很强,蛋白酶、淀粉酶、纤维素酶、半纤维素酶都不能分解黄原胶。黄原胶溶液能和许多盐溶液混溶,对大多说盐类稳定,黏度不受影响。添加食盐尚可提高稳定性和黏度。

黄原胶与微晶纤维素复配时,能在水中形成高强度全天然生物胶。与其他增稠剂如槐豆胶、瓜尔胶并用,可增强黏度,并形成凝胶的性能。

我国 GB2760—2011 规定:黄原胶可在各类食品中按生产需要适量添加,但在 GB2760—2011 附表 A.3 所列例外的食品类别中的黄油及浓缩黄油、其他糖和糖浆(如红糖、赤砂糖、槭树糖浆)的最大使用量为 5.0g/kg,生湿面制品(如面条、饺子皮、馄饨皮、烧卖皮)的最大使用量为 10g/kg,生干面制品的最大使用量为 4.0g/kg,在稀奶油、香辛料类和果蔬汁(浆)中可以按生产需要适量添加。

黄原胶的安全性高,FAO/WHO(2001)规定:其 ADI 不作限制性规定,现行标准为:GB 13886—2007。

2. β - 环状糊精(CNS 号:20.024;INS 号:459)

β - 环状糊精为白色结晶性粉末,无臭、微甜。β - 环状糊精是由淀粉经微生物酶作用后提取制成,由 7 个葡萄糖残基,以 α - 1,4 键结合构成的环状结构的低聚糖(由 6 个和 8 个葡萄糖残基构成环状者,分别称为 α - 环状糊精和 γ - 环状糊精)。β－环状糊精的分子式为($C_6H_{10}O_5$)$_7$,相对分子质量为1135。β－环状糊精为环状结构,其中间的空洞内可以包入各种物质,形成各种包接物。此包接物具有改善各种物质物理性能的作用,包接天然色素可提高色素的稳定性。用于包接易挥发的香料,可使其不易挥发,且还有掩蔽不良气味的作用,消除某些产品的异味异臭。还可提高难溶于水的物质的溶解度,改善其物理化学性质。

我国GB2760—2011规定:β－环状糊精可在各类食品中按生产需要适量添加,但GB2760—2011附表A.3所列食品类别除外。

β－环状糊精的ADI为0～5mg/kg体重(FAO/WHO,1995)。

3. 结冷胶(CNS号:20.027;INS号:418)

结冷胶是伊乐藻假单胞杆菌所产生的胞外多糖,为白色或淡黄色粉末,是相对分子质量100万左右的阴离子线性聚合物,具有双螺旋结构。天然形式的结冷胶又称为高酰基结冷胶,分子基本结构是一条主链,由重复的四糖单元组成。结冷胶对钙、镁等二价离子敏感,用钙、镁离子做离子源比钠、钾离子有效。用钠、钾离子形成凝胶所需浓度比二价离子浓度大25倍。结冷胶类多糖在水溶液中的物理性质差别很大,但是它们的水溶液一般都具有高黏性和高热稳定性。

结冷胶凝胶过程非常复杂,胶体浓度、pH、金属离子浓度、结冷胶相对分子质量、酰基含量都对结冷胶的凝胶性质有显著影响。高酰基结冷胶可产生柔软、富有弹性的凝胶,而低酰基结冷胶可以产生结实、很脆没有弹性的凝胶。结冷胶具有冷、热条件下形成热可逆凝胶及结构和性质的多样化特性,凝胶有良好的稳定性,耐酸,耐高温,热可逆,在高压蒸煮和烘烤条件下都很稳定。结冷胶的凝胶形成温度取决于浓度及盐离子浓度,离子浓度增加导致凝胶形成温度上升,如果水中的钙离子浓度超过0.004%,需使用柠檬酸钠、焦磷酸钠、六偏磷酸钠等螯合剂。高酰基结冷胶的成胶温度在70℃,结冷胶成胶是瞬间凝胶。高酰基结冷胶只有降温才能形成凝胶。低酰基结冷胶对二价阳离子非常敏感,低酰基结冷胶形成凝胶的温度多在30～50℃。低酰基结冷胶只有加入阳离子、酸、可溶性固性物才能形成凝胶,尤其钙、镁离子对凝胶有重要作用。

结冷胶与其他亲水胶体如槐豆胶、瓜尔胶、CMC、黄原胶等复配一般都会降低凝胶强度而增加凝胶的脆性。

我国GB2760—2011规定:结冷胶可在各类食品中按生产需要适量添加,但GB2760—2011附表A.3所列食品类别除外。

结冷胶的LD_{50}＞5g/kg体重(大鼠,经口),其ADI不作限制性规定(FAO/WHO,2001),现行标准为GB25535—2010。

(四)人工合成增稠剂

1. 羧甲基纤维素钠(CNS号:20.003;INS号:466)

羧甲基纤维素钠简称CMC－Na,为白色纤维状或粉末状,无色无味有吸湿性。易在水中形成透明的胶体溶液,而不溶于乙醇、乙醚、丙酮等有机溶剂。羧甲基纤维素钠的水溶液对热不稳定,溶液的黏度随温度升高而降低,黏度随聚合度变大而增加。

温度低于20℃时,CMC - Na水溶液的黏度随温度的下降而迅速降低。当温度为20 ~45℃,黏度下降缓慢,温度高于45℃,黏度完全消失。CMC - Na水溶液的黏度也受pH影响,当pH大于7时,黏度最大,pH在4 ~ 11较合适,而pH在3以下,则易形成游离酸,形成沉淀。CMC - Na可与某些蛋白质发生胶溶反应,生成稳定的复合体系,从而扩展蛋白质溶液的pH范围。

我国GB2760—2011规定:CMC - Na可在各类食品中按生产需要适量添加,但GB2760—2011附表A.3所列食品类别除外。

CMC - Na安全性高,其ADI不作限制性规定(FAO/WHO,2001),其现行标准为:GB1904—2005。

2. 羧甲基淀粉钠(CNS号:20.012)

羧甲基淀粉钠简称羧甲基淀粉或者CMS - Na,是淀粉和氯乙酸在碱性条件下反应得到的衍生物,为白色或微黄色粉末,可溶于水,其1%水溶液的pH为6.5 ~ 8.0,有增稠性,其黏度与产品的分子质量及淀粉分子中的羧甲基钠基团的数目有关,性质与羧甲基纤维素钠相近。

我国GB2760—2011规定:羧甲基淀粉钠可在冰淇淋、雪糕类、果酱、酱及酱制品、方便米面制品以及面包中按规定使用。

羧甲基淀粉钠安全性高,其ADI不作限制性规定(FAO/WHO,2001)。

3. 淀粉磷酸酯钠(CNS号:20.013)

淀粉磷酸酯钠为白色粉末,无臭,可溶于水,不溶于乙醇,水溶液黏性很大,在低温时很稳定,加温后黏度下降,水溶液pH为6.0 ~7.5。

我国GB2760—2011规定:淀粉磷酸酯钠可在脂肪含量80%以上的乳化制品、冷冻饮品(食用冰除外)、果酱、粮食和粮食制品(包括大米、面粉、杂粮、块根植物、豆类和玉米提取的淀粉等,但不包括GB2760—2011中06.01原粮及07.0类焙烤制品)、调味品、饮料类(包装饮用水类除外)中使用。

淀粉磷酸酯钠安全性高,其ADI不作限制性规定(FAO/WHO,2001)。

4. 羟丙基淀粉(CNS号:20.014;INS号:1440)

羟丙基淀粉是强碱条件下用淀粉与环氧丙烷醚化反应所得的一种非离子型变性淀粉,为无臭、无味的白色细微粉末。淀粉经过羟丙基化后热黏度稳定性和冷黏度稳定性及抗剪切力均有明显提高,增加了持水性能。水溶液具有糊化温度低、流动性好、且黏度和透明度都比原淀粉糊化时增高的性能。成膜性好,凝沉性弱,具有优良的冻融稳定性,对酸碱等亦较稳定。高取代度的羟丙基淀粉比低取代度的羟丙基淀粉具有更高的透明度、稳定性、表面活性、保水性。高取代度的羟丙基淀粉具有假塑性流体的特征,pH对高取代度的羟丙基淀粉流变性没有影响。取代度大于2.8的羟丙基淀粉溶于冷水后,加热到一定温度变为白色乳状液,进而发生絮凝。

我国 GB2760—2011 规定:羟丙基淀粉可在各类食品中按照生产需要适量添加,但 GB2760—2011 附表 A.3 所列食品类别除外。

羟丙基淀粉安全性高,其 ADI 不作限制性规定(FAO/WHO,2001)。

项目三　增稠剂在食品工业中的应用

一、使用范围和使用量

为了正确、高效地使用增稠剂,应该充分了解增稠剂的物理和化学性质,不同食品体系对增稠剂的需求和用量有别。使用时要根据体系的要求选择适合的增稠剂。增稠剂的使用范围和使用量要严格遵守 GB2760—2011 标准规定,部分增稠剂已制定了相关国家标准,在使用时同样需要注意。

二、使用注意事项

增稠剂广泛应用于食品工业生产中以改善产品的口感、外观、形状。使用增稠剂前,一定要考虑食品体系的特点和增稠剂的特性。对于所选用的增稠剂,应索取产品的内、外检报告,保证质量合格。

为了使增稠剂在食品中充分发挥作用,使用时应注意下列几点:

(1)增稠剂浓度和温度对食品体系黏度的影响。一般来讲,浓度增大,增稠剂分子占的体积增大,相互作用的概率增加,溶液的黏度也会升高。另外还需注意温度对于增稠剂黏度的影响,一般情况下,随温度升高,溶液的黏度降低。高分子胶体解聚时,黏度降低是不可逆的,为了避免黏度不可逆降低,应尽量避免胶体溶液长时间高温受热。

(2)pH 对增稠剂的稳定性和黏度的影响。增稠剂的黏度通常随 pH 发生变化。如海藻酸钠在 pH5 ~ 10 时黏度稳定,pH 小于 4.5 时,黏度明显增加。CMC - Na 在酸性条件下黏度迅速下降,因此酸性饮料选 CMC - Na 作稳定剂时,应选用耐酸型产品。

(3)为了更好地选择和应用增稠剂,应将常用的几种产品性能和应用特性加以比较。在选用增稠剂之前首先考虑食品胶的功能特性及其他诸多因素,如产品形态、产品体系、加工形式等。选择合适的而不是选择最贵的增稠剂。如果冻选择卡拉胶,冰淇淋选择 CMC - Na。

(4)增稠剂的胶凝性和黏度特性也是选择食品胶需要考虑的因素。在选择增稠剂时要考虑凝胶质量、透明性、口感、稳定性、食品体系的金属离子、pH、凝胶是否可逆等因素。不同来源或不同批次的产品在结构、性质方面略有差异,同一增稠剂品种随着平均分子质量的增加,形成网络结构的概率增加,黏度上升。通常情况下一种增稠剂不能满足体系的需求,大部分是两种以上的胶体进行复配满足体系的需要。

(5)食品良好的口感是选择增稠剂的重要因素。产品的口感直接关系到消费者的可接受程度。食品研发人员通过控制增稠剂和食品原料的合理复配来赋予食品良好的口感,消除不良口感。明胶在较低温度下会溶化,由明胶制得的软糖在夏天容易融化,口感黏滑,卡拉胶软糖溶点高,口感好于明胶软糖。

(6)成本是选择增稠剂的一个重要因素。这个关系到产品的市场竞争力和企业的利润。不同的食品胶在不同的产品中使用量有差别,在考虑成本的同时必须考虑添加量和效果之间的关系,满足食品所需的状态下采用胶体使用量和价格最低的胶体。

三、增稠剂在食品工业中的应用

1. 在饮料中的应用

在饮料产品中,应用增稠剂的主要原因有两方面:一方面增稠剂能改善产品的质地;另一方面增稠剂能延长乳品的货架期,防止产品的乳清析出、颗粒分层、乳脂肪分离及乳化颗粒聚集。增稠剂在稳定乳及蛋白饮料时,除了靠自身提供的黏度之外,还涉及到多糖和蛋白质在水溶液中混合时相互作用的问题。

在果汁牛乳生产过程中,酪蛋白常会沉淀,此时加入0.3%耐酸性CMC-Na,则可防止沉淀。其制法通常为脱脂牛乳经杀菌、冷却后,接种乳酸菌发酵到含固型物20%,停止发酵,即可得到酸乳饮料。但乳蛋白在此制作过程中,常有凝集现象,且保存时极为不稳定,加入耐酸性的CMC-Na,可避免此情况

调配型酸乳饮料配制果汁中,将酸加入牛乳时,牛乳中的酪蛋白会沉淀,先在牛乳中添加耐酸的CMC-Na后,再加酸,则可防止蛋白质沉淀,提高制品的耐热性,延长制品的存放时间。

在乳饮料与酸乳饮料中,添加高甲氧基果胶,能有效地稳定产品品质及改善其风味,尤其对人工发酵的酸乳与使用人工方法酸化的乳饮料效果更好。若缺乏果胶,在大多数情况下,牛乳中的酪蛋白发生凝固,产品分成两相-稠厚的白色酪蛋白相与稀薄几乎透明的乳清相,杀菌使分层现象更为严重。当pH低于酪蛋白的等电点(pH 4.6)时,酪蛋白胶体颗粒带正电荷,而果胶带负电荷,从而产生稳定的酪蛋白-果胶复合物,于是果胶便起到抑制酪蛋白发生沉底的作用。由于这一作用,使果汁与牛乳混合加热后,仍能保持良好的稳定性,延长产品的储藏期。

在酸乳饮料中使用果胶与海藻酸钠复配，在饮料的口感、稳定性和性价比方面都有一定的优势。高酯果胶和海藻酸盐复配比例为1:1时，在低酸条件下可使高酯果胶的凝胶体变为对热呈可逆状态的凝胶。

此外，亲水胶体的复配不合理也可能会破坏饮料的稳定性，而且胶体之间的复配效果也受胶体本身的结构以及外界环境等因素的影响。杨海红等(2002)研究表明当黄原胶与槐豆胶、黄原胶与瓜尔豆胶复配后，添加到含酒精O/W型乳状液中，均不同程度地体现出对体系稳定性的破坏作用；当卡拉胶与槐豆胶复配(复配比例为4:1，添加浓度为0.02%)时，会体系产生较好的稳定性效果，10%蔗糖的添加，可在一定程度上提高复配胶存在下体系的稳定性。

2. 在糖果中的应用

制作果胶软糖时，一定要选择适宜的pH，合适的pH有助于果胶凝胶体的形成。不同类型果胶形成凝胶有不同的pH范围。采用高甲氧基果胶制造软糖时，最适pH为3.3~3.6；用低甲氧基果胶时，最适pH为4.0~4.5。该pH一般采用加酸(如柠檬酸)进行调节，调酸同时能使产品产生可口的酸味，凸显出产品的水果香味。在软糖加工过程中，应尽快使物料达到要求的浓度，以免果胶发生降解和转化。首先，用一定量的水溶解柠檬酸钠和柠檬酸备用，再将果胶和干砂糖(其比例一般为砂糖:果胶=8:1)拌好，边搅拌边加到已加热的定量水中使其溶解，使果胶完全溶化。

制造琼脂软糖，其用量一般占配方总固性物的1%~1.5%。在使用时先将琼脂在接近沸点的热水中浸泡以加速溶化，然后加入已溶化的糖浆中，搅拌均匀后，即可进行成型操作。

食用明胶广泛应用于糖果工业中。在生产糖果特别是软糖、奶糖、蛋白糖和巧克力时可应用明胶。明胶具有吸水形成骨架的作用，加入明胶可显著改善咬嚼性能，其用量依品种各异，一般用量为1.0%~3.5%，特殊情况下可高达12%。明胶的熔点低于琼脂、海藻胶和果胶，非常接近人的口腔温度，琼脂胶冻熔点高则需要咀嚼。明胶做成的胶冻比琼脂和果胶冻更富有弹性。食用明胶与琼脂复配可得到较脆的明胶食品，与阿拉伯胶复配可避免产品中胶冻硬化。明胶作为微小泡沫及悬浮颗粒的保护胶体，在70%的糖浆中加入食用明胶能完全抑制糖结晶的生长。

3. 在肉制品中的应用

在红烧类和豉油类水产调味罐头的调味液中，添加琼脂，可增加汁液黏度，延缓结晶析出。在某些罐头制品中也使用明胶作为增稠剂，如生产原汁猪肉罐头时使用猪皮胶。火腿罐头也使用明胶，可在火腿罐头装罐后向表面撒一层明胶粉，形成透明度良好光滑表面。

4. 在冷冻饮品中的应用

在冰淇淋中添加海藻酸钠可有如下作用：①帮助起泡，制冰淇淋时必须搅入

100% ~200% 的空气,海藻酸钠有助于保持空气;②防止冰晶的生长,如防止冰淇淋中析出冰晶(即通常所说"冰渣子")以免食用时有粗糙感;③使冰淇淋品质柔软及滑润;④使冰淇淋具有抗融化特性。冰淇淋虽然存放在冰柜中,但销售时经常打开,此时冰淇淋可能会溶解而再生成冰晶,添加适量的海藻酸钠可以预防该现象发生。

CMC - Na 对于冰淇淋的作用类似于海藻酸钠,但是 CMC - Na 价格低廉,溶解性好,保水作用也较强。所以,CMC - Na 常与其他乳化剂并用,以降低成本。CMC - Na 与海藻酸钠并用有协同增效作用。在冰淇淋的冻结过程中,明胶通过形成凝胶,可阻止冰晶形成,保持冰淇淋柔软、疏松和细腻的质构。但是明胶在冰淇淋混合原料中用量过多将使冻结搅拌时间延长。

项目四　增稠剂使用存在的安全问题

食品增稠剂具有双重功能,一种功能在食品应用中起到增稠、稳定、胶凝等功能。改变食品的物理形状,赋予食品良好的口感。另一种功能就是增稠剂可作为水溶性膳食纤维对人体具有营养保健的作用。

世界上允许使用的食品增稠剂有 50 余种,我国批准使用的增稠剂约 40 种,它们都经过大量的科学实验评价,确认为可安全使用。在食品加工过程中适量使用增稠剂,对人体没有任何伤害。但是实际情况,某些生产厂家并不遵守食品安全法规,导致增稠剂超标或者违法添加工业用原料,从而对消费者的健康造成威胁。

2008 年 12 月 2 日尼日利亚食品和药品监管部门称,一种名叫"我的皮金宝贝"的婴儿乳粉中添加有毒的增稠剂,导致 34 名婴儿食用该品牌乳粉中毒死亡,经调查这家乳粉企业从一家没有营业执照和卫生许可证的化学试剂经销商处获得了增稠剂,研究发现有毒的增稠剂里面含有具有助溶和吸湿功能的二甘醇,食用此种乳粉后婴儿容易发烧、惊厥、呕吐、腹泻等症状,更容易患上严重的肾结石,以致不能排泄导致死亡。二甘醇污染事件在尼日利亚并不是孤例,此前在南美国家巴拿马也曾发生过类似的事件。至少有数百人因此中毒,其中 116 人死亡。

项目五　增稠剂的发展趋势

随着人民生活水平的提高,消费者对食品的品质、外观、风味等要求越来越高,增稠剂作为改善食品特性的一类常用食品添加剂，其发展态势良好，增长空间巨大。近年来我国对增稠剂新产品的开发、物理特性及应用等进行了大量的研究。随着科学技术的发展，利用高新技术开发安全、价廉、质优的新型食品增稠剂有着广阔的市场前景。

1. 研究复合型食品胶

目前在世界范围内，亲水性胶体的应用趋向于生产技术与艺术相结合，力求实现食品的造型、口感、组织结构及成本与增稠剂之间达到完美的组合。单一的胶体不能满足生产的需要，胶体复配有协同增效作用，总有几种胶体复配可以满足产品的要求。亲水型胶体的发展趋势是复配型取代单一的胶体，通过研究各种胶的理化性能，胶与胶之间、胶与体系之间的作用，确定单体胶的种类及用量以及胶体复配之间的规律。

2. 加强对食品胶的改性和人工合成研究

随着生产技术水平的提高，人们发现天然多糖的理化特性、功能特性不能完全满足实际需要，为了改变目前单体胶功能性质的局限性，对这些食品胶的改性研究就成了一个新的方向。

天然瓜尔胶不能快速溶胀和水化，溶解速度慢，黏度不易控制。通过化学改性可改变其在溶液中的分散性、黏度、水合速度、溶液的透明性等。瓜尔胶衍生物研究与开发逐渐成为瓜尔胶生产中的重要课题，目前应用最广泛的是羧甲基羟丙基瓜尔胶。

对增稠剂进行改性的常见的化学方法有硫酸化、磷酸化、乙酰化、烷基化、磺酰化、羧甲基化等，通过这些方法可以很容易获得各种性能优异的增稠剂。

纤维素在经过乙酰化后，其溶解性有了较大的提高，产物取代基分布更为均匀，活性更高。

3. 深入研究食品胶的生理功效

作为可溶性膳食纤维，深入研究各种增稠剂所具有的功能将成为今后的研究热点。由于人们对于健康食品越来越重视，对功能食品和健康食品的追求越来越高。增稠剂逐渐向低黏度多糖类的亲水性胶体方向发展，亲水胶体除了作为稳定剂、增稠剂的功能外，也成为“功能食品”的成分之一。

果胶是一种很好的水溶性膳食纤维，利用其纤维功能可作为减肥的健康材料，应用于生产功能食品，果胶由于其分子结构所具有的吸附能力及其离子特性，可作为肠道的调节剂、抗病毒等的治疗药品。果胶对食品腐败微生物有抑菌作用，在食品保鲜防腐方面有很好的发展前景。

果胶、黄原胶、海藻胶等都是可溶性的膳食纤维，在人体内基本不产生能量，其应用被人们越来越重视。

4. 研究开发生物食品胶资源

食品胶来自自然界植物、动物，生产周期长，生产效率低，同时不利于自然生态保护。采用现代生物技术(如微生物发酵、基因工程等生物新技术)生产天然食品胶成为一种发展趋势。实践证明已被开发利用的微生物增稠剂如黄原胶、结冷胶等已为人类带来了巨大的经济和社会效益。

思考题

1. 食品增稠剂具有哪些特性?如何分类?
2. 乳制品中常使用哪些增稠剂?
3. 简述阿拉伯胶应用于乳制品所发挥的作用。
4. 举例说明食品增稠剂之间的协同效应。

实训内容　羧甲基纤维素钠对酸性乳饮料的稳定作用

【实训目的】

了解羧甲基纤维素钠对酸性乳饮料的稳定作用。

【实训原理】

乳中蛋白质80%是酪蛋白,是相对分子质量为$7.5\times10^3\sim3.75\times10^5$的蛋白质混合物,为高分子两性电解质。酸性乳饮料的pH大致在3.6~4.5,接近或低于酪蛋白的等电点,导致酪蛋白胶束间的静电排斥作用减弱,因而酪蛋白有形成更大颗粒而沉淀的趋势。且调酸乳饮料蛋白质含量越高,越容易出现沉淀分层与乳脂析出的现象。羧甲基纤维素钠加入蛋白质溶液后,与蛋白质形成非离子型的胶溶复合体系,阻止了酪蛋白的沉聚。在一定pH条件下,蛋白质中的氨基与H^+反应生成—NH_3^+,由于羧甲基纤维素是阴离子型的,能够与铵盐通过盐键、氢键发生胶溶作用,羧甲基纤维素的网状空间结构,在溶液中伸展,使蛋白质充分分散,形成稳定的复合结构,发挥了稳定蛋白质的作用。

【实训仪器与材料】

仪器:分散剪切仪、高压均质机、电子天平(0.01g)、黏度计、离心机、水浴锅、电磁炉、手持式糖度计。

材料:全脂乳粉、白砂糖、羧甲基纤维素钠、柠檬酸、0.1mol氢氧化钠标准溶液。

【实训步骤】

1. 调酸乳饮料制作

(1)准确称取40g全脂乳粉4份,分别溶于少量45℃纯净水中,待充分溶解后加入4份装有200g、45℃纯净水的1L烧杯中(样品A、样品B、样品C、样品D),搅拌均匀后停止搅拌并保持30~40min。

(2)准确称量3.5g、4.5g、5.5g CMC,用纯净水在3个烧杯中搅拌溶解,至透明均匀、无结块后分别加入乳粉料液所在的烧杯中。

(3)准确称量4份100g白砂糖溶解后，用200目筛网分别过滤后加入样品A、B、C、D所在的烧杯中。

(4)将样品A、B、C、D所在烧杯中的料液冷却至20℃左右。

(5)准确称量4份3.5g柠檬酸，并分别用少量纯净水充分溶解至浓度为10%以下的溶液，冷却至20℃待用。

(6)将样品A、B、C、D所在烧杯中的料液分别预先定量至800g，将(5)配制的酸液在烧杯A、B、C、D中料液快速搅拌时加入，并充分搅拌。

(7)将烧杯中的料液预热至75℃后，在20MPa压力下均质。

(8)均质后的料液在95℃杀菌5min，冷却至80℃灌装，流水冷却至室温。

2. 将冷却至室温的调配型酸性乳饮料A样品在水浴恒温25℃下，用旋转黏度计测量产品的黏度。

3. 准确称取10g酸性乳饮料样品注入带刻度的离心管中，以3000g的速度离心10min，测定顶部浮油的厚度，弃去上部溶液，准确称量沉淀物质量，沉淀物质量占10g样品质量的质量分数记为沉淀率。

4. 实验记录(表10－1)

表10－1　实训数据记录表

	样品A	样品B	样品C	样品D
调酸后的样品状态				
可溶性固形物含量/°Bx				
可滴定酸含量(以柠檬酸计)/%				
黏度/(mPa·s)				
浮油厚度/mm				
沉淀率/%				

参考文献

1. Krishnan S, Kshirsagar A C, Singhal R S. The use of gum arabic and modified starch in the microencapsulation of a food flavoring agent. Carbohydrate Polymers, 2003, 62 (4): 309 ~ 315.

2. 王盼盼. 动物来源的增稠剂. 肉类研究, 2009(11): 68 ~ 70.

3. 冯永华, 范明娟, 李欣. 如何提高田菁胶的黏度. 植物学通报, 1984(2 ~ 3): 57 ~ 59.

4. 余小领, 周光宏, 李学斌等. 海藻酸钠被膜及其在食品加工中的应用. 中国质量报, 2010(5): 29.

5. 杨琴, 胡国华, 马正智. 海藻酸钠的复合特性在肉制品中的应用研究发展. 中国食品添加剂, 2009(7): 164 ~ 168.

模块十一 食品工业用加工助剂

学习目标

本模块主要介绍了食品酶制剂、消泡剂、溶剂、助滤剂和澄清剂等食品工业用加工助剂的定义、功能及其作用原理。通过本模块的学习，应掌握食品加工助剂的定义、种类、常用加工助剂的性质、应用范围及其使用注意事项。

学习任务

1. 了解酶制剂的定义、性质及使用注意事项。
2. 掌握泡沫的形成原理及消泡剂的作用原理。
3. 了解消泡剂、助滤剂和澄清剂的种类及应用范围。

【案例解析】

在水果榨汁生产过程中，通常使用果胶酶，为什么呢？果胶酶是指能协同分解果胶质一类酶的总称，主要包括聚半乳糖醛酸酶(PG)、果胶裂解酶(PL)和果胶酯酶(PE)。水果榨汁后，自然pH为3.0~4.0，如不采用果胶酶，果汁通常不能稳定存在，容易产生果肉上浮或沉淀，此外，出汁率低。果胶酶属于一种加工助剂，通过添加果胶酶，能将果汁中含有的大分子黏多糖分解成可溶性小分子物质；可以快速地脱除果胶，降低果汁的黏度，有利于果汁的过滤，滤液更为澄清且澄清度稳定；可减少化学澄清剂的用量，改善果汁品质；同时简化果汁加工工艺，缩短加工周期，提高生产效率。

食品工业用加工助剂是指有助于食品加工顺利进行的各种物质，与食品本身无关。如助滤、澄清、吸附、脱模、脱色、脱皮、提取溶剂、发酵用营养物质等。

食品工业用加工助剂在使用时必须遵循以下原则：①加工助剂应在食品生产加工过程中使用，使用时应具有工艺必要性，在达到预期目的前提下应尽可能降低使用量；②加工助剂一般应在制成最终产品之前除去，无法完全除去的，应尽可能降低其残留量，其残留量不应对健康产生危害，不应在最终食品中发挥功能作用；③加工助剂应该符合相应的质量规格要求。

食品工业用加工助剂种类很多，本模块将主要介绍酶制剂、消泡剂、溶剂、助滤剂和澄清剂等。此外，食品加工所用的脱模剂及一些其他加工助剂也将在本模块予以扼要介绍。

项目一 食品工业用酶制剂

酶是一类由生物体产生的具有催化功能的蛋白质,又称生物催化剂。由动物或植物的可食或非可食部分直接提取,或由传统或通过基因修饰的微生物(包括但不限于细菌、放线菌、真菌菌种)发酵、提取制得,用于食品加工,具有特殊催化功能的生物制品称为酶制剂。由于酶催化的反应具有高效、专一、温和的特性,在乳制品、果蔬汁、肉制品、酒类、调味品等食品工业广泛应用。酶经固定化处理后大多可从食品体系中除去,在国际上曾经被列为食品工业用加工助剂。随着酶制剂应用的增多,且大量未经固定化的酶制剂直接加入食品中,故现在大多将其单独列为一类食品添加剂。

酶制剂根据来源和特点有很多种分类方法。按来源,酶制剂可分为动物源酶制剂、植物源酶制剂和微生物源酶制剂三类。按其催化反应的类型分,可有多种,但在食品加工中应用的主要是水解酶、氧化还原酶和异构酶等几类。此外,按作用底物的不同,又可分为碳水化合物酶制剂、蛋白质酶制剂、脂肪酶制剂等几大类。这里仅按酶制剂的来源,介绍几种常用的酶制剂。

一、动物源酶制剂

动物源酶制剂的生产和应用非常广泛。在一些大屠宰场或肉类加工厂内,大都设置有将动物的胰、胃、胆等脏器综合利用的车间。从这些脏器提取胰蛋白酶、胰凝乳蛋白酶、胃蛋白酶、凝乳酶,大量用于食品、医药、轻化工业。现将在食品工业中经常使用的动物源酶制剂简介如下。

(一)凝乳酶

凝乳酶又名皱胃酶,来自反刍动物胃的第四室,属于蛋白酶类,为澄清的琥珀至暗棕色液体,或白色至浅棕黄色粉末,略有咸味和吸湿性。相对分子质量 36000 ~ 310000,等电点 pI 为 4.5,干燥物活性稳定,但水溶液不稳定。几乎不溶于乙醇、氯仿和乙醚。

凝乳酶在小牛胃中以凝乳酶原形式存在,随着动物成长,凝乳酶变成胃蛋白酶。它通过专一地切断 κ - 酪蛋白的苯丙酰 - 蛋氨酰键后,使其转变为不溶解的副 κ - 酪蛋白和大分子的糖肽(相对分子质量约 8000),副 κ - 酪蛋白在 Ca^{2+} 存在下发生凝固。工业上用于干酪的制造。

凝乳酶凝乳过程可分为两步:第一步是酶专一性地水解乳中酪蛋白多肽链的105~106位苯丙氨酸和甲硫氨酸之间的肽键,形成稳定的副酪蛋白及亲水性的糖巨肽;第二步是当总的酪蛋白被水解约85%时,在钙离子存在下通过在酪蛋白胶粒间形成的化学键形成凝块或凝固的乳(朱仁俊等,2010)。

凝乳酶主要是使牛乳中的酪蛋白水解,在最适温度37~43℃、适当的pH和有钙离子存在时,使牛乳凝固,最适pH为5.8。于15℃以下、55℃以上可使此酶钝化。凝乳酶主要用作干酪凝乳剂,是在原料乳经杀菌、添加乳酸菌发酵后生成适当酸度时,添加凝乳酶。若使用粉状凝乳酶,一般用量为原料乳的0.002%~0.004%,添加时将其溶于2%食盐水溶液中,边搅拌边添加。由于凝乳酶分解蛋白质产生苦味肽,因此用量过高会增加干酪的苦味。

贺家亮等(2008)研究了凝乳酶的添加量对干酪品质的影响。结果表明随着凝乳酶添加量的增加,干酪的感官评定值先增加,然后逐渐减低;干酪的硬度、可溶性氮含量(pH4.6)、游离氨基酸总量和水分含量逐渐增加,而pH变化不大。以感官评定值为主指标,结合其他性能指标,确定凝乳酶的最佳添加量为2~3g/100kg牛奶。

目前国际市场上凝乳酶中动物来源的约占70%,微生物来源的占30%,植物来源的不到1%,虽然动物凝乳酶凝活力与蛋白水解能力的比值高,但是动物生长缓慢且价格昂贵,国外一些公司早已利用改良菌种生产高活力的凝乳酶,创造了巨大的经济效益。我国自20世纪80年代末开始对凝乳酶的研究,但国内大部分凝乳酶目前仍依赖于进口。

凝乳酶ADI:由牛、小牛、小山羊或小绵羊第四胃制得者,ADI不作限制性规定,用量以GMP为限;由栗疫菌和毛霉制得者,不作限制性规定;由蜡状芽孢杆菌制得者,延缓决定(FAO/WHO,2001)。

(二)胃蛋白酶

胃蛋白酶主要来自猪胃,属于蛋白酶类,粉状制品为淡黄色,无臭;液状制品色淡,有强烈的气味。最适pH为1~4,酶溶液在pH5.0~5.5最稳定,pH为2.0时则发生自身消化。由猪胃所得的胃蛋白酶,其相对分子质量约33000,是由321个氨基酸组成的一条多肽链。

胃蛋白酶可作为凝乳酶代用品,作为干酪的凝乳剂。在制造糕点时用于水解大豆蛋白,使之发泡,也有用于咸苏打饼干的生产。近年来,有学者研究用胃蛋白酶提取硫酸软骨素、猪皮胶原等,产品得率和纯度均达到较高水平。

杨勤等(2009)研究以胃蛋白酶为凝乳酶对脱脂乳进行凝乳,分别考察了温度、处理时间、pH、酶浓度等影响因素,得出最佳条件为:酶解温度55℃、45min、pH7.0、酶浓度3%。易翠平等(2010)采用胃蛋白酶对大米蛋白进行水解以改善其功能性质。结果表明,酶添加量7U/g(以蛋白质干基计)、pH1.5、时间5h、温度30℃,胃蛋白酶对大米蛋白溶解性有较好的改善作用。

胃蛋白酶 ADI:由猪胃、禽鸟嗉囊制得者不作限制性规定(FAO/WHO,2001)。

(三)胰蛋白酶

胰蛋白酶主要来自猪或牛的胰腺,是一种内肽酶,主要作用于精氨酸或赖氨酸羧基端的肽键。白色或米黄色结晶性粉末。溶于水,不溶于乙醇、甘油、氯仿和乙醚。相对分子质量 24000,由 233 个氨基酸组成;等电点 10.5,最适 pH7.8 ~8.5。pH >9.0 发生不可逆失活。Ca^{2+} 对酶活力有稳定作用;重金属离子、有机磷化合物、天然胰蛋白酶抑制剂对其活性有强烈抑制作用。胰蛋白酶主要用于焙烤、肉类嫩化、蛋白质水解等。

明建等(2009)研究了胰蛋白酶处理对牛肉嫩度的影响,结果表明:胰蛋白酶的酶活、pH、处理温度、处理时间对牛肉的持水力、烹饪失水率、剪切力均有显著的影响。胰蛋白酶最佳嫩化条件为:酶用量 100U/g、处理温度 37℃、pH7.0、处理时间 1.5h;或酶用量 150U/g、处理温度 20℃、pH7.0、处理时间 1.5h。

张鸣镝等(2006)研究了胰蛋白酶对玉米胚芽蛋白的水解作用,分析了酶浓度、pH、反应温度、底物浓度等因素对水解度的影响。结果表明:最佳水解条件为酶底物比 2%、温度 40℃、pH8.0、底物浓度 8%。

胰蛋白酶 ADI:不作限制性规定(FAO/WHO,2001)。

二、植物源酶制剂

对于植物酶制剂来说,主要利用的是蛋白水解酶类。其中产量及用量最大的是木瓜蛋白酶,此外还有菠萝蛋白酶、无花果蛋白酶等应用较为广泛。现分别介绍如下。

(一)木瓜蛋白酶

木瓜蛋白酶又名木瓜酶,由番木瓜的浆汁加工处理而成,为微黄色粉末,有特异臭,微溶于水,精制品无臭。由木瓜制得的商品酶制剂中,含有如下三种酶:①木瓜蛋白酶,相对分子质量 21000,约占可溶性蛋白质的 10%;②木瓜凝乳蛋白酶,相对分子质量 36000,约占可溶性蛋白质的 45%;③溶菌酶,相对分子质量 25000,约占可溶性蛋白质的 20%。其主要作用是对蛋白质有极强的水解能力。

木瓜蛋白酶的作用是水解肽、酰胺或酯类,特别适于水解具有碱性氨基酸或亮氨酸、甘氨酸的肽键。最适 pH 范围依底物不同而异,一般为 5 ~7。耐热性较强,可在 55 ~65℃时使用。

木瓜蛋白酶广泛用于肉类嫩化,亦可作为啤酒的澄清剂使用,用量约为 0.5 ~5mg/kg。国外近年来将大量木瓜蛋白酶用于鱼品加工,其中包括将鱼杂部分水解成禽、畜类易于消化的饲料。

徐元等(2003)研究了木瓜蛋白酶的固定化及其在啤酒澄清中的应用。结果表明,固定化酶用于防止啤酒蛋白质浑浊效果极为明显,处理后的啤酒在4℃下储存三个月无沉淀产生。

刘昭等(2010)采用木瓜蛋白酶对牛肉进行嫩化处理,分别考察了pH、酶浓度、嫩化时间等影响因素。结果表明,木瓜蛋白酶溶液的浓度0.03%、pH5.9、嫩化时间13h,相应的嫩化牛肉剪切力为1.64kg,嫩化效果较好。

木瓜蛋白酶ADI:不作限制性规定(FAO/WHO,2001)。

(二)菠萝蛋白酶

菠萝蛋白酶又名菠萝酶,是将菠萝的根茎或果实榨出的汁用丙酮沉淀后,干燥制得,为黄色粉末。不溶于乙醇、氯仿和乙醚。相对分子质量约33000,等电点的pH为9.55,最适pH6~8,最适温度55℃。

菠萝蛋白酶可水解肽键及酰胺键,有酯酶的作用。菠萝蛋白酶的使用范围与木瓜蛋白酶相似。我国生产啤酒多用它作为澄清剂,以分解蛋白质使酒液澄清。一般多在发酵时添加,添加量为0.8~1.2mg/kg。

菠萝蛋白酶和木瓜蛋白酶都是巯基酶,它们不象胰蛋白酶那样,受许多豆科植物种子内含的胰蛋白酶抑制物作用,而降低活性,所以这种酶在豆制品加工中越来越受重视。马宇翔等(2006)用菠萝蛋白酶对大豆浓缩蛋白进行酶法改性,提高醇法大豆浓缩蛋白的溶解性,确定最佳酶解条件为:pH6.5,反应温度48℃,反应底物6%,加酶量607U/g,水解4h,水解度11.07%。

菠萝蛋白酶ADI:不作限制性规定(FAO/WHO,2001)。

(三)无花果蛋白酶

无花果蛋白酶由无花果(*Ficus sp.*)树的胶乳和不成熟的果实乳汁用pH4.0的水进行抽提,在乙二胺四乙酸(EDTA)存在下用硫酸进行盐析(二次),再用食盐盐析二次而成。为白色至淡黄或奶油色的粉末。有一定吸湿性。可完全溶解于水,呈浅棕至深棕色。不溶于一般有机溶剂。如系无花果胶乳液的浓缩制剂,则为淡棕至暗棕色。

2%无花果蛋白酶水溶液的pH为4.1。其稳定性好,如常温密闭保藏1~3年,其活力仅下降10%~20%。水溶液在100℃下方才失活,而粉末在100℃下则需数小时才会失活。水溶液在pH4~8.5时活力稳定。其活性可受铁、铜、铅的抑制。其水溶液可使明胶、凝固蛋白、干酪素、肉、肝脏等水解,使乳液凝固,并有消化蛔虫、鞭虫等寄生虫卵的作用。

其作用原理是使肽水解为低分子的肽。最适pH5.7,最适温度65℃。主要用于啤酒抗寒(水解啤酒中的蛋白质,避免冷藏后引起的混浊)、肉类嫩化(水解肌肉蛋白和胶原蛋白,使肉类嫩化)及焙烤时的面团调节剂;干酪制造时的乳液凝固剂(代替凝乳酶)。使虾的外壳与肉分离以达到机械化去壳,亦可使蛤肉与其内脏分离。

李雨林等(2006)研究了无花果蛋白酶嫩化牛肉的工艺条件,结果表明无花果蛋白酶最适浓度为0.01%，pH7.0，处理温度50℃，处理时间120min。同时比较了经同等活力浓度无花果蛋白酶与木瓜蛋白酶嫩化后老牛肉的细胞结构变化，无花果蛋白酶的嫩化效果更明显。

无花果蛋白酶的大鼠经口 LD_{50} >10g/kg 体重。

三、微生物源酶制剂

近年来，酶制剂的主要来源已逐渐被微生物所取代，这是因为利用微生物提取的酶具有许多优点：①微生物种类多，酶种丰富。已经确认存在于动植物体内的一切酶类，几乎都存在于微生物体内。②微生物繁殖迅速，酶产量高。③采用深层发酵或连续培养技术，适于大规模生产。④培养简单、成本低廉。

现将几种在食品工业中广泛应用的微生物酶制剂介绍如下。

（一）淀粉酶

1. α-淀粉酶

α-淀粉酶又称液化淀粉酶、细菌α-淀粉酶、糊精化淀粉酶、高温淀粉酶等。我国大多使用枯草杆菌深层发酵生产。制品为淡黄色粉末，含水5%～8%，为便于保藏，常加入适量的碳酸钙等作为抗结剂，以防止结块。当酶作用于淀粉时，能使淀粉迅速液化而生成分子质量小的糊精。在高浓度淀粉保护下，酶的耐热性很强，在适量钙盐存在下，在pH5.3～7.0范围内，温度提高到93～95℃，仍保持足够高的活性。其最适pH为6.0～6.4，最适温度为85～94℃。

α-淀粉酶主要用于水解淀粉生产葡萄糖、饴糖和糊精。用酶法生产葡萄糖时，先用它液化淀粉，经灭菌后再加糖化酶进行糖化，然后经灭酶脱色、过滤、蒸发、结晶、分离、干燥、粉碎制成葡萄糖成品，用此法生产葡萄糖比用传统的酸法可提高收率10%，降低成本15%以上。用酶法生产饴糖时比用传统方法可节省麦芽7%～10%，原料得到充分利用，并可提高出糖率10%左右。

α-淀粉酶近年在我国也用于啤酒、黄酒、酱、味精的生产。郝晓敏等（2006）研究了用中温和耐高温α-淀粉酶水解玉米淀粉制取糊精。结果表明：中温α-淀粉酶最佳的工艺条件为温度84℃、时间20min、酶用量16U/g；而耐高温α-淀粉酶最佳的工艺条件为温度95℃、时间40min、酶用量15U/g。

α-淀粉酶由米根霉和食用酵母菌制得者ADI不作限制性规定；由黑曲霉、泡盛曲霉和地衣形芽孢杆菌制得者ADI不作限制性规定；由节杆菌和米曲霉制得者延期决定（FAO/WHO，2001）。

2. 葡糖淀粉酶

葡糖淀粉酶又称淀粉葡萄糖苷酶、糖化酶。我国用于生产此酶的菌种有黑曲霉、米根霉和米曲霉等。

此酶的特征因菌种而异。黑曲酶的液体制品,在室温条件下最少可稳定4个月,呈黑褐色,含有若干蛋白酶、淀粉酶或纤维素酶。最适pH为4.0~4.5,最适温度为60℃。

根霉的液体制品需要冷藏,粉末制品在室温条件下至少可稳定一年,最适pH为4.5~5.0,最适温度为55℃。

葡糖淀粉酶主要是将淀粉或淀粉分解物变成葡萄糖,底物特异性不显著,对淀粉(直链和支链淀粉或其混合物)、糊精、糖原均可作用。热稳定性低于α-淀粉酶。

葡糖淀粉酶多与液化淀粉酶配合使用,用于制造葡萄糖,即先用液化淀粉酶将淀粉浆液化,然后再加本酶使之糖化。也用于双酶法生产味精。此外,葡糖淀粉酶作为糖化剂也用于酒精及酒类生产。彭召海等(2002)采用耐高温糖化酶酿制低糖啤酒,麦芽粉碎后,添加糖化酶,在70℃糖化生产麦汁,原麦汁浓度42°,真正发酵度为87%,啤酒中的残糖小于0.75%。

葡糖淀粉酶ADI:不作限制性规定(FAO/WHO,2001)。

(二)蛋白酶

蛋白酶来源广泛,GB2760—2011中规定用于生产此酶的菌种有黑曲霉、米曲霉、枯草芽孢杆菌等13种。

由黑曲霉和蜡状芽孢杆菌制得的产品亦称酸性蛋白酶,为淡黄色至白色的粉末,溶于水,不溶于60%以上的乙醇。其作用条件以酪蛋白为底物,最适pH为2.5,最适温度为45℃。主要用作将蛋白质分解为蛋白胨、多肽及氨基酸。由米曲霉制得的产品在pH6.0时的最适温度为45~50℃。

由黑曲霉制得者主要用作啤酒澄清剂使用,可在后期发酵添加,能水解啤酒中不稳定的高分子蛋白,提高啤酒抗寒性,能延长啤酒的保存期。在下酒时或下酒后20d(即灌装前两周)加入(一般为0.5mg/kg左右),此外,亦可作为果酒澄清剂及肉的嫩化剂使用。

由米曲霉制得者可用于食品加工(FAO/WHO,1994);由弗雷德氏链霉菌制得者撤销原规定(FAO/WHO,1994)。现行国家标准:GB/T 23527—2009。

(三)果胶酶

果胶酶是催化果胶中的甲酯水解,以及将多聚半乳糖醛酸分解成较小分子多聚物的酶的总称。我国用黑曲霉固体发酵生产的果胶酶,制品为微黄色粉末,其最适pH为3~3.5,最适温度为50℃。铁、铜、锌等金属离子能够显著抑制果胶酶的活性,而钙、钠、镁等金属离子对果胶酶活力的影响并不明显。

果胶酶在我国应用较广,一般用于果蔬制品的生产。用于果汁的澄清,如葡萄汁中添加2%的果胶酶,在40~42℃下静置3h,即可完全澄清。此外,在30~35℃下用0.05%的果胶酶处理葡萄浆,则葡萄的出汁率可提高14.7%~16.6%,葡萄汁的过滤加快0.5~1倍,经果胶酶处理的产品透明而色深。

果胶酶用于果酒澄清的效果较好，据报道，1t 橘子酒用果胶酶 10～30g，1t 五加皮酒用果胶酶 30g，与原来用干蛋白澄清相比，可降低成本 10%～30%。

国内有些罐头厂用果胶酶去橘子囊衣效果较好，一致认为橘子用果胶酶去囊衣后果味浓郁，开罐后橘瓣完整，破碎极少，对罐内的腐蚀也比酸碱法轻，并且缩短加工时间。

果胶酶的大鼠经口 LD_{50} >21.5g/kg 体重，ADI：不作限制性规定（由黑曲霉、尿曲霉制得者尚未规定；FAO/WHO，2001）。

四、酶制剂的保存及安全性

（一）酶制剂的保存方法

酶制剂的一般保存方法应根据酶的性质决定，由于酶不太稳定，易受各种因素的影响而失去活力。为了使酶长期保存而不失去活性，关键在于干燥和低温。酶制剂水分含量越高，越易失活，故一般粉状酶制剂易于保存和运输。热和光照都易使酶失去活力。因此，酶制剂应密闭储存在低温避光处。酶的底物和某些物质具有保护酶的作用，如淀粉对淀粉酶有保护作用，所以往往将淀粉酶吸附在淀粉上保存。有时也可加入对淀粉酶有保护作用的碳酸钠。此外，还应注意保存容器的材料，因为有些金属离子也能引起酶失去活力或抑制酶的活力。

（二）酶制剂的安全性问题

关于各种来源的酶制剂的安全性问题，在 FAO/WHO 联合食品添加剂专家委员会（JECFA）第 15、18、21 次会议上分别给予讨论。在第 21 次会议上将食用酶制剂分为五类。前三类分别是来自动物、植物的食用部分及传统的食品微生物所得的酶，这三类皆可看作食品，仅制定出合理的化学、微生物规格即可应用。第四类是从非致病微生物提取的酶，除制定化学、微生物规格外，还要进行短期毒性试验，确保无毒，并分别评价制定 ADI。第五类是从不熟悉微生物中制取的酶，不但需要制定规格标准，还应进行详细的毒理学评价。

近年来 JECFA 对酶制剂的评价甚多，且已深入。截至 2005 年，JECFA 共对近 70 种不同来源（包括基因修饰微生物）的酶制剂进行了安全性评价。例如，2001 年第 57 次会议确定，来自酿酒酵母的转化酶，其 ADI 为允许使用，按照良好生产规范（GMP）原则使用。2003 年第 61 次会议确定，来自特异腐质霉的混合木聚糖、β－葡聚糖酶制剂，其 ADI 为不做特殊规定。2009 年第 71 次会议确定，来自枯草芽孢杆菌的葡萄糖转移酶，其 ADI 为不作特殊规定。JECFA 还规定了食品加工用酶的通用要求，其中对酶的分类和命名、酶制剂的活性成分、原料以及卫生指标等作了规定。此外，JECFA 还对酶制剂从来源、名称、催化反应、功能、物理性状以及相关检验方法等方面进行质量规格的规定，并要求食品用酶制剂的生产应遵循良好生产规范。本模块所介绍的前述各种酶制剂安全性高,并被广泛应用于食品工业。

项目二　其他食品工业用加工助剂

一、消泡剂

在食品生产的过程中,由于溶液本身所溶解的蛋白质等的作用,有时会产生大量泡沫,若不及时消除,则可从容器中溢出,而影响操作。用于消除或抑制这种泡沫而使用的食品添加剂称为消泡剂。

泡沫是指不溶性气体在外力作用下进入液体并被液体彼此隔离而成的非均相混合物。液体的表面张力越低,形成泡沫所需的外力(自由能)也越少,也就越容易生成泡沫。已经形成的泡沫是不稳定的,在一定条件下,经过气泡的再分布,膜厚的下降导致膜的破裂。消泡剂的作用是将其以微粒的形式,渗入到两气泡之间的液膜中去,并捕获泡沫表面的憎水链端,形成很薄的双分子膜层,再经扩散、层状侵入,进一步捕获和扩散。由于消泡剂的表面张力很低,使泡膜的表面张力局部下降,膜壁逐渐变薄,被周围表面张力大的膜层所牵拉,最终泡沫破灭。

(一)消泡剂的分类

消泡剂可分为两类,一类是非水溶性的,如聚二甲基硅氧烷等;另一类是水溶性的,又称硅酮乳化液,由不同量的聚二甲基硅氧烷加入各种乳化剂而成。目前,国际上应用较多的是硅质消泡剂。我国允许使用的除乳化硅油类之外,还有高碳醇脂肪酸酯复合物、聚氧丙烯甘油醚等,主要用于味精和酵母的生产。

(二)消泡剂各论

1.聚二甲基硅氧烷及其乳液(INS 号:900)

聚二甲基硅氧烷又称聚二甲基硅油。为无色透明黏稠液体,无臭、无味,不溶于水和乙醇,溶于四氯化碳、苯、氯仿、乙醚、甲苯及其他有机溶剂。

在实际应用中常将其配成含4% ~5%硅胶的水溶液或配成含有硅胶、乳化剂和防腐剂的乳化液。

我国GB2760—2011规定:聚二甲基硅氧烷及其乳液用于豆制品工艺时最大使用量为0.3g/kg(以每千克黄豆的使用量计);用于肉制品、啤酒加工工艺时最大使用量为0.2g/kg;用于焙烤食品工艺的模具中最大使用量为30mg/dm^2;用于油脂加工工艺时最大使用量为0.01g/kg;用于果冻、果汁、浓缩汁粉、饮料、速溶食品、冰淇淋、果酱、调味品和蔬菜加工工艺中最大使用量为0.05g/kg;用于发酵工艺时最大使用量0.1g/kg。

聚二甲基硅氧烷 ADI:0～1.5mg/kg 体重(FAO/WHO,2011)。

2. 乳化硅油(CNS 号:03.001)

乳化硅油俗称硅油,是以甲基聚硅氧烷为主体组成的有机硅消泡剂,为乳白色黏稠液体,无臭,化学性能稳定,不挥发,不易燃烧,对金属没有腐蚀性,久置空气中也不发生胶化,不溶于水(可分散在水中)、乙醇、甲醇,溶于芳香族碳氢化合物、脂肪族碳氢化合物,如苯、四氯化碳等。

乳化硅油作为消泡剂可用于味精的生产,其最大使用量为 0.2g/kg,在谷氨酸发酵过程中添加,用于消除泡沫,发酵后经离子交换处理,不残留在成品中。饮料加工助剂中最大使用量 0.01g/kg,固体饮料按冲调倍数增加使用量。

乳化硅油 ADI:0～1.5mg/kg 体重(FAO/WHO,1994)。现行国家标准为 2011 年卫生部第 19 号公告指定标准。

3. 高碳醇脂肪酸酯复合物(DSA－5)

高碳醇脂肪酸酯复合物,简称 DSA,是我国研制的消泡剂,为白色至淡黄色黏稠液体,性能稳定,不挥发,不易燃烧,无腐蚀性,使用方便,广泛用于各种食品的加工,安全性高,是一种较理想的消泡剂。

我国 GB2760—2011 规定:DSA－5 可用于制糖工业、味精工业,最大用量为 3.0g/kg,用于酿造工业,最大用量为 1.0g/kg,豆制品的最大用量为 1.6g/kg。

DSA－5 的大鼠经口 LD_{50} >15g/kg 体重,ADI:0～1.5mg/kg 体重(FAO/WHO,1994);用含 8% DSA－5 的饲料喂养大鼠 3 个月,未发现异常。致突变试验、Ames 试验、大鼠骨髓染色体畸变试验无异常。

二、溶剂

溶剂是能溶解其他物质的物质,主要用于各种非水溶性物质的萃取,如油脂,香辛料;也常用做非水溶性物质的稀释,如油溶性色素、维生素等。

1. 丙三醇

丙三醇俗称甘油,无色透明或微黄色的糖浆状液体,无臭,味甜,可与水、乙醇混溶,但不溶于油脂。具有吸湿性,易吸收空气中的水分,其水溶液呈中性,与抗氧化剂接触能爆炸。

难溶于水的防腐剂、抗氧化剂和色素等食品添加剂在添加于食品前,可使用丙三醇作为溶剂。食用香精,除乙醇作溶剂外,有时也配合使用丙三醇,如有些食用水溶性香精约使用 5% 的甘油。作为食品工业用加工助剂一般应在制成最后成品之前除去,在食品中残留量不需要限定。

丙三醇的大鼠经口 LD_{50} >25g/kg 体重,ADI:不作限制性规定(FAO/WHO,2001)。

2. 正己烷及 6 号轻汽油

正已烷为无色透明液体,极易挥发,有特殊臭味,黏度小。不溶于水,溶于乙醇丙酮、乙醚和氯仿等。作为萃取溶剂主要用于大豆、米糠、棉籽等各种食用油脂和香辛料中油树脂等的抽提。

6 号轻汽油亦称六号溶剂油,大豆溶剂油,无色透明液体,易挥发,有刺激味。化学性质稳定,微溶于水,溶于乙醇、乙醚、丙酮和氯仿。由石油所得低沸点馏出物经分馏,除去芳烃后再精制而得。用于大豆等油料植物的油脂提取。由于馏分较宽,效果不如正己烷。

正己烷 ADI:以 GMP 为限(FAO/WHO,2001);大鼠经口 LD_{50} >28710mg/kg 体重。

3. 二氯乙烷

二氯乙烷为无色透明易流动液体,具有类似氯仿气味和甜味。对水、酸、碱等稳定,不氧化,不腐蚀金属。微溶于水,混溶于乙醇、乙醚、丙酮和四氯化碳。由氯与乙烯在金属催化剂存在下反应,然后蒸馏而得。

二氯乙烷在食品工业中用作溶剂和助溶剂。主要用于咖啡、茶的加工工艺。成品最高允许残留量为 30mg/kg。

二氯乙烷的 LD_{50} >770mg/kg 体重(大鼠,经口),ADI 尚未规定(FAO/WHO,2001)。

三、助滤剂和澄清剂

在食品加工过程中,以帮助过滤为目的食品添加剂称为助滤剂,助滤剂和澄清剂都具有吸附作用。主要有活性炭、硅藻土和高岭土,现分述如下。

1. 活性炭

活性炭是以竹、木、果壳等有机物为原料,经炭化、活化、精制等工序制成。为黑色细微的粉末,有多孔结构,对气体、蒸汽或胶态固体有强大的吸附能力,每克的总表面积可达 500~1000m^2,无臭,无味,不溶于水和任何有机溶剂。

活性炭一般用于蔗糖、葡萄糖、饴糖等的脱色,也可用于油脂和酒类的脱色、脱臭。用活性炭对淀粉黏浆进行脱色和提纯,其方法是在用活性炭脱色之前,首先将糖液中的胶黏物滤去,然后将其蒸发至糖液浓度为48%~52%,再加入一定量的活性炭进行脱色,并压滤以便将残存糖液中的一些微量色素脱除干净,得到无色澄清的糖液。它也有助于过滤。

活性炭脱色是由其吸附作用所致,影响其吸附作用的因素较多,使用时应注意以下几点:

(1)温度　温度高,糖液黏度小,使杂质容易渗透入炭的组织内部,杂质被吸附的速度和数量相应提高。但温度过高会使糖液碳化、分解,所以温度不宜过高,一般以 70~80℃为宜。

(2)搅拌 为了使糖液充分与活性炭接触,以发挥活性炭的脱色作用,必须有一定的搅拌速度,通常为 100~120r/min。

(3)pH　脱色效率一般在酸性条件下较好,适宜范围为 pH4.0~4.8,不宜太低。

(4)时间　若使活性炭发挥其吸附作用,必须经一定时间才能使杂质充分渗入碳粒内部,一般时间为30min。

(5)糖液浓度　一般掌握在48%~52%,浓度太低,效果不好,浓度过高,也难以脱色。

活性炭可在各类食品加工过程中使用,残留量不需要限定,ADI:不作限制性规定(FAO/WHO,2001)。

2.硅藻土

硅藻土是由硅藻内的遗骸堆积海底而成的沉积岩,其主要成分为二氧化硅的水合物。为黄色或浅灰色粉末,多孔,且轻,有强吸水性,能吸收自身重量1.5~4.0倍的水。

硅藻土与高岭土等不溶性矿物质一样,除了非常必要的情况外,不得用于食品加工,在成品中应将其除去。

淀粉糖浆脱色,若采用硅藻土、高岭土等吸附糖液中的胶黏物质,可以提高活性炭的脱色效率。用于葡萄酒、啤酒等的过滤也有效。具体方法是将硅藻土放在水中搅拌,然后流经过滤机网片,使之在网片上形成硅土薄层,当硅土薄层达到1mm厚左右,即可过滤得到澄清制品。

硅藻土可在各类食品加工过程中使用,残留量不需要限定。现执行国家标准QB/T 2088—1995。

3.高岭土

高岭土别名白陶土、瓷土,其主要成分为含水硅酸铝,是我国江西景德镇附近高岭地方发现并得名的高岭石粉碎制得。纯净的高岭土为白色粉末,不溶于水、乙醇、稀酸和稀碱,但易分散在水或其他液体中,有土味。

高岭土有澄清、助滤、脱色作用,还可以作抗结剂等。主要用于葡萄酒、果酒、黄酒的加工工艺和发酵工艺,我国有些地区用高岭土作为澄清剂,促进葡萄酒的澄清,每100L酒中,用高岭土500g,加水1000mL,打成均匀泥浆,加入葡萄酒充分搅拌,使其自然澄清。其缺点是澄清很慢,需要3~4周,且高岭土若含微量铁时,会使酒变黑,故必须使用纯净的高岭土。

高岭土ADI:不作限制性规定(FAO/WHO,2001)。现行国家标准GB/T 14563—2008。

四、脱模剂

脱模剂是一类预防食品与其接触器皿表面相粘结的物质。脱模剂可以使各种材质容器中的食品能顺利取出,包括金属的、纸质的或塑料的容器或模具。

1.巴西棕榈蜡

巴西棕榈蜡为浅黄至淡棕硬质脆性蜡,具有树脂状断面,微有气味,相对密度约0.997,熔点82~85℃,碘值13.5。不溶于水,微溶于沸腾乙醇,溶于氯仿、乙醚及40℃以上的脂肪,溶于碱液。

巴西棕榈蜡作为脱模剂主要用于焙烤食品加工工艺。同时可用作糖果、果脯涂膜剂和上光剂、胶基糖果的胶基、香料载体、表面处理剂。作为抗结剂用于可可制品、巧克力和巧克力制品(包括类巧克力和代巧克力)、糖果工艺。作为被膜剂用于新鲜水果保鲜。

巴西棕榈蜡 ADI:0~7mg/kg 体重(FAO/WHO,2001)。巴西棕榈蜡的现行标准为2011年卫生部第8号公告指定标准。

2. 滑石粉

滑石粉为白色或类白色、微细、无砂性的粉末,手摸有油腻感,易黏附于皮肤,无臭、无味。对酸、碱、热均十分稳定。易与砂性颗粒分离。相对密度2.7~2.8。不溶于水、碱液和乙醇,微溶于稀的无机酸。

滑石粉作为脱模剂用于糖果加工工艺;另外,可用作抗结剂、防粘剂等。我国GB2760—2011 规定:滑石粉用于凉果类、话化类(甘草制品)时最大使用量为20.0g/kg。

滑石粉 ADI:不作限制性规定(FAO/WHO,2001)。实际无毒。但不能吸入肺部,以免引起粉尘性肺炎。现行国家标准 GB 25578—2010。

五、其他加工助剂

1. 二氧化碳(CNS 号:17.014;INS 号:290)

二氧化碳有防腐剂、致冷剂、萃取剂、保护性气体、碳酸化剂等作用,可作为加工助剂使用,也可用于食品加工、保鲜及储存等。我国 GB 2760—2011 规定:食品添加剂二氧化碳可按生产需要适量用于除胶基糖果以外的其他糖果、碳酸饮料和汽酒类。

二氧化碳的使用注意事项:

(1)从防腐角度而言,二氧化碳能对微生物起作用是由于:①二氧化碳分压的增高,影响需氧微生物对氧的利用;②二氧化碳能终止各种微生物的呼吸代谢;③如果食品中存在大量二氧化碳,可改变食品表面的pH,而使微生物失去生存的必需条件。但一般来讲,二氧化碳不能杀死微生物,只是抑制微生物的生长。

(2)二氧化碳对于多脂食品、乳制品、快餐食品、花生和其他对氧敏感的干制品发挥的“抗氧化剂”作用和在贮藏环境中对水果、蔬菜及谷物呼吸作用的影响均较其抗菌作用重要。

(3)在软饮料和葡萄酒中的二氧化碳主要起防腐作用,此外它在软饮料中还起清凉作用,阻碍微生物生长,致死嗜氧微生物,突出香气,并赋予饮料舒适的口感。

二氧化碳 ADI:不作限制性规定(FAO/WHO,2001),现执行国家标准 GB

10621—2006。

2. 离子交换树脂

离子交换树脂为白色、浅棕色、褐色乃至黑色球状、块状、粒状或粉末,几乎无臭。不溶于水和其他溶剂。通常通过苯乙烯或丙烯酸(酯)与二乙烯苯聚合反应生成具有长分子主链及交联横链的三维空间立体网络结构的骨架,再在骨架上导入不同类型的化学活性基团(通常为酸性或碱性基团)而制成。其中,苯乙烯系树脂主要吸附芳香族物质,而丙烯酸系树脂能吸附交换大多数离子型色素。树脂基体聚合时所用二乙烯苯的百分数称为树脂的交联度,对树脂的性质有很大的影响。通常交联度高的树脂聚合紧密,对离子的选择性较强,而交联度低的树脂空隙较大,反应速度较快。工业应用的离子树脂的交联度一般不低于4%,用于脱色的树脂交联度一般不高于8%,单纯用于吸附无机离子的树脂,其交联度可较高。离子交换树脂除上述的苯乙烯系和丙烯酸系两大系列外,还可以由其他有机单体聚合制成,如酚醛系、环氧系、乙烯吡啶系、脲醛系等。在食品工业,离子交换树脂主要用于水质软化和除铁,葡萄糖、蔗糖、饴糖脱色,甘油等的精制,牛乳脱盐(钠、钙离子),葡萄酒的净化(用氢离子取代铁离子)以及氨基酸、蛋白质、化学调味料等的提纯精制。

思考题

1. 食品酶制剂在食品中的应用有哪几个方面?

2. α-淀粉酶活力与面粉糊的黏度有何关系?

3. 在哪些食品加工过程中易产生大量泡沫?起泡的原因是什么?如何消除?

实训内容　α-淀粉酶活力测定

【实训目的】

(1)学习α-淀粉酶活力测定的方法。

(2)了解淀粉酶活力大小对工艺生产的指导意义。

【实训原理】

α-淀粉酶水解淀粉的产物为还原糖,用比色法测定还原糖的生成量可计算酶活力单位,其定义为:1min 内水解淀粉所产生的还原糖相当于 1 μmol 麦芽糖的酶量,为一个活力单位。

【实训仪器和试剂】

(1)分光光度计、恒温水浴锅、温度计、试管、移液管、天平、容量瓶。

(2)待测酶液的准备:准确称取1g α-淀粉酶,用磷酸盐缓冲液定容至100mL。

(3)配制底物溶液:称取可溶性淀粉1g,用磷酸盐缓冲液定容至100mL。

(4)磷酸盐缓冲溶液:准确称取3.72g Na_2HPO_4,12.42g NaH_2PO_4,0.372g NaCl,用蒸馏水充分溶解后,定容至1000mL,即为20mmol/L磷酸盐缓冲溶液。

(5)配制3,5-二硝基水杨酸试剂(DNS):准确称取3,5-二硝基水杨酸1g,溶于20mL 2mol/L NaOH溶液中,加入50mL蒸馏水,再加入30g酒石酸钾钠,待溶解后用蒸馏水定容至100mL。盖紧瓶塞,勿使二氧化碳进入。若溶液浑浊可过滤后使用。

(6)配制标准麦芽糖溶液:0.342g分析麦芽糖溶于蒸馏水,定容至1000mL,即为1 μmol/mL的标准溶液。

【实验步骤】

(1)取8支洁净的试管,分成四组,每组两个平行,各组分别编号:①空白;②样品;③标空;④标准。在25℃恒温条件下按表11-1进行操作。

表11-1 淀粉酶酶活测定步骤

实验步骤	实验内容	实验组别			
		1#	2#	3#	4#
1	加底物溶液体积/mL	1	1	0	0
2	加双蒸水体积/mL	1	0	2	0
3	加酶液体积/mL,摇匀	0	1	0	0
4	60℃准确保温3min				
5	DNS显色剂体积/mL	2	2	2	2
6	标准麦芽糖溶液体积/mL	0	0	0	2
7	沸水浴3min,冷却				
8	双蒸水体积/mL	20	20	20	20
9	摇匀,在分光光度计上测 A_{540nm}				

(2)计算α-淀粉酶活力

$$酶活力(U/mg)=\frac{(A_{样}-A_{空})\times 标准麦芽糖的物质的量(\mu mol)}{(A_{标}-A_{标空})\times 3\times 样品管中的酶的质量(mg)}$$

参考文献

1. Farooqahamed S. K, Acharya B. V. K, Mandyam C. V. Chitooligosaccharides——preparation with the aid of pectinase isozyme from *Aspergillus niger* and their antibacterial activity. Carbohydrate Research, 2005(340):1239~1245.

2. 陈红丽,杨永锋,于建军. 胃蛋白酶提取硫酸软骨素的研究. 应用化工,2009,

38(12):1765~1768.

3. 郝晓敏,王遂,崔凌飞. α-淀粉酶水解玉米淀粉的研究. 食品科学,2006(2):141~143.

4. 贺家亮,李开雄,李星科等. 凝乳酶的添加量对半硬质干酪品质影响研究. 食品科技,2008(9):69~78.

5. 胡杨,蒋远干,但卫华等. 胃蛋白酶提取猪皮胶原的研究. 中国皮革,2010,39(23):11~16.

6. 李雨林,周海英,申琳等. 无花果蛋白酶与木瓜蛋白酶对牛肉嫩化的研究. 肉类工业,2006(11):31~33.

7. 刘昭,宋江良,安凤平. 均匀试验设计法在木瓜蛋白酶嫩化牛肉中的应用研究. 福建轻纺,2010(3):51~53.

8. 马宇翔,杨国龙,周瑞宝等. 菠萝蛋白酶水解醇法大豆浓缩蛋白的研究. 河南工业大学学报(自然科学版),2006,27(5):43~46.

9. 明键,曾凯芳,李洪军. 胰蛋白酶嫩化牛肉效果的研究. 食品科学,2009,30(5):222~226.

10. 彭召海,谭春林. 采用耐高温糖化酶酿制低糖啤酒. 啤酒科技,2002(9):54~58.

11. 王卫东,孙月娥. 果胶酶及其在果蔬汁加工中的应用. 食品研究与开发,2006,27(11):222~226.

12. 徐元,何琦. 木瓜蛋白酶的固定化及其在啤酒澄清中应用的研究. 天然产物分离,2003,1(3):6~12.

13. 杨勤,张玉珍,林茂荣. 胃蛋白酶干酪素生产工艺研究. 中国牛奶,2009(2):46~49.

14. 易翠平,周素梅,潘艳艳. 胃蛋白酶水解大米蛋白的研究. 食品科学,2010,31(10):129~132.

15. 张鸣镝,姚惠源. 胰蛋白酶水解玉米胚芽蛋白的研究. 中国油脂,2006,31(1):48~50.

16. 钟继才. 凝乳酶在干酪生产中的应用. 中国乳品工业,2006,34(1):54~56.

17. 朱仁俊,石振兴,甘伯中等. 凝乳酶的研究进展. 中国乳品工业,2010,38(1):39~42.

模块十二　其他食品添加剂

学习目标

本模块主要介绍了膨松剂、稳定剂和凝固剂、水分保持剂、抗结剂、面粉处理剂、胶基糖果中基础剂物质、被膜剂等食品添加剂的定义、种类及其使用范围。

通过本模块的学习，应掌握膨松剂、稳定剂和凝固剂、抗结剂、水分保持剂和被膜剂的作用及其原理；熟悉并了解我国允许使用的膨松剂、稳定剂和凝固剂、抗结剂、水分保持剂和被膜剂的种类及实际使用范围。

学习任务

了解膨松剂、水分保持剂、抗结剂、被膜剂的作用、常用种类及使用范围。

【案例解析】

油条或饼干中的气孔是如何来的？豆浆是如何变成豆腐的？油条或饼干中的气孔是通过加入膨松剂(如小苏打)实现的，豆浆添加凝固剂后变成豆腐，其实食品添加剂种类很多，除了前面各模块介绍的食品添加剂外，还有在食品加工中常用的膨松剂、稳定剂和凝固剂、抗结剂、水分保持剂(磷酸盐)及被膜剂等将在本模块一并介绍。

项目一　膨松剂

蛋糕、饼干等食品具有海绵状多孔组织，口感柔软、酥脆。这类食品之所以具有这些特点，是因为在制作过程中面团里含有足量的气体，气体受热膨胀使产品起发。这些气体的获得，除少量来自制作过程中混入的空气和物料中所含水分在烘焙时受热所产生的水蒸气外，绝大多数则是由膨松剂提供。

膨松剂又称膨发剂或疏松剂，是生产面包、饼干、糕点时使面团在焙烤过程中起发的食品添加剂。通常，膨松剂是在和面过程中加入，在焙烤加工时因受热分解产生气体使面团起发，在内部形成均匀、致密的多孔性组织，从而使制品具有酥脆或松软的特征。用酵母发酵时亦有上述特点，但酵母通常不作为食品添加剂对待。

膨松剂按组成成分分为碱性膨松剂和复合膨松剂两类，现分别介绍如下：

一、碱性膨松剂

我国使用最多的碱性膨松剂是碳酸氢钠和碳酸氢铵。

1. 碳酸氢钠（CNS 号：06：001；INS 号：500ii）

碳酸氢钠（$NaHCO_3$）又名小苏打，为白色结晶性粉末，相对密度 2.20，熔点 270℃，加热至约 50℃ 开始失去二氧化碳，至 100℃ 成为倍半碳酸盐（$Na_2CO_3 \cdot NaHCO_3 \cdot 2H_2O$），加热至 270～300℃ 维持 2h，成为碳酸钠。无臭，无味，易溶于水（9.6%，20℃），不溶于乙醇。水溶液呈碱性（pH7.9～8.4）。碳酸氢钠在干燥空气中稳定，潮湿空气及受热后易分解产生气体。

目前，碳酸氢钠很少单独使用，常与碳酸氢铵配合，用于饼干、糕点，或作为复合膨松剂的碱性剂。碳酸氢钠之所以被广泛应用，除因其价格低廉、无毒、保存方便之外，更主要的是其碱性比碳酸钠弱，在面团中溶解时，不会形成局部面团碱性过高。但碳酸氢钠单独作用时，因受热分解而呈强碱性，使用不当时，会使成品表面呈黄色斑点。碳酸氢钠容易破坏面团中的维生素，最好与酸性膨松剂合用。另外，可用碳酸氢钾代替碳酸氢钠制作低钠焙烤制品。

食品级的碳酸氢钠可认为无毒，钠离子是人体内正常成分，一般长期摄入碳酸氢钠对人体无害，此外碳酸氢钠与碳酸在体内形成缓冲体系，对过量酸或碱性物质进入人体内起缓冲作用。但过量摄取时有碱中毒及损害肝脏的危险，一次大量内服，可因产生大量 CO_2 使胃破裂。

我国 GB2760—2011 规定：碳酸氢钠可用于除 GB2760—2011 附表 A.3 所列食品类别外的各类食品。

碳酸氢钠现行标准为 GB1887—2007。

2. 碳酸氢铵（CNS 号：06：002；INS 号：503ii）

碳酸氢铵（NH_4HCO_3）俗称食臭粉、臭粉，为白色粉状结晶，有氨臭味，在空气中易风化。对热不稳定，可离解成氨、二氧化碳和水，但在室温下十分稳定。固体在 58℃、水溶液在 70℃ 下分解产生氨和二氧化碳，稍有吸湿性，易溶于水（17.4g/100mL，20℃）。水溶液呈碱性，0.8% 水溶液的 pH 为 7.8。溶于甘油，不溶于乙醇。

碳酸氢铵分解后产生气体的量比碳酸氢钠产生的多，起发力大，但容易造成成品过松，使成品内部或表面出现大的空洞。此外，碳酸氨铵加热时产生带强烈刺激性的氨气，虽然它很容易挥发，但可残留在成品中，从而带来不良的风味，所以应适当控制其用量。一般将碳酸氢铵与碳酸氢钠混合使用，可以弥补各自的缺点，获得满意的效果。

我国GB2760—2011规定:碳酸氢铵可在除GB2760—2011附表A.3所列食品类别外各类食品中按正常生产需要使用。在饼干、糕点生产中碳酸氢铵与碳酸氢钠并用时,其使用总量以面粉计为0.5%~1.5%,具体配合比例依原料性质、成品形态、操作条件等因素不同而异,详见表12-1。

表12-1 饼干中碱性膨松剂的参考用量 单位:%

面团类型	碳酸氢钠	碳酸氢铵
韧性面团	0.5~1.0	0.3~0.6
酥性面团	0.4~0.8	0.2~0.5
甜酥面团	0.3~0.5	0.15~0.2

此外,碳酸氢铵尚可用于羊奶脱膻(用量约10~20mg/kg),对乳及乳制品的应用须按有关规定执行。

碳酸氢铵的ADI值不需要规定(FAO/WHO,2001)。碳酸氢铵现行标准为GB1888—2008。

二、复合膨松剂

复合膨松剂一般由碳酸盐类、酸类(或酸性物质)和淀粉等三部分物质组成,主要成分是碳酸盐类,常用的是碳酸氢钠,其用量占20%~40%,其作用是与酸反应产生二氧化碳。另一重要成分是酸或酸性物质。它与碳酸氢盐发生中和反应或复分解反应产生气体,并降低成品的碱性,其用量占35%~50%。常用的主要有柠檬酸、酒石酸、富马酸、乳酸、酸性磷酸盐和明矾类(包括钾明矾和铵明矾)等。

复合膨松剂还需要淀粉、脂肪酸等成分,共用量占10%~40%,这些成分的作用在于增加膨松剂的保存性,防止吸潮结块和失效,也有调节气体产生的速度或使产生气孔均匀等作用。

现将我国允许使用的复合膨松剂中的几种原料以及复合膨松剂配方简介如下。

(一)复合膨松剂中的常见原料

1. 硫酸铝钾、硫酸铝铵(CNS号:06.004,06.005;INS号:522,523)

硫酸铝钾又名钾明矾、明矾、钾矾或铝钾矾。为无色透明坚硬的大块结晶,结晶性碎块或白色结晶性粉末。是含有结晶水的硫酸钾和硫酸铝的复盐。无臭,味微甜,有酸涩味。可溶于水,在水中水解生成氢氧化铝胶状沉淀,受热时失去结晶而成白色粉末状的烧明矾。

硫酸铝铵又名铵明矾,为无色透明状结晶或结晶性粉末,无臭,味涩,具有强烈收敛性,相对密度约1.645,熔点94.5℃。硫酸铝铵不溶于乙醇,能溶于甘油和水,其水溶液呈酸性。硫酸铝铵加热至120℃失去10个结晶水,250℃时失去全部结晶水,280℃以上则分解。作为净水剂和膨松剂,硫酸铝铵可代替钾明矾。

我国GB2760—2011规定:硫酸铝钾和硫酸铝铵可用于豆类制品、小麦粉及其制品、虾味片、焙烤食品、水产品及其制品(包括鱼类、甲壳类、贝类、软体类、棘皮类等水产品及其加工制品)、膨化食品中按生产需要适量添加,但要求铝的残留量≤100mg/kg(干基)。作为膨松剂,用于油炸食品,建议在虾味片中使用6g/kg,在油条中使用10~30g/kg,用量过多会带来发涩的后味,应予以控制。

硫酸铝钾和硫酸铝铵为配制发酵粉的主要原料,在有些发酵粉的配方中,钾明矾或烧明矾占50%左右。硫酸铝钾和硫酸铝铵是我国传统使用的食品添加剂,在正常使用量范围内,虽未显示明显的毒性,但对其腐蚀作用等问题应加以注意。

硫酸铝钾的现行标准为:GB 1895—2004,硫酸铝铵的现行标准为:GB 25592—2010。

2. 酒石酸氢钾(CNS号:06.007;INS号:336)

酒石酸氢钾为白色结晶或结晶性粉末,无臭,有愉快的清凉酸味,相对密度(d_{20}^{20}) 1.956。难溶于水(0.84g/100mL),能溶于热水(6.9g/100mL,100℃),其饱和水溶液的pH为3.66(17℃)。在氢氧化钾或碳酸钾溶液中呈中性可溶性复盐,加酸后重又析出。

我国GB2760—2011规定:酒石酸氢钾可用于小麦粉及其制品、焙烤食品中,最大使用量为250g/kg。

酒石酸氢钾的现行标准为:GB 25556—2010。

(二)复合膨松剂的配方

1. 小苏打与酒石酸氢钾并用

基本配方为:小苏打25%、酒石酸氢钾52%、填充料23%。此配方比较稳定,用于饼干生产中无臭味产生,色、香、味较理想,在使用量相同的情况下,膨松力较其他膨松剂大,使用方便,是一种速效膨松剂。

2. 小苏打与酸性磷酸钙并用

基本配方为:酸性磷酸钙37%、小苏打26%、填充料37%。此配方中有磷酸钙,又称营养发酵粉。磷酸钙必须充分干燥磨成细粉后使用,为迟效性膨松剂。

商品性发酵粉往往是上述两类的混合物,即速效、迟效发酵粉混合配制的复合膨松剂。

项目二　稳定剂和凝固剂

稳定剂和凝固剂主要指使食品结构稳定或使食品组织结构不变，增强黏性固形物的一类食品添加剂。凝固剂能够使果胶、蛋白质凝固为不溶性凝胶状物。

我国使用凝固剂的历史悠久，早在2000年前的东汉时期就已用盐卤点制豆腐，作为一种传统的方法沿用至今。如今为了便于豆腐的机械化和连续化生产，常用葡萄糖酸-δ-内酯作为豆腐的凝固剂。此外，人们还常将氯化钙、碳酸钙和葡萄糖酸钙等用于水果和蔬菜，防止果蔬软化。水果和蔬菜中的低甲氧基果胶含有大量的果胶酸，加入钙盐凝固剂，便与果胶酸的羧基生成果胶酸盐，加强果胶分子的交联作用，此时2个多糖分子之间由许多离子键和氢键交联成双螺旋结构，对交联的双螺旋体紧密地结合在一起而形成具有弹性的凝胶固体，从而使果蔬加工制品具有一定的脆度和硬度。

盐卤、硫酸钙、葡萄糖酸-δ-内酯等均为蛋白质凝固剂。蛋白质加热后，其立体结构发生变化，从而引起蛋白质的物理、化学、生物化学的性质发生变化，这种现象称为蛋白质热变性。豆浆加热后，随着蛋白质分子运动加快，在相互撞击下，构成蛋白质的多肽链的侧链断裂，变为开链状态，大豆蛋白质分子原来有序的紧密结构变为疏松的无规则状态。这时加入凝固剂，变性的蛋白质分子相互凝聚、相互穿插缠结成网状的凝聚体，水被包在网状结构的网眼后，转变成蛋白质凝胶。在生产豆腐的过程中，此工艺过程称为点脑、点卤或点浆。

现就我国允许使用的稳定剂和凝固剂介绍如下。

1. 氯化钙(CNS号:18.002;INS号:509)

氯化钙($CaCl_2$)为白色坚硬的碎块或颗粒，无臭，味微苦，置空气中极易潮解。易溶于水。氯化钙主要是通过使可溶性果胶凝固成为凝胶状不溶性果胶酸钙或加强细胞壁的纤维结构，保持果蔬加工制品的脆度和硬度。其作用机理是：可溶性果胶的果胶酸与加入氯化钙中的钙离子反应，生成果胶酸钙，加强了果胶分子的交联作用，形成凝胶。氯化钙和硫酸钙一样，也可作豆制品生产中的凝固剂，1kg大豆的使用量为20~25g。此外，钙是人体内重要无机成分，以盐的形式存在于人体各组织内，具有多种生理功能，如调节神经心肌、肌肉的兴奋性，参与肌肉收缩、细胞分泌、凝血过程等，故氯化钙还可作为食品营养强化剂。

氯化钙在食品加工中常用作稳定剂和凝固剂，保持果蔬的脆性。什锦罐头蔬菜生产中，需用氯化钙作硬化处理，最大用量为0.26g/kg。整番茄罐头生产中，把去皮后的番茄立即投入0.3%的氯化钙溶液中，经多次处理，使番茄汁中含有0.1%的氯化钙，即可保证产品质量。香菇炖鸭等罐头中的冬瓜亦需用氯化钙处理，可将去皮的冬瓜块放在0.1%氯化钙溶液中，在80kPa下抽真空渗透20min，至冬瓜肉呈水晶状为止。

我国GB2760—2011规定：氯化钙可用于稀奶油、水果罐头、果酱、蔬菜罐头、豆类制品、装饰糖果（如工艺造型，或用于蛋糕装饰）、顶饰（非水果材料）和甜汁、调味糖浆和其他饮用水（自然来源饮用水除外）中。

氯化钙的ADI不需要规定（FAO/WHO，1994），其现行标准为：GB 22214—2008。

2. 硫酸钙（CNS号：18.001；INS号：516）

硫酸钙（$CaSO_4$）俗称石膏或生石膏，为白色结晶，无臭，相对密度2.96，熔点1450℃。加热至100℃失去部分结晶水而成为半含水盐（$CaSO_4 \cdot 1/2H_2O$），称煅石膏。室温时重又成为二水盐，如再加热，则完全脱水成无水盐；即使再加水也不恢复。难溶于水（0.26g/100mL，18℃），溶液呈中性，有涩味，微溶于水和甘油。不溶于乙醇。

硫酸钙不仅可以用作稳定剂和凝固剂，还用作增稠剂和酸度调节剂。我国GB2760—2011规定：硫酸钙可用于豆类制品、面包、糕点、饼干、腊肠、肉灌肠类食品中。

硫酸钙的现行标准为：GB 1892—2007。

3. 葡萄糖酸-δ-内酯（CNS号：18.007；INS号：575）

葡萄糖酸-δ-内酯又称1,5-葡萄糖酸内酯、葡萄糖酸内酯，简称GDL。分子式为$C_6H_{10}O_6$，相对分子质量为178.14。为白色结晶性粉末，无臭，口感先甜后酸，易溶于水，略溶于乙醇，几乎不溶于乙醚。在约135℃时分解。水溶液缓慢水解成葡萄糖酸以及其α-和γ-内酯平衡混合物。其水解速度可因温度或溶液的pH而有所不同，温度越高或pH越高，水解速度越快，通常，1%水溶液的pH为3.5左右，故亦可作酸度调节剂用。

用葡萄糖酸-δ-内酯制成的豆腐洁白细嫩，无传统用卤水或石膏点卤所具有的苦涩味，且使用较方便。硫酸钙与葡萄糖酸-δ-内酯的特性比较见表12-2。

表12-2　硫酸钙与葡萄糖酸-δ-内酯凝固作用的比较

项目	硫酸钙	葡萄糖酸-δ-内酯
水溶性	小(0.2g/100mL)	大(59g/100mL)
低温凝固性	有	无
高温凝固性	70℃适当，65~75℃时硬度变化小	温度越高，凝固力越大；硬度取决于温度
豆乳浓度	豆乳浓度影响硬度的范围大	豆乳浓度影响硬度的范围小
凝固性状	有保水性，光滑，口感好，用量过大有苦味	有保水性及弹性，断面光滑、口感好

在国外，葡萄糖酸-δ-内酯还用于午餐肉和碎猪肉罐头，有助于发色，最大使

用量为0.3%。用于糕点防腐,一般用量为0.5%~2.0%。作为糕点等复合膨松剂中的酸度调节剂,与碳酸氢钠并用,可缩短制作时间,增大起发体积,使结构细密,不产生异味。

我国GB2760—2011规定:葡萄糖酸-δ-内酯可在除GB2760—2011附表A.3所列食品类别外的各类食品中按生产需要适量添加。

葡萄糖酸-δ-内酯的ADI不需要规定(FAO/WHO,2001),现行标准为:GB 7657—2005。

4. 丙二醇(CNS号:18.004;INS号:1520)

丙二醇为无色透明糖浆状液体,无臭,略有辛辣味和甜味,在潮湿空气中易吸水。沸点188.2℃,凝固点-59℃,闪点104℃,20℃黏度0.056Pa·S,混溶于水、丙酮、醋酸乙酯和氯仿,溶于乙醚,可溶解许多精油,但与石油醚、石蜡和油脂不能混溶。对热、光稳定,有可燃性。丙二醇的水溶液不易冻结,40%的丙二醇溶液在-20℃仍不冻结,对食品有抗冻作用。

难溶于水的防腐剂、色素和抗氧化剂等食品添加剂可先用少量丙二醇溶解,然后再添加到食品中。食品香精除使用乙醇作香料稀释剂外,有时也配合使用丙二醇。

我国GB2760-2011规定:丙二醇可在糕点和生湿面制品(如面条、饺子皮、馄饨皮、烧卖皮)中应用,可作为加工助剂可用于提取工艺。丙二醇同时还可以作为抗结剂、消泡剂、乳化剂、水分保持剂和增稠剂。

丙二醇ADI:0~25mg/kg体重(FAO/WHO,2000)。

项目三　抗结剂

抗结剂,又称抗结块剂,是用于防止颗粒或粉状食品聚集结块,保持其松散或自由流动的食品添加剂。抗结剂一般不溶于水,但具有很强的吸水能力,可吸收多余的水分或包在颗粒外面使其排斥水。例如用少量无水磷酸氢二钠可防止盐或糖结块,我国常用亚铁氰化钾防止食盐结块。抗结剂的主要特点是颗粒细小,粒径为2~9μm;表面积大,比表面积为310~675m^2/g;比体积为80~465m^3/kg,具有微细多孔性,吸附能力很强,易吸附水分和其他物质使产品膨松,流动性好。

1. 亚铁氰化钾(钠)(CNS号:02.001,02.008;INS号:536,535)

亚铁氰化钾[$K_4Fe(CN)_6 \cdot 3H_2O$]又名黄血盐,为浅黄色结晶颗粒或粉末,相对密度1.853,无臭,可溶于水,不溶于乙醇和乙醚等,在空气中稳定,加热至70℃失去结晶水,100℃变成吸湿性白色粉末状无水物,高温时分解放出氮气,生成氰化钾和碳化铁。能与酸、碱、铁离子反应,与铁盐溶液生成普鲁氏蓝沉淀。

我国 GB2760—2011 规定：亚铁氰化钾可用于食盐及盐制品中，最大使用量为 0.01g/kg。亚铁氰化钾具有抗结性能，可防止细粉、结晶性食品板结，如防止食盐因堆放日久的板结现象，其主要原因是亚铁氰化钾能使食盐的正六面体结晶转变为星状结晶，而不易发生结块。

亚铁氰化钾（钠）的 ADI 为 0～0.25mg/kg 体重（以亚铁氰化钠计；FAO/WHO，2001），LD_{50} 为 1.6～3.2g/kg 体重（大鼠，经口）。亚铁氰化钾现行标准为：GB 25581—2010。

2. 硅铝酸钠（CNS 号：02.002；INS 号：554）

硅铝酸钠为白色无定形细粉或小珠，无臭、无味，相对密度 2.6，熔点 1000～1100℃，折射率约为 1.54。不溶于水、乙醇和其他有机溶剂。在 80～100℃时，部分溶于强酸及氢氧化钠碱溶液。用二氧化碳水制备的 20% 浆液 pH 为 6.5～10.5。

我国 GB2760—2011 规定：硅铝酸钠可用于乳粉和奶油粉及其调制产品、干酪、植脂末、可可制品（包括以可可为主要原料的脂、粉、浆、酱、馅等）、淀粉及淀粉类制品、食糖、餐桌甜味料、盐及代盐制品、香辛料及粉、复合调味料、固体饮料类和酵母及酵母类制品中。

FAO/WHO（2001）规定：其 ADI 不作限制性规定，美国 FDA 将硅铝酸钠列为 GARS 物质。硅铝酸钠的现行标准为：GB 25583—2010。

3. 微晶纤维素（CNS 号：02.005；INS 号：460i）

微晶纤维素（Microcrystalline cellulose，简称 MCC）又称纤维素胶、结晶纤维素，分子式 $(C_6H_{10}O_5)_n$，是由可自由流动的纤维素晶体组成的天然聚合物，是天然纤维素经稀酸水解并经一系列处理后得到的极限聚合度产物。微晶纤维素的主要成分是以 β-1,4-葡萄糖苷基结合的直链式多糖类。聚合度约为 3000～10000 个葡萄糖分子，在一般的植物纤维中，微晶纤维素约占 70%，另 30% 为无定形纤维素，经水解得微小、耐酸的微晶纤维素。微晶纤维素为白色或几乎白色的细小粉末，大小一般在 20～80μm；无毒、无味，可压成自身黏合的小片，在水中迅速分解。不溶于水、稀酸、稀碱溶液和大多数有机溶剂。

我国 GB2760—2011 规定：微晶纤维素可在各类食品生产中按生产需要适量添加。微晶纤维素与人们日常摄入的纤维素组分相同，是一种安全可靠的食品添加剂。微晶纤维素应用于冷冻食品，不仅可提高配料的分散性和稳定性，在较长时间内保持原形和质量，且微晶纤维素的颗粒极细（0.2μm），可改善冷冻食品口感；在酸奶酪中，由于 pH 较低，容易引起牛奶出现乳清分离的现象，加入微晶纤维素后，可在一定程度上保证制品的稳定性；冰奶油添加一定量的微晶纤维素，乳化稳定性、泡沫稳定性及冰晶防止能力都有很大提高，与水溶性高分子化合物稳定性相比，冰奶油更加滑润爽口；速溶饮料是一种即冲即饮的饮料，便于运输，同时减少在储存过程中受污染和被微生物降解的危险。但速溶饮料在水中再分散时常出现分散不均或稳定性不高的现象，加入一定规格的胶体微晶纤维素可很快形成稳定的胶体溶液,分散性和稳定性都有很大提高。在速溶巧克力或可可饮料中加入胶体微晶纤维素、淀粉和麦芽糊精的混合物,不仅可防止粉末受潮结块,而且用水冲调时有很好的稳定性和分散性。

FAO/WHO(2001)规定:微晶纤维素 ADI 不作限制性规定,其 LD_{50} 为 21.5g/kg 体重(大鼠,经口)。其现行标准为卫生部 2011 年第 8 号公告指定标准。

4. 磷酸三钙(CNS 号:02.003;INS 号:341iii)

磷酸三钙是由不同磷酸钙组成的混合物,其大致组成为 $10CaO \cdot 3P_2O_5 \cdot H_2O$。磷酸三钙是白色无定形粉末,无臭无味,相对密度 3.18,熔点 1670℃,折射率 1.63,在空气中稳定性强;不溶于乙醇和丙酮,不溶于水,易溶于稀盐酸和硝酸。

我国 GB2760—2011 规定:磷酸三钙的应用范围同磷酸。除作抗结剂外,磷酸三钙还可作酸度调节剂、膨松剂、稳定剂等。

美国 FDA 将磷酸三钙列为 GARS 物质。现行标准为 GB 25558—2010。

5. 二氧化硅(CNS 号:02.004;INS 号:551)

二氧化硅是供食品用的无定形产品,按制法的不同可分为胶体硅和湿硅两种。胶体硅为白色、膨松、无砂、吸湿、粒度非常细小的粉末;湿法硅为白色、膨松、吸湿或能从空气中吸收水分的粉末或似白色的微空泡状颗粒。二氧化硅相对密度 2.2~2.6,熔点 1710℃,不溶于水、酸和有机溶剂,溶于氢氟酸。

我国 GB2760—2011 规定:二氧化硅可用于乳粉、奶油粉及其调制产品、植脂末、冷冻饮品(食用冰除外)、可可制品(包括以可可为主要原料的脂、粉、浆、酱、馅等)、原粮、脱水蛋制品(如蛋白粉、蛋黄粉、蛋白片)、糖粉、盐及代盐制品、香辛料类、固体复合调味料、固体饮料类、其他(豆制品工艺用)中。

FAO/WHO(2001)规定:二氧化硅 ADI 不作限制性规定,其 LD_{50} 为 5g/kg 体重(大鼠,经口)。现行标准为:GB 25576-2010。

6. 硬脂酸镁(CNS 号:02.006;INS 号:470)

硬脂酸镁为白色松散粉末,无臭无味,细腻无砂粒感,有清淡的特征性香气,相对密度 1.028,熔点 88.5℃(纯品)或 132℃(工业品),不溶于水、乙醇和乙醚。商品为硬脂酸镁和棕榈酸镁按不定比例组成的混合体,可能含有少量的油酸镁和氧化镁。

我国 GB2760—2011 规定:硬脂酸镁可用于蜜饯凉果、可可制品、巧克力和巧克力制品(包括代可可脂巧克力及制品)以及糖果中。

硬脂酸镁 ADI 无限制性规定(FAO/WHO,2001),现行标准为 2011 年卫生部第 8 号公告指定标准。

7. 滑石粉(CNS 号:02.00;INS 号:553iii)

滑石粉为天然的含水硅酸镁(硅酸氢镁),有时可含有少量的硅酸铝。为白色或灰白色无臭无味结晶性细粉末,细腻滑润,易黏附于皮肤。对酸、碱、热十分稳定,易与砂性颗粒分离,相对密度 2.7~2.8,不溶于水、碱和乙醇,微溶于稀的无机酸。滑石粉主要用作抗结剂和胶基糖果中基础剂物质。

我国GB2760—2011规定:滑石粉可用于凉果类、话化类(甘草制品)食品中。

FAO/WHO(1994)规定:滑石粉ADI不作限制性规定;滑石粉实际无毒,但不能吸入肺部以免引起粉尘性肺炎。现行标准为:GB 25578—2010。

8. 硅酸钙(CNS号:02.009;INS号:552)

硅酸钙为白色至灰白色易流动粉末,即使在吸收较多水分或其他液体后仍然如此。由新熟化的石灰与二氧化硅按一定的比例混合后,经高温下煅烧熔融、急冷在加热制成,不溶于水,但可与无机酸形成凝胶。5%悬混液的pH为8.4~10.2,相对密度2.9。

我国GB2760—2011规定:硅酸钙可在乳粉(包括加糖乳粉)和奶油粉及其调制产品、干酪、可可制品(包括以可可为主要原料的脂、粉、浆、酱、馅等)、淀粉及淀粉类制品、食糖、餐桌甜味料、盐及代盐制品、香辛料及粉、复合调味料、固体饮料类、酵母及酵母类制品中应用。

硅酸钙属于GRAS添加剂(FDA,2000),其ADI值不作限制性规定(FAO/WHO,2001)。现行标准为卫生部2011年第19号公告指定标准。

项目四　水分保持剂

水分保持剂主要用于保持食品的水分。品种不少,本项目仅就我国许可使用的磷酸盐扼要介绍。磷酸盐是一类具有多种功能的物质。在食品加工时广泛用于各种肉禽、蛋、水产品、乳制品、谷物制品、饮料、果蔬、油脂以及改性淀粉等,具有明显改善品质的作用。例如,磷酸盐可减少肉、禽制品加工时的原汁流失,增加持水性,从而改善风味,提高出品率,并可延长储藏期。防止鱼类冷藏时蛋白质变质,保持嫩度,减少解冻损失,也可增加方便面的复水性。还可用于生产改性淀粉。

食品加工中常用的磷酸盐有正磷酸盐、焦磷酸盐、聚磷酸盐和偏磷酸盐等。

一、正磷酸盐

常用的有磷酸钾和磷酸钠。另外,磷酸氢二钠(钾)和磷酸二氢钠(钾)虽不属于正磷酸盐,亦在这里予以介绍。

1. 磷酸三钠(CNS号:15.001;INS号:339iii)

磷酸三钠又名磷酸钠、正磷酸钠,为无色至白色的六方晶系结晶或结晶性粉末,无臭,可溶于水(28.3g/100mL,15℃),密度为1.62g/cm^3,熔点73.3~76.7℃。不溶于乙醇,在水溶液中几乎全部分解为磷酸氢二钠和氢氧化钠,呈强碱性(1%水溶液的 pH 为 11.5 ~ 12.0)。

磷酸三钠为无水物或含有 1 ~ 12 个分子的水合物,一般商品分为三种,分别是无水磷酸三钠(Na_3PO_4),相对分子质量 163.94,一水合磷酸三钠($Na_3PO_4 \cdot H_2O$),相对分子质量 181.96,十二水合磷酸三钠($Na_3PO_4 \cdot 12H_2O$),相对分子质量 380.18。无水物可吸收空气中的 CO_2 和水分形成磷酸氢二钠及碳酸氢钠。十二水合物加热至 55 ~ 65℃成十水合物,加热至 65 ~ 100℃成六水合物,加热至 100 ~ 212℃成半水合物,212℃以上成无水物。

磷酸三钠在食品中可用作水分保持剂,具有持水、缓冲、乳化、络合金属离子、改善色泽、调整 pH 和组织结构等作用。用于肉、鱼等制品能使食品保持新鲜、富有弹性;用于面包、点心,可增强制品韧性,防止酥条、断条,爽滑润口;还可防止海藻酸等增稠剂脱水收缩或由于金属离子引起的胶凝。此外,磷酸钠还具有缓冲、乳化作用。美国 FDA 将其列为 GRAS 物质。

磷酸三钠现行标准:GB25565—2010。

2. 磷酸三钾(CNS 号:01.308;INS 号:340iii)

磷酸三钾或称磷酸钾,为白色的斜方晶系结晶或粉末,无臭,相对分子质量为 212.28,密度 2.564g/cm^3,熔点 1340℃。在空气中易潮解,对热很稳定,可溶于水(51g/100mL,25℃),不溶于乙醇,其水溶液呈强碱性,1% 水溶液的 pH 约为11.5。吸湿性较强。水合物有三水化合物和八水化合物两种。三水化合物为六方晶系粒状粉末或结晶体,八水化合物为直角小片状结晶体。

磷酸钾的使用很广,是肉制品的品质改良剂,亦作为膨松剂的酸性盐使用,也是枧水的成分。在福建、台湾省用于面条,它可使蛋白质更具有弹性,而且可增加风味以及使面条的颜色变黄等。

磷酸三钾的现行标准为:GB 25563—2010。

3. 磷酸氢二钠(钾)(CNS 号:15.006,15.009;INS 号:339ii,340ii)

磷酸氢二钠,又名磷酸二钠,分子式 $Na_2HPO_4 \cdot nH_2O$($n=0$、2、12),相对分子质量 141.96($n=0$)、177.99($n=2$)、358.14($n=12$),无水物为白色粉末,水合物为无色到白色晶体。无水磷酸氢二钠在空气中逐渐吸湿形成七水化合物或者与二氧化碳和水反应,生成磷酸二氢钠和磷酸钠。十二水合物密度 1.52g/cm^3,熔点 35.1℃,具吸湿性,在空气中迅速风化成七水盐,易溶于水(9.3g/100mL,20℃),不溶于乙醇。与空气中二氧化碳反应生成磷酸二氢钠和碳酸氢钠。水溶液呈碱性(3.5% 的水溶液 pH 为 9.0 ~ 9.4)。常温时放置于空气中失去约 25% 结晶水。加热至 100℃失去全部结晶水成为白色粉末无水物,在 250℃时生成焦磷酸钠。

磷酸氢二钾为白色晶状粉末或颗粒,易潮解,易溶于水(6.3g/100mL,20℃),水溶液呈碱性,10g/L 水溶液 pH8.6 ~ 9.4,可用作 pH 调节剂,不溶于乙醇。

磷酸氢二钠水溶液呈碱性,可用于调节乳制品和肉制品的 pH 以及结着性能,提高乳制品热稳定性。

静脉注射高浓度磷酸氢二钠,会引起血液中钙的减少,导致低血钙。磷酸氢二钠和磷酸二氢钠以 4:1 存在于血浆中可以调节体内酸碱平衡。

磷酸氢二钠现行标准: GB 25568—2010。磷酸氢二钾现行标准: GB 25561—2010。

4. 磷酸二氢钠(钾)(CNS 号:15.005,15.010;INS 号:339i,340i)

磷酸二氢钠又名酸性磷酸钠和磷酸一钠,为白色结晶状粉末或颗粒,无臭,稍有吸湿性。相对密度 2.04。熔点 60℃,易溶于水,不溶于乙醇。25℃时在水中溶解度为 12.14%,水溶液呈酸性,10g/L 水溶液 pH4.1 ~ 4.7。可形成一水盐,加热至 100℃成无水物,继续加热,则分解成酸性焦磷酸钠($Na_2H_2P_2O_7$)。

磷酸二氢钾为白色结晶状粉末或晶体,无臭。在空气中稳定,密度 2.338g/cm^3。熔点 96 ~ 253℃,熔融成玻璃状焦磷酸钾。易溶于水(83.5g/100mL,90℃),水溶液呈酸性,10g/L 水溶液 pH4.2 ~ 4.7,不溶于乙醇。

在我国,磷酸二氢钠与磷酸氢二钠可用做淡炼乳生产的稳定剂。淡炼乳生产有时由于季节变化及地区不同等原因,在加热灭菌时,可出现不稳定现象,为了提高其热稳定性,防止制品凝固,可加入稳定剂。影响淡炼乳热稳定性的原因很多、很复杂,但一般因为牛乳中游离钙离子多,磷酸及柠檬酸少,添加磷酸盐和柠檬酸盐,使盐类平衡维持正常,往往可改善其热稳定性。磷酸二氢钠具有络合金属离子、提高食品的离子强度等作用,由此改善食品的结着力和持水性。

磷酸二氢钠现行标准: GB25564—2010。磷酸二氢钾现行标准: GB25560—2010。

5. 磷酸二氢钙(CNS 号:15.007;INS 号:341i)

磷酸二氢钙,根据是否含有结晶水分为两种,一种是无水磷酸二氢钙[$Ca(H_2PO_4)_2$],相对分子质量 234.05,另一种是一水磷酸二氢钙[$Ca(H_2PO_4)_2 \cdot H_2O$],相对分子质量 252.07,无色或白色三斜结晶或粉末。一水磷酸二氢钙的相对密度 2.22,加热至 109℃失去结晶水,于 203℃分解成偏磷酸盐,微溶于水(1.8%,30℃),水解产生磷酸呈酸性(pH 为 3),可溶于盐酸和硝酸,不溶于乙醇。可作为水分保持剂和酸度调节剂应用于食品中。

我国 GB2760—2011 规定磷酸盐的应用范围同磷酸。对于婴幼儿配方食品和辅助食品,仅限使用磷酸氢钙和磷酸二氢钠。

磷酸二氢钙现行标准:GB25559—2010。

二、聚磷酸盐

聚磷酸盐是由聚磷酸所构成的盐类,常用的有以下几种。

1. 焦磷酸钠(CNS 号:15.004;INS 号:450iii)

焦磷酸钠,根据是否含有结晶水分为两种,一种是无水焦磷酸钠($Na_4P_2O_7$),

相对原子质量265.90,另一种是十水合焦磷酸钠($Na_4P_2O_7 \cdot 10H_2O$),相对分子质量446.10,白色粉末或结晶,10g/L水溶液pH9.9~10.7。十水合焦磷酸钠相对密度1.82,易溶于水,不溶于乙醇,对热极稳定,在998℃下加热分解,1%水溶液的pH为10.0~10.2,具有较强的pH缓冲性,对金属离子有一定的螯合作用,易风化,加热至100℃失去结晶水。无水焦磷酸钠为白色粉末,溶于水(6.2g/100g,20℃)和甘油,不溶于乙醇,有吸湿性,水溶液呈碱性,水溶液加热煮沸则成磷酸氢二钠,能与铁离子以及碱金属形成稳定的水溶性络合物,水溶液在70℃以下尚稳定。

焦磷酸钠现行标准:GB25557—2010。

2.三聚磷酸钠(CNS号:15.003;INS号:451i)

三聚磷酸钠简称三磷酸钠,分无水物和六水合物两种。无水物为白色颗粒或粉末,相对分子质量367.86,有吸湿性,熔点622℃,并呈熔融状焦磷酸钠。易溶于水(130g/L,25℃),水溶液呈碱性(1%水溶液pH为9.7),在水溶液中水解生成焦磷酸盐和正磷酸盐。对碱金属与重金属盐有络合能力,形成稳定的水溶性络合物,能软化硬水。具有离子交换性能,使悬浮液变成溶液。

磷酸三钠现行标准:GB25566—2010。

三、偏磷酸盐

偏磷酸盐的分子式为$(MPO_3)_n$,已生产的有$n=3$、4、5、6等几种。就偏磷酸钠而言,大体可分为环状偏磷酸钠、不溶性偏磷酸钠和偏磷酸钠玻璃体,后两种主要是链状聚磷酸钠,因链较长,即通式中n较大,组成近似于$(MO_3)_{n+2}$,也就是组成近似于$(MPO_3)_n$,而被称作偏磷酸盐。

例如一种由磷酸氢二钠加热到620℃以上,然后迅速冷却而制得的商业上称作六偏磷酸钠的物质,并不是环状的六偏磷酸钠$(NaPO_3)_6$,商业上仍以$(NaPO_3)_6$标示其分子式,此物质实际是以链状聚磷酸钠(磷原子数在10以上)为主,加上少量的环状偏磷酸钠的混合物。为玻璃状无定形固体,可为片状、纤维状或粉末,无色或白色,溶于水,水溶液可与金属离子形成络合物,二价金属离子络合物较一价的稳定。

食品加工中使用磷酸盐并不是简单地加入,其有效性与很多条件有关。例如,肉制品的应用效果与下列因素有关:磷酸盐的品种、加入量、加入方式、温度、腌肉时间、离子强度、pH、原料肉、加工工艺及与其他添加剂的协同作用等,而且磷酸钙与蛋白质等高分子电解质的作用机理尚不清楚。因此,使用磷酸盐时一定要慎重。

磷对生物机体是一种重要元素,它是以磷酸根的形式被生物机体所利用。目前,还未发现生物机体能自行合成磷酸根离子,多是通过食物摄取。因此,磷酸盐常被用作食品强化剂,一般动物与人对磷酸盐的耐受能力较大,正常的用量不会导致磷钙失去平衡(人体中有一定的钙/磷比)。但食用磷酸盐太多,对人体不利。

六偏磷酸钠的使用范围和最大使用量同磷酸。

六偏磷酸钠现行标准:GB1890—2005。

项目五　胶基糖果中基础剂物质

胶基糖果中基础剂物质是指赋予胶基糖果(口香糖、泡泡糖、非甜味的营养口嚼片等)起泡、增塑、耐咀嚼等作用的一类食品添加剂,一般以高分子胶状物质如天然橡胶、合成橡胶等为主,加上软化剂、填充剂、抗氧化剂和增塑剂等组成。

胶基糖果又称为胶姆糖,在国外已有100多年的历史,是欧美和日本糖果市场的重要品种。胶基糖果除具有糖果的一般特征外,还具有消除口臭、防瞌睡、促进唾液分泌、抑制口腔中细菌繁殖、洁净口腔等作用。若加入适当的药物,便可生产名副其实的保健糖果,因此受到人们的欢迎。胶基糖果传入我国也有50多年的历史,随着我国食品工业的发展,口香糖、泡泡糖的生产和销售有了很大的发展(金春华,1998)。

胶基糖果是由胶基、糖、香精和少量的甜味剂、卵磷脂、色素等按一定比例制成,胶基占胶基糖果的20%~30%;白砂糖、葡萄糖、饴糖、麦芽糊精等占胶基糖果的70%~80%;香精香料等占0.5%~2.0%。各种胶基很少单独使用,大多情况下相互配合使用。胶基中树脂占30%~35%,主要起增加塑性、弹性和软化的作用;蜡类占10%~25%,主要作用是增加胶基的可塑性;油脂、卵磷脂、单甘酯等起到软化、乳化胶基的作用;海藻酸钠、明胶等可用作胶基的胶凝剂;甘油、丙二醇可用作润湿剂,抗氧化剂和防腐剂占胶基的0.1%~0.2%;作为填充剂的碳酸钙可适当地抑制胶基糖果的弹性,同时也可防止胶基的黏着(郝利平,2002)。

我国GB2760—2011中允许使用的胶基糖果中基础物质及其配料包括天然橡胶、合成橡胶、树脂、蜡类、乳化剂及软化剂、抗氧化剂及防腐剂、填充剂等七大类,现对基础剂物质简述如下。

一、天然橡胶

天然橡胶是从天然植物中制取的橡胶,主要成分为天然高分子化合物。我国批准的胶基糖果中基础剂物质及配料中有巴拉塔树胶、天然橡胶等,分为榕树橡胶、木薯橡胶等。

1. 糖胶树胶

糖胶树胶是由聚异戊二烯和三萜烯、甾醇类组成的树脂。常温时为弹性和可塑性的树胶状物质,软化点32.2℃,加热后为糖浆状黏稠体。不溶于水,溶于大多数有机溶剂。

糖胶树胶作为胶基糖果中基础剂物质,可安全用于食品(FDA, §172.615, 1994)。

2. 天然橡胶(乳胶固形物)

天然橡胶亦称乳胶固形物,是从天然植物中制取的橡胶,主要成分是一种以异戊二烯为主要成分的天然高分子化合物,异戊二烯的含量在90%左右,另含蛋白质2%~3%,丙酮可溶性树脂和脂肪酸约1%,以及少量的糖和无机盐。

天然橡胶一般为白色有韧性片状或块状交替胶体,不带任何异物,不易氧化。相对密度0.94,折射率1.522,弹性模量2~4MPa,130~140℃时软化;150~160℃黏软,200℃时开始降解。常温下有较高弹性,略有塑性,低温时结晶硬化。有较好的耐碱性;但不耐强酸。不溶于水、低级酮和醇类,在非极性溶剂如三氯甲烷、四氯甲烷等中能溶胀。

天然橡胶主要用于胶基糖果咀嚼料,亦可用作食品工业用加工助剂。

二、合成橡胶

合成橡胶是由人工合成的高弹性聚合物,也称合成弹性体。用于胶基糖果中基础物质及配料的合成橡胶主要有丁苯橡胶、聚丁烯、聚乙烯等。

1. 丁苯橡胶(75%丁二烯-25%苯乙烯树胶、50%丁二烯-50%苯乙烯树胶)

丁苯橡胶亦称丁二烯苯乙烯橡胶,主要成分由丁二烯和苯乙烯共聚制得的一种合成橡胶。按聚合方法可以分为乳液聚合丁苯橡胶和溶液聚合丁苯橡胶两类。按所含丁二烯和苯乙烯比例的不同,分为50/50与75/25两种。有液体状胶乳和固体状橡胶两种形态。有苯乙烯气味,不完全溶于汽油、苯和三氯甲烷,极性低、黏性差,耐磨性和耐老化性较优。相对密度0.9~0.95,玻璃化温度(-70~-60℃)随苯乙烯含量的增加而增加。丁苯橡胶75/25的pH为9.5~11.0,固形物含量26%~42%,丁苯橡胶50/50的pH为10.0~11.0,固形物含量41%~63%。

丁苯橡胶开发历史悠久,生产和加工工艺成熟,加之综合性能良好,应用广泛,所以是合成橡胶中最为通用的胶种,其生产能力、产量和消耗量在合成橡胶中均占首位。它的物理机械性能、加工性能和制品使用性能都接近于天然橡胶。

丁苯橡胶作为胶基糖果中基础剂物质可安全用于食品(FDA,§172.615,1994)。

2. 聚丁烯

聚丁烯为无色至微黄色黏稠液体,无味或稍有特异气味,溶于苯、石油醚、三氯甲烷、正庚烷和正己烷,几乎不溶于水、丙酮、乙醇。相对分子质量为500~5500,相对密度0.8~0.9,软化点60℃。

聚丁烯与聚醋酸乙烯配合用作胶基糖果中基础剂物质,用以弥补聚醋酸乙烯遇冷时硬化、入口遇唾液后过软的缺点，用量占聚醋酸乙烯量的5%以下。

与等量聚醋酸乙烯混合后咀嚼15min，聚丁烯没有向唾液中转移的现象。0.2~2.0g/kg体重六个月，无异常（大鼠，经口）。

3. 丁基橡胶（异丁烯－异戊二烯共聚物）

丁基橡胶由异丁烯和异戊二烯在氯甲烷溶液中，以氯化铝为催化剂，在低于－95℃温度下共聚而成。聚合后，用含有食用级解聚剂（如硬脂酸）的热水精制成橡胶颗粒，最后进行干燥，以除去残余可挥发物。

丁基橡胶呈白色或浅灰色块状，无臭无味，相对密度0.92，玻璃化温度－69~－67℃，不溶于乙醇和丙酮。其使用范围和用量同丁苯橡胶。可安全用于食品（FDA，§172.615，1994）。

4. 聚异丁烯

聚异丁烯由液体乙烯、氯甲烷或己烷用氯化铝作催化剂，进行低温聚合而成，相对分子质量10000~80000，无色至淡黄色黏稠状液体或具弹性的橡胶状半固体。低相对分子质量的产品柔软而黏，高相对分子质量的产品坚韧而有弹性。无臭无味，溶于苯等，不溶于水和醇，可与聚乙酸乙烯酯、蜡等互溶。可使胶姆糖在低温下具有良好的柔软性，在高温时有一定的可塑性。

聚异丁烯小鼠经口LD_{50}为29g/kg体重。大鼠经口0.2~2.0g/kg体重，经6个月无异常。聚异丁烯5g咀嚼15min，不转入唾液中。可安全用于食品（FDA，§172.615，1994）。

三、树脂

树脂在常温下为固态、半固态，有时也可以为液态的有机聚合物，包括天然树脂和合成树脂。天然树脂是指由自然界中动物分泌所得的无定形有机物，如松香、琥珀、虫胶等。合成树脂是指由简单的有机物经化学合成或某些天然产物经化学反应而得到的树脂产物。

1. 合成树脂（包括萜烯树脂）

合成萜烯树脂为一种不饱和的碳氢化合物，为淡黄色液体至脆性固体，主要由α－蒎烯、β－蒎烯和（或）二戊烯经间歇或连续方式聚合而成，然后用蒸汽和水洗涤提纯而得。熔点112~118℃，溶于苯和植物油，不溶于水、乙醇和丙酮等。

合成树脂主要用作胶基糖果咀嚼剂，可安全用于食品（FDA，§172.615，1994）。

2. 聚醋酸乙烯酯

聚醋酸乙烯酯又称乙酸乙脂树脂，为白色黏稠液体、淡黄色细粉或玻璃块状，无臭、透明、韧性强。不溶于水、脂肪，溶于乙醇、乙酸乙酯等醇类和酯类。遇光、热不易变色，不易老化。相对密度1.19（20℃）。熔点100~250℃，吸水性为2%~

3%(25℃,24h)。软化点随聚合度而异,约为30℃,对酸碱稳定。

聚醋酸乙烯酯可用作果实被膜剂,以防止水分蒸发,起保鲜作用。作为胶基糖果咀嚼剂使用,不进入体内,无毒。且因属不溶于水及油的高分子物质,故无法被人体吸收,可安全用于食品(FDA, §172.615,1994)。

四、蜡类

蜡类是指动物、矿物或植物所产生的油质。狭义上是指脂肪酸、一价或二价的脂醇和熔点较高的油状物质;广义上是指植物、动物或矿物质等所产生的某种常温下为固体,加热后易液化或者气化,容易燃烧,不溶于水,具有一定的润滑作用的物质。用于胶基糖果中基础物质及配料的蜡类有蜂蜡、石蜡等。

1. 蜂蜡

蜂蜡主要成分为脂肪酸酯、脂肪醇、碳氢化合物、游离脂肪酸,也可有痕量的游离脂肪醇所组成的混合物,主要为蜡酸(二十六烷酸)和十六酸蜂花酯。

商业产品有"白蜂蜡"和"黄蜂蜡"两种。由蜜蜂蜂房所得的蜡,先在热水中除去水溶性杂质,再趁热过滤以除去不溶性杂质,提纯后即为"黄蜂蜡",由黄蜂蜡进一步作漂白处理(用过氧化氢、硫酸或日光)后即为"白蜂蜡"。冷却时略脆,断裂时呈颗粒状非晶体的无光泽断面。温度约达35℃时易弯挠。不溶于水,微溶于冷酒精。蜡的组成为蜡酸和部分蜂蜡素。可完全溶解于三氯甲烷、乙醚、不挥发和可挥发的各种油中。部分溶于冷的苯和冷的二氧化硫中(至30℃以上则可完全溶解)。

蜂蜡主要用于糖果上光和上釉剂、面包和砂糖制品的防粘剂、干酪被膜剂、柑橘类表皮涂膜剂、焙炒咖啡的上光增色剂、香料和食品色素载体和稀释剂。

蜂蜡ADI不作限制性规定(FAO/WHO,2001)。蜂蜡的现行标准为2011年卫生部第8号公告指定标准。

2. 石蜡(CNS号:14.002)

石蜡别名固体石蜡、石油石蜡、矿蜡或微晶蜡,是由石油或岩页油的含蜡馏分经冷榨等方法制得的各种固态烃的混合物。一般以C_nH_{2n+2}表示,为无色或白色半透明的块状物,常显结晶状,无嗅、无味,手指接触有滑腻感。易溶于乙醚、石油醚、苯和挥发油或多数油脂中,不溶于水,微溶于无水乙醇,在紫外线的影响下色泽变黄。相对密度0.88~0.915,可燃。室温下质地很硬。熔点依制造方法而异,精制微晶石蜡(Refined microcrystalline wax)为48~93℃,可燃,不溶于水,易溶于芳香烃类,微溶于酮、醚和醇类。性质稳定,一般不与强酸、强碱、氧化剂、还原剂反应。

石蜡通常用作被膜剂、消泡剂、胶基糖果中基础剂物质和包装用蜡。还用于糯米纸生产过程中的防粘和食品包装材料的防潮、防粘、防油等。我国GB2760—2011规定:石蜡用作胶基糖果胶基时的最大用量为50g/kg。

石蜡ADI:因包括低熔点和中熔点石蜡,所以试剂量均呈毒性,故原规定撤销

(FAO/WHO,2001)。

项目六　面粉处理剂

面粉处理剂(Flour treatment agents)是为了促进面粉的增白熟化和提高焙烤制品质量的食品添加剂,包括增白剂、强筋剂和面制品抗老化剂等。面粉处理剂的主要作用有:改善面粉的色泽、缩短熟化时间、改变面粉的流变学特性(如筋道、弹性、拉伸性、爽滑感等)。

面粉处理剂主要分为氧化剂和还原剂两类。小麦粉中所含的类胡萝卜素等色素,易被氧化剂氧化,从而变成无色,以提高小麦的白度。氧化剂还能抑制小麦粉中蛋白质分解酶的活性,从而避免蛋白质分解,增强面筋网络,提高面团持气能力。还原剂能减弱小麦粉的筋力,软化面团。我国用于面粉处理加工的添加剂主要有L-半胱氨酸盐酸盐、偶氮甲酰胺、碳酸镁、碳酸钙等。

1. L-半胱氨酸盐酸盐(CNS号:13.003;INS号:920)

L-半胱氨酸盐酸盐晶体含有一分子的结合水,化学式 $C_3H_7NO_2S \cdot HCl \cdot H_2O$,相对分子质量175.64。无色至白色细柱状结晶或白色结晶性粉末,有轻微特殊气味和滋味(略酸)。具还原性,有抗氧化和防止非酶褐变作用。熔点175℃。溶于水,水溶液呈酸性,3%时pH为1.2,1%时pH为1.7,0.1%时pH为2.4。亦溶于乙醇、氨水和乙酸,不溶于乙醚、丙酮、苯、二硫化碳和氯仿。

L-半胱氨酸盐酸盐与面粉增筋剂配合使用时,只能在面筋的网状结构形成后发挥作用,能够提高面团的持气性和延伸性,加速谷蛋白的形成,防止面团筋力过高引起老化,从而缩短面制品的发酵时间。可用作面包改良剂、营养补充剂、抗氧化剂、护色剂。对丙烯腈和芳香族酸中毒有解毒作用;有吸收酒精并将其在体内转化为乙醛的解酒作用。

我国GB2760—2011规定:L-半胱氨酸盐酸盐可用于发酵制品和冷冻米面制品中。

L-半胱氨酸盐酸盐属于GRAS(FDA,2000)物质,其 LD_{50} 为3.46g/kg体重(小鼠,经口),LD_{50} 为1.25g/kg体重(小鼠,腹腔注射)。

2. 偶氮甲酰胺(CNS号:13.004;INS号:927a)

偶氮甲酰胺又称偶氮二酰胺、偶氮二甲酰胺,为黄色至橙红色结晶性粉末,无臭,相对密度(d_{20}^{20})1.65,分解温度在195~220℃。熔点约180℃,在高温下分解为氮、二氧化碳和氨。几乎不溶于水和大多数有机溶剂,微溶于二甲基亚砜(0.1%~1%),是一种广泛使用的面粉增筋剂(陈立军,2002)。

偶氮甲酰胺除把面粉蛋白质的巯基氧化为二硫基,形成面筋网络结构外,还直接影响面团搅拌和发酵时的流变学特性,减少面团的延伸阻力,增强其保气能力,改善内部组织。常用作小麦粉处理剂、焙烤食品快速发酵剂。

我国 GB2760—2011 规定:偶氮甲酰胺在小麦粉中的最大使用量为0.045g/kg。

偶氮甲酰胺属于 GRAS(FDA,§172.806,2001)物质,其 LD_{50} ≥10g/kg 体重(小鼠,经口),在骨髓微核试验中未发现致突变作用,其 ADI 为 0~45mg/kg 体重(FAO/WHO,2001)。偶氮甲酰胺的现行标准为 2011 年卫生部第 8 号公告指定标准。

3. 碳酸镁(CNS 号:13.005;INS 号:504i)

碳酸镁亦称碱式水合碳酸镁或正构水合碳酸镁。因结晶时的条件不同,产品有轻质和重质之分,一般为轻质。轻质为白色易碎块状或松散的白色粉末,无臭,相对密度 2.1,熔点 350℃,在空气中稳定。加热至 700℃产生二氧化碳,生成氧化镁。几乎不溶于水,但在水中引起轻微的碱性反应。不溶于乙醇,可被稀酸溶解并发泡放出二氧化碳。

碳酸镁常作为面粉处理剂的载体,使微量的面粉处理剂分散均匀。碳酸镁还用作抗结剂、膨松剂和稳定剂。

我国 GB2760—2011 规定:碳酸镁可应用于小麦粉和固体饮料中。

碳酸镁属于 GRAS(FDA,2001)物质,其 ADI 无需规定(FAO/WHO,2001)。

4. 碳酸钙(CNS 号:13.006;INS 号:170i)

碳酸钙为白色微晶细粉,无臭无味,相对密度 2.5~2.7,熔点为 825℃,分解生成二氧化碳和氧化钙。在空气中稳定,几乎不溶于水和乙醇,溶于稀酸并产生 CO_2。按粉末粒径的大小分为重质碳酸钙(30~50μm)、轻质碳酸钙(5μm)和胶体碳酸钙(0.03~0.05μm)三种。

我国 GB2760—2011 规定:碳酸钙可在各类食品中按生产需要适量添加,但 GTB2760—2011 附表 A.3 所列食品类别除外。

碳酸钙的 ADI 无需规定(FAO/WHO,2001),属于 GRAS(FDA,2001)物质,其 LD_{50} 为 6450mg/kg 体重(大鼠,经口)。在体内只有部分转变为可溶性的钙盐被吸收而参与机体代谢。

项目七　被膜剂

为了延长食品的新鲜度和货架期,保证食品的色、香、味、形,目前常用的保鲜方法有化学保鲜法、低温冷藏法、气调储藏法、薄膜保鲜法及辐射储藏法五大类。而化学保鲜法中的涂膜保鲜法由于简单、易操作、不需额外设备而广泛使用,从而使被膜剂得到大力开发和推广。

被膜剂主要是一种用来在食品表面涂膜，以达到食品保鲜，或增进食品感官质量的食品添加剂。人们为了贮存水果和鸡蛋，往往在其表面涂以薄膜，用来抑制水分蒸发，防止细菌侵袭，从而达到保鲜的目的。对某些食品如糖果、巧克力等，在其表面涂膜后不仅有利于保持质量稳定，而且还可使其外表光亮美观。基于此，人们还特别称之为上光剂。虫胶、桃胶和蜂蜡等是天然的被膜剂，而石蜡和液体石蜡则可认为是人工被膜剂。

1. 紫胶（CNS 号：14.001；INS 号：904）

紫胶又名虫胶，为紫胶虫分泌的紫胶原胶经加工制得，其主要成分是树脂。紫胶有普通和漂白两种，现在食品工业多用漂白的紫胶。普通紫胶为淡黄色至褐色的片状物，脆而坚，无味，稍有特殊气味，熔点 115 ~ 120℃，软化点为 70 ~ 80℃，相对密度 1.02 ~ 1.12。溶于乙醇、乙醚，不溶于水，溶于碱性水溶液。漂白的紫胶为浅色无定形颗粒状树脂，微溶于醇，不溶于水，易溶于丙酮及乙醚。紫胶有光泽，可溶于碱，不溶于酸，有一定的防潮能力。

我国 GB2760—2011 规定：紫胶可用于经表面处理的鲜苹果、鲜柑橘、威化饼干、胶基糖果、可可制品、巧克力和巧克力制品，包括代可可脂巧克力及制品的外膜涂层中。使用时将紫胶溶解于酒精中配成 10% 溶液作为水果的被膜剂，也用于糖果包衣。可可制品最大使用量为 0.2g/kg。巧克力涂抹后可防止受潮发黏，并赋予其明亮的光泽。

巧克力球一般是停放 2 ~ 3d，待其结晶稳定后再进行上光处理。上光时在转锅内第一次加 1:10 的桃胶乙醇溶液，第二次可用 1:10 的紫胶乙醇溶液，加胶后立即吹干。

紫胶属于 GRAS 添加剂，其 LD_{50} > 15g/kg 体重（小鼠，经口），ADI 不作限制性规定，允许使用（按目前作为被膜剂、表面处理剂使用不至有毒：FAO/WHO，2001）。

2. 白油（CNS 号：14.003；INS 号：905a）

白油又称液体石蜡、白矿物油，为无色半透明油状液体，无嗅、无味，但加热时可稍有石油气味。不溶于水，易溶于挥发油，并可与大多数非挥发油混溶（不包括蓖麻油），对热、光、酸等稳定，但长时间接触光和热会慢慢氧化。白油有一定的抑菌作用，不易被病原菌和霉菌污染，易乳化，有渗透性、软化性和可塑性。长期放置可被氧化。

白油常用作被膜剂、润滑剂、脱膜剂和消泡剂。我国 GB2760—2011 规定：白油作为被膜剂可应用于除胶基糖果以外的其他糖果和鲜蛋中。此外亦可用于食品上光、防粘、消泡、密封和食品机械的润滑等。白油可按正常生产需要用于面包脱模、味精发酵消泡。作为脱模剂用于薯片加工工艺、油脂加工工艺、糖果加工工艺。

白油现行标准为 GB 4853—2008。根据毒理学实验，高碳、高相对分子质量、高黏度的矿物油,使用安全性大,如 P100(H)油,其无作用剂量为 2000mg/kg 体重;中黏度一类矿物油如 P70(H)油,在给予 2% 剂量 90d 后,可使大鼠淋巴结染色巨噬细胞增多。根据 FAO/WHO(1995)规定,高黏度矿物油的 ADI 为 0 ~ 20mg/kg 体重。一类中或低黏度矿物油的 ADI 为 0 ~ 1mg/kg 体重(暂订)。而二类、三类中或低黏度矿物油的 ADI 为 0 ~ 0.01mg/kg 体重(暂订)。另外,固体石蜡也是常用的胶基糖果中基础剂物质,具体内容见项目五。

项目八 其他食品添加剂

1. 氯化钾(CNS 号:00.008;INS 号:508)

氯化钾为无色细长菱形或立方晶体,或白色粗粉,无臭,有咸味,相对密度 1.987,熔点 773℃。15℃时饱和水溶液的相对密度为 1.172,pH 约 7.0。在空气中稳定。其溶液对石蕊呈中性。易溶于水(1g/2.8mL,25℃),稍溶于甘油(1g/14mL),微溶于乙醇(1g/250mL),不溶于乙醚和丙酮。

氯化钾主要用作食盐(氯化钠)的代用品,用以降低钠含量过高而对机体带来的不良影响;与食盐一样可用于农产、水产、畜产、发酵、调味、罐头、方便食品等的调味剂,也用于强化钾(供人体电解质用),配制运动员饮料等。可强化凝胶作用(尤其是卡拉胶等)。还可用作营养增补剂、胶凝助剂、酵母营养物质、调味剂、增香剂、pH 调节剂、组织软化剂。

我国 GB2760—2011 规定:氯化钾可用于盐及代盐制品、其他饮用水(自然来源饮用水除外)、用于特殊用途饮料(运动饮料,营养素饮料等)、肉灌肠类等食品中。

氯化钾 ADI 不作限制性规定(FAO/WHO,2001),其 LD_{50} 为 2600mg/kg 体重(大鼠,经口)。现行标准为 GB 25585—2010。

2. 异构化乳糖液(CNS 号:00.003)

异构化乳糖由乳糖经氢氧化钠异构化制得,为淡黄色透明液体,进一步精制后可制成白色不规则结晶性粉末。可溶于水,有清爽的甜味。液态异构乳糖可含有乳酮糖(即异构乳糖,为主要成分)、乳糖、半乳糖和果糖四种成分。乳酮糖是人体肠内益生菌双歧杆菌的增殖因子,具有帮助消化和吸收蛋白质、乳糖,产生 B 族维生素等作用。

异构乳糖不能被人体消化、吸收,但却能促进肠道双歧杆菌的增殖,进而改善并保持良好的排便,减少有害物质如氨等的生成,有利于身体健康,是间接的营养补充剂。

我国 GB2760—2011 规定：异构化乳糖液可用于乳粉（包括加糖乳粉）和奶油粉及其调制产品、饼干、婴幼儿配方食品、饮料类（包装饮用水类除外）等食品中。

3. 咖啡因（CNS 号：00.007）

咖啡因主要由茶叶浸提制得，是咖啡、茶叶等植物中的一种生物碱。它为白色针状结晶或结晶性粉末，有绢丝光泽。可为无水物，或为含一分子水的水合物，水合物可在空气中风化，80℃ 时失去结晶水，无臭，味苦。178℃ 时升华，熔点 236.8℃，相对密度（d_4^{19}）1.23。可溶于水及乙醇，在冷水中溶解 2%，80℃ 热水中溶解 18%，100℃ 热水中溶解约 66%，冷乙醇中约溶解 15%，60℃ 热乙醇中可溶解 45%。1g 含水物可溶于 6mL 氯仿，或 600mL 乙醚。1% 水溶液的 pH 为 6.9。工业上现多采用二甲基脲合成咖啡因法人工合成。它具有提神醒脑等刺激中枢神经系统的作用，易上瘾。

我国 GB2760—2011 规定：咖啡因仅限在可乐型碳酸饮料中使用。咖啡因属于 GRAS 物质（FDA），其 LD50 为 192mg/kg 体重（大鼠，经口），ADI 为 0 ~ 200mg/kg 体重（FAO/WHO，1984）。现行标准为 GB14758—2010。

思考题

1. 面粉处理剂有哪些特性？L－半胱氨酸盐酸盐对面粉的作用是什么？
2. 食品被膜剂主要应用于哪些食品类别？分别起什么作用？
3. 胶母糖基础剂在胶基糖果中起什么作用？

参考文献

1. 沈益民. 国内外面粉处理剂的应用及展望. 上海市粮油学会 2005 年学术年会论文汇编，2005（10）：84 ~ 87.

2. 郝利平，夏延斌，陈永泉，廖小军. 食品添加剂. 北京：中国农业大学出版社，2002.

3. 陈立军，孙曰圣，刘燕燕，等. 偶氮二甲酰胺的改性探讨. 江西化工，2002（4）：61 ~ 65.

4. 金春华. 胶姆糖软化剂的研制. 中国食品添加剂，1998（4）：20 ~ 22.

5. 胡国华. 食品添加剂应用基础. 北京：化学工业出版社，2005.

6. 高彦祥，刘志皋. 食品添加剂基础. 北京：中国轻工业出版社，1994.

7. Larry Branen A.，Michael Davidson P.，Salminen S.，and Thorngate Ⅲ J. H. Food Additives（second edition）. Mercel Dekker，INC.，2002.

8. Buffo R A, Reineccius G A, Oehlert G W. Factors affecting the emulsifying and rheological properties of gum acacia in beverage emulsions. Food Hydrocolloids, 2001, 15(1):53 ~ 66.

9. 黄来发. 食品增稠剂. 北京:中国轻工业出版社,2009.

10. 詹晓北,王卫平,朱莉. 食用胶的生产、性能与应用. 北京:中国轻工业出版社,2003.

11. Larsen R F, Parada J L. Acid phosphatase in some cheese and starters. Sciences des Aliments, 1998(8):285 ~ 294

12. 江建军. 食品添加剂应用技术. 北京:科学出版社,2004.

13. Lee C H, Rha C. Microstructure of soybean protein aggregates and its relation to the physical and textural properties of the curd. Journal of food science, 1978(43):79 ~ 84.

14. Waymack P P, Van Etten R L. Isolation and characterization of a homogeneous isoenzyme of wheat germ acid phosphatase. Archives of Biochemistry and Biophysics, 1991(288):621 ~ 633.

15. Fuglsang C, Johansen C, et al. Antimicrobial enzymes: Applications and future potential in food industry Trends in Food Sci. Tech, 1995(6):390 ~ 396.

16. Mottram D S, Wedzicha B L, Dodson A T. Acrylamide is formed in the Maillard reaction. Nature, 2002(419):237 ~ 243.

模块十三　食品添加剂安全性

学习目标

本模块主要介绍了食品添加剂安全方面的知识，涵盖食品添加剂的安全性评价、毒理学评价、使用标准以及食品安全事件评析等。

通过本模块的学习，应掌握食品添加剂安全性评价及毒理学评价的流程。

学习任务

1. 了解食品添加剂安全性评价程序。
2. 掌握食品添加剂使用量计算方法。

【案例解析】

2011年春，上海盛禄食品有限公司分公司生产"染色馒头"事件轰动全国，事件主角有"高庄"牌白馒头、黑米馒头和玉米馒头三个品种。该事件暴露的问题有：①在馒头中超范围使用甜蜜素、山梨酸钾、柠檬黄等食品添加剂，而且随意添加；②生产日期不符合实际，或者是馒头早产；③产品配料表与实际不吻合；④过期馒头回料加工；⑤生产场所管理不符合食品安全法。曾几何时，部分食品外包装上显著标识"本品不含任何添加剂"、"本品绝不含防腐剂"等极具歧视性的宣传用语，令消费者误认为"加了食品添加剂就是不安全的"，"加了防腐剂就是不安全的"。另外，在食品安全事件频发的当今社会，几乎每一次食品安全事件的媒体解读都跟食品添加剂挂钩，食品添加剂不安全吗？"染色馒头"事件中的甜蜜素、山梨酸钾、柠檬黄不安全？其实食品添加剂本身并没有问题，关键是如何应用食品添加剂。食品添加剂产品标准和使用标准所涉及的理化指标和使用量的制定需要就每一种食品添加剂生产、使用、消费等环节进行综合评估，确定其安全性。本模块主要就食品添加剂的安全性评价和使用标准制定方面的基础理论进行介绍。

项目一　食品添加剂安全性评价

理想的食品添加剂应当是对食品生产、食品产品和消费者有益无害的物质。一种物质在成为食品添加剂之前必须经过安全性评价,其评价结果也是制定食品添加剂质量标准和使用标准的重要依据。

食品添加剂安全性评价是对食品添加剂进行安全性或毒性鉴定,以确定该食品添加剂在食品中无害的最大限量,对有害物质提出禁用或放弃的理由。食品添加剂安全性评价主要包括化学评价和毒理学评价。化学评价关注食品添加剂的纯度、杂质及其毒性、生产工艺以及成分分析方法,并对食品添加剂在食品中发生的化学作用进行评估。毒理学评价是识别添加剂危害的主要数据来源,又分为体外毒理学评价和动物毒理学评价。体外毒理学研究指的是用培养的微生物或来自于动物或人类的细胞、组织进行的毒性研究。体外系统主要用于毒性筛选以及积累更全面的毒理学资料,也可用于局部组织或靶器官的特异毒性效应研究,研究细胞毒性、细胞反应、毒物代谢动力学模型等。体外毒理学评价无法获得 ADI 数据,但其对于分析毒性作用的机制有重要意义。我国《食品安全性毒理学评价程序和方法》系列标准(GB15193.1—2003 ~ GB15193.21—2003)所规定的程序和方法适用于食品添加剂、新资源食品等的安全性评价。

一、毒性、毒害与安全性

(一)毒性

毒性指某种物质对机体造成损害的能力。毒性大表示用较小的剂量即可造成损害,毒性小则必须用较大的剂量才造成损害。总之,凡具有毒性的物质有可能对机体造成毒害,可以说食品添加剂大都具有一定毒性。

(二)毒害

毒害指在预定数量和方式下,使用某种物质而引起机体损害的可能性。

毒性与毒害不仅与物质的化学结构、理化性质有关,而且也与其有效浓度或剂量、作用时间及次数、接触部位与途径,甚至物质的相互作用与机体的机能状态等条件有关。但构成毒害的基本因素是物质本身的毒性及剂量。某种物质不论其毒性强弱或剂量大小,对人体都有一个“剂量 - 效应”关系或“剂量 - 反应”关系,也就是一种物质只有达到一定的浓度或剂量水平,才能显示其毒害作用。因此,毒性是相对的，有毒与无毒之间并无截然不同的界限。即使毒性较大的物质若用量极微，不至于造成中毒，例如氰化物有剧毒，但用量极微时并不致中毒。相反，日常生活的必需品如食盐、维生素 A、维生素 D 等，若摄食过量也可对机体造成危害，实际上几乎没有绝对无害的化合物。

（三）安全性

安全性指使用某种物质将不会产生毒害的实际必然性。如前所述，食品添加剂若大量使用可能产生毒害作用。但这未必意味着在适当应用时会给人类带来危险。也就是说一种物质只要剂量合适，使用得当可不致造成中毒。这就必须进行试验研究，在确定该物质毒性的基础上，考虑其在食品中安全无害的最大使用量，并采取法律措施（如食品安全法），保护消费者免遭危害。

当然，在评价一种物质的安全性时，应全面考虑其来源、化学结构、理化性质、质量标准、代谢变化、动物毒性试验，甚至人体可能的摄入量等，最后还应考虑到受试物可能对人体健康造成的危害，和其在食品中应用对食品生产和消费者所带来的益处进行全面的利害权衡，从而确保该物质发挥最大的效益和对环境与人体不造成危害或造成的危害最小。

随着科学技术的不断发展以及人们对食品添加剂安全性的关注，只要严格按照有关规定，正确使用食品添加剂，不会对人体健康带来威胁。据报告，食品（包括食品添加剂）危害人体健康最大的问题，仍是因微生物污染所引起的食物中毒，其次是营养缺乏、营养过剩所带来营养问题，第三是环境污染，第四是误食某些天然物如毒蘑菇等所引起的问题，最后才是食品和食品添加剂（主要是着色剂）的问题，由此可见因食品添加剂产生的问题很少。

对已经证明有一定危害的食品添加剂（如亚硝酸钠等），应在充分了解其毒性的基础上权衡利弊，决定是否许可使用。尽管亚硝酸钠在一定条件下可以转变为强致癌物亚硝胺，但它却可以防止肉毒梭状芽孢杆菌所引起的肉毒中毒，而且它还可以给腌肉带来良好的色泽和风味。至于它是否有可能因转变为亚硝胺而威胁人体健康，还有一个“剂量－效应”问题，目前亚硝酸钠在国际上仍被广泛应用。

二、安全性评价的内容和方法

如前所述，在进行食品添加剂安全性评价时，主要进行各种不同的毒理学试验。但是，是否每一种食品添加剂都需要进行这些试验。特别是为了加速此安全评价的进程，完全有必要提供一个统一的评价程序。为制定食品添加剂的使用限量标准，以及食品中的污染物和其他有害物质的允许含量标准，提供毒理学的依据。

（一）毒理学评价内容

食品添加剂的毒理学评价在我国主要是由认可的食品卫生监督检验机构、营养与食品卫生研究所和教学机构中从事食品毒理学工作的单位和部门按照毒理学评价程序进行毒理学实验,出具试验报告,经卫生部卫生监督检验所审查,报卫生部卫生监督司认可和备案。国际上则是由 FAO/WHO 联合食品添加剂专家委员会进行。其主要内容大致为:化学结构、理化性质、人的可能摄入量、人体资料、动物毒性试验和体外试验资料、代谢试验资料,以及对上述资料等的综合评价。

毒理学评价主要包括人体观察和实验研究两方面。出于人道的考虑,不应有意识地对人体进行试验观察,但如遇治疗、嗜好及其他偶发事件,造成人体摄食该物质的情况,则应尽可能收集人体的观察资料。此外,通过流行病学调查亦可取得部分人体资料。

实验研究亦即进行动物毒性试验,是取得毒理学评价的最重要方法。动物毒性试验通常包括急性毒性试验、蓄积毒性试验、致突变性试验、代谢试验、亚慢性毒性试验、慢性毒性试验、繁殖试验、致畸试验、致癌试验以及致敏试验等。

(二)试验动物与给予方式

在进行食品添加剂的毒性试验时,通常采用小鼠或大鼠,这是因为它们是哺乳类动物,杂食,易于繁殖、饲养。但是为了减少动物种属之间的差异,通常应该用两种以上的试验动物,其中一种应当是非啮齿类动物,如猫、狗或猴等,以验证对啮齿类动物的试验结果。试验动物本身最好采用健康的"纯种动物",以减少因遗传特性所带来的差异。此外,为了取得可靠的试验数据,对于试验动物的饲料、饲养管理以及对受试动物的体重、个数等都有一定的规定。

观察受试物对试验动物机体的影响,必须经过一定的途径给予。由于食品添加剂是经口摄入,故对受试物的给予途径以经口摄食为好(另有腹腔注射、静脉注射等)。对于急性毒性试验多采用灌胃的方法,而对于亚慢性或慢性毒性试验,则多掺入饲料或饮水中给予。

(三)毒理学评价程序

由我国卫生部提出并归口,由中国疾病预防控制中心营养与食品安全所起草的国家标准《(GB/T 15193.1—2003)食品安全性毒理学评价程序》,共分为如下四个阶段。

第一阶段:急性毒性试验

急性毒性试验是一次给予较大剂量的受试物后,观察动物所产生的毒性反应。观察时间一般为一周,范围可为 1~14d,重点是 24~28h。通过此试验可以确定受试动物的毒性反应、中毒剂量或致死剂量。致死剂量通常用半数致死量 LD_{50}表示,这是指一组受试动物死亡一半(50%)的剂量,单位为 mg/kg 体重。通过急性毒性试验,除了可初步了解受试物的毒性强度、性质外,还可为蓄积毒性试验和亚慢性毒性试验的剂量选择提供依据。

不同动物对受试物的 LD_{50}可有不同。给予方式不同,LD_{50}也不相同。至于对同种动物,同样的给予方式,由于动物的种系、性别、年龄和实验条件等的差异,也

会对 LD_{50} 有所影响,但相对来说这种影响小,其数值比较稳定,有一定的代表性。

进行动物毒性试验的目的是为人类服务,尽管人与动物不同,但是一般说来,对于多种动物毒性很低的物质,对人的毒性往往也很低,而对动物的 LD_{50} 很小的物质,对人的毒性也很大。为了便于比较,通常将各类物质按其对大鼠经口半数致死量的大小分为极毒、剧毒、中等毒、低毒、实际无毒和无毒六大类,如表 13－1 所示。

表 13－1　急性毒性剂量分级

级别	LD_{50}(大鼠,经口)/(mg/kg 体重)	相当于人的致死剂量	
		(mg/kg 体重)	(g/人,50kg 体重)
极毒	<1	稍尝	0.05
剧毒	1～50	500～4000	0.5
中等毒	51～500	4000～30000	5
低毒	501～5000	30000～250000	50
实际无毒	5001～15000	250000～500000	500
无毒	>15000	>500000	2500

对于一般的食品添加剂来说,其 LD_{50} 大多属低毒或实际无毒级,只有少数如亚硝酸钠等属中等毒级。

第二阶段,遗传毒性试验,传统致畸试验,30 天喂养试验

遗传毒性试验主要对受试物的遗传毒性以及是否具有潜在致癌作用进行筛选。致畸试验是为了了解受试物是否具有致畸作用。30 天喂养试验的目的在于:对只需进行第一、二阶段毒性试验的受试物,在急性毒性试验的基础上,通过 30 天喂养试验,进一步了解其毒性作用,观察其对机体生长发育的影响,并可初步估计最大未观察到有害作用的剂量。

此阶段主要了解受试物在机体内的蓄积情况。遗传毒性试验的组合应该考虑原核细胞与真核细胞、体内试验与体外试验相结合的原则。试验项目:①鼠伤寒沙门氏菌/哺乳动物微粒体酶试验(Ames 试验)或 V79/HGPRT 基因突变试验;②骨髓细胞微核试验或哺乳动物骨髓细胞染色体畸变试验;③TK 基因突变试验或小鼠精子畸形分析或睾丸染色体畸变分析;④其他备选遗传毒性试验:显性致死试验、果蝇伴性隐性致死试验、非程序性 DNA 合成试验;⑤传统致畸试验;⑥30 天喂养试验。

上述试验中以 Ames 试验简便、灵敏、经济,比较实用,故在我国毒理学评价程序中,规定其为致突变检验中的必检项目。

第三阶段:亚慢性毒性试验——90 天喂养试验、繁殖试验、代谢试验

本试验过去称亚急性毒性试验,其研究内容包括 90 天喂养试验、繁殖试验和致畸试验等,就此试验的性质和目的来说,可属于慢性毒性试验范畴,因其观察内容等与慢性毒性试验基本相似,仅试验期稍短。

亚慢性毒性试验的目的大致如下:

(1)观察受试物以不同剂量水平较长期喂养,对动物的毒性性质和靶器官的影响,并确定其最大无作用剂量。

(2)了解受试物对动物繁殖及对后代的致畸作用。

(3)为慢性毒性试验和致癌试验的剂量选择提供依据。

(4)为评价受试物能否应用于(或存在于)食品中提供依据。

第四阶段:慢性毒性试验(包括致癌试验)

慢性毒性试验是观察试验动物长期少量摄入受试物所产生的反应。所谓长期,在这里可包括试验动物终生的毒性试验情况,有时还包括若干代(如三代)的试验情况。试验的目的是了解短期试验所不能测得的反应,尤其是进行性或不可逆的毒性作用和致畸作用。与此同时,确定受试物的最大无作用量,为制定人体日容许摄入量(ADI)提供依据,也为最终评价受试物能否用于食品提供依据。

最大无作用用量(MNL)是长期摄食该受试物无任何中毒表现的每日最大摄入剂量,单位是 mg/kg 体重,它是提供食品添加剂长期(终生)摄食对动物本代健康无害,并对下一代生长无影响的重要指标。

当前对食品添加剂的毒理学评价,重要的是低剂量的长期试验,包括终生的毒性试验和致癌性试验。这是因为随着科学技术的进步,人们陆续发现不少致癌物。人们担心致癌物对人类健康造成威胁,然而致癌物又很难从动物身上找出无作用量,同时也比较难确定其危害(致癌作用)的程度。例如,3,4-苯并芘是一种强致癌物,据报告,对小鼠作用的最小剂量为 4mg/kg 体重。出现肿瘤的时间为 420d;又如亚硝胺的致癌作用,据报告,在饮水中给予 50~100mg/kg 体重,喂养动物 160~200d 内,全部动物致癌,以如此低的剂量又是在如此长的时间,才能肯定其致癌作用,这也就使人们很难确定其无作用量和危害程度了。

致癌试验是检验受试物或其代谢产物是否具有致癌作用的慢性试验方法,故有时可与慢性试验同时进行,必要时亦可单独进行。

致癌试验的重点是观察动物出现肿瘤的情况,主要包括肿瘤的发生率,出现肿瘤的时间等。此外,除观察试验动物本身外,还应注意对其后代的影响,因有些致癌物可以通过胎盘或乳汁转移给下一代,一般认为致癌试验应观察三代。

当前,对于一些与食品添加剂有关的致癌物,已受到严格控制或禁止使用,如与亚硝胺有关的亚硝酸盐的用量已严格限制。对于某些致癌的芳胺类化合物、合成色素和黄樟素等已禁止使用。至于对一些砷、铅、镉、汞等污染物,有的在质量指标中严格控制,有的也已开始注意控制。

关于致癌性试验的方法,目前争论甚大。主要是针对试验剂量而言,要试验就希望能得到肯定的结果,因而往往把试验剂量增大(剂量小看不出作用),最后要把这种动物试验的高剂量外推到市场上预期合理的低剂量,这将引入一个误差。

此外,还要将动物资料外推到人,这又要引入一个误差,此中有不同的统计学方法,但方法的选择还不清楚。方法不同,结果差别很大。根据报告,在单项慢性试验中发现,以 20% 的山梨醇和 20% 的蔗糖喂饲动物,与对照组比,其肿瘤发生率明显增加,显然我们并不能认为它们是致癌物,而是喂饲剂量太大了。

实际上,在致癌性试验中,还有很多重要的技术问题。例如,争论了十多年的苋莱红的致癌性试验,自从 1968 年有人报告它有致癌、致畸作用以后,世界各国都非常重视,人们相继对其进行试验。美国 1976 年宣布禁止使用苋莱红。在此期间,各种结果均有报告,有的认为有致癌性,有的则认为没有致癌性。JECFA 1992 年将其 ADI 值从 0 ~ 1.5mg/kg 体重,改为暂定 0 ~ 0.75mg/kg 体重,1975 年又提出希望在国际上用标准品进行试验研究,以说明其报告不同的原因。1978 年收到的几个实验室的报告均未发现致癌,但又认为试验技术不当,无法评价。从化学结构分析,口服苋莱红似乎不会有致癌性,直到 1984 年该委员会才根据所掌根的资料制订出 ADI 0 ~ 0.5mg/kg 体重,前后争论达 16 年之久。

慢性试验(致癌性试验)既费时,又费钱。在进行研究时,要发现某物质千分之一的致癌性,已很不容易,而人们感兴趣的是十万分之一或更少的致癌可能性。即使像美国这样的国家,一年也只能安排少数这种慢性试验。

三、食品添加剂毒性试验选择原则

1. 香料

鉴于食品中使用的香料品种很多,化学结构很不相同,而且用量很少,在评价时可参考国际组织和国外资料的规定,分别决定需要进行的试验。

(1)凡属世界卫生组织(WHO)已建议批准使用的或已制定日容许量者,以及香料生产者协会(FEMA),欧洲理事会(COE)和国际香料工业组织(IOFI)四个国际组织中的两个或两个以上允许使用的,参照国外资料或规定进行评价。

(2)凡属资料不全或只有一个国际组织批准的先进行毒性试验和本程序所规定的致突变试验中一项,经初步评价后,再决定是否需进行进一步试验。

(3)凡属尚无资料可查,国际组织为允许使用的,先进行第一、二阶段毒性试验,经初步评价后,决定是否进行进一步试验。

(4)凡属用动、植物可食部分提取的单一高纯度的天然香料,如其化学结构及有关资料并未提示具有不安全性的,一般不要求进行毒性试验。

2. 其他食品添加剂

(1)凡属毒理学资料比较完整,世界卫生组织已公布日容许量或不需规定日容许量者,要求进行急性毒性试验和两项致突变试验,首选 Ames 试验和骨髓细胞微核试验。但生产工艺、成品的纯度和杂质来源不同者,进行第一、二阶段毒性试验后,根据试验结果考虑是否进行下一阶段试验。

(2)凡属有一个国际组织或国家批准使用,但世界卫生组织未公布日容许量,或资料不完整者,在进行第一、二阶段毒性试验后作初步评价,以决定是否进行进一步的毒性试验。

(3)对于由动、植物或微生物制取的单一组分,高纯度的添加剂,凡属新品种需要进行第一、二、三阶段毒性试验,凡属国外有一个国际组织或国家已批准使用的,则进行第一、二阶段毒性试验,经初步评价后,决定是否需进行进一步试验。

3. 进口食品添加剂

要求进口单位提供毒理学资料及出口国批准使用的资料,由国务院卫生行政主管部门指定的单位审查后决定是否需要进行毒性试验。

项目二 食品添加剂的使用标准

一、日容许摄入量

日容许摄入量(ADI)又称为每日允许摄入量,指人类每日摄入某物质直至终生,而不产生可检测到的对健康产生危害的量。以每千克体重可摄入的量表示,即mg/(kg 体重·d)。

ADI 可以由动物的最大无作用量(MNL)或无作用量(NL)而来,前已述及,MNL 是指动物长期摄入该受试物,仍无任何中毒表现的每日最大摄入剂量,单位也是 mg/kg 体重。这可通过以不同受试物的剂量喂饲动物测得。此量对动物是安全的,对人来说,由于考虑到人和动物敏感性的差异,以及其他方面的不同,不应将此数据直接应用于人,而必须有一个安全系数。

安全系数一般定为 100。这是根据种间毒性相差约 10 倍,而同种动物敏感程度不同的个体,也相差约 10 倍所定出来的(10 × 10)。这是一种粗略的估计值,故应用时,还应根据具体情况决定。例如当受试物资料完整,且有人体观察资料,证明受试物可参与人体正常代谢过程时,此安全系数可以缩小。反之,如动物毒性试验期较短,毒理学资料不全,便须加大安全系数。

通常将动物的最大无作用量除以安全系数(100),即可求得人体每日允许摄入量。前述 JECFA 1984 年第 28 次会议的技术报告指出,苋菜红在大鼠的长期喂养研究中,无作用量是 50mg/kg 体重,将其除以 100 得 0.5mg/kg 体重,则其 ADI 为 0 ~ 0.5mg/kg体重。

由于动物试验和计算方法的不同,所制订的 ADI 标准亦可有不同,目前各国多以 JECFA 和 CCFA 所订的标准为准。

二、食品中的最大使用量

ADI是以体重为基础来表示的每人每日允许摄入量，则成人的每日允许摄入量就可以用ADI乘以平均体重求得。如成人的平均体重为60kg，则其苋菜红的每日允许摄入总量为30mg。

必须注意，此ADI是指某种或某组物质从外界进入人体的总量。例如对多种磷酸盐如$Ca_3(PO_4)_2$、$CaHPO_4$以及其他聚合磷酸盐等，其ADI为0～70mg/kg体重，这是以磷计，并包括从食品中与食品添加剂摄入的总磷。若某物质除食品外还有其他途径进入人体的情况，则需确定该物质在食品中所占摄入量的比例，再根据ADI确定食品中最大允许量。若该物质除食品外并无其他途径进入人体，则该物质的每日允许摄入总量就应该相当于各种食品中该物质的每日摄入总量，大多数食品添加剂属于此种情况。

确定某物质的每日摄入总量后，就需要进行人群的膳食调查，根据膳食中含有该物质的各种食品的每日摄取量，分别计算每种食品含有该物质的最高允许量。至于各种食品中的最大使用量是使用标准中的主要内容，通常是根据上述各种食品中的最高允许量并略低于它制订的，目的还是为了人体的安全。具体某种食品的最大允许用量，还要按照该物质的毒性及在食品中使用的实际需要而定。

总之，使用标准是安全使用食品添加剂的重要指标，食品添加剂的使用标准包括允许使用的食品添加剂品种、用途（目的）、使用范围以及最大使用量（或残留量），有的还注明使用方法。

关于食品添加剂使用标准的制定程序大致概括如下：

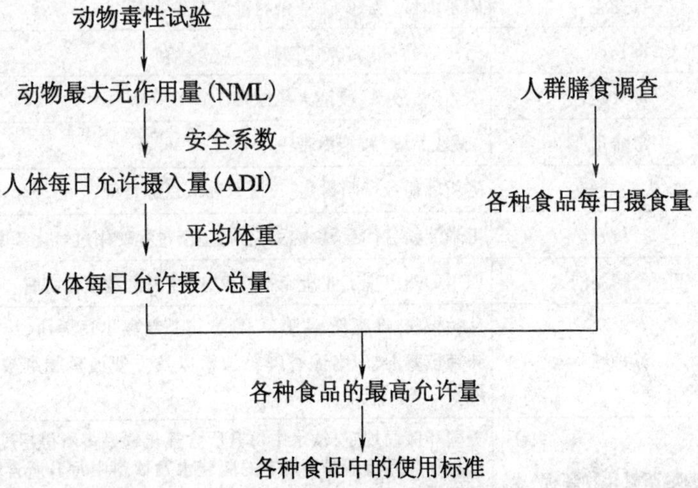

项目三 食品安全事件剖析

披露曝光的重大食品安全事件,既含有非食用物质所致,如苏丹红、三聚氰胺、瘦肉精等,也有超范围、超量滥用食品添加剂所致,如染色馒头事件。通过对2001~2011年所发生的重大食品安全事件的梳理(表13-2),其中,添加非食用物质的案例超过了90%,有些还屡次发生。滥用食品添加剂所导致的食品安全事件也层出不穷。为打击在食品生产、流通、餐饮服务中违法添加非食用物质和滥用食品添加剂的行为,保障消费者健康,全国打击违法添加非食用物质和滥用食品添加剂专项整治领导小组自2008年到2011年6月以来陆续发布了六批《食品中可能违法添加的非食用物质和易滥用的食品添加剂名单》(见表13-3,表13-4)。

表13-2 2001—2011年食品安全事件汇总

年份	事件	事件概述
2001	毒瓜子	在瓜子中非法使用工业润滑油增加产品的表面光泽度
	瘦肉精	广东河源484名市民因消费含瘦肉精饲料饲喂的猪肉中毒
	陈馅月饼	南京冠生园对未售出的月饼回收取馅,翻炒入库冷冻,来年继续加工产品销售
2002	假白糖	浙江金华发现9.5t假白糖(蔗糖30%,硫酸镁30%)
	假蜂蜜	漯河 白糖水+盐酸生产人造蜂蜜
2003	毒花生	山东烟台"桃红"工业染料浸泡花生米
	毒狗肉	浙江嘉县48t含氰化物狗肉
	毒火腿	农药"敌敌畏"浸泡火腿原料
	毒海带	"碱性品绿"浸泡海带
2004	大头娃娃	劣质乳粉致阜阳婴儿"重度营养不良综合征"
	龙口粉丝	玉米淀粉替代绿豆/豌豆淀粉,生产过程使用过氧化苯甲酰、碳酸氢铵
	工业盐腌制泡菜	四川彭州出现工业盐腌制泡菜,中途喷洒敌敌畏防腐
2005	苏丹红	从辣椒酱、辣腐乳、酱腌菜,到肯德基新奥尔良烤翅、长沙坛坛香牌风味辣椒萝卜、河南豫香牌辣椒粉以及方便面里相继被检出了"苏丹红"(一号)
	速溶茶氟化物超标	美国环保局规定,饮水中每升所含氟化物最多不得超过4mg/kg,美国食品和药品管理局所规定的瓶装水及饮料中每升所含氟化物标准则是不得超过2.4 mg/kg,而市场上销售的立顿普通型速溶茶的氟化物为每升含6.5mg/kg

续表

年份	事件	事件概述
2005	雀巢乳粉碘超标	黑龙江双城雀巢有限公司生产的雀巢牌金牌成长 3^{+} 乳粉,元素碘含量超过国家标准要求
	果脯“封杀”事件	广东省潮安县部分企业生产的果脯、蜜饯因二氧化硫残留量超标半年内累计 17 次,被北京市工商局全面封杀
	孔雀石绿事件	内地出口到香港的淡水鱼含有孔雀石绿
2006	可乐含苯事件	如果汽水同时含有苯甲酸钠(防腐剂)与维生素 C(抗氧化剂)这两种成分,可能会产生相互作用生成苯,而苯是致癌物
	瘦肉精	上海市发生多起因食用猪内脏、猪肉导致的疑似瘦肉精食物中毒事件,逾 300 人到医院就诊
	“苏丹红”鸭蛋	采用苏丹红 IV 添加到饲料中饲喂鸡鸭,产生含苏丹红的红心鸭蛋和鸡蛋
	多宝鱼事件	多宝鱼多种抗生素超标
2007	白酒含糖精钠	五粮液集团幸运星酒含糖精钠,糖精钠只允许在调配酒中添加
2008	人造红枣进疆	酱油对青枣着色,糖精钠和甜蜜素调味
	三聚氰胺	三鹿乳业因产品非法添加三聚氰胺而宣布倒闭
2009	特仑苏 OMP 牛乳	蒙牛宣称在特仑苏牛乳产品中添加造骨牛乳蛋白(OMP),但我国未对 OMP 的安全性做出明确规定,(类)胰岛素样生长因子(IGF-1)物质不是传统食品原料,也未列入食品添加剂使用标准,引发争议
	夏枯草事件	王老吉配方中的夏枯草合法性存疑,卫生部证实其备案,但关于广东诸多凉茶是否“违规添加”的争议,并未随之平息。中医专家建议王老吉注明不适宜人群
	零度可乐事件	委内瑞拉政府以不利公众健康为由,下令可口可乐公司从委内瑞拉撤出“零度可口可乐”产品。该产品用甜蜜素等取代了糖分,这可能导致偏头疼,甚至致癌
2010	地沟油	武汉工业学院教授何东平估计,我国每年有 200~300 万 t 地沟油流回餐桌,而地沟油中主要有害物质之一的黄曲霉素,其毒性为砒霜的 100 倍
	三聚氰胺	在青海省一家乳制品厂,检测出三聚氰胺超标达 500 余倍,而原料来自河北等地
	麦乐鸡事件	美国麦当劳出售的麦乐鸡,含有泥胶和石油成分的化学物质
	女婴“早熟”事件	武汉先后出现 3 例女婴因食用“圣元”乳粉而出现性“早熟”现象

续表

年份	事件	事件概述
2011	瘦肉精	用含瘦肉精的饲料饲喂的生猪成为双汇冷鲜肉、肉制品的原料
	染色馒头	上海盛禄食品有限公司生产的三种"高庄牌"白馒头、玉米馒头和黑米馒头非法添加食用色素和甜味剂
	地沟油	山东格林生物回收地沟油加工成食用油销往粮油批发市场,证实了2010年何东平教授言论引发的舆论关注
	万能牛肉膏	"牛肉膏"添加剂可以将鸡肉、猪肉加工成"牛肉"。已在一些小吃店成为"公开的秘密"。25kg猪肉冒充牛肉可节省近千元成本。广东佛山有商家在猪肉中添加硼砂假冒牛肉,涉案假牛肉逾1.6万kg
	塑化剂风波	台湾"昱伸香料有限公司"制售的食品添加剂"起云剂"含有化学成分邻苯二甲酸(2-乙基己基)酯(DEHP),该"起云剂"已用于运动饮料、果汁、茶饮料、果酱果浆、胶淀粉类产品或食品添加剂

表13-3 食品中可能违法添加的非食用物质名单

序号	名称	可能添加的食品品种	检测方法
1	吊白块	腐竹、粉丝、面粉、竹笋	GB/T 21126—2007 小麦粉与大米粉及其制品中甲醛次硫酸氢钠含量的测定;卫生部《关于印发面粉、油脂中过氧化苯甲酰测定等检验方法的通知》(卫监发〔2001〕159号)附件2 食品中甲醛次硫酸氢钠的测定方法
2	苏丹红	辣椒粉、含辣椒类的食品(辣椒酱、辣味调味品)	GB/T 19681—2005 食品中苏丹红染料的检测方法高效液相色谱法
3	王金黄、块黄	腐皮	无
4	蛋白精、三聚氰胺	乳及乳制品	GB/T 22388—2008 原料乳与乳制品中三聚氰胺检测方法 GB/T 22400—2008 原料乳中三聚氰胺快速检测液相色谱法
5	硼酸与硼砂	腐竹、肉丸、凉粉、凉皮、面条、饺子皮	无
6	硫氰酸钠	乳及乳制品	无
7	玫瑰红B	调味品	无
8	美术绿	茶叶	无
9	碱性嫩黄	豆制品	
10	工业用甲醛	海参、鱿鱼等干水产品、血豆腐	SC/T 3025—2006 水产品中甲醛的测定

续表

序号	名称	可能添加的食品品种	检测方法
11	工业用火碱	海参、鱿鱼等干水产品、生鲜乳	无
12	一氧化碳	金枪鱼、三文鱼	无
13	硫化钠	味精	无
14	工业硫磺	白砂糖、辣椒、蜜饯、银耳、龙眼、胡萝卜、姜等	无
15	工业染料	小米、玉米粉、熟肉制品等	无
16	罂粟壳	火锅底料及小吃类	参照上海市食品药品检验所自建方法
17	革皮水解物	乳与乳制品含乳饮料	乳与乳制品中动物水解蛋白鉴定－L(－)－羟脯氨酸含量测定(检测方法由中国检验检疫科学院食品安全所提供)。该方法仅适应于生鲜乳、纯牛乳、乳粉
18	溴酸钾	小麦粉	GB/T 20188—2006 小麦粉中溴酸盐的测定 离子色谱法
19	β－内酰胺酶(金玉兰酶制剂)	乳与乳制品	液相色谱法(检测方法由中国检验检疫科学院食品安全所提供)
20	富马酸二甲酯	糕点	气相色谱法(检测方法由中国疾病预防控制中心营养与食品安全所提供
21	废弃食用油脂	食用油脂	无
22	工业用矿物油	陈化大米	无
23	工业明胶	冰淇淋、肉皮冻等	无
24	工业酒精	勾兑假酒	无
25	敌敌畏	火腿、鱼干、咸鱼等制品	GB/T5009.20—2003 食品中有机磷农药残留的测定
26	毛发水	酱油等	无
27	工业用乙酸	勾兑食醋	GB/T5009.41—2003 食醋卫生标准的分析方法
28	肾上腺素受体激动剂类药物(盐酸克伦特罗,莱克多巴胺等)	猪肉、牛羊肉及肝脏等	GB/T22286—2008 动物源性食品中多种β－受体激动剂残留量的测定,液相色谱串联质谱法
29	硝基呋喃类药物	猪肉、禽肉、动物性水产品	GB/T/21311—2007 动物源性食品中硝基呋喃类药物代谢物残留量检测方法,高效液相色谱－串联质谱法

续表

序号	名称	可能添加的食品品种	检测方法
30	玉米赤霉醇	牛羊肉及肝脏、牛乳	GB/T 21982—2008 动物源食品中玉米赤霉醇、β－玉米赤霉醇、α－玉米赤霉烯醇、β－玉米赤霉烯醇、玉米赤霉酮和赤霉烯酮残留量检测方法，液相色谱－质谱/质谱法
31	抗生素	猪肉	无，需要研制动物性食品中测定万古霉素的液相色谱－串联质谱法
32	镇静剂	猪肉	无，需要研制动物性食品中测定安定的液相色谱－串联质谱法，参考 GB/T 20763—2006 猪肾和肌肉组织中乙酰丙嗪、氯丙嗪、氟哌啶醇、丙酰二甲氨基丙吩噻嗪、甲苯噻嗪、阿扎哌垄阿扎哌醇、咔唑心安残留量的测定，液相色谱－串联质谱法
33	荧光增白物质	双孢蘑菇、金针菇、白灵菇面粉	蘑菇样品可通过照射进行定性检测，面粉样品无检测方法
34	工业氯化镁	木耳	无
35	磷化铝	木耳	无
36	馅料原料漂白剂	焙烤食品	无，需要研制馅料原料中二氧化硫脲的测定方法
37	酸性橙Ⅱ	黄鱼、鲍汁、腌卤肉制品、红壳瓜子、辣椒面和豆瓣酱	无，需要研制食品中酸性橙Ⅱ的测定方法。参照江苏省疾控中心创建的鲍汁中酸性橙Ⅱ的高效液相色谱－串联质谱法（说明：水洗方法可作为补充，如果脱色，可怀疑是违法添加了色素）
38	氯霉素	生食水产品、肉制品、猪肠衣、蜂蜜	GB/T 22338—2008 动物源性食品中氯霉素类药物残留量测定
39	喹诺酮类	麻辣烫类食品	无，需要研制麻辣烫类食品中喹诺酮类抗生素的测定方法
40	水玻璃	面制品	无
41	孔雀石绿	鱼类	GB20361—2006 水产品中孔雀石绿和结晶紫残留量的测定，高效液相色谱荧光检测法（建议研制水产品中孔雀石绿和结晶紫残留量测定的液相色谱—串联质谱法）
42	乌洛托品	腐竹、米线等	无，需要研制食品中六亚甲基四胺的测定方法
43	五氯酚钠	河蟹	SC/T 3030—2006 水产品中五氯苯酚及其钠盐残留量的测定 气相色谱法

续表

序号	名称	可能添加的食品品种	检测方法
44	喹乙醇	水产养殖饲料	水产品中喹乙醇代谢物残留量的测定 高效液相色谱法（农业部1077号公告—5－2008）；水产品中喹乙醇残留量的测定 液相色谱法（SC/T 3019—2004）
45	碱性黄	大黄鱼	无
46	磺胺二甲嘧啶	叉烧肉类	GB20759—2006 畜禽肉中十六种磺胺类药物残留量的测定 液相色谱－串联质谱法
47	敌百虫	腌制食品	GB/T5009.20—2003 食品中有机磷农药残留量的测定
48	邻苯二甲酸酯类物质，主要包括：邻苯二甲酸二（2－乙基）己酯（DEHP）、邻苯二甲酸二异壬酯（DINP）、邻苯二甲酸二苯酯、邻苯二甲酸二甲酯（DMP）、邻苯二甲酸二乙酯（DEP）、邻苯二甲酸二丁酯（DBP）、邻苯二甲酸二戊酯（DPP）、邻苯二甲酸二己酯（DHXP）、邻苯二甲酸二壬酯（DNP）、邻苯二甲酸二异丁酯（DIBP）、邻苯二甲酸二环己酯（DCHP）、邻苯二甲酸二正辛酯（DNOP）、邻苯二甲酸丁基苄基酯（BBP）、邻苯二甲酸二（2－甲氧基）乙酯（DMEP）、邻苯二甲酸二（2－乙氧基）乙酯（DEEP）、邻苯二甲酸二（2－丁氧基）乙酯（DBEP）、邻苯二甲酸二（4－甲基－2－戊基）酯（BMPP）等。	乳化剂类食品添加剂、使用乳化剂的其他类食品添加剂或食品等	GB/T 21911—2008 食品中邻苯二甲酸酯的测定

表 13－4　食品中可能滥用的食品添加剂品种名单

序号	食品品种	可能易滥用的添加剂品种	检测方法
1	渍菜(泡菜等)、葡萄酒	着色剂(胭脂红、柠檬黄、诱惑红、日落黄)等	GB/T 5009.35—2003 食品中合成着色剂的测定 GB/T 5009.141—2003 食品中诱惑红的测定
2	水果冻、蛋白冻类	着色剂、防腐剂、酸度调节剂(己二酸等)	GB/T 5009.35—2003 食品中合成着色剂的测定 GB/T 5009.29—2003 食品中山梨酸、苯甲酸的测定
3	腌菜	着色剂 、防腐剂、甜味剂(糖精钠、甜蜜素等)	GB/T 5009.35—2003 食品中合成着色剂的测定 GB/T 5009.29—2003 食品中山梨酸、苯甲酸的测定 GB/T 5009.97—2003 食品中环已基氨基磺酸钠的测定 GB/T 23495—2009 食品中苯甲酸、山梨酸和糖精钠的测定 高效液相色谱法
4	面点、月饼	乳化剂(蔗糖脂肪酸酯等、乙酰化单甘脂肪酸酯等)、防腐剂、着色剂、甜味剂	GB/T 5009.35—2003 食品中合成着色剂的测定 GB/T 5009.29—2003 食品中山梨酸、苯甲酸的测定
5	面条、饺子皮	面粉处理剂	无
6	糕点	膨松剂(硫酸铝钾、硫酸铝铵等)、水分保持剂磷酸盐类(磷酸钙、焦磷酸二氢二钠等)、增稠剂(黄原胶、黄蜀葵胶等)、甜味剂(糖精钠、甜蜜素等)	GB/T 5009.182—2003 面制食品中铝的测定
7	馒头	漂白剂(硫磺)	无
8	油条	膨松剂(硫酸铝钾、硫酸铝铵)	GB/T 23374—2009 食品中铝的测定 电感耦合等离子体质谱法
9	肉制品和卤制熟食、腌肉料和嫩肉粉类产品	护色剂(硝酸盐、亚硝酸盐)	GB/T 5009.33—2003 食品中亚硝酸盐、硝酸盐的测定
10	小麦粉	二氧化钛、硫酸铝钾	GB/T 21912—2008 食品中二氧化钛的测定 GB/T 23374—2009 食品中铝的测定 电感耦合等离子体质谱法

续表

序号	食品品种	可能易滥用的添加剂品种	检测方法
11	小麦粉	滑石粉	GB 21913—2008 食品中滑石粉的测定
12	臭豆腐	硫酸亚铁	GB/T 5009.90—2003 食品中铁、镁、锰的测定
13	乳制品(除干酪外)	山梨酸	GB/T21703—2008 乳与乳制品中苯甲酸和山梨酸的测定方法
14	乳制品(除干酪外)	纳他霉素	参照 GB/T 21915—2008 食品中纳他霉素的测定方法
15	蔬菜干制品	硫酸铜	无
16	酒类(配制酒除外)	甜蜜素	GB/T 5009.97—2003 食品中环已基氨基磺酸钠的测定
17	酒类	安塞蜜	GB/T 5009.140—2003 饮料中乙酰磺胺酸钾的测定 GB 25540—2010 食品安全国家标准 食品添加剂 乙酰磺胺酸钾
18	面制品和膨化食品	硫酸铝钾、硫酸铝铵	GB/T 23374—2009 食品中铝的测定 电感耦合等离子体质谱法
19	鲜瘦肉	胭脂红	GB/T 5009.35—2003 食品中合成着色剂的测定
20	大黄鱼、小黄鱼	柠檬黄	GB/T 5009.35—2003 食品中合成着色剂的测定
21	陈粮、米粉等	焦亚硫酸钠	GB5009.34—2003 食品中亚硫酸盐的测定
22	烤鱼片、冷冻虾、烤虾、鱼干、鱿鱼丝、蟹肉、鱼糜等	亚硫酸钠	GB/T 5009.34—2003 食品中亚硫酸盐的测定

从近十年的食品安全事件可见,中国食品安全事件的特点有:①非法使用非食用物质,如三聚氰胺、苏丹红 I 和苏丹红 IV、瘦肉精、增塑剂、敌敌畏;②超量或超范围滥用食品添加剂,如糖精钠、柠檬黄等食品添加剂;③假冒伪劣追求高额利润,如阜阳大头娃娃事件、牛肉膏事件;④类似食品安全事件重复出现,如 2001 年、2006 年、2009 年出现的瘦肉精事件。

“食品工业是道德工业”,除表 13 - 2 所列食品事件之外,食品中出现异物、杂物的报道,如肉制品中出现肠衣、铝扣等,透露出食品生产可能存在回料加工的现象。食品企业内部管理薄弱,从业人员道德水平亟待提高,守法意识亟待加强,全程监管亟待深入,从业信用机制和退出机制的建设是中国食品安全全面提升所需解决的大问题。

如前所述,食品添加剂引发的食品安全事件,更多地是超量、超范围使用食品添加剂,但其对消费者的危害与故意制假售假及非食用物质非法添加的危害不可相提并论,比如"染色馒头"与"三聚氰胺"、"瘦肉精"、"阜阳大头娃娃"事件的影响明显不同。媒体舆论在监督、讨论"染色馒头"违法事件的同时,未见与"三聚氰胺"、"瘦肉精"及"阜阳大头娃娃"事件类似的善后处理报道,这从另一方面间接佐证了食品添加剂在合理的使用范围和使用量的前提下,其安全性可以得到充分保证。

思考题

1. 中国的食品安全事件表现为几大特征,请举例说明。
2. 简述杜绝食品安全事件的举措。
3. 简述中国食品添加剂安全性评价的具体步骤,并分析与 WHO 的区别。

附录 《GB2760－2011 食品安全国家标准 食品添加剂使用标准》增补公告目录

（截至 2012 年 3 月 31 日）

1. 中华人民共和国卫生部公告 2012 年第 4 号
2. 中华人民共和国卫生部公告 2012 年第 1 号
3. 中华人民共和国卫生部公告 2011 年第 19 号
4. 中华人民共和国卫生部公告 2011 年第 8 号
5. 中华人民共和国卫生部公告 2011 年第 7 号
6. 中华人民共和国卫生部公告 2011 年第 4 号
7. 中华人民共和国卫生部公告 2010 年第 23 号
8. 中华人民共和国卫生部公告 2010 年第 19 号
9. 中华人民共和国卫生部公告 2010 年第 18 号
10. 中华人民共和国卫生部公告 2010 年第 16 号
11. 中华人民共和国卫生部公告 2010 年第 12 号